Engineering Plastic

신뢰성 공학

Engineering Plastic
신뢰성 공학

임무생 지음

한국학술정보㈜

|머리말|

    신뢰성 기술 도입의 필요성은 System이나 제품기능상의 요구를 실현하려면 경제적이나 기술적으로도 합리적인 신뢰성 기술이 필요하게 된다. 기술개발의 속도가 빨라져 새로운 기술, 재료 등이 나타나 평가되지 않는 분야가 넓어짐에 따라 불신뢰, 불안전의 요인이 되고 있다. 따라서 제조공정의 관리 이전에 사전평가와 예측을 수반하는 설계 중심의 시간 지연 없이 보증할 수 있는 기술이 요구된다. 부품의 품질(시간적 품질)을 보증하려면 기술의 축적과 그것의 적극적인 활용을 통해 여러 기술을 유기적으로 종합할 수 있는 관리가 필요하게 된다.

    신뢰성 공학의 필요성은 System과 제품의 복잡화, 조직의 복잡화 등 System의 복잡화에 의해 이와 관련된 인간의 신뢰성이 중요해지고 있다. 인간은 실수를 범하기 쉬운 존재로서 이를 제거하는 신뢰성 공학 설계가 필요하다. 신뢰성과 보전성을 어울리게 조화시킴으로써 부품과 제품(신뢰성＋보전성)의 Function stabilization design에 가까워질 수 있다.

    초기고장을 줄이는 Debugging방법으로 고장을 경감시키기 위해 아이템(Series, 기기, 부품 등)을 사용 전 또는 사용 후, 초기로 동작시켜서 결점을 검출·제거하여 시정조치·수리 가능부품을 대상으로 하고, 또한 Screening으로 전자부품, 특히 대규모의 시스템용 전자부품이나 반도체 디바이스 등에 대해서는 엄중하게 실시되고 있는 것과 같은 System으로 부품을 만드는 생산 공정 및 완성부품에 대하여 육안, 누설, 고온보관, x-Ray 장시간 작동 등의 비파괴시험을 전수 실시하여 결함 있는 부분을 발견하여 제거하여야 한다.

소비자 욕구의 다양화 및 기업경쟁의 글로벌화, 제품수명주기 단축 등 시장 환경변화와 기존 부품개발 방식의 비효율성에 의한 제품설계단계에서의 오류가 이후에 엔지니어링 및 제조뿐만 아니라 소비자의 손에까지 이어지는 비용 및 시간의 손실을 가져옴에 따라 보다 빠르게 접근하기 위한 방법으로서 대두된 Concurrent Engineering을 성공적으로 실현하기 위한 방법이 필요하며, 기술이 경제력을 좌우하는 가장 결정적인 요소이다. 선진국에 비해 절대적으로 열세에 있는 기술 개발 투자로 선진국들의 앞선 기술을 따라잡고 나아가 그들을 능가하려 한다면 무엇인가 우리만이 내세울 수 있는 독특함이 있어야 한다.

신뢰성에서는 설계기술, 수명시험, 고장검지 해석, 보전기술 등 오랫동안에 축적된 고유기술이 뒷받침되어야 한다. 따라서 Designers는 기기로서 필요한 기능을 안정적으로 확보할 수 있는 설계(Safety design), 병렬구조나 대기구조로 설계하여 기기 전체로서는 기능불량을 일으키지 않도록 하는 설계(Redundancy design), 기능문제가 발생해도 인적, 물적 손해로 연결되어 안전사고로 확대되지 않도록 설계(Robust design)를 하여 PL과 Clame에 대한 일들을 없애기 위해서는 Engineering plastic 신뢰성 공학이 필요하다고 사료된다.

저자

|목 차|

제2장 사출성형기와 주변기기 / 69

제7장 치수정밀도의 불량과 변형대책 / 321

제10장 polyacetal gear의 강도계산 / 455

제1장

사출성형의 기본

1. Plastic 성형가공의 개요

1-1. 성형가공법의 종류

(1) 사출성형법

① 열가소성 plastic용 사출성형기, 다색사출성형기

② 열경화성 plastic용 사출성형기, BMC용 사출성형기, 고무(silicone)용 사출성형기

(2) 압축성형기

압축성형기, 회전식 압축성형기

(3) transfer 성형기

pot식, ram식

(4) 압출성형기

① 단축압출기

② 다축압출기

③ inpretion장치, 전선피복장치, 2축연신 film장치, 이형압출장치, T die film 제조장치, pellet 제조장치

(5) blower성형법

① blower성형기(금형이동식, rotary식)

② 다층 blower 성형기

③ 콜드 베리인 성형기

(6) 사출 blower 성형기

사출 blower 성형기, 연신 blower 성형기

(7) rim(reaction injection molding)법

rim장치, R - RIM 장치

(8) 카렌더법

(9) 열성형법

진공성형기, 압공성형기

(10) FRP 성형법

① 스프레압법

② Filament winding법

③ Sheet molding compound법

④ Bulk molding compound법

(11) 발포성형법

① 발포성형기, 발포스치렌 성형기, 발포폴리우레탄 주입기

(12) 기타

① 분말성형기, 유동침정법 회전성형법

1-2. 열가소성 수지의 사출성형

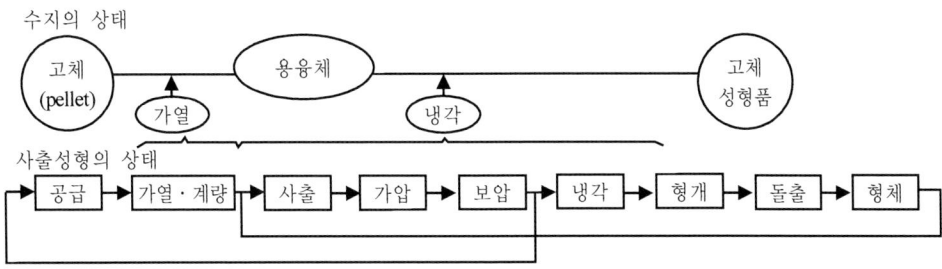

1-3. 열가소성 수지와 열경화성 수지의 비교

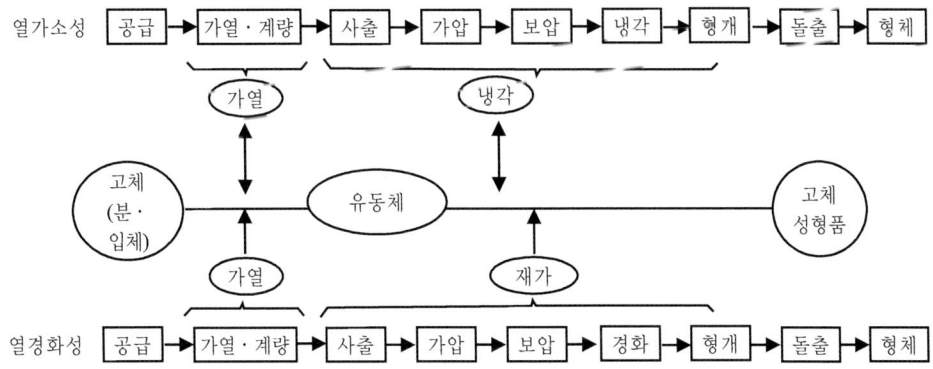

1-4. 2색 성형

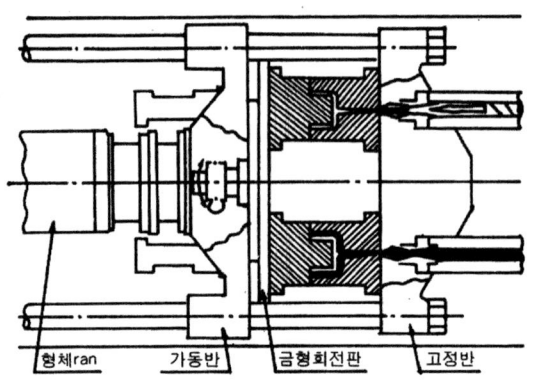

형체ran　가동반　금형회전판　고정반

1-4-1. resin 2색 사출성형방식

① rotary 방식

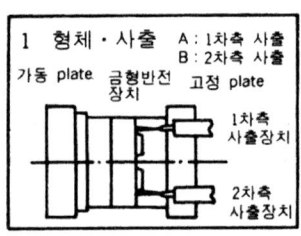

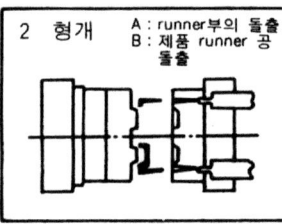

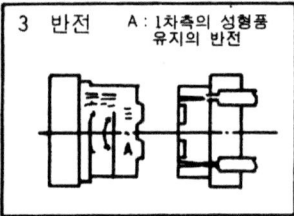

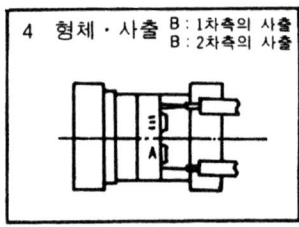

② core back 방식

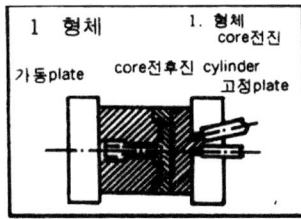
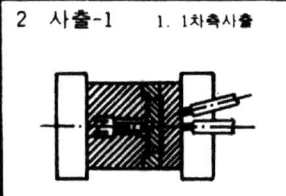
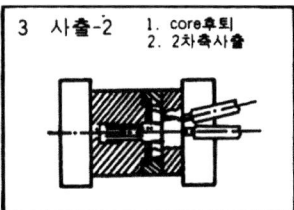

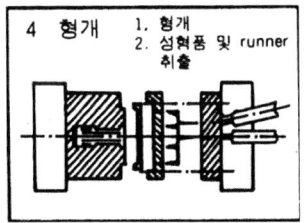

③ 금형 core side 방식

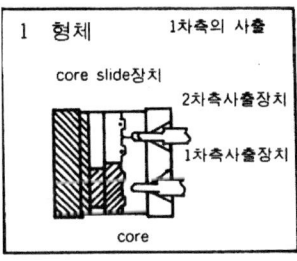
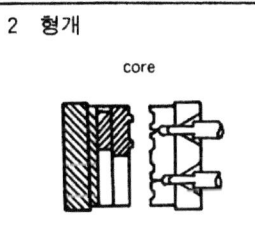
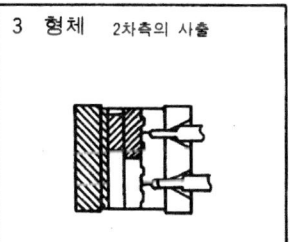

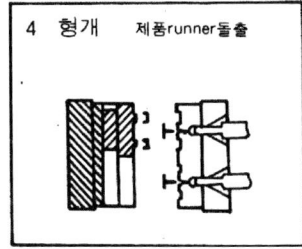

1-4-2. core back 방식 2색 성형 작동선도

① 사출중량

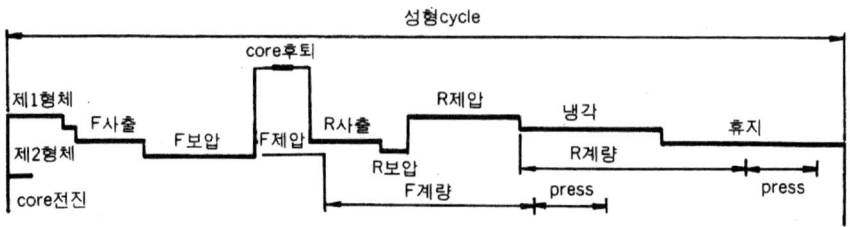

1-5. 복합성형

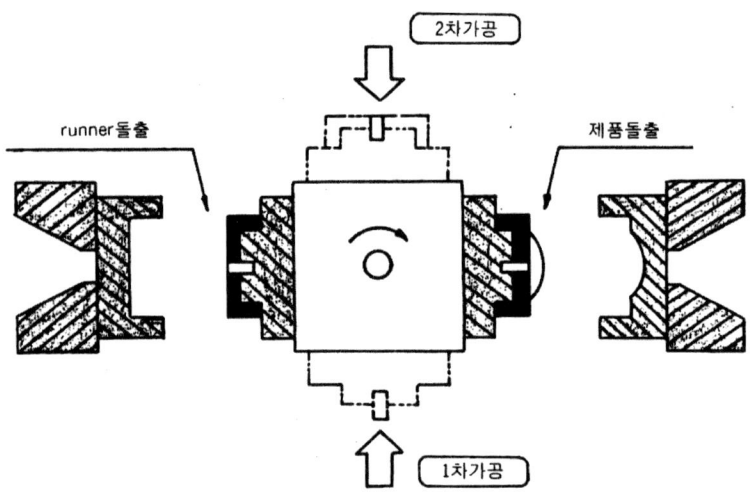

1-6. 다층성형

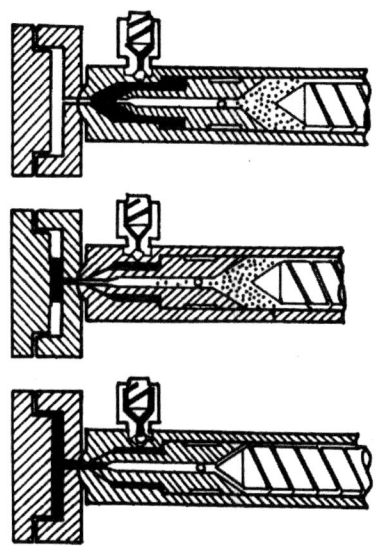

2. 금형과 주변기기의 기본

2-1. 사출성형기의 결정방법

2-1-1. 사출성형기 종류와 구조

(1) 사출성형기 종류
① plunger type

　사출 plunger에 의해 재료가 압축되어 가열용 토핏에 의해 가열되어 용융
된 수지가 금형 내로 사출되는 방식
② prepular type

　가열용융장치를 별도 부착한 예비가소화 장치를 부착한 방식
③ screw in type

screw에 의해 재료가 압축, 용융되는 방식

(2) 구조

① 각 성형 주기마다 일정량의 재료를 계량하는 기구

② 가열통 중 재료를 전진시켜 사출하기 위한 가압기구

③ 재료를 가열해 용융시키는 가열기구

④ 금형을 개폐 유지하는 기구

⑤ 사출성형의 주기를 제어하는 기구

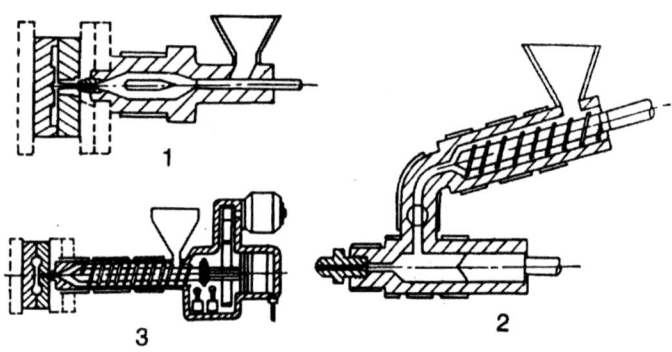

사출성형기의 대표적 종류

2-1-2. cavity 수의 결정

① cavity 수의 결정 조건

- 월생산수, 총생산수와 사출성형기의 능력 관계
- 형 공작상의 난해 및 제품설계상의 제약
- 제품의 가격, 금형비의 제약
- 현 보유 설비
- 사출성형기의 가동 여유, 월평균 능력과 소요 수의 관계
- 형 제작 기간과 소요 납기의 관계

② cavity 수의 결정

$$P_c = \frac{Mh \times t}{60 \times n} + \frac{W \times t}{60 \times n} + \frac{n \times V_c}{N}$$

P_c: 성형비용

Mh: 시간당 설비비

t: 성형 cycle(min)

W: 성형 시간당 인건비

n: 제품 취수

V_c: 1cavity당 금형비

N: 계약된 성형총수

$$P_c = \frac{t}{60}(Mh + W)\frac{1}{n} + \frac{V_c}{N} \times n$$

$$A = \frac{t(Mh + W)}{60} \qquad B = \frac{V_c}{N}$$

$$P_c = An^{-1} + Bn$$

P_c로 최소로 하는 n은

$$\frac{d}{dn}(P_c) = \frac{d(An^{-1} + Bn)}{dn} \quad \therefore n = \sqrt{\frac{A}{B}} = -An^{-2} + B$$

2-1-3. 형체 능력

실용상 성형품의 투영면이 2~3배로 이용되고 형 내의 평균압 P가 일반적으로 $300\,\mathrm{kg / cm^2} \sim 500\,\mathrm{kg / cm^2}$이다.

(1) 사출압력에 대응하는 형체력

$$F \geqq P \times A$$

F: 형체력(kg)

P: 성형압력(kg / cm²)

A: 성형품의 투영면적 + sprue, runner투영면적(cm²)

일반적으로 재료압은 형체력의 80% 이하로 하여 flash가 방지된다. 또한 성형품 취수가 있는 경우는

$$F \geqq n \times P \times A$$

n: 성형품 취수(개수)

(2) 사출성형기는 직압식과 터글식으로 대별되는데, 직압식의 경우는 액체의 압

력에 의해 형체를 행하고 있으므로 금형 내의 수지압력에 의해 열리는 힘이 형체력을 조금이라도 상회하면 flash가 발생한다.

한편 터글식의 경우에는 터글링에 의해 타이 바의 신장을 발생시켜 형체를 행하므로 형 내의 열리려는 힘이 형체력을 상회하여도 직압식과 같은 큰 flash가 발생하지 않는다.

직압식에는 대체로 부스터 램식, 증압식, 보조 실린더식 등이 있다.

① 부스터 램식의 경우

$$F = \frac{\pi}{4} \times D^2 \times P \times 10^{-3}$$

    F: 형체력(ton)

    D: 형체 실린더 직경(cm)

    P: 형체 펌프 압력(kg / cm²)

② 증압식의 경우

$$F = \frac{\pi}{4} \times D_c^2 \times (\frac{D_a}{D_b})^2 \times P \times 10^{-3}$$

    F: 형체력(ton)

    D_c : 형체 실린더 직경(cm)

    D_b : 증압 실린더 로드 직경(cm)

    D_a : 증압 실린더 직경(cm)

    P: 펌프 토출압력(kg / cm²)

③ 터글식의 경우

$$F = E \times A \times \frac{\triangle L}{L} \times 10^{-3}$$

    F: 형체력(ton)

    d: 타이 바의 직경(cm)

    E: 타이 바 재질의 종탄성계수(young률)(kg / cm²)

$$A = \frac{\pi}{4}d^2 \times n$$

$n = 4$로 하면

$$F = \pi d^2 \times E \times \frac{\triangle L}{L} \times 10^{-3}$$

A: 타이 바의 전체 단면적(㎠)

$\triangle L$: 타이 바의 신장량(㎝)

L: 타이 바의 유효길이(㎝)

n: 타이 바 수량(통상 4개)

참고사항

$$\sigma = \frac{P}{A} \qquad p = \sigma A = \pi d^2. \; E \varepsilon = \pi d^2 \times E \times \frac{\triangle L}{L}$$

(3) polyetherimide 수지의 투영면적에 대한 clamping force

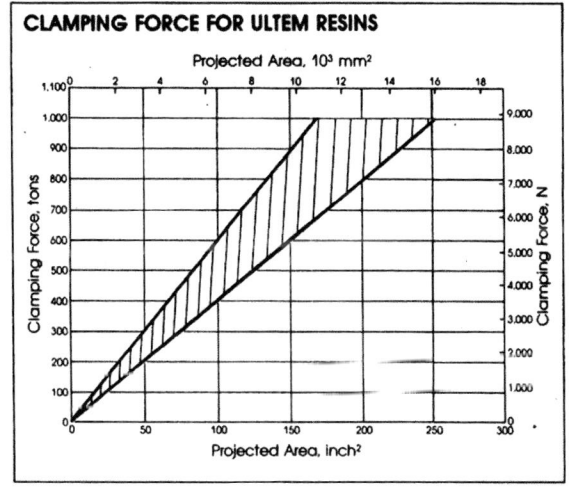

(4) 각종 resin의 clamping force

No.	Resin Material	Clamp, Tons Per Sq(cm)
1	polyethylene	0.155ton / cm²
2	nylon	0.155
3	polystyrene	0.155
4	polypropylene	0.155
5	PVC, flexible	0.232
6	ABS	0.310
7	PVC, special purpose	0.387
8	acrylic	0.387
9	PVC, pipe − fitting	0.387
10	polycarbonate	0.620

2 − 1 − 4. 사출력(Total Injection Pressure)

$$F_i = \frac{\pi}{4}d^2 \times P \times 10^{-3}$$

F_i: 사출력(ton)

d: 사출 실린더 직경(cm)

P: 펌프 압력(kg / cm²)

특수 사양으로 사출압력을 높일 때에는 일반적으로 사출 실린더의 직경을 크게 하여 해결하고 있다. 만약 사출 실린더의 직경을 크게 하면 사출속도(사출률)가 저하한다.

2 − 1 − 5. 사출압력(injection pressure)

$$I_p = \frac{\frac{\pi}{4}d^2 \times P}{\frac{\pi}{4}D^2} = \frac{d^2}{D^2} \times P$$

I_p: 사출압력(kg / cm²)

D: 스크류 직경(cm)

d: 유압 실린더 직경(cm)

P: 펌프 유압(㎏ / ㎠)

2-1-6. 사출량

① 1oz = 28.35gr에 상당한다. styrene수지를 기준으로 1회의 최대 사출량을 표시한다.

$$\frac{1}{P} \times \frac{1.05}{Q} \times \frac{1000}{R} = \frac{1}{S}$$

P: 공칭사출량(styrene수지)

Q: 재료의 비중

R: 재료의 성형하는 압력(㎏ / ㎠)

S: 구하는 재료의 사출량

기계의 능력에 적당한 여유가 필요하여 최대사출중량의 80% 이하로 한다.

② 사출용량

$$P = \frac{1}{4} \times \pi D^2 \times l$$

P: 사출용량(㎤ / shot)

D: screw diameter(㎝)

l: screw stroke(㎝)

③ 성형기 사출능력

$$V \geqq (n \times W + R)/1000\rho$$

V: 성형기 사출 능력(㎤ / shot)

n: 성형품 취수(개)

W: 성형품 중량(gr / 개)

R: Sprue, runner 중량(gr)

ρ: 재료의 용융 시 밀도(1.0 ~ 1.05)(gr / ㎤)

2-1-7. 가소화 능력

① 가열 cylinder가 매시 필요한 양의 성형재료를 가소화하는 능력을 말하며, 이 가소화 능력은 styrene을 210℃ 이상, 50% stroke로 10회 연속 injection한

후 그 합계 실측량을 합계 screw 회전 시간으로 나눈다.

② 가소화 능력

$$T \geq (n \times W + R) \times l \times \frac{0.75}{1000}$$

    T: 가소화 능력(kg / hr)

    n: 성형품 취수(개)

    W: 성형품 중량(gr / 개)

    R: sprue, runner중량(gr)

    l: 성형 수 / 단위시간(shot / hr)

③ 가소화 능력

$$P = \frac{1}{2} \times \pi D \times h \times (P_0 - e) \cos\theta \times N$$

    P: 가소화 능력(kg / hr)

    D: Screw 회전수(rph)

    h: 계량부구 깊이(㎜)

    P_0: pitch(㎜)

    e: screw산의 폭(㎜)

    θ: screw각(°)

2-1-8. 사출률(injection rate)

$$Q = A V \qquad V = \frac{Q}{A}$$

$$I_R = \frac{Q}{\frac{\pi}{4}d^2} \times \frac{\pi}{4}D^2 = \frac{D^2}{d^2}Q$$

    I_R: injection rate

    A: 단면적(㎠)

    D: screw직경(㎝)

    d: cylinder직경(㎝)

    Q: cylinder의 유량(㎤ / sec)

2-1-9. 사출성형기 금형 취부 기구

(1) 금형 취부면

① 금형 취부 hole 배치

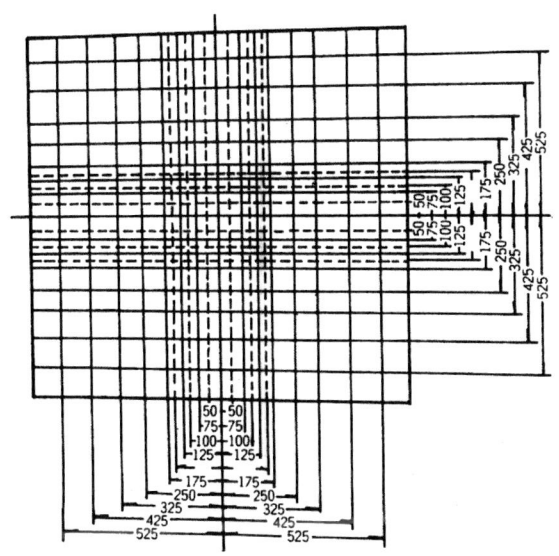

② 금형 취부 bolt와 형체력의 관계

(단위: ton)

금형 취부 bolt	M12	M16	M20	M24
형체력	30 미만	30~300	300~600	600 이상

2-1-10. nozzle 선단부의 형상과 design

nozzle의 선단은 구상으로 곡률반경 R은 10, 15, 20, 30㎜로 한다. nozzle의 구상부의 범위 H는 5㎜ 이상, 구상부에 외접하는 정각 d(최대 90°)의 원호에 접한다.

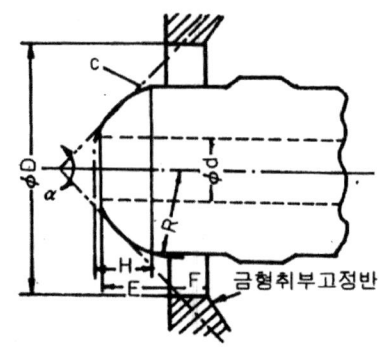

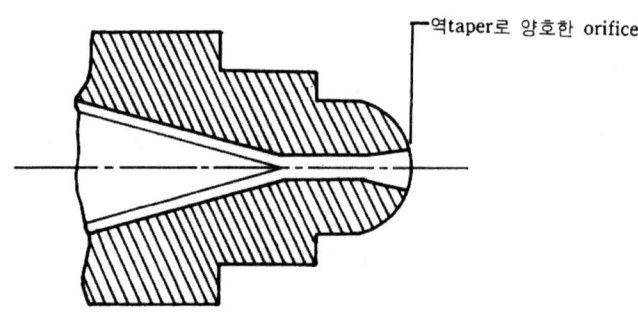

역taper로 양호한 orifice

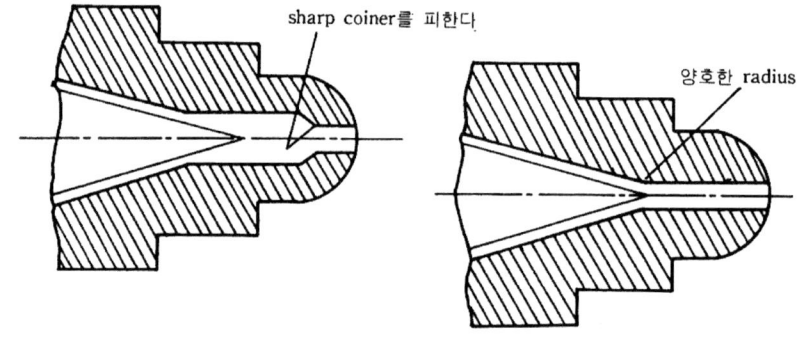

sharp coiner를 피한다

양호한 radius

2 - 1 - 11. rocket ring hole(D)

hole 깊이는 15㎜ 이상으로 한다.

rocket ring용 hole의 직경이 60인 경우는 hole 깊이를 10㎜로 한다.

호 칭	기준 치수	허용차
60	60	+ 0.0300
100	100	+ 0.0350
120	120	
150	150	+ 0.0400

2-1-12. 최소 형두께 및 최대 열림치수의 관계

flat한 부품은 형체력을 필요로 하고 두꺼운 성형품은 사출용량에 문제가 있다. 또한 높이가 높은 성형품은 형개 stroke가 필요하다.

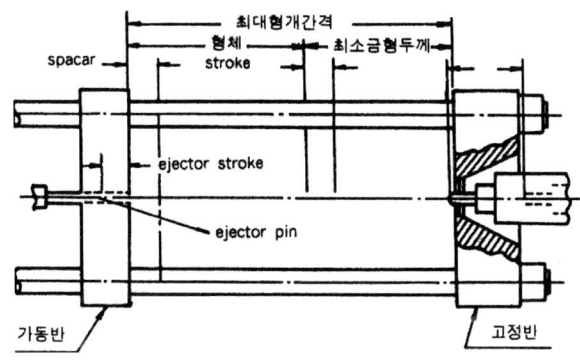

2-1-13. tie bar 간격 치수와 tie bar 표시

호 칭	A·B의 기준 치수	호 칭	A·B의 기준 치수
100	110	550	560
150	160	600	610
200	210	650	660
250	260	700	710
300	310	800	820
350	360	900	920
400	410	1,000	1,020
450	460	1,100	1,120
500	510	1,200	1,220

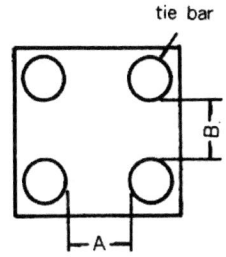

2-1-14. 형체력과 사출용량 및 취부 가능한 mold base

순	형체력 (ton)	사출용량		tie bar 간격		취부 가능한 mold base
		gr	oz	최대간격 성형기 (h)×(v)	최소간격 성형기 (h)×(v)	(a)×(b)
1	15	13	0.46	225×225	180×180	150×300
2	25	30	1.06	260×260	240×240	200×350
3	50	63	2.21	310×310	280×280	250×450
4	75	108	3.80	370×370	304×304	300×500
5	100	170	6.0	410×410	380×380	330×500
6	125	178	6.28	435×375	405×405	330×500
7	150	267	9.42	510×510	435×375	400×700
8	180	380	13.4	530×530	510×440	400×700
9	200	490	17.3	560×560	510×440	450×600
10	250	720	25.4	615×615	610×530	500×700
11	300	920	32.5	690×690	610×530	550×850
12	350	940	33.1	750×750	700×700	600×1000
13	400	1350	47.6	780×780	710×610	650×1000
14	450	1450	51.1	830×830	810×810	700×1000
15	500	1960	69.1	900×900	820×720	800×1000
16	600	2350	82.9	970×870	930×930	850×1000

- 금형 size의 최적화
- 금형 수명의 long run화
- 성형의 치수 안정성
- 설계의 극한화

2-1-15. 압출 rod hole을 가동 plate에 설치
- 압출 rod의 직경이 30～50㎜

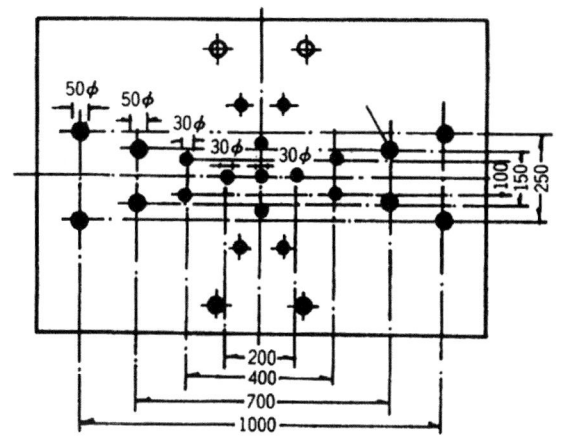

2-2. 고무사출성형기

2-2-1. 횡형 고무용 사출성형

(1) 특징

① 고정도의 성형품과 불량률이 저감

② 양산 요구에 speedy 대응

③ 전자동화에 대응하는 유리한 설계

④ 재료 loss 저감

⑤ optimum 설계 및 중량

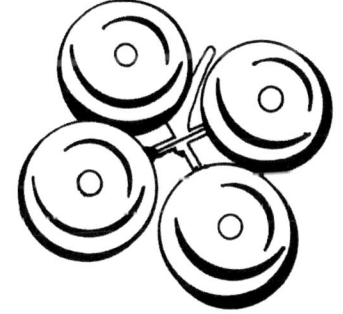

(2) 성형기 방식

① core 인발 방식

고무원통 bush 성형품의 취출을 인발 방식으로 제품을 취출

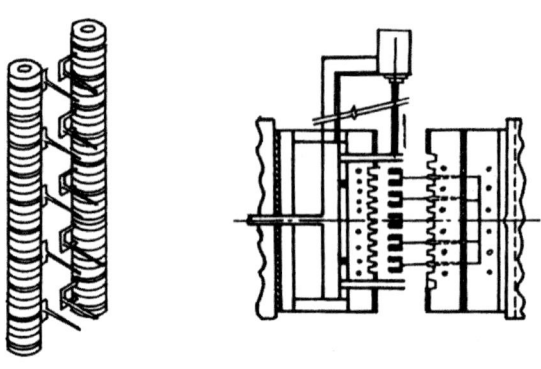

② ejector plate 삽입 방식

제품 외주의 undercut가 있는 성형품의 성형 방법

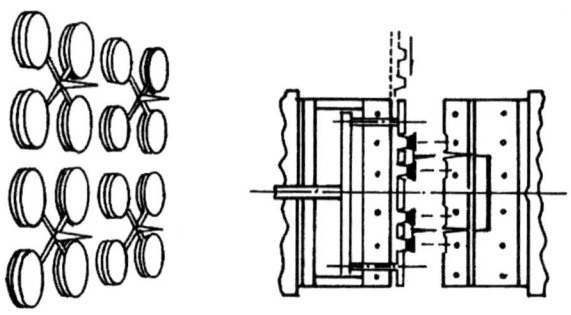

③ 유압 ejector 방식

방진고무 등 두꺼운 제품에 이용되고 가동 측 금형에 깊게 유압된 제품을 직접 형으로부터 밀어내어 이형하는 방법

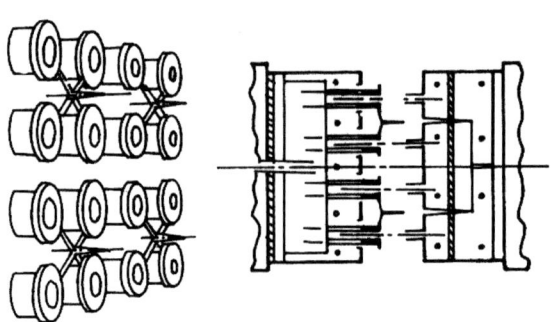

④ air ejector 방식

주름살 hose 등 undercut가 있는 원통, 원뿔 모양의 성형품을 core 인발에 의한
취출 방식

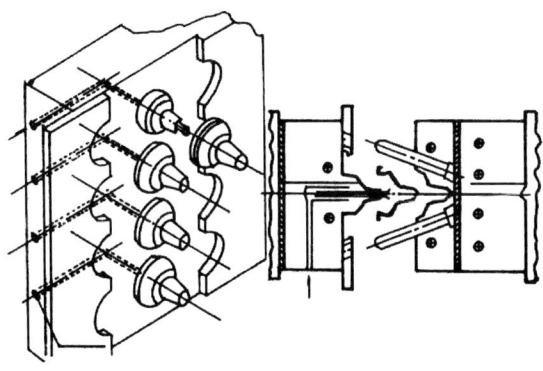

⑤ 제품취출기 이용 방식

diaphragm 등 비교적 간이한 제품 형상, 가동 측 금형에 부착하는 제품 취출
에 이용하는 방식

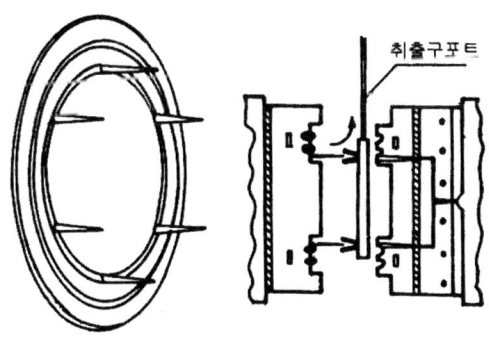

2-3. 고무의 주요 특성

◎ 우수, ○ 양호, ● 보통, × 불량

명칭 ASTM 기호	주요특성	Hs 경도범위	Ts 인장강도 (kg/cm)	Rs 신장률(%)	사용온도 범위(℃)	체적고유 저항 (Ω-cm)	압축 영구성	내마모성	내후성	내열성	내한성	내산성	내유성	내연성	내충격성	내기체 투과성	비중 (g/cm³)
NR 천연고무	고탄력성 저온특성 양호 내유성 부적	10~100	30~350	100~1000	-70~+90	10^{10-15}	◎	○	●	●	○	○	×	×	○	●	1.19
EPM, EPDM 에틸렌프로필렌	내노화, 오존성, 내후, 내아몬성, 내마모, 전기특성	20~90	50~200	100~800	-60~+150	10^{12-15}	●	○	◎	○	○	◎	×	×	◎	●	
CR 클로로프렌	내후, 내오존, 내열성, 내아몬성 우수	20~90	50~250	100~1000	-60~+120	10^{10-12}	●	○	◎	○	●	●	○	○	●	○	
BIR 부틸고무	내후, 내오존, 내gas, 투과성, 내노성, 충제	20~90	50~200	100~800	-60~+120	10^{16-18}	●	●	◎	○	●	◎	×	×	◎	◎	
NBR 니트릴부타디엔	내유, 내마모, 내노화성 양호	20~100	50~300	100~800	-50~+120	10^{2-10}	○	◎~○	○	●	●	○	◎	×	●	●	
Si 실리콘고무	고도의 내열, 내한성, 내아몬성	30~90	40~100	50~500	-120~+280	10^{9-12}	◎	●	◎	◎	○	○	×	○	○	●	1.14
U 우레탄고무	기계적 강도, 내유성, 내아몬성	30~100	200~500	300~800	-60~+80	10^{8-10}											
SBR 합성고무	내유, 내마모성 부적, 저점고무	60	158	400				×					×				1.243

(주) 1. RSS는 천연고무
2. 시험법은 JIS K-6380B-Ⅱ(공업용 고무 패킹 재료에 관한 규격) 및 JIS B-2401(공업용 O-ring에 관한 규격)
3. 내후성 시험(Weathering test) 및 내부 시험 조건: 직사광선과 통풍이 가능한 장소에 7일 이상 방치 후 옥외상 이상이 없을 것
4. 산화 시험(ozone test): 오존 농도 50ppm, 온도 50℃
(1) 신장 20%, 침지 후 100시간 이후 Sampling 10% 이상이 없을 것
(2) 100pphm×24H×40℃ no crack
5. 구열방성 시험(Tearing strength test): 침식+63±5℃ 40시간-10℃ 이하
40시간 방치 후 손으로 제품을 변형시켰을 때 육안상에 이상이 없을 것
6. 이행성 시험: Acryl판 사이에 고무 시험편을 끼우고 250g의 압력을 가하여 50℃에 24시간 방치 후 분리했을 때 Acryl판에 고무의 묻어남이 없어야 한다.

2-3-1. 고무 재료 시험 예

시험항목		표준규격 JIS K-6380B-II		시험결과 OR-69D		표준규격 JIS B-2401	
1	상태시험 경도 Hs 모듈러스(100%) kg/㎠ 인장강도 kg/㎠ 신장률 %	70±5 － 170 300		71 45 195 350		70±5 28 이상 100 이상 250 이상	
2	노화시험 경도변화(도) 인장강도 변화율 % 신장 변화율 %	노화조건 100℃×70hrs					
		+15 이상 －20 이상 －50 이상		+3 +3.5 －20		+10 이상 －15 이상 －45 이상	
3	압축영구 굽힘시험 곡률 %	시험조건 100℃×70hrs					
		75 이상		22		40 이상	
4	마모시험 마모지수 %	노화조건 100℃×70hrs					
		－		－		－	
5	내유성시험	시험조건 100℃×70hrs					
		ASTM#1	ASTM#3	ASTM#1	ASTM#3	ASTM#1	ASTM#3
	경도 변화(도) 인장강도 변화율 % 체적 변화율 % 중량 변화율 %	－5～+10 －20 이내 －40 이내 －10～+5 －	－10～+5 －40 이내 －40 이내 0～+30	+1 +3 －10 －3.2	－2 －8 －18 +3.5	－5～+8 －15 이하 －40 이하 －8～+5	－15～0 －25 이하 －35 이하 0～+20
6	저온굽힘 시험 －30～－35℃						

<비고> JIS K-6380 B-Ⅱ 717

　　공업용 고무팍킹 재료에 관한 규격

　　JIS B-2401

　　공업용 O-Ring에 관한 규격임

3. 사출성형의 기본

3-1. plastic의 종류와 구분

3-1-1. 결정성에 의한 plastic의 종류

결정성 plastic	무정형 plastic
polyamide 6	PS
6.6	PVC
11	MS
12	
POM	PC
PBT	PPHOX
PE	POLYSUFUNE
PP	
PPS	
TPX	

3-1-2. 결정성 plastic과 무정형 plastic 특징

plastic	우수한 성질	불리한 성질
결정성 plastic	• 내약품성(내용제성)이 양호 • 내열성이 양호 • 기계적인 성질이 우수(탄성내마모성)	• 열변형온도에 대한 하중 의존성이 크다. • 일반적인 내후성이 양호(예외 PBT) • 일반적인 불투명(예외 TPX) • 성형수축률이 크다(치수정밀도)
무정형 plastic	• 투명 • 성형수출률이 적다. • 실용 범위 내 강도, 탄성계수의 온도 의존성은 결정 plastic보다 적다.	• 내약품성이 양호(내용제성) • 피로강도가 적다(PMMA는 비교적 크다).

3-1-3. PA수지의 장점과 단점

장 점	단 점
내충격성이 좋고 강인하다. 마찰마모특성이 좋다. 내약품성이 좋다. 진동을 흡수하는 성능이 좋다. 내열성이 좋다. 내한성이 좋은 grade가 있다. 내후성이 좋은 grade가 있다(PA12).	흡습성이 크다. glass 전이온도가 50℃ 부근에 있다. 변형온도가 낮다. 내후성은 일반적으로 나쁘다.

3-1-4. POM 수지의 장점과 단점

장 점	단 점
기계적 성질 피로강도가 크다. 환경하에 내creep성이 좋다. 마찰마모특성이 좋다. 내약품성이 좋다. 내열성이 우수하다.	내산성이 나쁘다. 내후성이 나쁘다.

3-1-5. PC수지의 장점과 단점

장 점	단 점
내충격성이 우수하다. glass 전이온도가 높다. 저온특성이 좋다. 전기적 성질이 좋다(고주파수 영역). 내후성이 좋다. 투명하다.	내약품성이 나쁘다. 내열수성이 나쁘다. 피로강도가 낮다.

3-1-6. PBT수지의 장점과 단점

장 점	단 점
내열성이 좋다. 내약품성이 좋다. 전기적 특성이 우수하다. 내수성이 작다. glass섬유가 없는 grade는 마찰마모특성이 좋다.	내열수성이 나쁘다. glass 전이온도가 40~60℃이다.

3-1-7. 변성 PPO수지의 장점과 단점

장 점	단 점
전기적 특성이 우수하다. 유전손실이 적고, 절연성이 좋다. 내열수성이 좋다. 내열성이 좋다. 비중이 작다.	내약품성이 좋다.

3-1-8. 각종 enpla 수지의 특징

수 지	특 징
불소수지	마찰계수가 적고 윤활성이 우수하다. 최고 260℃ 최저 -200℃의 범위에 사용 가능 전기절연성이 최고, 유전손실은 최소
PPS	연속사용온도 260℃ 결정성 plastic으로 내약품성이 좋다. 내열수성 양호
Polyarylate (PAR)	비결정성 plastic으로 투명 강인한 고충격 탄성 및 회복성이 좋다. -100~+200℃ 내열열화성이 좋다.
Polysulfone	-100~+150℃ 연속사용이 가능 비결정성 plastic으로 무기산, alkali에 강하다. 투명 전기적 성질이 좋다.
TPX(4메칠·펜텐1의 중합체)	융점 230~240℃의 결정성 plastic 비중 0.83 내약품성, 전기적 성질이 좋다. 자외선에 약하다.
GL수지	내용제, 내마모, 내후성이 있다. 흡수율이 크고 수중, 열수중에 사용을 피한다.

3-2. 고무의 사출성형법과 압축성형법의 비교

순	항 목		사출성형법	압축성형법	사출기 채용에 의한 효과
1	성형공정	원료 공급법	• 원료를 통산 roll의 ribbon상으로 공급 • 연속 자동 공급	• 성형품 형상을 합한 계량 절단 • 수동으로 재료를 금형에 삽입	• 인원 삭감 • 개량 정도 향상 • 균일한 예열
		가류법	• 연속 자동 가류	• 가압 형체 gas로 가감압 가류	• 취부 금형에 예열계량하여 완전자동 공급 • 가류 시간이 press 성형법에 비하여 60~90% 단축
		제품 취출	• 반자동에서 완전자동 작업이 간단하다.	• 금형에 인출 후 취출 • 작업이 복잡	• 안전한 기계 자동작업 관리
		마무리	• spray, gate의 절단 • 성형귀 두께 균일	• 성형귀 두께 다름 • 자동 마무리가 난해	• gate, runner, sprue의 절단 • 자동 마무리 • 금형구조를 cold runner화
2	경제성	설비비	• 고가	• 비교적 싸다.	• 동일 형체력의 press에 비해 4~8배 생산성 향상
		금형	• 고가(압축용 형의 5~10배)	• 구조 단순, 경량	• 가동률은 press에 비해 4~8배 생산성 향상
		원료 loss	• 0.5~0.8%(sprue, runer)	• 20~50%	• 중간 loss가 크다.
		불량률	• 1% 이하	• 15% 이하	• 작업자에 무관
		생산성	• 동일 형체력의 press에 비해 4~8배	• 동일 형체력의 press에 비해 1/4~1/8	• 가류 시간 단축 • 1인당 생산성 수배 향상
3	기타	노동 사정	• 단순, 경작업화 • 여자 고령자 충분	• 육체노동 • 남자 직입자 주체	• 작업이 단순, 경작업
		직업 환경	• 열 발생원이 작다. • 운반 삭감	• 현상의 작업 환경	• 작업장 냉난방 가능
		품질	• 안정 • 고온 단시간 • 가류화 • 고정도	개인차 • 고온 단시간 가류 불가	• 생산성 향상, 품질 우수

3-3. 저발포 사출성형

3-3-1. 저발포 성형방법

(1) full shot법과 short shot법

① full shot법

각 SF process에 따라 수지를 발포할 때 금형 cavity에 수지를 충전한 후 수지의 체적 수축이 cavity 용적의 확대를 이용하는 방법이다.

- 완전한 평면성과 금형 전사성을 얻을 수 있다.
- 사출 속도를 높임에 따라 weld line을 줄일 수 있다.
- 수지 유동을 그다지 수반하지 않기 때문에 균일한 발포를 얻을 수 있다.
- 물성이 우수함

② short shot법

수지를 cavity 용적보다 작게 사출하여 발포제의 Gas압에 따라 발포하는 방법이다.

- 성형품 형상의 재현성과 금형 전사성을 충분히 얻을 수 없다.
- 발포 압력을 높여야 한다.
- 냉각 시간을 길게 잡아야 한다.
- 저압 성형이므로 대형의 성형품을 얻을 수 있다.
- 금형 강도가 그다지 필요하지 않는다.

(2) countor pressure법과 sandwich 성형법

① countor pressure법

금형 cavity 내에 사출된 수지가 발포할 수 없는 상태에 발포 압력 이상의 gas압을 수지의 충진 완료 직전까지 cavity 내에 가하는 방법

- 평활한 성형품을 얻을 수 있다.
- 금형이 기밀 구조가 되기 때문에 cost가 올라간다.
- gas control unit가 필요하다.

② sandwich 성형법

수지 유동의 층류성을 이용하여 표면층에 비발포성 수지, 내층에 발포성 수지를 배합하여 보통의 실린더에서 2중의 수지를 short shot하고, 발포성 수지층의 발포 압력으로 충진을 완료하는 방법

- 완전한 표면층의 평활면을 얻을 수 있다.
- 층류 조건을 유지해야 하는 제약이 있다.
- 전용 성형기를 사용하여야 한다.

(3) full shot-countor pressure법(fs-cp법)

고발포율화＝경량화를 성형품의 목적으로 하지 않는 한, 최고로 손쉽고 유용한 fs process이다.

- 발포 배율을 1.05 이하로 설정한다.
- 냉각 시간이 짧다.
- 금형 재현성이 우수하다.
- 성형품 물성이 우수하다.
- 성형기는 범용기를 일부 개조하여 사용할 수 있다.

(4) usm worm process

FS-CP법과 형확대법을 조합한 것으로, 금형 cavity 내에 수지를 full shot한 후 금형의 일부 또는 전체를 일정량 확대하여 임의의 발포 배율을 얻을 수 있는 방법

- 발포 배율은 넓은 범위 설정 가능(1～3배)
- 성형품 두께 변화의 허용도가 높다.
- 성형기의 일정량 확대 기구 추가 필요
- 2차 발포의 영향이 적다.
- 냉각 시간 단축이 가능
- 표면층이 균일, 층두께의 control이 가능
- 발포 cell이 대단히 균일, 물성이 우수
- 두꺼운 성형 제품의 경량화에 유효하다.

3-4. 고사출압에 의한 수축률

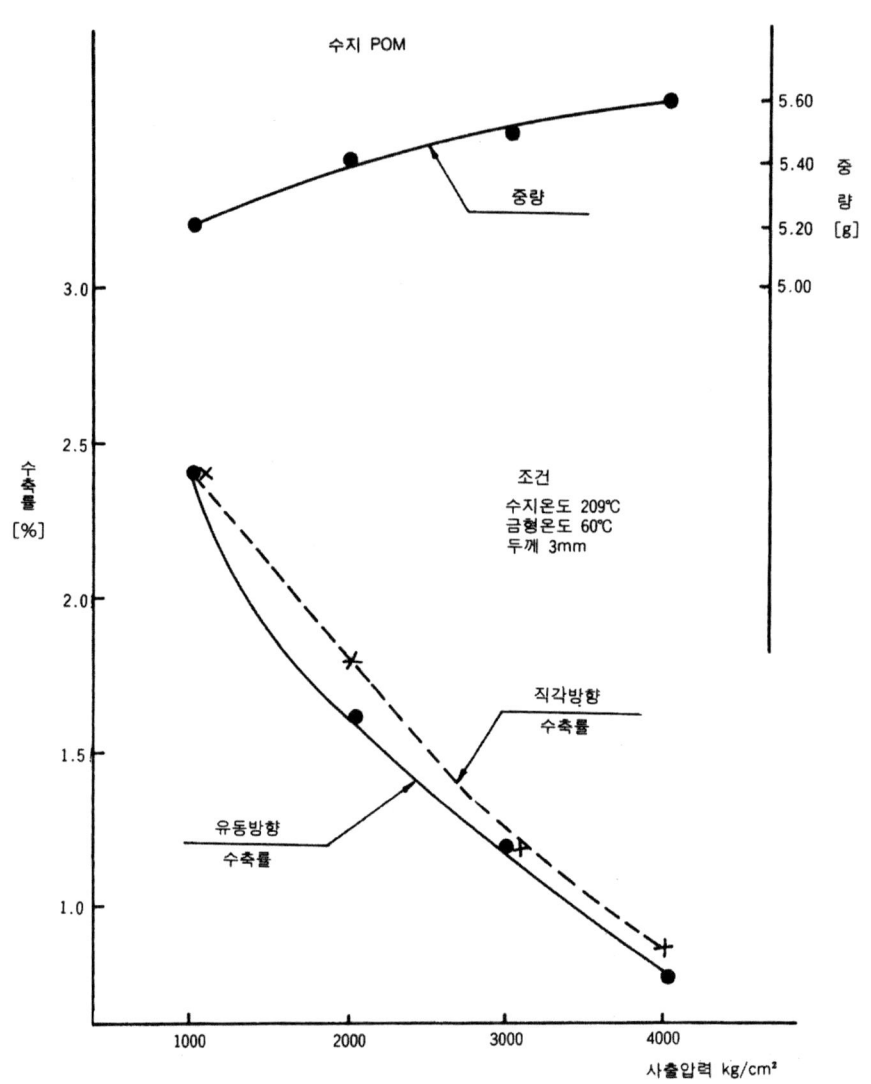

3-5. styrene monomer

3-5-1. SM을 중심으로 생산된 대표적 plastics

	PS	ABS	SAN	비고
기본 구성	$\left[C(H)-CH_2 \right]_n$ (phenyl)	$\left[C(H)-CH_2 \right]_n$ (phenyl) $+CH_2=CHCN+BR$	$\left[C(H)-CH_2 \right]_n$ (phenyl) $+CH_2=CHCN$	
명칭	polystyrene	acrylonitrile – butadiene – styrene terpolymer	acrylonitrile – styrene copolymer	
특징	1. 작업성 우수 2. 낮은 성형수축률 3. 전기절연성 4. 낮은 흡습성 5. odourless / tasteless	1. 기계적 강도 우수 2. 사용 온도 영역 넓음 3. 내화학성 4. 전기절연성 5. 치수안정성	1. 투명성 2. 색상 / 광택성 3. 내열성 / 내화학성 4. 경도 / 인장특성 5. 낮은 성형수축률	
용도	○ electric / electronic TV, C / S radio & Rec. cabinet, VTR frame ○ tape – audio, video tape case ○ toy – boll, box mini – car ○ house – hold – ware ○ yogurt bottle ○ food container * EPS – 단열재 포장재	○ 자동차부품 – dash – board, grilles, pump impeller ○ electric / electronic TV, C / S radio cabinet, appliance housing & parts – knob, button ○ pipe & fittings ○ luggage / helmets ○ telephone case ○ refrigerator liner ○ shoe heels ○ OA m / c housing, etc	○ 자동차부품 – battery case, signals, interior trim, speed – meter lens ○ electric / electronic bust cover, window scale, juice & mixer, fan, filter bowls, terminal box. ○ packing – cosmetic container, display box / 문구류 / 라이터 brush handle	

3-5-2. SM의 특징

(1) SM은 액상으로 안전하고 비교적 간편하게 취급 가능하며, boiling point는 140℃ 정도임.

(2) SM은 vinyl기는 다양한 조건 아래서 중합 및 공중합반응을 쉽게 일으킬 수 있음.

3 - 5 - 3. SM의 제조 방법

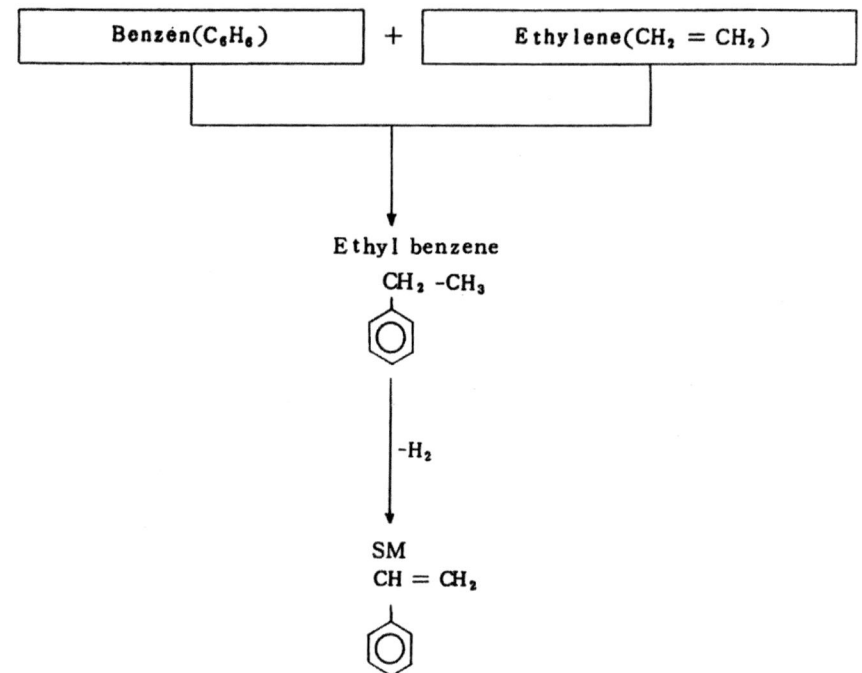

4. 한국의 석유화학공업

4-1. 석유화학공업 계통도

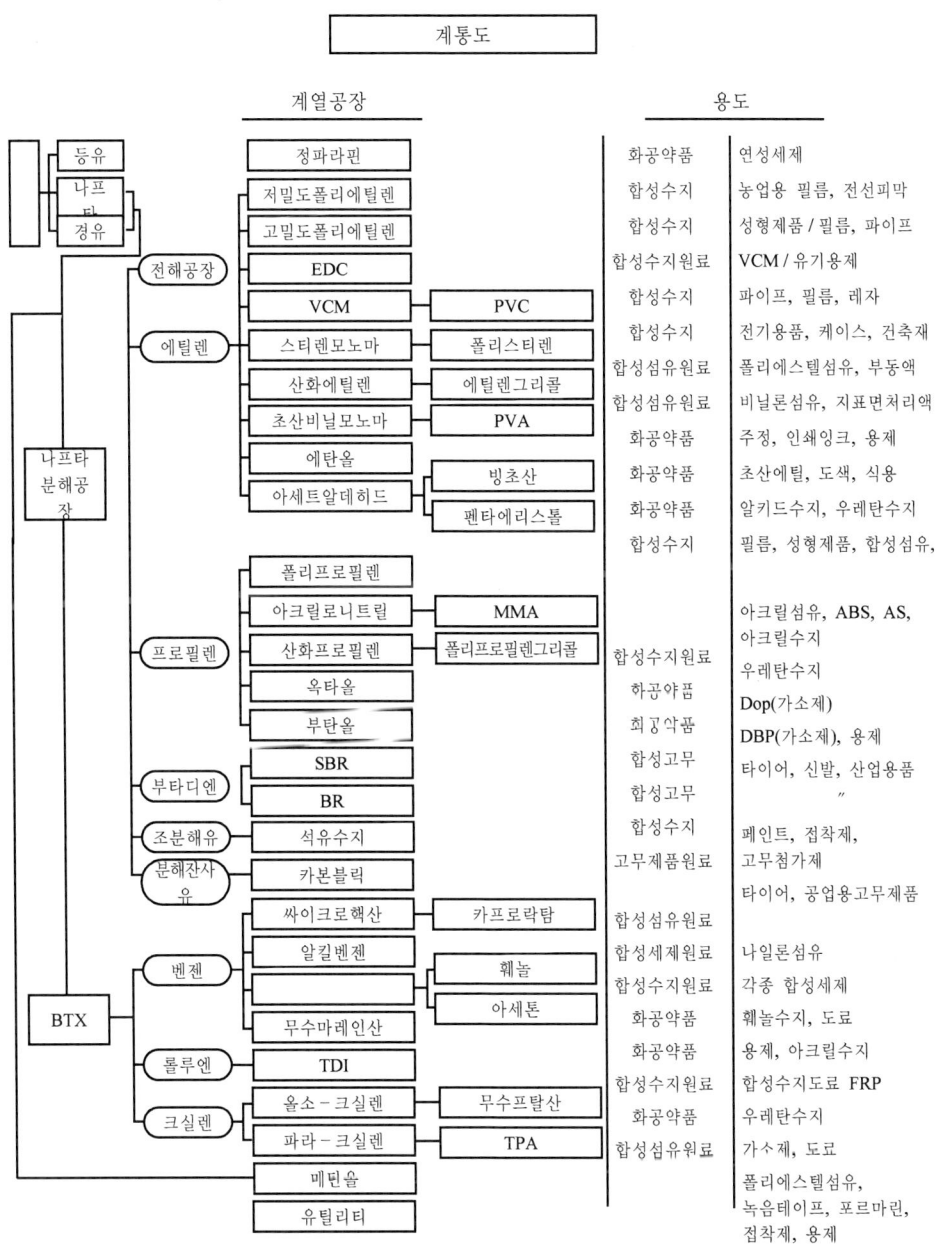

계통도

계열공장		용도	
정파라핀		화공약품	연성세제
저밀도폴리에틸렌		합성수지	농업용 필름, 전선피막
고밀도폴리에틸렌		합성수지	성형제품 / 필름, 파이프
EDC		합성수지원료	VCM / 유기용제
VCM	PVC	합성수지	파이프, 필름, 레자
스티렌모노마	폴리스티렌	합성수지	전기용품, 케이스, 건축재
산화에틸렌	에틸렌그리콜	합성섬유원료	폴리에스텔섬유, 부동액
초산비닐모노마	PVA	합성섬유원료	비닐론섬유, 지표면처리액
에탄올		화공약품	주정, 인쇄잉크, 용제
아세트알데히드	빙초산	화공약품	초산에틸, 도색, 식용
	펜타에리스톨	화공약품	알키드수지, 우레탄수지
폴리프로필렌		합성수지	필름, 성형제품, 합성섬유,
아크릴로니트릴	MMA		아크릴섬유, ABS, AS,
산화프로필렌	폴리프로필렌그리콜	합성수지원료	아크릴수지
옥타올		하공약품	우레탄수지
부탄올		최공약품	Dop(가소제)
SBR		합성고무	DBP(가소제), 용제
BR		합성고무	타이어, 신발, 산업용품
석유수지		합성수지	〃
카본블릭		고무제품원료	페인트, 접착제, 고무첨가제
싸이크로핵산	카프로락탐	합성섬유원료	타이어, 공업용고무제품
알킬벤젠		합성세제원료	나일론섬유
	훼놀	합성수지원료	각종 합성세제
	아세톤	화공약품	훼놀수지, 도료
무수마레인산		화공약품	용제, 아크릴수지
TDI		합성수지원료	합성수지도료 FRP
올소-크실렌	무수프탈산	화공약품	우레탄수지
파라-크실렌	TPA	합성섬유원료	가소제, 도료
메딘올			폴리에스텔섬유, 녹음테이프, 포르마린, 접착제, 용제
유틸리티			

등유
나프타
경유

전해공장
에틸렌
프로필렌
부타디엔
조분해유
분해잔사유
벤젠
톨루엔
크실렌

나프타 분해공장

BTX

4 - 2. 울산석유화학공단

ULSAN PETROCHEMICAL COMPLEX

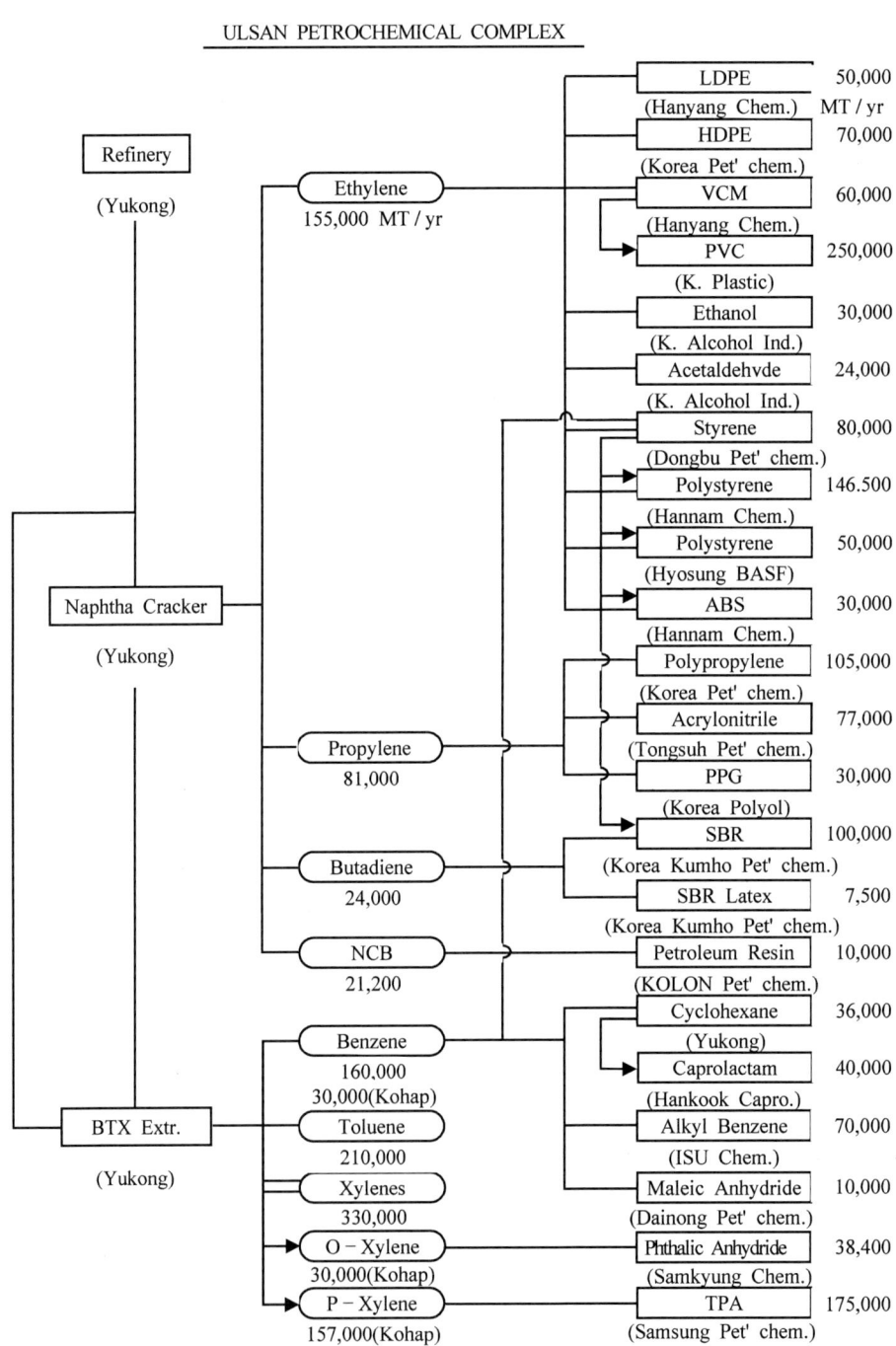

LDPE	50,000	
(Hanyang Chem.)	MT / yr	
HDPE	70,000	
(Korea Pet' chem.)		
VCM	60,000	
(Hanyang Chem.)		
PVC	250,000	
(K. Plastic)		
Ethanol	30,000	
(K. Alcohol Ind.)		
Acetaldehyde	24,000	
(K. Alcohol Ind.)		
Styrene	80,000	
(Dongbu Pet' chem.)		
Polystyrene	146.500	
(Hannam Chem.)		
Polystyrene	50,000	
(Hyosung BASF)		
ABS	30,000	
(Hannam Chem.)		
Polypropylene	105,000	
(Korea Pet' chem.)		
Acrylonitrile	77,000	
(Tongsuh Pet' chem.)		
PPG	30,000	
(Korea Polyol)		
SBR	100,000	
(Korea Kumho Pet' chem.)		
SBR Latex	7,500	
(Korea Kumho Pet' chem.)		
Petroleum Resin	10,000	
(KOLON Pet' chem.)		
Cyclohexane	36,000	
(Yukong)		
Caprolactam	40,000	
(Hankook Capro.)		
Alkyl Benzene	70,000	
(ISU Chem.)		
Maleic Anhydride	10,000	
(Dainong Pet' chem.)		
Phthalic Anhydride	38,400	
(Samkyung Chem.)		
TPA	175,000	
(Samsung Pet' chem.)		

Refinery (Yukong)

Ethylene 155,000 MT / yr

Naphtha Cracker (Yukong)

Propylene 81,000

Butadiene 24,000

NCB 21,200

Benzene 160,000 30,000(Kohap)

BTX Extr. (Yukong)

Toluene 210,000

Xylenes 330,000

O - Xylene 30,000(Kohap)

P - Xylene 157,000(Kohap)

4-3. 여천석유화학공단

YEO-CHON PETROCHEMICAL COMPLEX

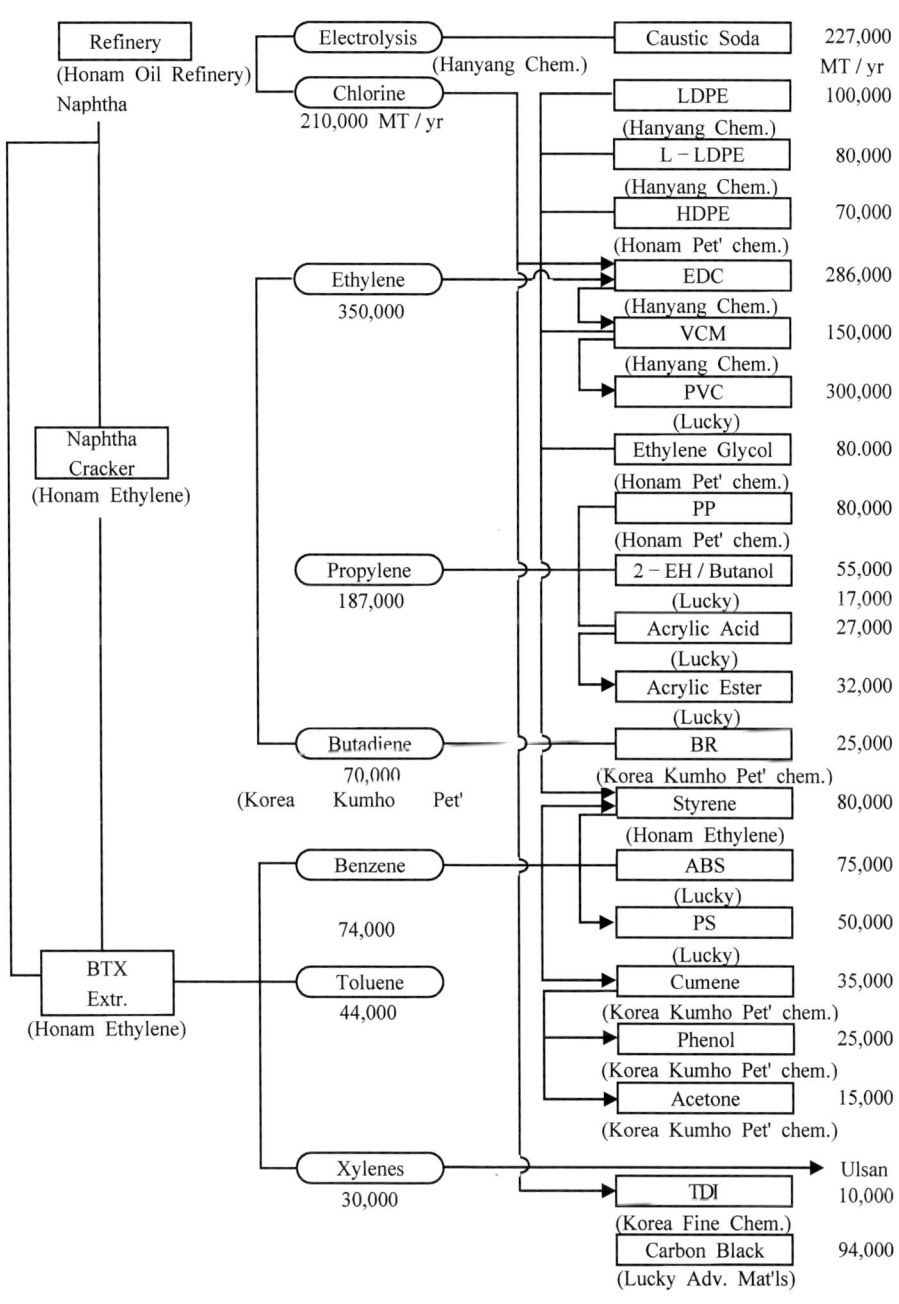

	POHANG	PUSAN		ANYANG	
	Carbon Black / PA	Ethyl Acetate	PG / PPG	PS	ABS
	30,000 / 15,000	5,000	5,000 / 5,000	48,000	15,000
	(K. Steel Chem.)	(Miwon)	(Miwon)	(Shin - A Chem.)	

4-4. 제품 및 단지별 석유화학제품 시설능력 현황

(단위: 천톤)

제품명	울산단지	여천단지	기 타	합 계
에틸렌	155	350	-	505
<중간제품>				
SM	80	80	-	160
EDC	-	286	-	286
VCM	60	150	-	210
올소키실렌	30	-	-	30
파라키실렌	157	-	-	157
아세트알데히드	24	-	-	24
<합성수지>				
LDPE	50	180	-	230
HDPE	70	70	-	140
PP	105	80	-	185
PS	197	50	-	247
ABS	20	75	-	95
PVC	250	250	-	500
<합성원료>				
AN	77	-	-	77
카프로락탐	33	-	-	33
TPA	160	-	-	160
EC	-	80	-	80
<합성고무>				
SBR	100	-	-	100
SBR - Latex	5	-	-	5
BR	-	25	-	25
HSR	-	5	-	5
알킬벤젠	43	-	-	43
카본블랙	-	50	74	124
메탄올	-	(330)	-	(330)

제품명	울산단지	여천단지	기타	합계
무수프탈산	38	–	15	53
무수마레인산	10	–	–	10
PPG	20	–	5	25
석유수지	10	–	–	10
페놀	–	25	–	25
아세톤	–	15	–	15
TDI	–	10	–	10
2-에틸헥산올	–	–	55	55
부탄올	–	–	17	17
초산	–	–	30	30
초산에틸	–	–	5	5
PG	–	–	5	5

자료: 한국석유화학공업협회
주: ( )은 가동 중지

4-5. 국내출하 석유화학제품의 수요구성비

단위: 천톤, %

구 분	연 도	1979	1980	1981	1982	1983	연평균 증가율
합성수지	내수	402(82.5)	387(59.5)	343(48.0)	335(42.1)	510(55.4)	6.1
	로칼수출	67(13.8)	143(22.2)	237(33.1)	267(33.5)	258(28.0)	40.1
	직수출	18(3.7)	118(18.3)	135(18.9)	194(24.4)	153(16.6)	70.7
	계	487(100.0)	644(100.0)	715(100.0)	796(100.0)	921(100.0)	17.3
합성원료	내수	57(46.3)	62(22.6)	85(26.2)	95(30.1)	112(32.4)	18.4
	로칼수출	66(53.7)	211(77.0)	240(73.8)	221(69.9)	231(67.0)	36.8
	직수출	–(0.0)	1(0.4)	–(0.0)	–(0.0)	2(0.6)	26.0
	계	123(100.0)	274(100.0)	325(100.0)	316(100.0)	345(100.0)	29.4
합성고무	내수	35(56.5)	35(48.6)	33(41.3)	30(46.9)	31(34.5)	△3.0
	로칼수출	27(43.5)	38(51.4)	43(55.0)	30(46.9)	48(54.3)	15.5
	직수출	–(0.0)	–(0.0)	3(3.7)	4(6.2)	11(12.2)	91.5
	계	62(100.0)	73(100.0)	79(100.0)	64(100.0)	90(100.0)	9.8

자료: 한국석유화학공업협회, 「석유화학공업통계」, 1984.
주: ( ) 안의 숫자는 각 제품에 대한 구성비율임.

4-6. 석유화학산업의 부가가치 비중

단위: 10억 원(1980년 불변가격), %

구 분 공업별	금 액						연평균 증가율		
	1970	%	1975	%	1983	%	'71~75	'76~83	'71~83
화학공업	173	5.3	476	6.8	1,166	6.9	22.4	11.9	15.8
석유화학	14	0.4	148	2.1	360	2.1	61.1	11.8	28.4
정밀화학	159	4.9	328	4.7	806	4.8	15.6	11.9	13.3
섬유공업	536	16.6	1,424	20.3	2,557	15.1	21.6	7.6	12.8
철강공업	95	3.0	235	3.3	1,189	7.0	19.7	22.5	21.5
전자공업	28	0.9	220	3.1	1,503	8.9	51.0	27.2	35.9
제조업	3,234	100.0	7,018	100.0	16,905	100.0	16.8	11.6	13.6
GNP	6,363		26,113		45,634		32.6	7.2	16.4

자료: 경제기획원, 「광공업조사통계보고서」, 1970, 1975, 1983.

4-7. 석유화학산업의 생산·내수 비중

구 분 공업별	생 산						연평균 71~80
	금 액						
	1970	%	1975	%	1983	증가율 %	
화학공업	351	4.6	1,189	6.1	3,211	6.6	18.6
석유화학	52	0.7	472	2.4	1,561	3.2	29.9
정밀화학	299	3.9	717	3.7	1,650	3.4	14.0
섬유공업	1,439	18.9	4,189	21.4	6,796	13.9	12.7
철강공업	360	4.7	976	5.0	4,064	8.3	20.5
전자공업	68	0.9	576	2.9	3,997	8.2	36.8
제조업	7,582	100.0	19,545	100.0	78,808	100.0	15.4

	내 수						연평균 71~81
	금 액						
	1970	%	1975	%	1983	증가율 %	
	592	7.0	1,770	9.3	4,191	9.4	14.6
	236	2.8	921	4.8	2,287	5.1	19.1
	356	4.2	849	4.5	1,904	4.3	13.8
	1,172	13.8	2,655	13.9	3,879	8.8	9.7
	496	5.8	1,030	5.4	3,544	8.0	16.3
	78	0.9	484	2.5	3,858	8.7	35.0
	8,507	100.0	19,101	100.0	45,528	100.0	13.6

4-8. 우리나라 석유화학공업이 세계석유화학공업에서 차지하는 비중

단위: 천톤, %

구 분		1979	1980	1981
에틸렌	한국(A)	190	369	375
	세계(B)	33,342	34,058	32,885
	A / B	0.6	1.1	1.1
합성수지1)	한국(A)	500	631	701
	세계(B)	35,516	32,883	33,020
	A / B	1.4	1.8	2.1
합성섬유원료2)	한국(A)	92	129	130
	세계(B)	5,694	5,180	5,370
	A / B	1.6	2.5	2.4
합성고무3)	한국(A)	60	75	82
	세계(B)	9,360	8,451	8,465
	A / B	0.6	0.9	1.0

자료: 1) UN, Yearbook of Industrial Statistics 1981, 1982, 1983.
2) 한국석유화학공업협회, 「석유화학공업통계」, 1984.
주: 1) 합성수지는 PE, PP, PS, PVC 포함
2) 합성섬유원료는 AN, EG 포함
3) 합성고무는 SBR, BR 포함

4-9. 우리나라 석유화학산업의 성장추이

1974	1975	1976	1977	1978	1979	1980	1981	1982	1983	1984	1985	%
에틸렌수요 (1,000MT)	161	188	233	320	444	506	439	468	505	643	757	
성장률(%)	3.9	16.8	23.9	37.3	38.8	14.0	△13.2	6.6	7.9	27.3	17.7	16.7
GNP성장률(%)	8.0	7.1	15.1	10.3	11.6	6.4	△6.2	6.4	5.4	9.5	7.6	7.4

자료: 한국석유화학공업협회, 「석유화학공업통계」, 1985.

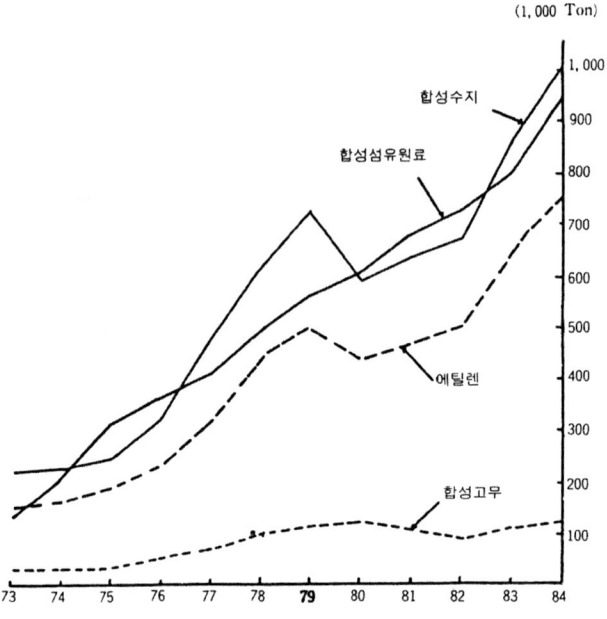

(1,000 Ton)

합성수지

합성섬유원료

에틸렌

합성고무

73 74 75 76 77 78 **79** 80 81 82 83 84

4 - 10. 회사별 생산제품

製品名	會社名	生産能力(톤 / 연)	工場所在	工　程
톨루엔	油公	43,000	蔚山	
	油公	88,000	蔚山	
조톨루엔	製鐵化學	7,000	浦項	
키실렌	油公	88,000	蔚山	
	油公	180,000		
	湖南에틸렌	52,000	麗川	
	湖南에틸렌	37,000	麗川	
올소 - 키실렌	高麗綜合化學	30,000	蔚山	UOP
파라 - 키실렌	高麗綜合化學	119,000	蔚山	
사이클로핵산	油公	36,000	蔚山	UOP Hydrar
	湖南石油化學	10,000	麗川	自社
鹽素	韓洋化學	210,000	麗川	Dow Diaphram
EDC	韓洋化學	286,000	麗川	Dow
VCM	韓洋化學	60,000	蔚山	Dow Oxy
	韓洋化學	150,000	麗川	Dow Oxy
스티렌모노마	蔚山石油化學	80,000	蔚山	Monsanto
	湖南에틸렌	80,000	麗川	Badger
	럭키	80,000	麗川	

製品名	會社名	生産能力(톤 / 연)	工場所在	工 程
아세트알데히드	韓新	24,000	蔚山	Aldehyd
LDPE	韓洋化學	50,000	蔚山	Dow Auto clave
L‑LDPE	韓洋化學	100,000	麗川	Dow Tubular
	韓洋化學	80,000	麗川	UCC
HDPE	大韓油化	70,000	蔚山	아모코‑짓소 / 自社
	湖南石油化學	70,000	麗川	三井石化
PE	油公	80,000	蔚山	
	湖南에틸렌	80,000	麗川	
폴리프로필렌	大韓油化	105,000	蔚山	Amoco
	湖南石油化學	80,000	麗川	三井東壓
	湖南精油	76,900	麗川	
PVC	韓國플라스틱	205,000	蔚山 外	
	럭키	200,000	麗川	
	럭키	50,000	麗川	
폴리스틸렌	韓南化學	146,500	蔚山	自社, Cosden
	효성 BASF	50,000	蔚山	BASF
	럭키	20,000	麗川	Toyo Engg
ABS	韓南化學	7,500	蔚山	自社 / 佳友 / Naugatuck
	럭키	75,000	麗川	JSR
SAN	럭키	15,000	麗川	Toyo Engg
아크릴로니트릴	東西石油化學	77,000	蔚山	Sohio
카프로락탐	韓國카프로락탐	33,000	蔚山	DSM

4-11. 석유화하제품의 수요전망

단위: 천톤, %

연도 제품	1983	1990	2000	연평균 증가율		
				1984~1990	1991~2000	1984~1990
에틸렌	489	1,081	1,749	12.0	4.9	7.8
합성수지	1,030	1,558	2,677	6.1	5.6	5.8
합성섬유원료	803	1,062	1,458	4.1	3.2	3.6
합성고무	103	157	276	6.2	5.8	5.9

자료: KIET 추정
주: 합성수지는 LDPE, HDPE, PVC, PP, PS 포함. 합성섬유원료는 AN, EG, TPA, 카프로락탐 포함. 합성고무는 SBR, BR 포함.

4-12. 석유화학공업의 품목별 수요전망

단위: 천톤, %

구 분		1983	1990	2000	연평균 증가율		
					1984~1990	1991~2000	1984~2000
합성수지	LDPE	179	262	320	5.6	3.0	3.5
	HDPE	151	219	310	5.5	3.5	4.3
	PP	234	362	645	6.4	5.9	6.1
	PVC	313	442	568	5.1	2.5	3.6
	PS	103	220	464	11.5	7.7	9.3
	ABS	48	109	370	15.0	13.0	13.8
	소계	1,030(53.2)	1,558(56.1)	2,677(60.7)	7.8	5.6	5.8
합성섬유원료	AN	142	165	172	2.2	0.4	1.1
	카프로락탐	134	169	229	3.4	3.1	3.2
	TPA / DMT	364	502	729	4.7	3.8	4.2
	EG	164	226	328	4.7	3.8	4.2
	소계	803(41.5)	1,062(38.2)	1,458(33.1)	4.1	3.2	3.6
고무	SBR	79	111	176	5.0	4.7	4.8
	BR	24	46	100	9.7	8.1	8.8
	소계	103(5.3)	157(5.7)	276(6.3)	6.2	5.8	5.9
계		1,936(100.0)	2,777(100.0)	4,411(100.0)	5.3	4.7	5.0

자료: KIET 추정

4-13. 합성수지의 품목별 수요전망

단위: 천톤, %

연도 / 품목	1983	1990	2000	연평균증가율		
				1984~1990	1991~2000	1984~2000
LDPE	179(17.4)	228(14.6)	320(12.0)	3.5	3.4	3.5
HDPE	152(14.7)	219(14.1)	310(11.6)	5.5	3.5	4.3
PP	234(22.7)	362(23.2)	645(24.1)	6.4	5.9	6.1
PVC	313(30.4)	420(27.0)	568(21.2)	4.3	3.1	3.6
PS	104(10.0)	220(14.1)	464(17.3)	11.5	7.7	9.3
ABS	48(4.8)	109(7.0)	370(13.8)	15.0	13.0	12.8
계	1,030(100.0)	1,558(100.0)	2,677(100.0)	7.8	5.6	5.8

자료: KIET 추정

4-14. 석유화학공업의 유망품목전망

유망품목	선정기준	수요증대	기술진보	고비창출	국제수지개선		에너지절감
					수입대체	수출증대	
합성수지	PP	○	●	△	○	△	△
	PS	○	●	△	○	△	△
	ABS	○	●	△	○	○	△
	엔지니어링플라스틱 (PES, PET, PCPA, PBT 등)	○	○	△	○	○	○
합성섬유원료	TPA	○	●	△	○	○	△
합성고무	CR	○	●	△	●	●	△
	NBR	○	●	△	●	●	△
	HSR	○	●	△	●	●	△
기타	MEK	●	○	△	○	●	△
	MIBK	●	○	△	○	●	△

자료: KIET 선정
주: ○ 많이 기여, ● 다소 기여, △ 기여하는 바가 별로 없음.

5. 사출성형금형의 기본적인 구조

5-1. 금형구조

5-1-1. 금형

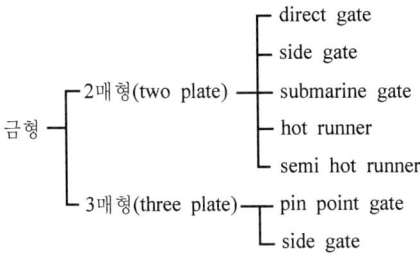

5 - 1 - 2. two plate형 direct gate

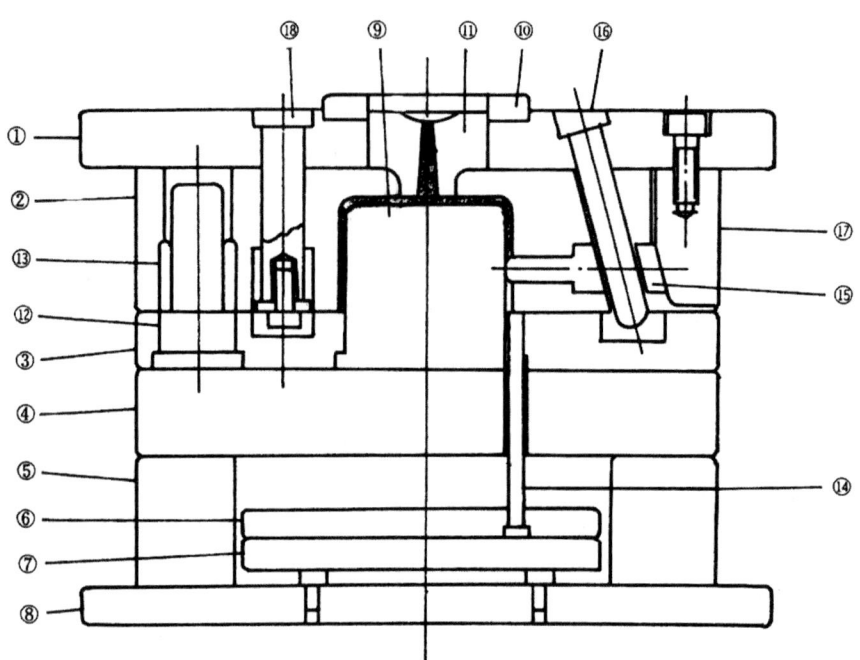

번호	품 명	번호	품 명	번호	품 명
①	고정 측 취부판	⑦	ejector plate down	⑬	guide pin bushing
②	고정 측 형판	⑧	가동 측 취부판	⑭	ejector pin
③	가동 측 형판	⑨	core	⑮	side core
④	받침판	⑩	rocket ring	⑯	angular pin
⑤	space block	⑪	sprue bushing	⑰	locking block
⑥	ejector plate up	⑫	guide pin	⑱	stopper bolt

5-1-3. two plate형 side gate와 submarine gate

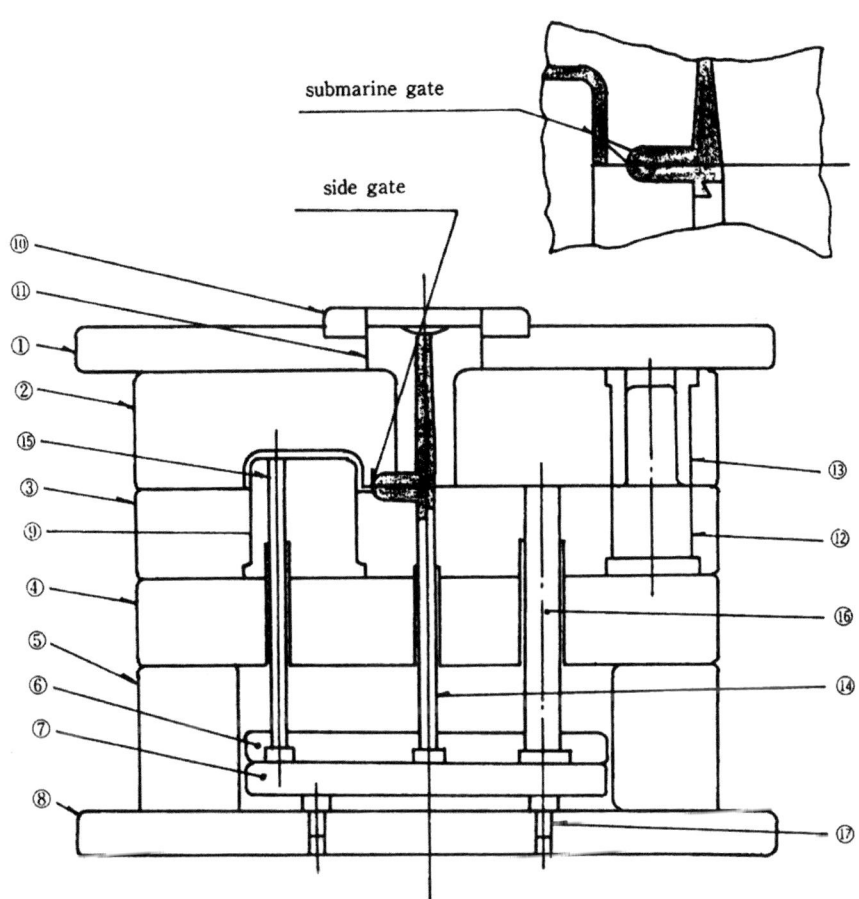

번호	품 명	번호	품 명	번호	품 명
①	고정 측 취부판	⑦	ejector plate 下	⑬	guide pin bush
②	고정 측 형판	⑧	가동 측 취부판	⑭	sprue lock pin
③	가동 측 형판	⑨	core	⑮	ejector pin
④	받침판	⑩	rock ring	⑯	return pin
⑤	space block	⑪	sorue bush	⑰	stopper pin
⑥	ejector plate 上	⑫	guide pin		

5-1-4. two plate형의 plate ejector식

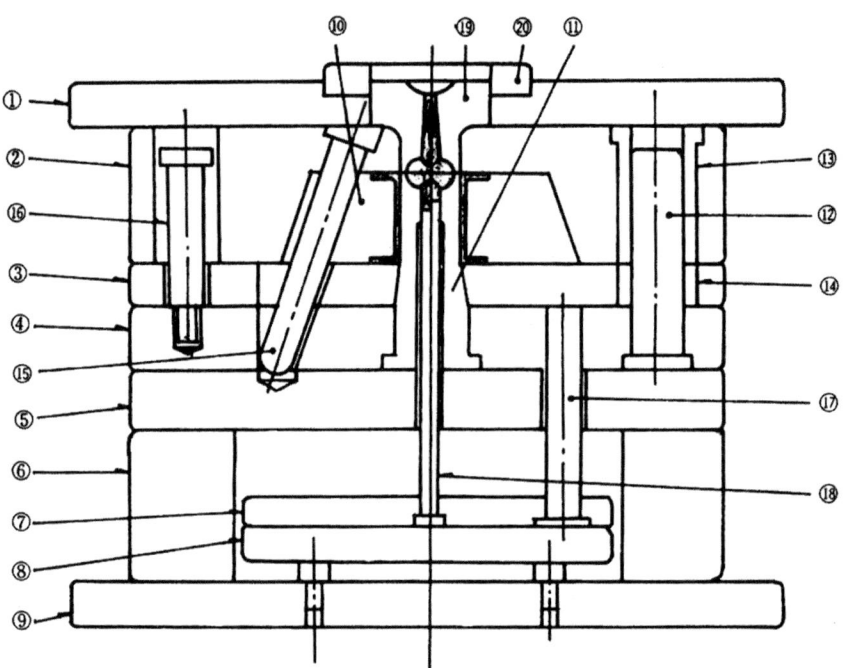

번호	품 명	번호	품 명	번호	품 명
①	고정 측 취부판	⑧	ejector plate下	⑮	angular pin
②	고정 측 형판	⑨	가동 측 취부판	⑯	stopper bolt
③	stripper plate	⑩	분할 block	⑰	return pin
④	가동 측 형판	⑪	core	⑱	sprue rocket pin
⑤	반침판	⑫	guide pin bush	⑲	sprue bush
⑥	space block	⑬	guide pin bush	⑳	rocket ring
⑦	ejector plate上	⑭	guide pin bush		

5-1-5. two plate형의 slide core식

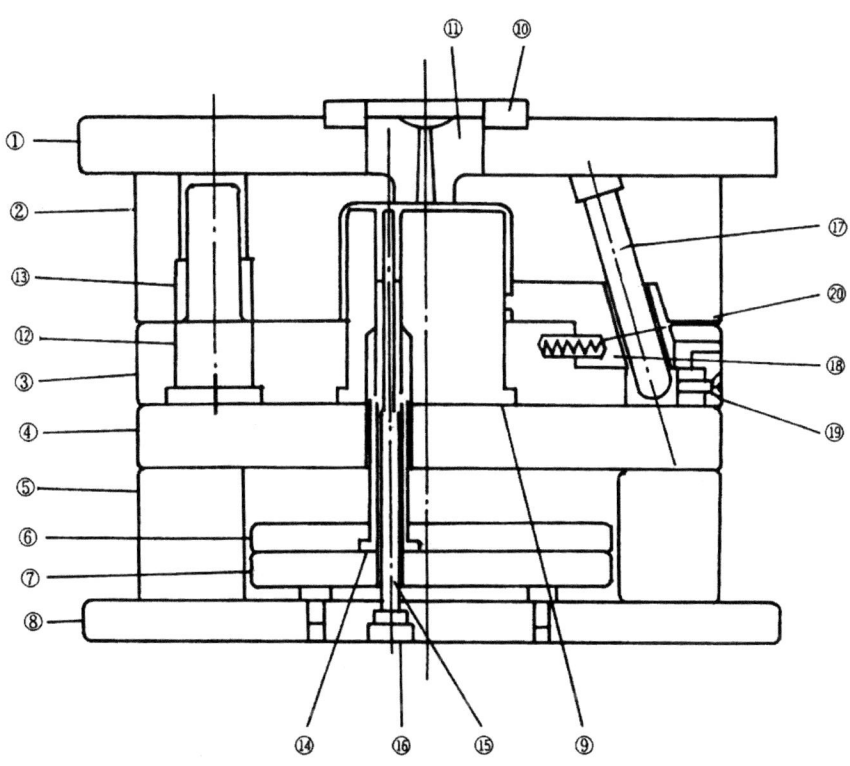

번호	품 명	번호	품 명	번호	품 명
①	고정 측 취부판	⑧	가동 측 취부판	⑮	core pin
②	고정 측 형판	⑨	core	⑯	stopper screw
③	가동 측 형판	⑩	rocket ring	⑰	angular pin
④	받침판	⑪	sprue bush	⑱	side core
⑤	space block	⑫	guide pin	⑲	stopper
⑥	ejector plate上	⑬	guide pin bush	⑳	coil bar
⑦	ejector plate下	⑭	ejector sleeve		

5-1-6. two plate형의 형개상태

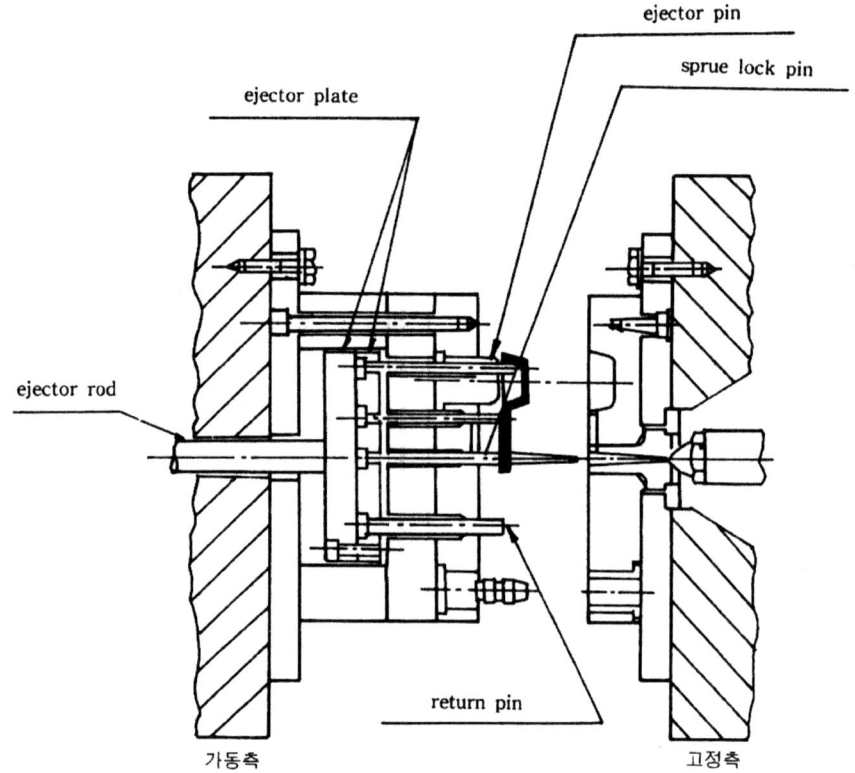

5-1-7. three plate형의 side gate

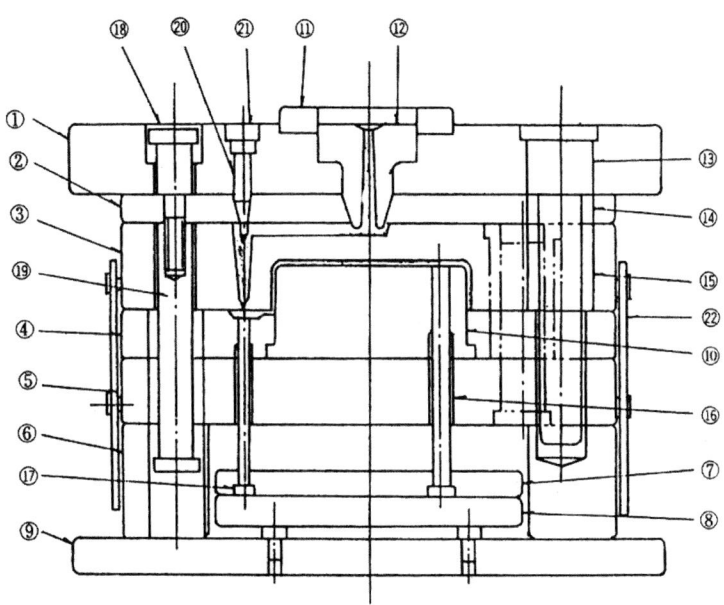

번호	품 명	번호	품 명	번호	품 명
①	고정 측 취부판	⑨	가동 측 취부판	⑰	runner ejector pin
②	runner stripper plate	⑩	core	⑱	stopper bolt
③	고정 측 형판	⑪	rocket ring	⑲	bra bolt
④	가동 측 형판	⑫	sprue hush	⑳	runner rocket pin
⑤	받침핀	⑬	guide pin	㉑	stopper screw
⑥	space block	⑭	guide pin bush	㉒	인장 ring
⑦	ejector plate上	⑮	guide pin bush		
⑧	ejector plate下	⑯	ejector pin		

5-1-8. three plate형의 pin point gate

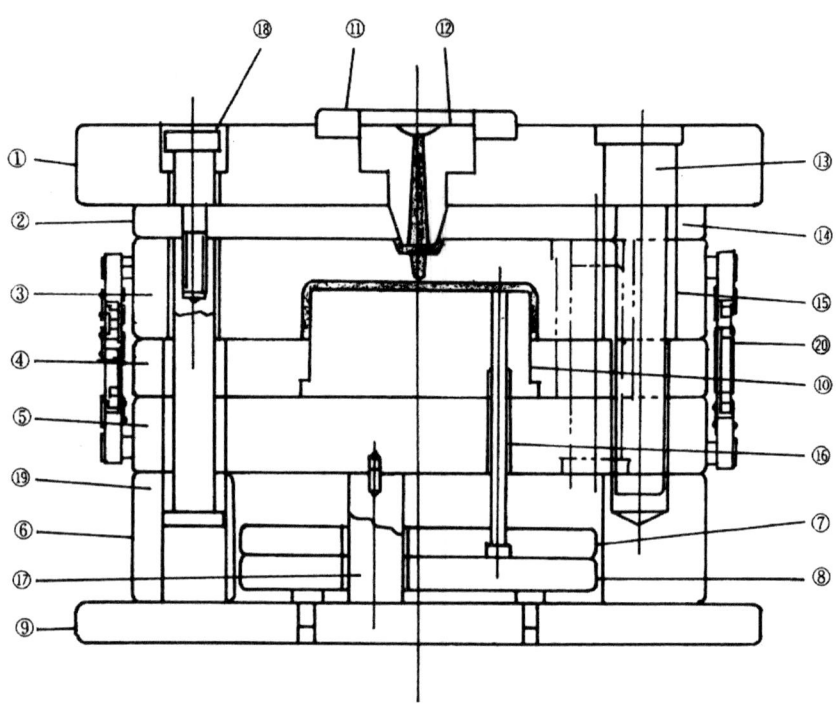

번호	품 명	번호	품 명	번호	품 명
①	고정 측 취부판	⑧	ejector plate 下	⑮	guide pin bush
②	runner stripper plate	⑨	가동 측 취부판	⑯	ejector pin
③	고정 측 형판	⑩	core	⑰	surpport
④	가동 측 형판	⑪	rocket ring	⑱	stopper bolt
⑤	받침판	⑫	sprue bush	⑲	bra bolt
⑥	space block	⑬	surpport pin	⑳	chain
⑦	ejector plate 下	⑭	guide pin bush		

5-1-9. three plate형의 형개상태

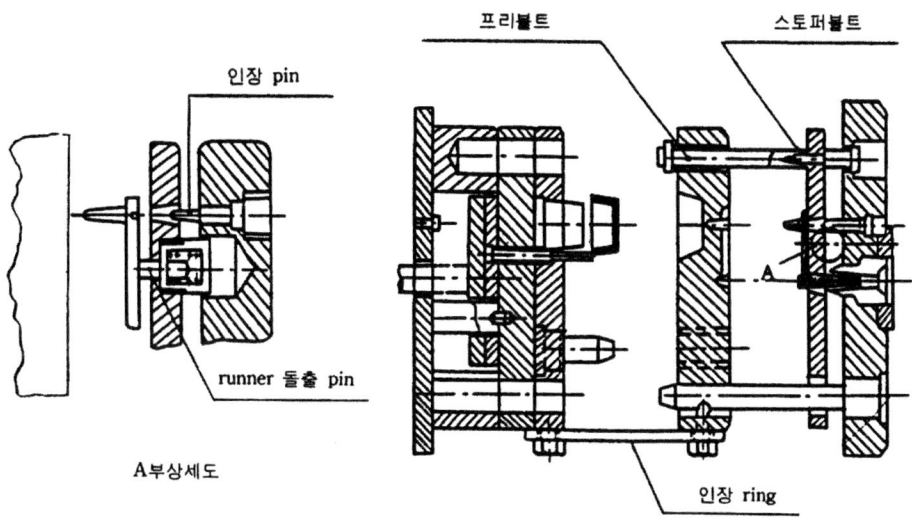

인장 pin

프리볼트   스토퍼볼트

runner 돌출 pin

A부상세도

A

인장 ring

5-1-10. 금형류의 제작비

$$M = \frac{P}{S_t \times N \times C}$$

P: 금형류의 제작비

S_t: 저감분수(min)

N: 제작비(월)

C: 공장분당비용(₩ / min)

M: 횟수(월)

제2장

사출성형기와 주변기기

1. 사출성형기의 구성

1-1. 가소화 기구

1-1-1. screw

1) screw L / D, L / P

과거에는 L / D = 14~16을 표준적으로 사용하였으나 최근에 수지의 안정성의 향상과 성형품의 고품질화 요구로 screw를 L / D = 18~22로 길게 하는 경향이 일반적이다. 열안정성이 나쁜 수지, HD PVC, 각종 난연 grade, 열경화성 수지는 L / D가 적은 전용 screw를 사용하며 높은 가소화 능력을 요구하기 위하여 cycle 을 단축하는 L / D = 25~27은 용융 불량을 가져온다.

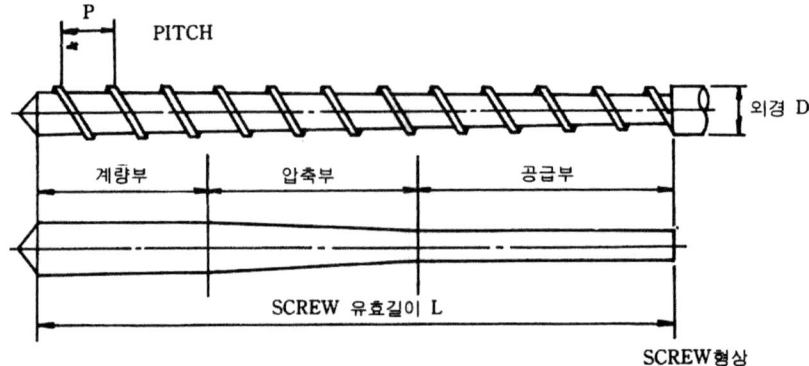

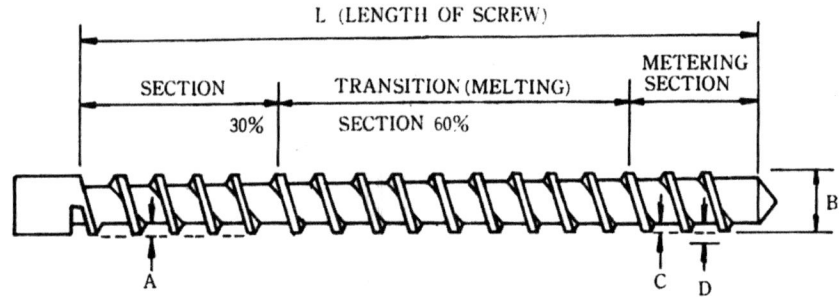

2) PVC resin의 typical screw design

A = diameter of screw(nominal)

B = flight depth in feed section

C = flight in metering section

D = 0.12 flight clearance(radial)

L/A = 16:1 to 24:1(ratio of length to diameter)

B/C = 1.5 ~ 2.0(screw compression ratio)

3) PVC resin의 screw compression ratio

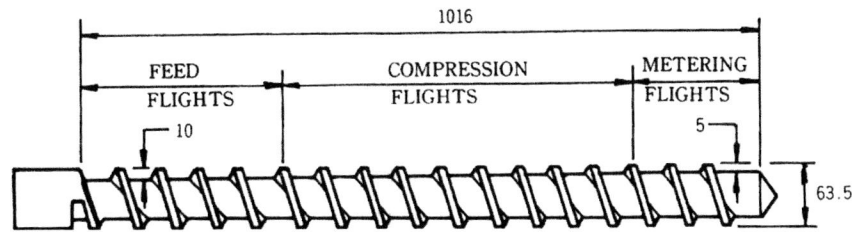

compression ratio $= \dfrac{10}{5}$ or 2 / 1 $LD = \dfrac{1016}{63.5}$ or 16 / 1

4) 압축비

공급부와 계량부의 screw 단면적의 비. 공급부는 3～4pitch가량 고체 pellet를 이송하는 데 필요하고, 계량부는 용융온도의 균일화에 필요하다.

압축부는 수지의 용융체적을 감소하고 수지 pellet 간과 수지 내에 함유된 수분, 공기, gas를 hopper 측의 유입을 막는다. 일반적으로 4～6pitch로 한다.

1-1-2. 가소화 능력

가소화 능력$(\mathrm{kg} / \mathrm{h}) = $ 사출중량$(\mathrm{gr}) \div$ 계량시간$(\mathrm{sec}) \times \dfrac{3600}{1000}$

계량시간 t(sec) $= [$사출중량$(\mathrm{gr}) \div$ 가소화 능력$(\mathrm{gr} / \mathrm{sec})] + 0.1 \sim 0.5(\mathrm{sec})$

1-2. 사출기구

1-2-1. 사출률

사출률$(\mathrm{cc}) = $ 사출용적$(\mathrm{cc}) \div$ 사출시간(sec)

사출용적$(\mathrm{cc}) = $ 사출중량$(\mathrm{gr}) \div$ 수지의 비중$(\mathrm{gr} / \mathrm{cc})$

이론사출용량$(\mathrm{cc}) - \dfrac{\pi}{4} \times [\mathrm{screw}$ 직경$]^2(\mathrm{cm}^2) \times$ 계량 stroke(cm)

1-2-2. 사출마력

$$사출마력(KW) = 부하압력(kgf / cm^2) \times 사출률(cc / sec) \times 상수$$

1) 사출마력선도

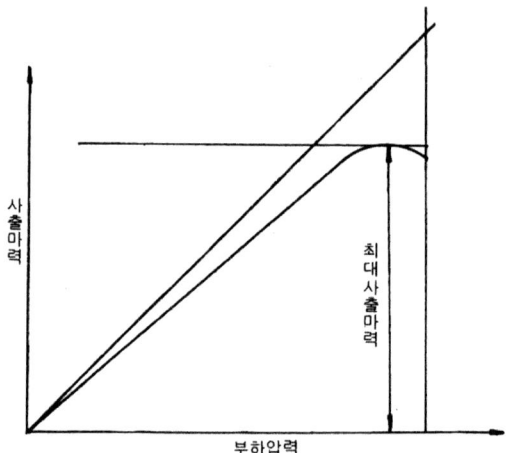

2) 유동곡선

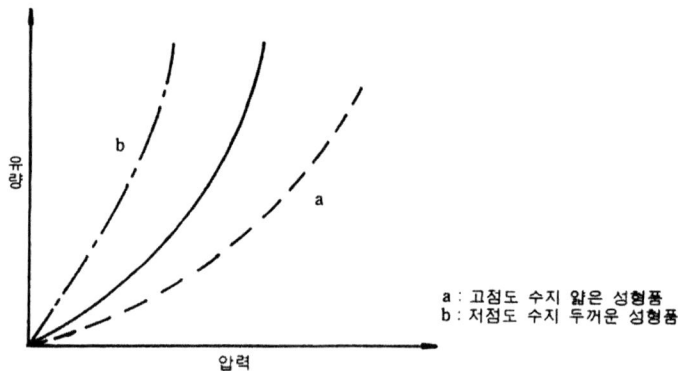

a : 고점도 수지 얇은 성형품
b : 저점도 수지 두꺼운 성형품

1 - 2 - 3. 작동곡선

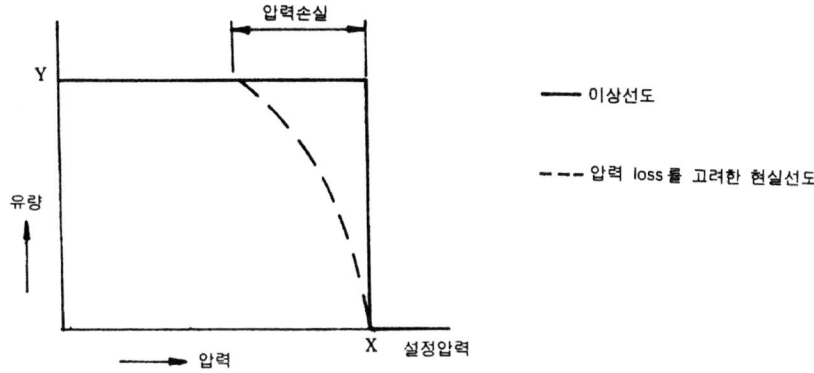

1 - 3. 형체장치

1) 금형 보호장치

2) slow down 장치

3) air ejector

4) cavity ventilate

5) core tracter

6) core 회전 제어장치

1 - 4. 이상감시

1) 전기 관계

주전동기용 전류계, heater 회로용 전류계, heater 단성 경보장치, 누전검출장치, 화재경보장치.

2) 작동유, 윤활유 관계

집중 납유 감시장치, 작동유 유면 저하 감시장치, 작동유 inline filter 감시장치, 사출압 감시장치, 사출 cylinder 내 압력 감시장치.

3) 온도 관계

작동유 온도 감시장치, 가소화 cylinder 온도 감시장치, 수지온도 감시장치, 금형온도 감시장치, screw 냉간 기동방지장치

4) 성형관계

운전시간계, 제품수량 감시장치, 금형 보호장치, cycle 시간 감시장치, 충전시간 감시장치, 계량시간 감시장치, 최소 cushion량 감시장치, 최대 cushion량 감시장치.

1-5. 구동 torque

1) 계량 중에 oil motor의 구동압을 측정한 수치는 35kgf / ㎠이고, 설명서에 최대 troque 50kgf · m로 기재되어 있다.

$$50 \times \frac{35}{140} = 12.5(\text{kgf} \cdot \text{m})$$

2) 아래 그림과 같은 유동곡선으로 성형한다. 사출의 전반을 사출속도 50㎜ / sec, 후반을 120㎜ / sec, 1차 사출압과 2차 사출압을 2단계로 한다.

각 사출압은 몇 kgf / ㎠이냐?

1차 사출압력 50kgf / ㎠, 2차 사출압력 90kgf / ㎠ 이상

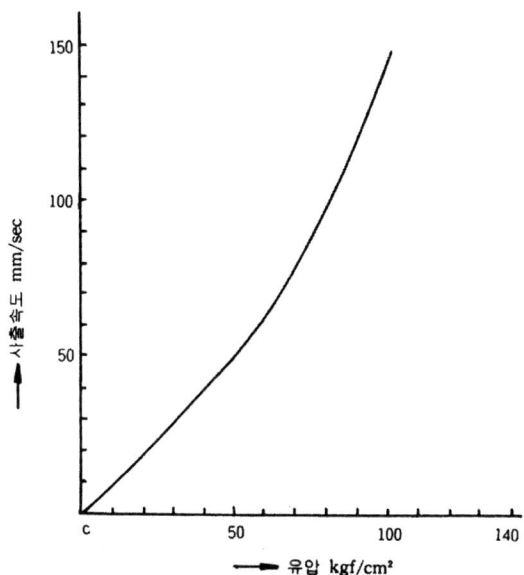

3) 최대 torque 50kgf · m이고, 구동압력이 35kg / ㎠이며, 최대유압이 140kg / ㎠일 때 구동 torque?

$$구동\ torque = \frac{최대\ torque \times 구동압력}{최대유압} = \frac{50 \times 35}{140} = 125(\text{kgf} \cdot \text{m})$$

2. 성형조건

2-1. cycle의 구성

1) 성형기 동작선도

공정	각기기의 동작							limit switch	time
	형체장치	유압 ejector	가소화 장치	nidle	screw 화전	scrw 위치	cylinder 유압		
	1개진	1돌출	1전진	1개	1고속	1전진	1고압		
제1형체 (형폐)								Bottom up 계량완료 제1형체완료	
제2형체 (형체)								형체완료	
가소화전진								nozzle touch	
사출 (1차압)								2차압절환	사출 time
사출 (2차압)									
제압									nozzle개
냉각									냉각 .unite
휴지								유압 ejector	정지 유압ejector

2-2. 성형조건의 종류와 의미

2-2-1. 성형상 수지의 중요한 특성

1) 수지의 점도

수지의 온도가 높으면 점도가 저하, 수지의 유속이 빠르면 점도가 저하, 고점도의 수지를 고압으로 금형 내에 유입하면 고분자에 의한 수지의 배향 문제가 생기고, 물성강도에 방향성이 생성된다.

● ABS의 유동특성과 전단속도 관계

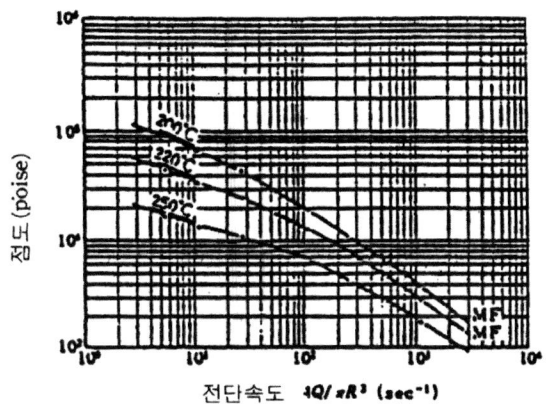

● 수지의 용융점도와 온도 관계

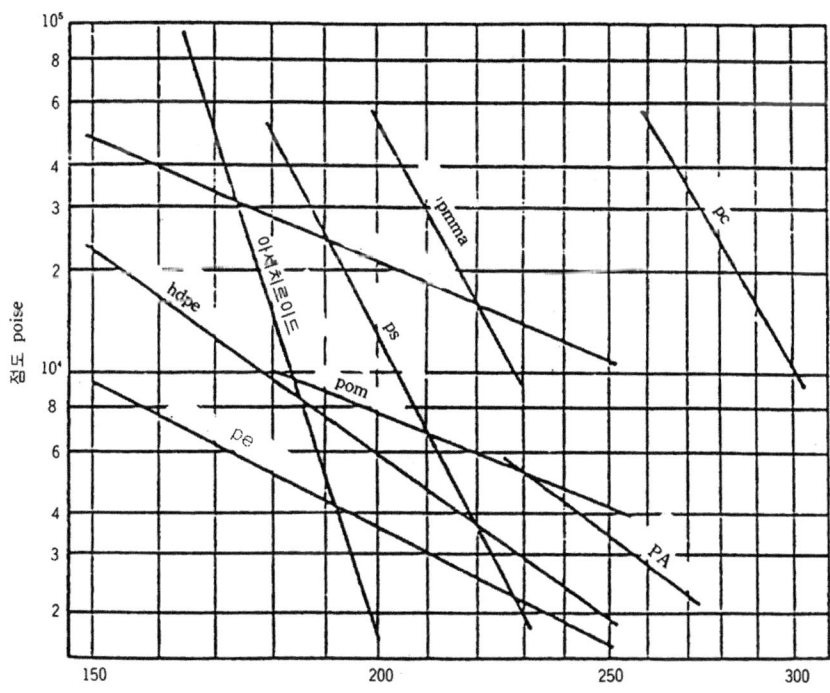

2) 비용적

- PS의 비용적

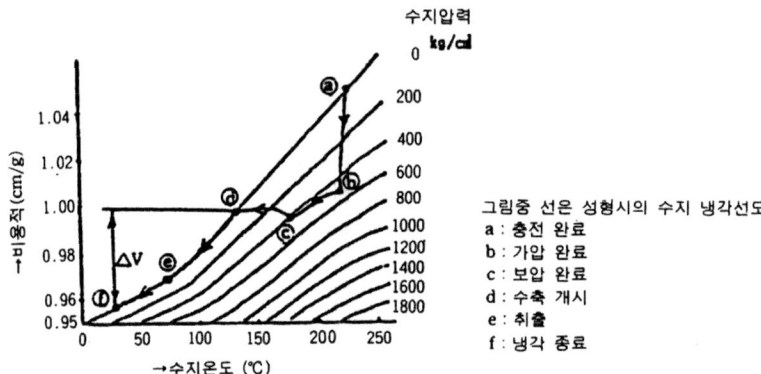

그림중 선은 성형시의 수지 냉각선도
a : 충전 완료
b : 가압 완료
c : 보압 완료
d : 수축 개시
e : 취출
f : 냉각 종료

2-2-2. 가소화 공정

가소화 공정을 설정하는 성형조건은 가열 cylinder 온도, screw 회전수, screw 배압, 계량 stroke이다. 수지의 온도는 가열 cylinder의 전열, 전단응력에 의한 발열, 압력에 의한 압축열로 구별된다.

1) 가열 cylinder 온도

- 열가소성 비결정성수지에 따른 일반 성형조건

수지	항목		가열 cylinder 설정온도(℃)					열안정성	성형성	금형온도(℃)	건조온도(℃)	건조시간(Hr)
			nozzle	plunger	screw (전)	screw (중)	screw (후)					
비결정성수지	GPPS		210 180~270	210 180~270	210 180~270	200 180~265	170 160~200	우수	우수	30	불요	불요
	HIPS 230 180~270		230 180~270	230 180~270	220 180~270	200 160~200	양호					
	SAN or AS		230 210~270	220 210~270	230 210~270	220 210~270	210 160~240	양호	양호	60	75	3~4
	ABS	일반용	220 185~260	220 185~260	220 185~260	210 185~250	200 170~210	보통	양호	70	80	3~4
		내열용	250 230~270	250 230~270	250 230~270	240 230~260	220 200~240	우수	양호			

수 지		항 목	가열 cylinder 설정온도(℃)					열안정성	성형성	금형온도(℃)	건조온도(℃)	건조시간(Hr)
			nozzle	plunger	screw (전)	screw (중)	screw (후)					
비결정성수지	PMMA	일반용	225 200~250	225 200~250	225 200~255	220 200~255	210 170~220	보통	양호	80	80	5~6
		내열용	240 210~260	240 210~260	240 210~265	230 210~260	210 170~220	보통	양호			
	PVC	경질	180 170~210		180 170~200		160 150~180	아주 나쁨	나쁨	60	불요	불요
		연질						나쁨	가능			
	PPHOX		270 240~300	270 240~300	270 240~300	260 230~290	240 230~260	우수	가능	80	120	5~6
	PC		280 260~310	280 260~310	280 260~310	270 250~300	260 240~280	우수	가능	80	120	6~8
	CA		185 150~220	185 150~220	185 150~220	180 150~220	170 130~200	가능	가능	30	80	4~6

- 열가소성 결정성수지에 따른 일반 성형조건

수 지		항 목	가열 cylinder 설정온도(℃)					열안정성	성형성	금형온도(℃)	건조온도(℃)	건조시간(Hr)
			nozzle	plunger	screw (전)	screw (중)	screw (후)					
결정성수지	HDPE 210 180~260		210 180~260	210 180~260	200 180~240	190 170~220	우수	우수		30	불요	불요
	LDPE 180 140~250		180 140~250	180 140~250	170 120~240	160 100~220	우수	우수				
	PP		190 160~250	190 160~250	190 160~250	180 160~250	170 140~200	우수	우수	30	불요	불요
	POM		190 160~200	190 160~200	190 160~200	180 160~190	170 150~180	아주 나쁨	가능	80	70	2~3
결정성수지	PA	6	235 210~260	230 210~260	230 210~260	220 210~260	210 180~250	나쁨	가능	80	70	3~5
		66	265 240~280	260 240~280	260 240~280	250 240~280	240 220~250					
		610	235 220~250	230 220~250	230 220~250	―	190 185~200					
	PET		275 260~300	270 260~300	270 260~300	260 260~300	250 250~270	나쁨	가능	60 140	120	6~8
	PBT		240 230~260	235 230~260	235 230~260	225 230~240	200 200~210	나쁨	가능	80	120	4~5
	EVA		180 150~220	180 150~220	180 150~220	170 140~210	150 120~180	나쁨	양호	30	불요	불요

2) screw 회전수

허용하는 계량시간 내에 계량이 완료되는 회전수

3) screw 배압

고 screw 배압은 전단 발열이 증가한다.

2-3. 사출공정

1) 수지의 유동공정, 가압공정과 보압공정으로 나누어 사출속도, 사출압력, 유지압력, 압력(속도)전환위치, 사출시간을 설정한다.

따라서 유동공정에서 수지온도, 금형온도, 유동하는 수지의 선단부의 유속, 성형품의 외관과 표층수지에 전단력의 결정적 요인이 된다. 그러므로 1초당에 몇 cc의 수지를 사출하는 사출률은

사출률(㎤ / sec) = screw 단면적(㎠) × 사출속도(㎝ / sec)

$$사출률(㎤ / sec) = \frac{\pi}{4} \times [screw\ 직경(㎝)]^2 \times 사출속도(㎝ / sec)$$

로 계산된다.

금형 각부에 미치는 수지의 단면 평균 유속은

단면평균유속(㎝ / sec) = 사출률(㎤ / sec) ÷ 각부 유동단면적(㎠)

2) 유동공정은 설정한 사출속도를 유지하여 그 속도가 사출압력을 유지한다. 또한 용융수지의 냉각은 사출을 개시하는 시간부터 시작되며 유동하는 선단의 수지 유속이 성형품 외관에 결정적 요인이 된다.

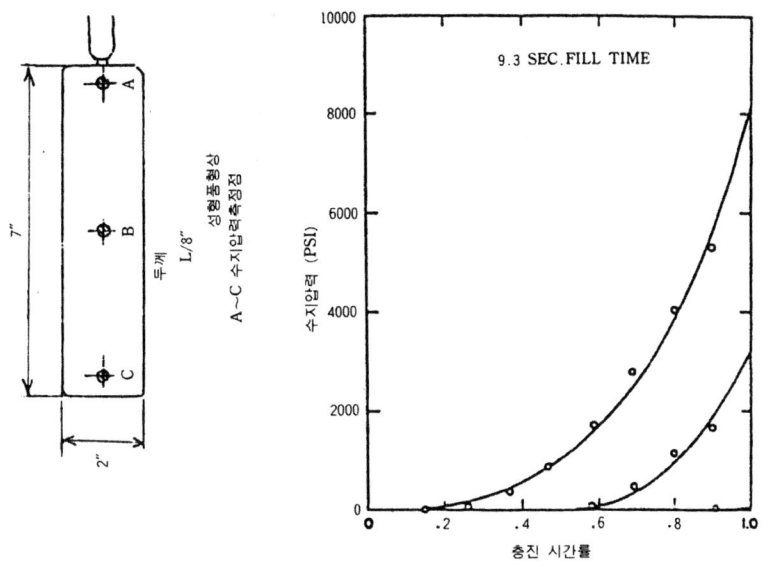

9.3 SEC.FILL TIME

수지압력 (PSI)

충진 시간률

두께 L/8″

선형흐름상 A~C 수지압력측정점

7″

2″

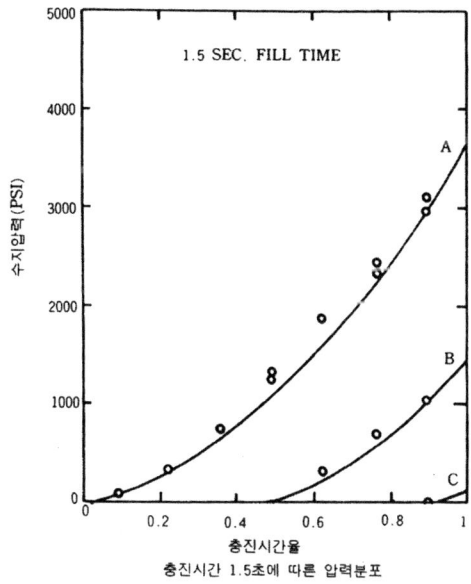

1.5 SEC. FILL TIME

수지압력(PSI)

A

B

C

충진시간율

충진시간 1.5초에 따른 압력분포

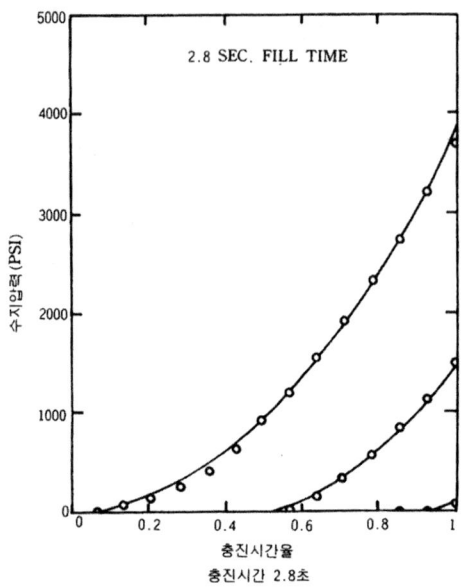

3) 수지 유속에 따른 불량 현상

느린 수지 유속에 기인하는 불량현상	빠른 수지 유속에 기인하는 불량현상
파상 flow mark 금형면 스탬핑 불량 weld line short shot	jetting mark air mark gas탐

4) 사출속도의 불량 영역

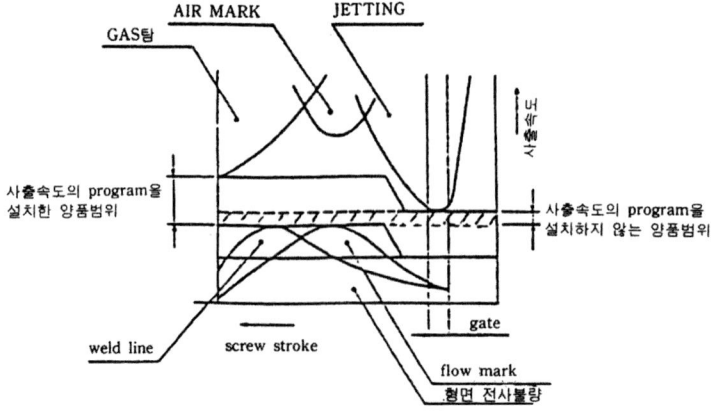

5) 보압에 기인한 불량 현상

보압이 낮은 데 기인하는 불량현상	보압이 높은 데 기인하는 불량현상
short shot	flash
수축	휨
치수 과소	치수 과대
수축휨	분할
	이형 불량
	잔류응력

6) 사출공정의 성형조건

- 유지압력의 불량 영역

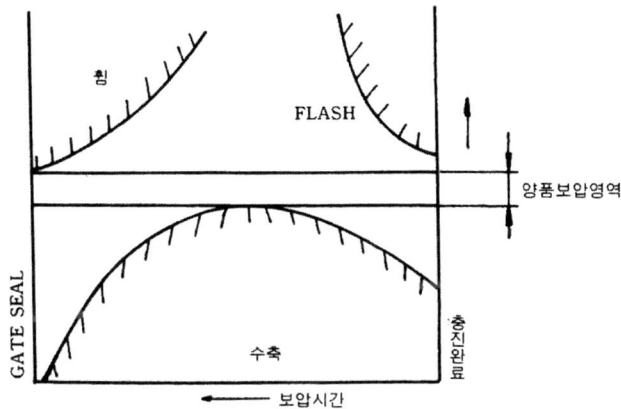

- 일속 2압이 필요한 경우(보압이 필요한 경우)

  사출속도에 대하여 유동압을 양품 보압영역에 접근시킨다.

- 사출속도의 불량영역

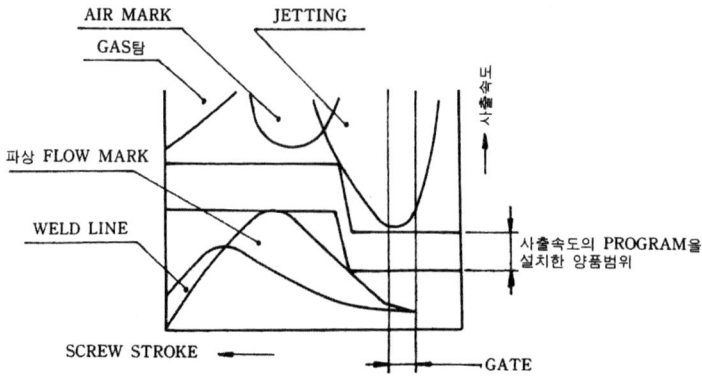

7) 보압시간과 성형품 중량

- gate seal 시간×1.1 = 보압시간

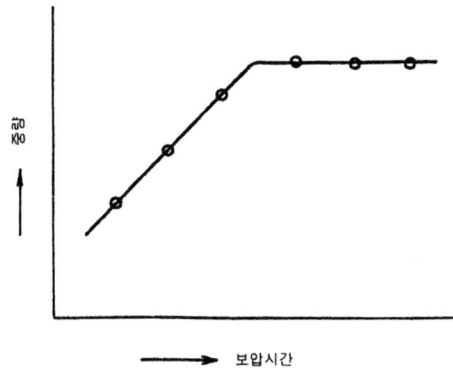

8) PVC 수지의 typical overall cycle times

wall section	27℃(80℉) cooling water	5℃(40℉) cooling water
0.25	⟨ 20sec	not recommended
1.5	⟨ 30sec	not recommended
2.0	⟨ 40sec	not recommended
2.5	⟨ 50sec	35sec
3.2	1min	40sec
3.8	1.12min	45sec
4.8	1.5min	1.25min
5.0	2min	1.5min
6.4	2.5min	1.75min
8.0	3min	2min

9) typical slip ring in position on the screw

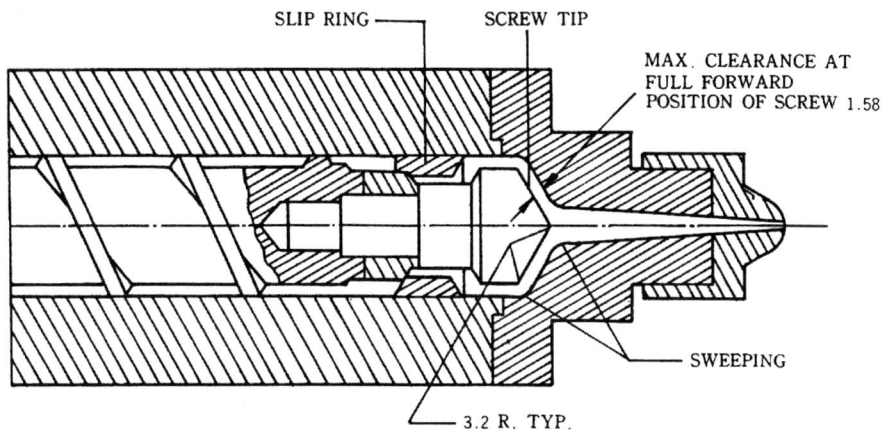

10) recommended slip ring configuration

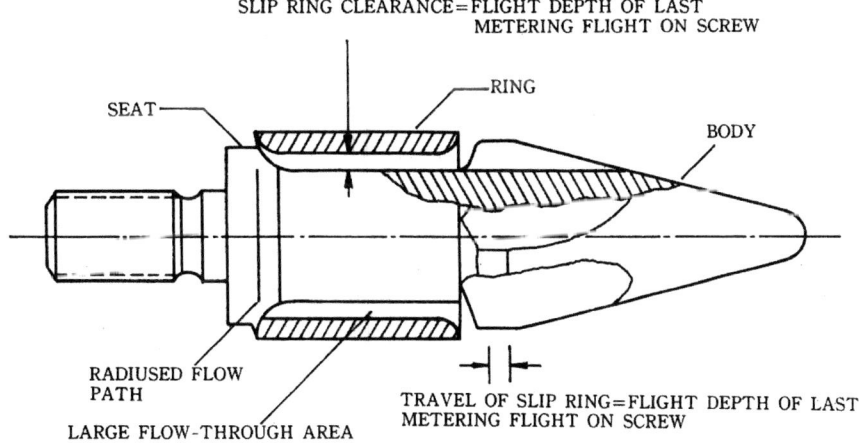

11) smear tip designs

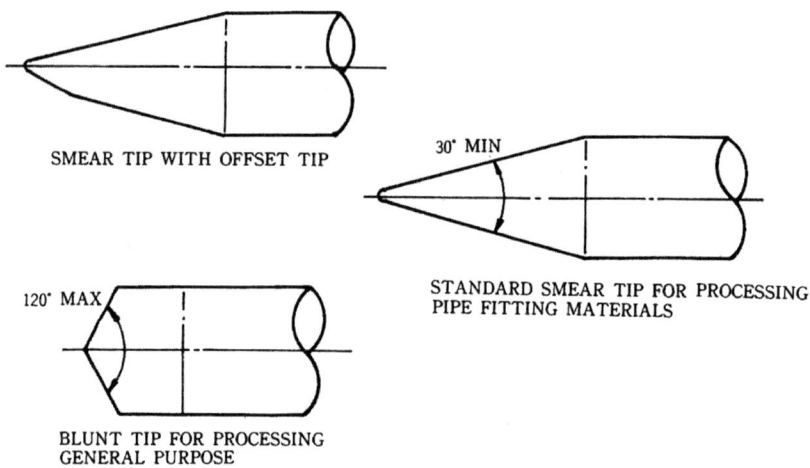

SMEAR TIP WITH OFFSET TIP

30° MIN

STANDARD SMEAR TIP FOR PROCESSING
PIPE FITTING MATERIALS

120° MAX

BLUNT TIP FOR PROCESSING
GENERAL PURPOSE

12) non—return valve

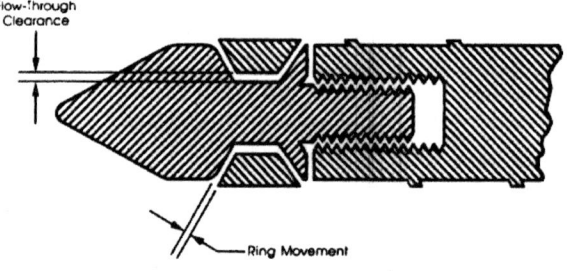

Flow-Through
Clearance

Ring Movement

13) nozzle design

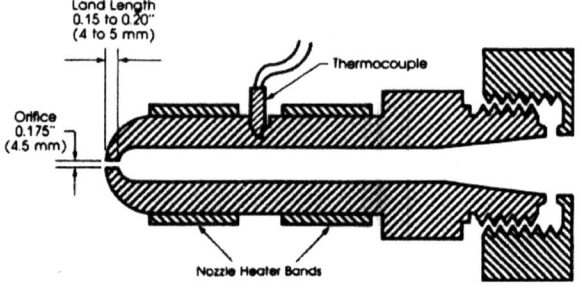

Land Length
0.15 to 0.20"
(4 to 5 mm)

Thermocouple

Orifice
0.175"
(4.5 mm)

Nozzle Heater Bands

14) temperature control

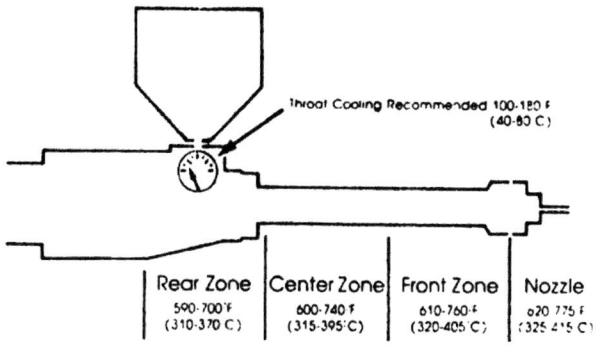

Throat Cooling Recommended 100-180 F
(40-80 C.)

Rear Zone	Center Zone	Front Zone	Nozzle
590-700°F	600-740 F	610-760-F	620 775 F
(310-370 C)	(315-395°C)	(320-405°C)	(325 415 C)

3. 성형기의 조작

3-1. 운전 전의 주의사항

1) 작동유의 점검
2) 윤활유량
3) 사용 기체의 압력
4) 냉각수

3-2. 성형 준비작업

3-2-1. heat up

1) 주전원
2) 수냉 cylinder에 통수
3) heat switch on

   수지가 용해하는 시간은 15분 정도

3-2-2. 작동유의 heat up

1) 작동유의 온도는 40~50℃

3-2-3. 금형의 취부

1) 금형의 청소, 점검
취부 관계, 형개 stroke, ejector stroke, rocket ring직경, nozzle r와 직경을 확인

2) 형 개폐속도
금형을 취부하여 형 개폐동작을 고속으로 하는 것은 위험

3) 형체력의 설정

$$설정유압 = 회로압력 \times \frac{설정한\ 형체력}{최대\ 형체력}$$

4) 형체 동작의 설정
형 전폐로부터 10㎜ 전후, 3plate형의 경우 중간 plate가 밀착한 직후에 속도를 저하.

5) 금형 보호장치의 설정
금형 보호 time을 형체 시간의 약 1.5배로

6) 각종 limit의 설정
nozzle touch, nozzle 후퇴 stroke

3-3. 성형조건 설정 순서

3-3-1. 가열 cylinder 온도와 금형 온도의 설정

수지 maker의 지정 온도에서 start하면서 서서히 미조정

3-3-2. air vent

screw 회전수를 중속 100rpm, screw 배압을 저압에 설정, 계량 stroke를 최대 stroke의 1/2~2/3 정도에 설정

3-3-3. 초기 성형조건의 설정

1) 계량 stroke의 설정

- stroke와 중량계수

  계량 stroke = 중량 × 중량계수

screw Φ	32	40	45	55
PS	1.33	0.86	0.69	0.46
PE low density	1.62	1.09	0.86	0.58
PE high density	1.69	1.08	0.86	0.59
PP	1.67	1.08	0.85	0.57
SAN	1.26	0.82	0.65	
CA	1.08	0.70	0.56	0.38
CAB	1.16	0.76	0.60	0.41
PA 6	1.24	0.80	0.65	0.43
PA	1.26	0.83	0.66	0.44
PC	1.15	0.74	0.60	0.41
PMMA	1.15	0.75	0.60	0.41
POM	1.05	0.69	0.55	0.36
PVC soft		0.67	0.53	
PVC rigid		0.61	0.50	

2) screw 회전수와 screw 배압

screw 회전수는 100rpm, screw 배압은 1~3kgf/cm² 저압

수지의 용융상태, 색의 분산, air 유입 등의 문제로 screw 배압을 올리고 가소

화 시간을 길게 하고 회전수를 크게 한다.

3) 사출압력을 설정

사출 시간을 30초 정도, 사출 속도를 저속으로, 안전한 수지압력 환산치는 500 kgf / ㎠ ～ 600kgf / ㎠에 상당하는 유압에 설정

2차 사출압력을 수지압 250kgf / ㎠ ～ 300kgf / ㎠ 상당의 유압에 설정

4) 사출속도

비교적 저속으로 1초간에 screw가 10 ～ 50㎜ 진행하는 정도, 성형품이 얇은 경우는 고속으로 할 필요가 있다.

5) 2차 사출압 전환 limit switch 위치

계량 stroke의 1 / 2 정도에 설정

6) 기타

40Φ screw에 PMMA 100gr을 성형할 때 계량 stroke의 초기조건 설정은 몇 ㎜로 하느냐?

중량계수는 0.75, 계량 stroke = 중량 × 계수 = 100 × 0.75 = 75㎜

cushion분은 3㎜ 정도이므로 75 + 3 = 78㎜로 한다.

4. 주변기기

4 - 1. 재료 공급장치

4 - 1 - 1. hopper roter

1) 흡인식

2) 압송식

3) screw conveyer식

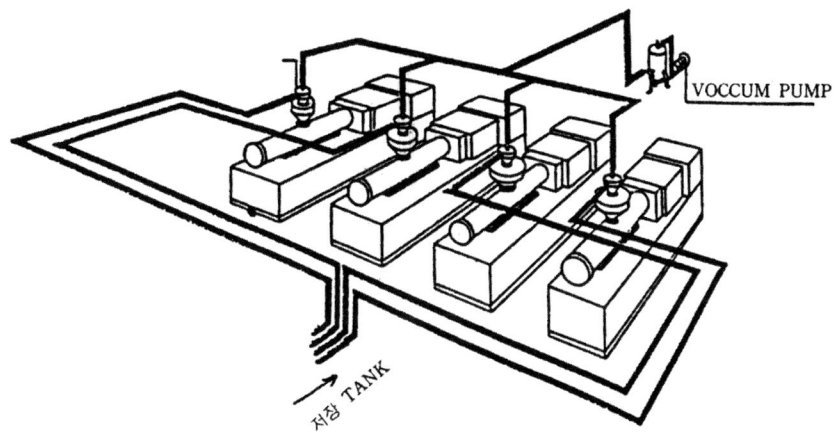

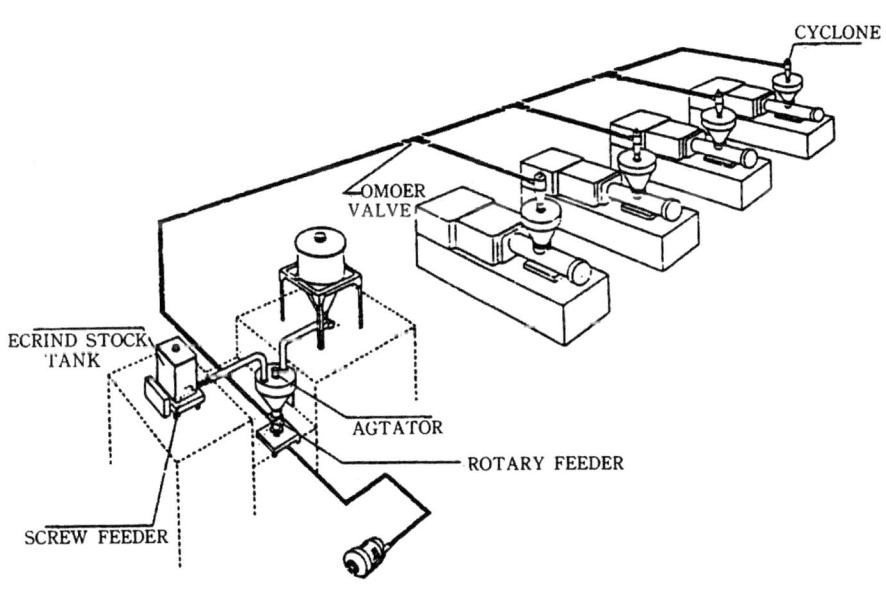

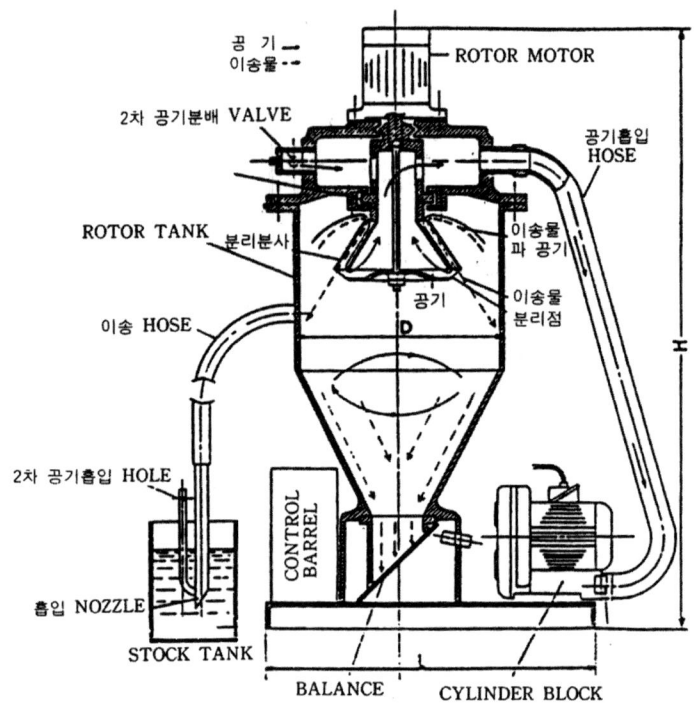

공 기 →
이송물 --→

2차 공기분배 VALVE

ROTOR TANK

분리분사

공기

D

이송 HOSE

2차 공기흡입 HOLE

흡입 NOZZLE

STOCK TANK

CONTROL
BARREL

BALANCE

CYLINDER BLOCK

ROTOR MOTOR

공기흡입
HOSE

이송물
과 공기

이송물
분리점

H

4 - 1 - 2. 예비건조기
예비건조가 필요한 수지는 PC, PMMA, PA, PET, PBT, ABS

1) 집중 건조장치
공기가열식, 제습공기가열식, 진공식

2) hopper dryer
공기가열식, 제습공기가열식

3) 제습방식
제습제식, 공기냉각탈습식

4-2. 금형온조기

4-2-1. 간접 냉각형 금형온조기

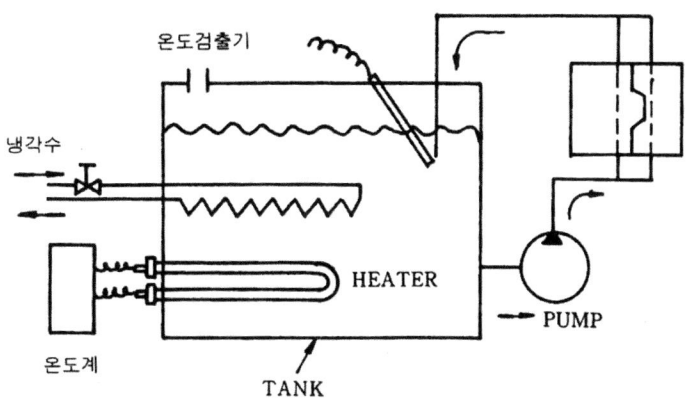

4-2-2. 직접 냉각형 금형온조기

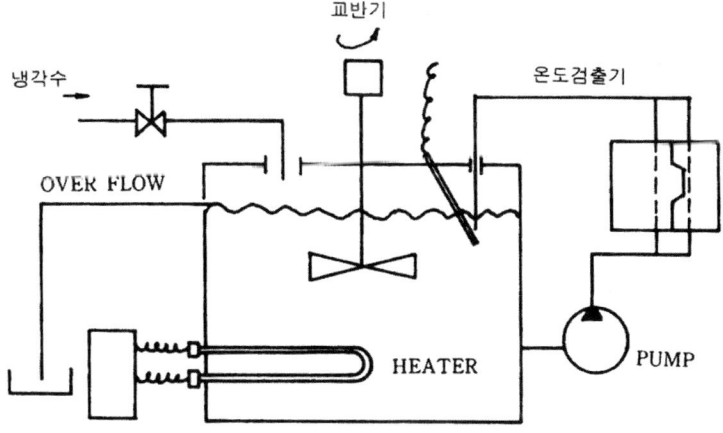

4-2-3. 감압형 금형온조기

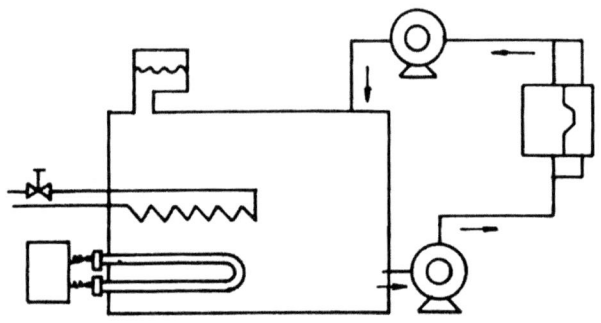

가열용량을 크게, 냉각용량도 크게, 고부하 시의 매체 유량도 크게 하며 통상 2~4kgf/㎠가 필요하다. 변동 시 안정시키는 온도제어, 온조의 매체가 물인 경우 65℃, 에틸렌그리콜은 82℃.

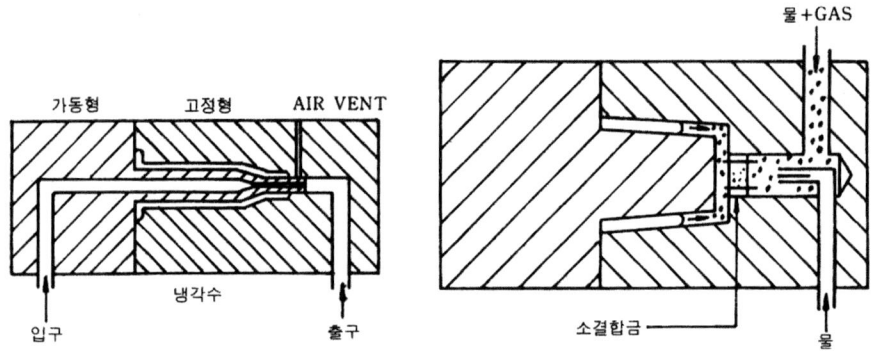

제3장

ENPLA 수지가공 특성

1. Polyamide 수지의 가공 특성

1-1. 기본적인 특성

1-1-1. 융점과 분해

PA는 대표적인 결정성수지로서 결정이 융해하는 온도의 융점이 명료해진다. 대략 amide기는 밀도가 낮고 따라서 융점도 낮다.

성형기의 cylinder 중의 분해는 300℃ 정도에서 급속히 빨라진다.

1) nylon의 융점

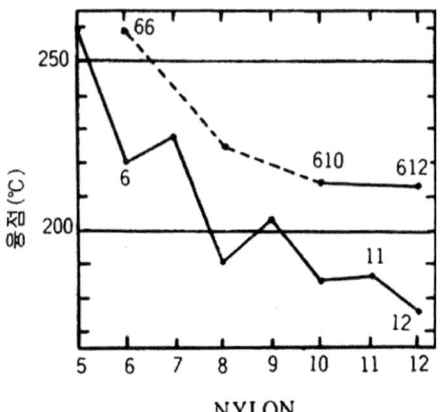

1-1-2. 결정화

1) nylon의 온도에 의한 밀도의 변화 체적의 수축량＝성형수축에 상당한다.

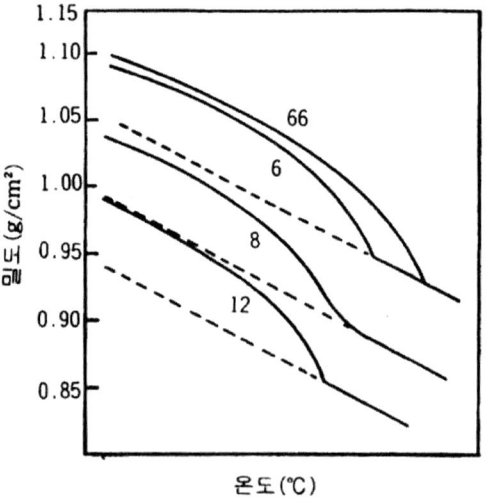

1-1-3. 흡수율

1) nylon의 평형흡수율(23℃)

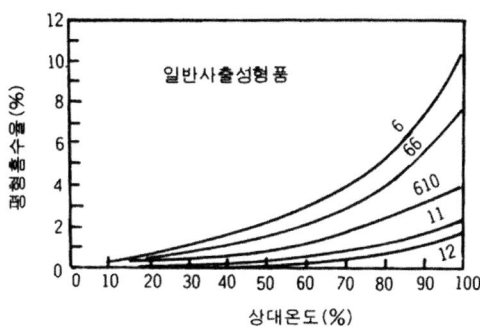

1-1-4. 재료 pellet의 취급

nylon은 흡수한다. 흡수된 수지로 성형하면 은조, 기포, 광택 불량, 재료의 열화 등의 trouble을 발생시킨다. 재료 maker의 방습포대의 흡수율이 0.2% 이하이면 예비건조가 필요 없다.

1) nylon 6 pellet의 대기 중 방치하에 흡수속도

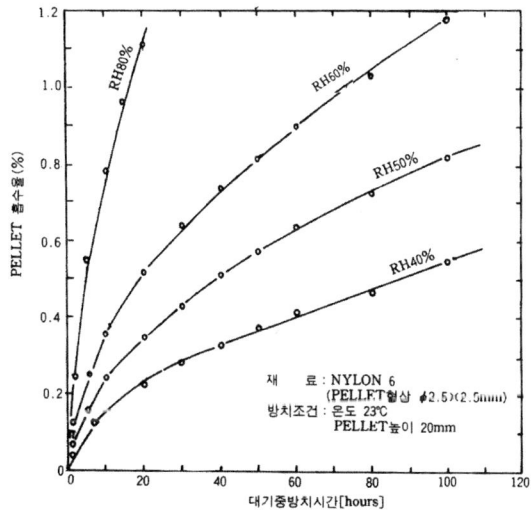

2) nylon 66 pellet의 대기 중 방치하에 흡수속도

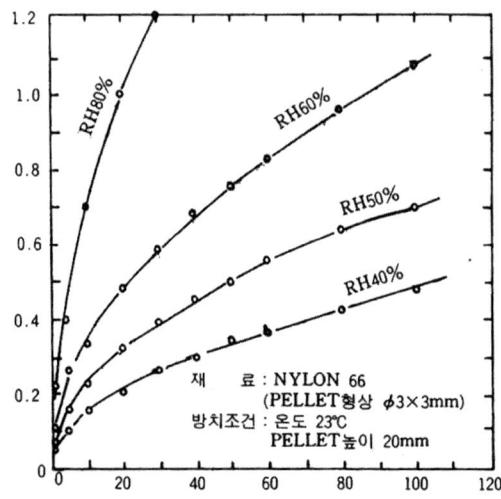

1-1-5. 성형 수축률과 치수정밀도

1) nylon 66의 유동성

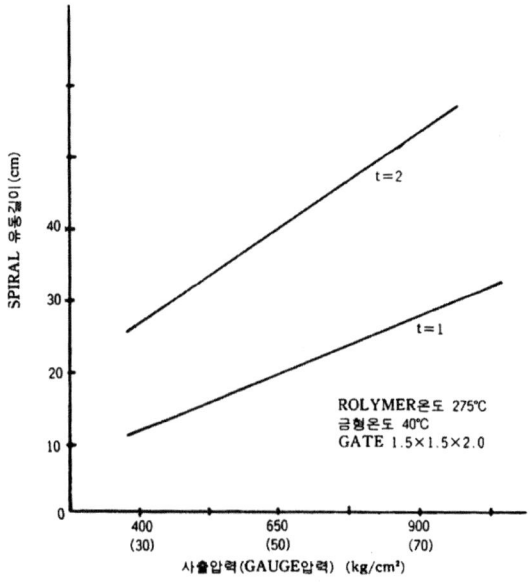

2) 각종 nylon의 성형 수축률

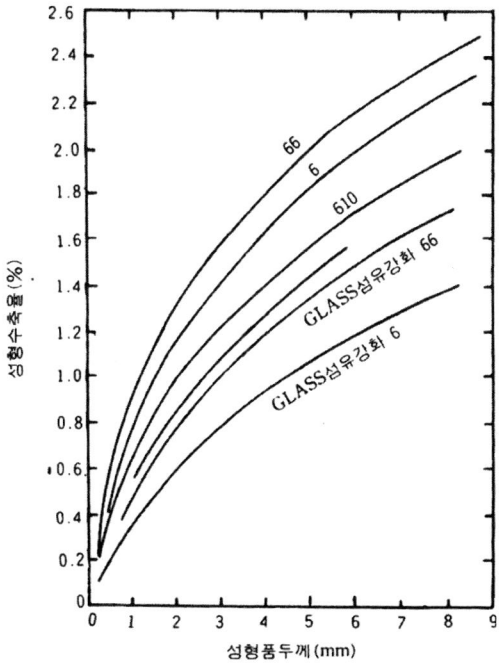

1-1-6. 표준적 성형조건

nylon의 송류		cylinder 설정조건(℃)	금형온도(℃)	사출속도	사출압력(kg / ㎠)
6		220~300	20~100	중~고	500~1500
66		270~300	20~120	중~고	500~1500
610		220~300	20~100	중~고	500~1500
612		220~300	20~100	중~고	500~1500
11		220~280	20~100	중~고	500~1500
12		190~280	20~100	중~고	500~1500
class	6	240~300	80~130	고	500~1500
섬유강화	66	270~300	80~130	고	500~1500
mineral	11	220~280	80~130	고	500~1500

2. ployacetal 수지의 가공 특성

2-1. 기본적인 특성

2-1-1. 용융점도 특성
용융점도는 전단응력 / 전단속도
표준 grade는 $1 \times 10sec$ 정도

1) polyacetal copolymer의 용융점도 특성

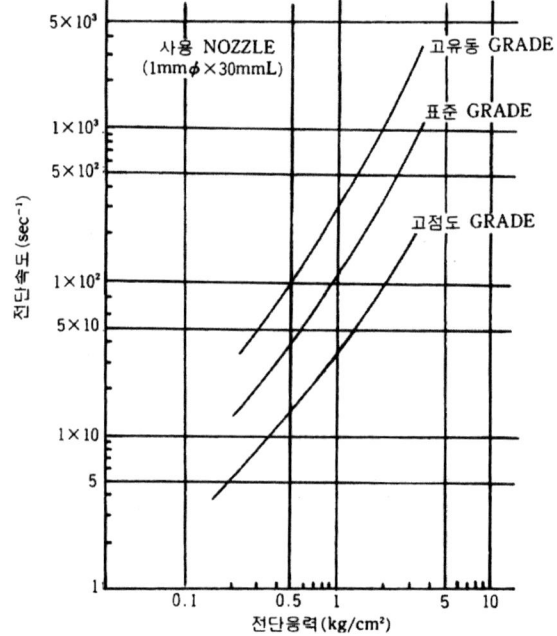

2) 용융점도의 온도 의존성

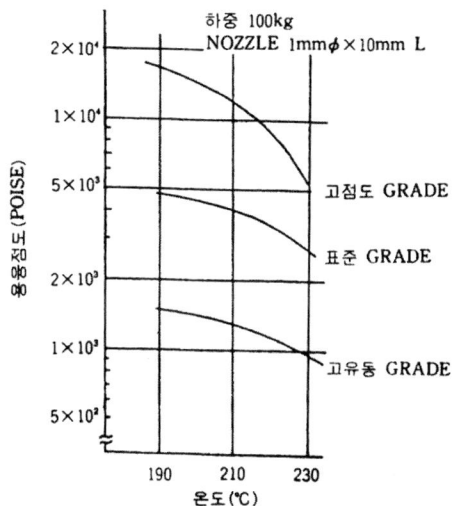

2-1-2. spiral 길이에 대한 금형온도의 영향

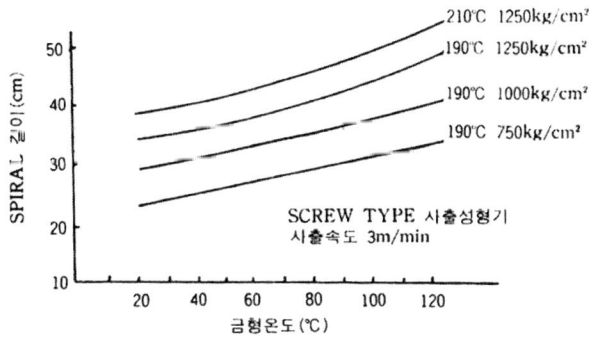

2-1-3. spiral 길이에 대한 사출압력의 영향(수지온도 190℃)

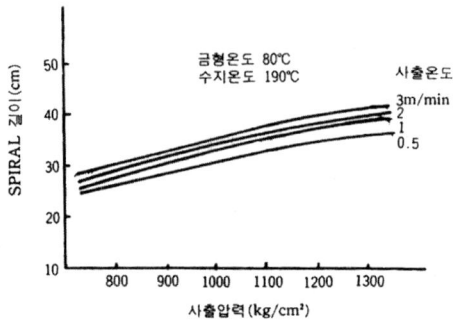

2-1-4. 표준 grade의 L/t와 두께 관계

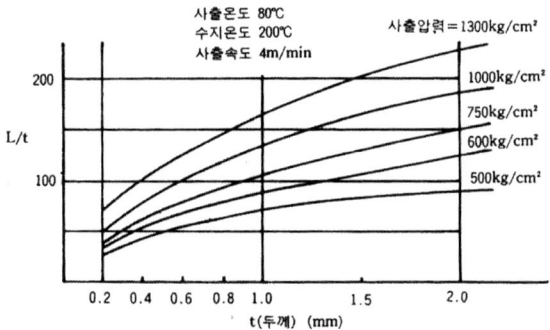

0.3mm 두께의 표준 grade는 750kg/cm²의 압력, $L/t=50$

2-1-5. 비용적과 온도 관계

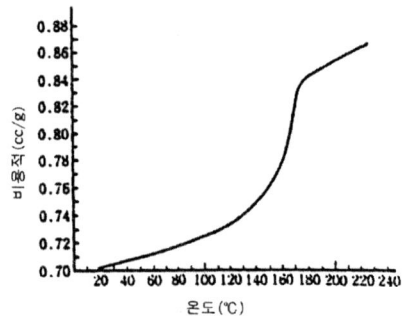

2-1-6. 표준 grade로 pin point gate의 경우에 성형수축률

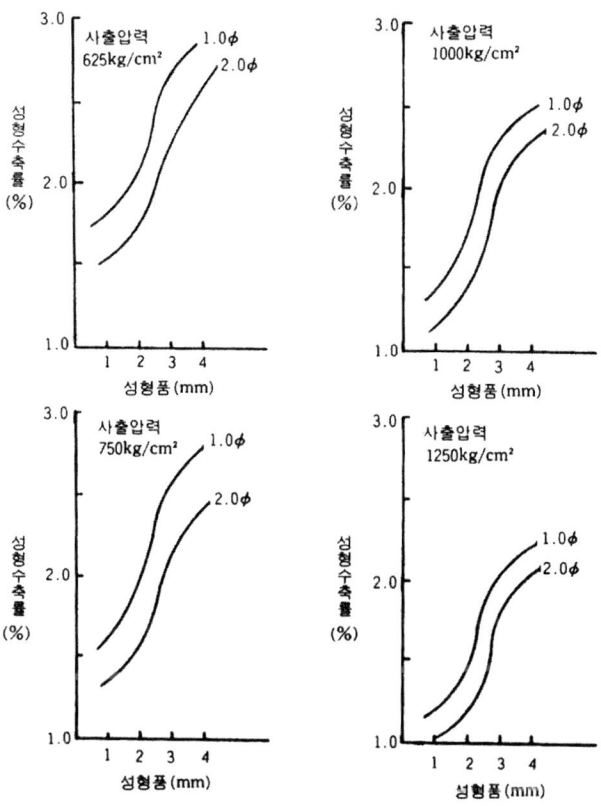

2-1-7. 금형온도와 성형수축률

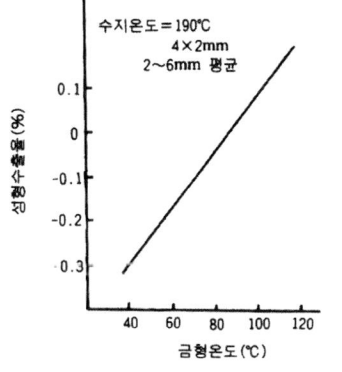

2-1-8. 사출압력과 성형수축률

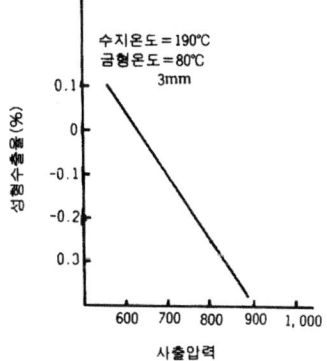

2-1-9. 성형수축률에 대한 성형조건의 주 효과

항 목	범 위	주 효과
금형온도	40~80℃	성형품 두께 2~6mm gate 2 × 1mm 0.4% / 10℃ gate 4 × 2mm 0.07% / 10℃
사출압력	600~900kg / cm	성형품 두께 2mm 0.20% / 100kg / cm 성형품 두께 3mm 0.15% / 100kg / cm 성형품 두께 4mm 0.10% / 100kg / cm
수지온도	180~200℃	성형품 두께 3mm, 금형온도 80℃, 0.07% / 10℃

2-1-10. 금형온도, 성형품 두께, 분위기 온도와 후수축 관계

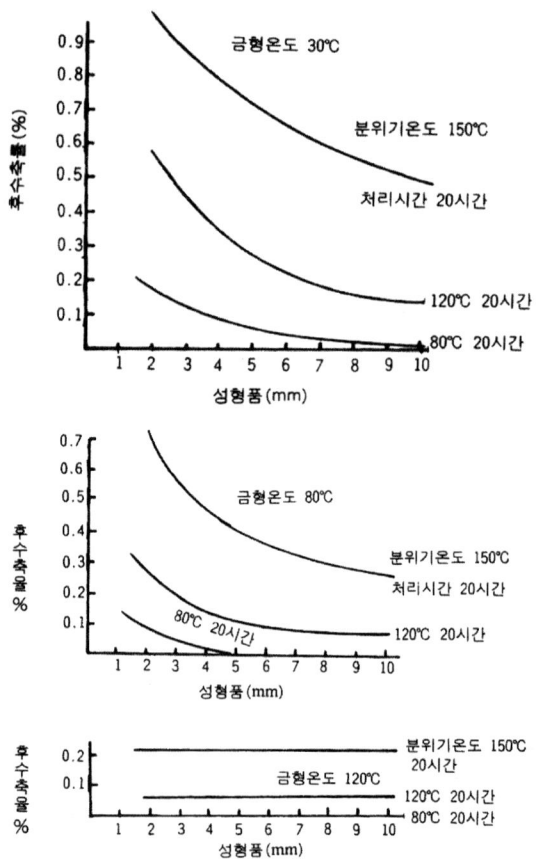

2-1-11. 열안정성

1) 변색: 수지온도 200℃, 약 60분간 체류가 변색의 한계이다.

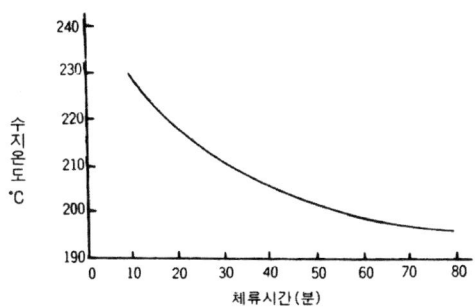

2) 중합도 저하

190℃, 200℃에서 2시간, 230℃에서 60분간 하면 중합도가 저하된다.

● cylinder 내에 체류하는 용융점도의 변화

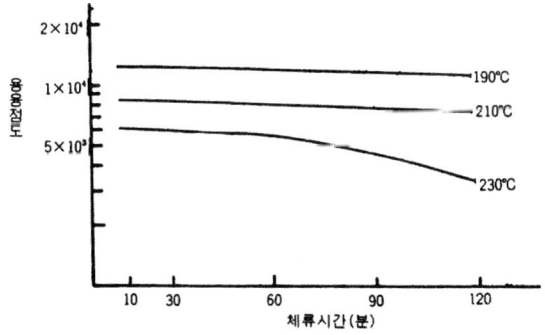

3) 사출속도

얇은 성형품: 3~4m / min 이상의 고속사출

2~3㎜ 정도: 1~2m / min

두꺼운 성형품 5~6㎜ 이상: 0.5~0.8m / min의 저속사출

4) 금형온도

60~80℃ 정도가 표준적이나 120℃ 정도는 치수안정화

2-1-12. annealing

잔류변형 제거: 145~150℃, 2~3㎜ 두께는 30분 정도
치수안정화: 사용온도보다 10~20℃ 높은 온도로 3~4시간

3. PBT수지의 가공특성

3-1. 기본적인 특성

3-1-1. 유동성

1) 서연성 grade의 유동길이와 glass 섬유량 관계

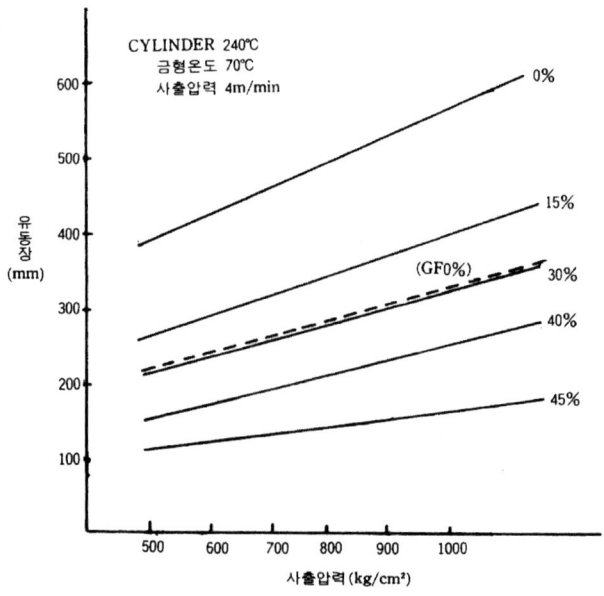

2) 서연성 grade(glass 30%)의 *L*/*t*와 두께 관계

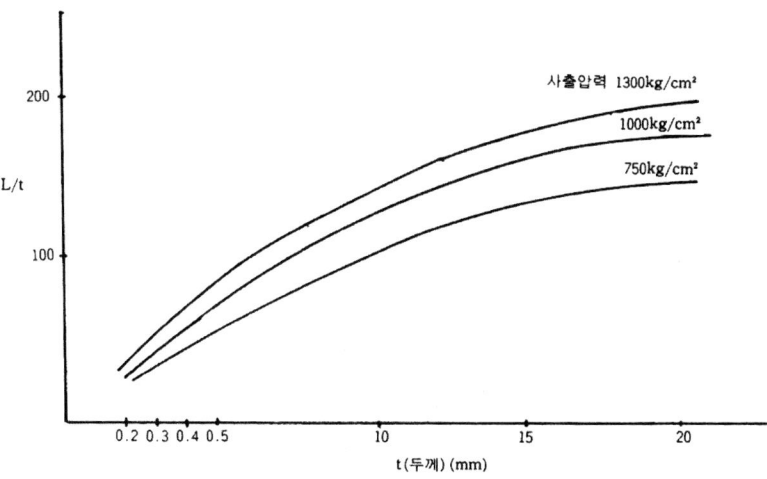

3-1-2. 수축특성

1) 서연성 grade(glass 30%)의 성형수축률

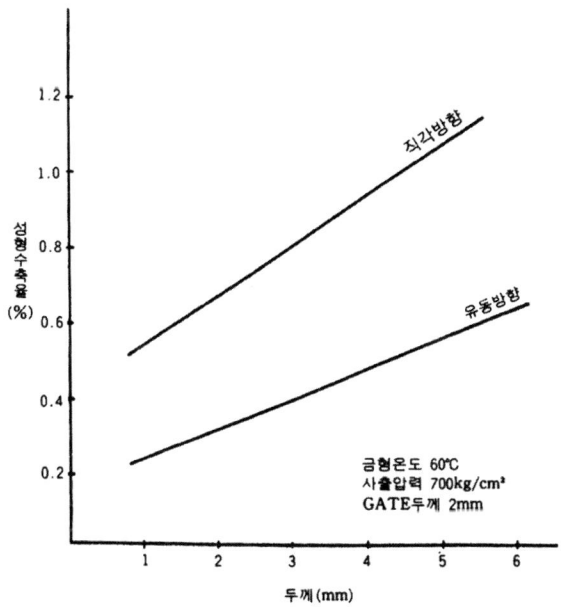

2) 서연성 grade(glass 30%)의
   성형수축률과 수지온도

3) 서연성 grade(glass 30%)의
   성형수축률과 사출압력

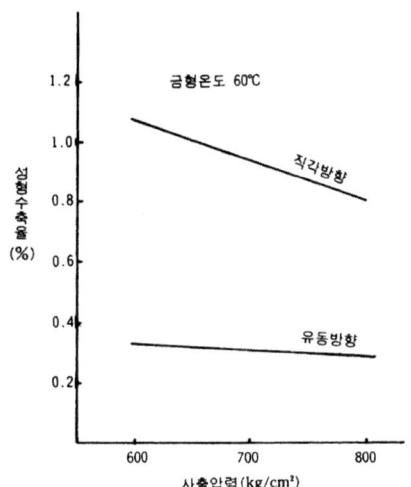

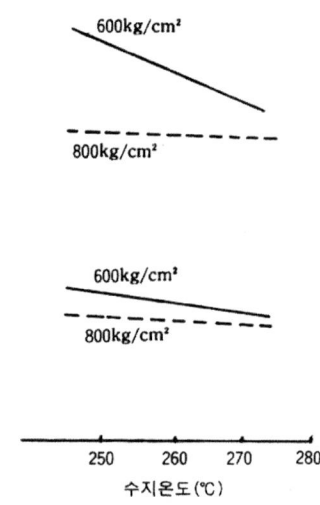

4) 서연성 grade의 glass 섬유량과 성형수축률 관계

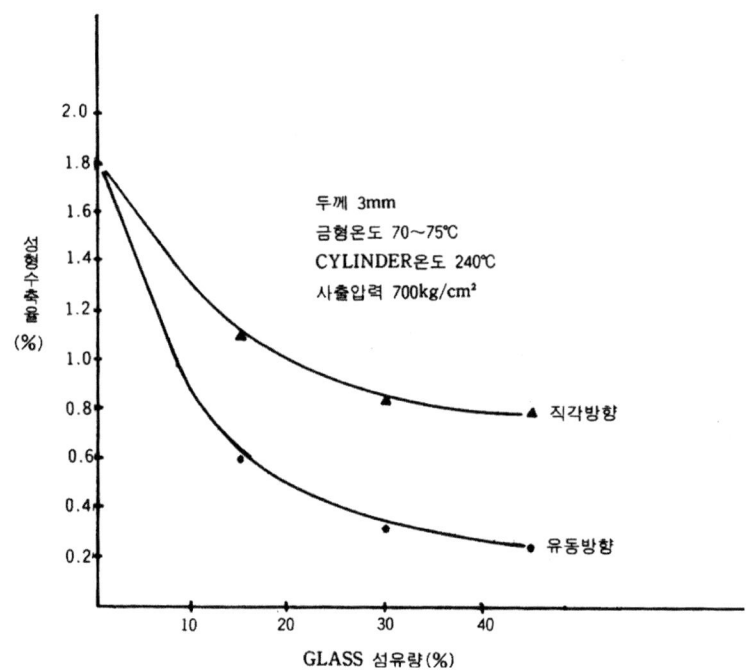

3-1-3. 열안정성

1) 서연성 grade(GF 30%)의 후수축에 의한 금형온도 영향

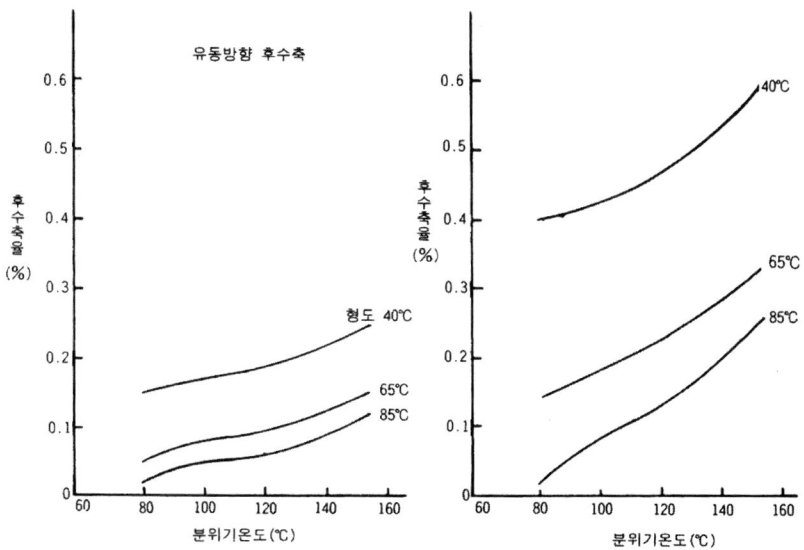

2) 서연성 grade(GF 30%)의 후수축에 의한 성형두께 영향

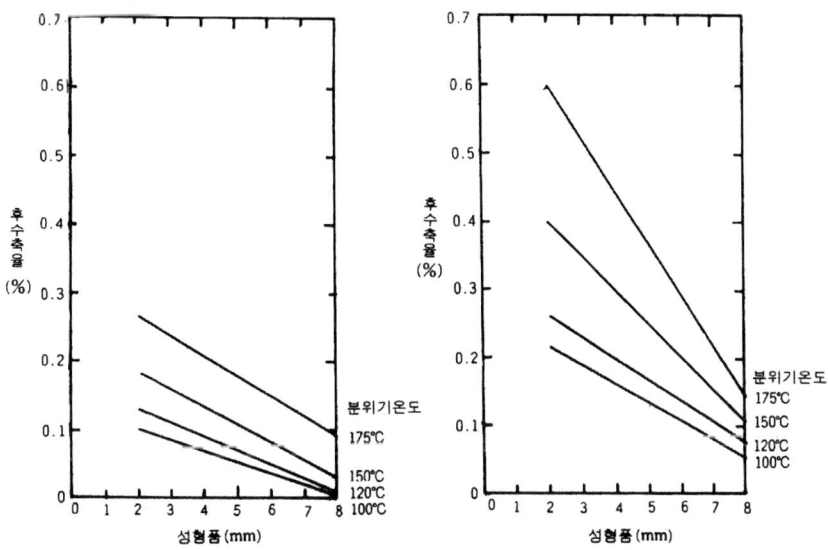

3) PBT(GF 30%)의 DSC곡선

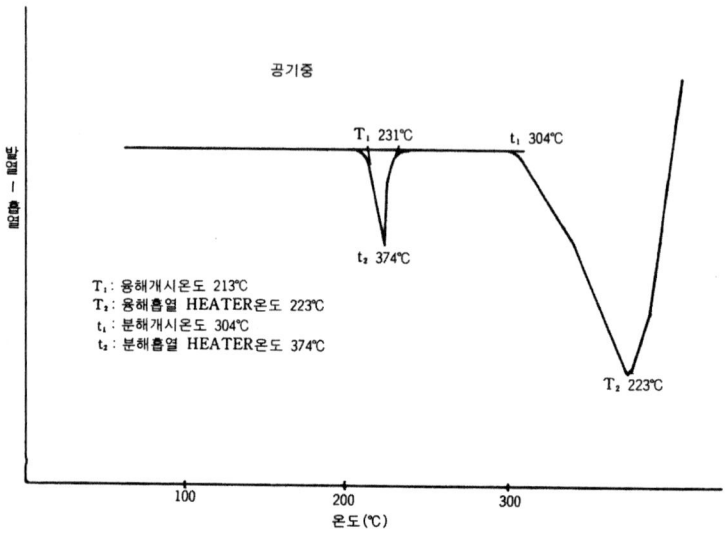

T₁ : 용해개시온도 213℃
T₂ : 용해흡열 HEATER온도 223℃
t₁ : 분해개시온도 304℃
t₂ : 분해흡열 HEATER온도 374℃

3-1-4. 표준적인 성형조건

1) 예비건조 120℃ 5시간 이상, 140℃ 3시간 이상

2) 서연성 grade(GF 30%)의 cylinder 내 체류 시간과 물성 유지율 관계

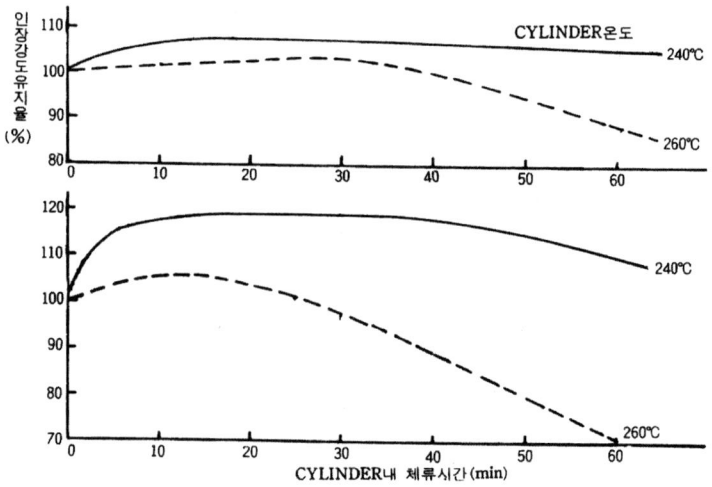

3) 수지온도

grass섬유 30%의 서연성, 난연성 grade의 cylinder 온도와 허용체류시간은 융점이 228℃이며 수지온도는 240~260℃가 적당하다.

cylinder 온도	서연성 grade	난연성 grade
240℃	약 60분	약 30분
260℃	약 30분	약 10분

4) 금형온도

금형온도는 일반적으로 60℃에서 외관이 양호한 성형품을 얻는다.

5) 서연성 grade(GF 30%)의 후수축성에 의한 분위기 온도, 방치시간 영향

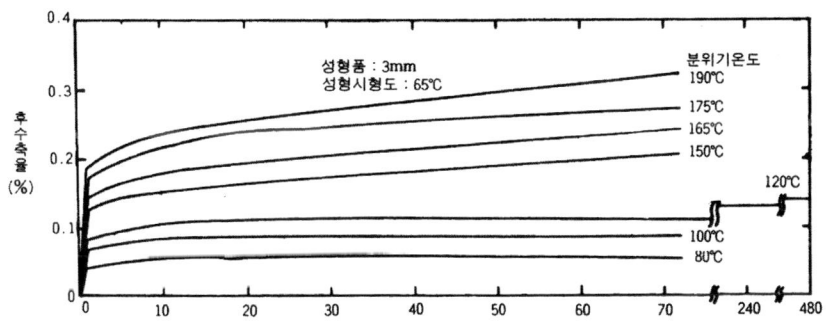

6) 서연성 grade(GF 30%)의 직각방향 후수축에 의한 분위기 온도 영향

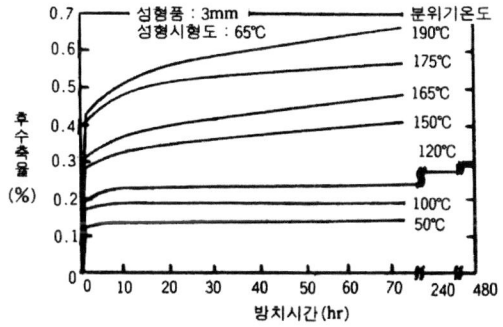

3-1-5. annealing

치수안정화를 위하여 175℃에서 3시간, 195℃에서 1시간 정도

4. polycarbonate 수지의 가공특성

4-1. 유동특성

4-1-1. 두께와 유동거리

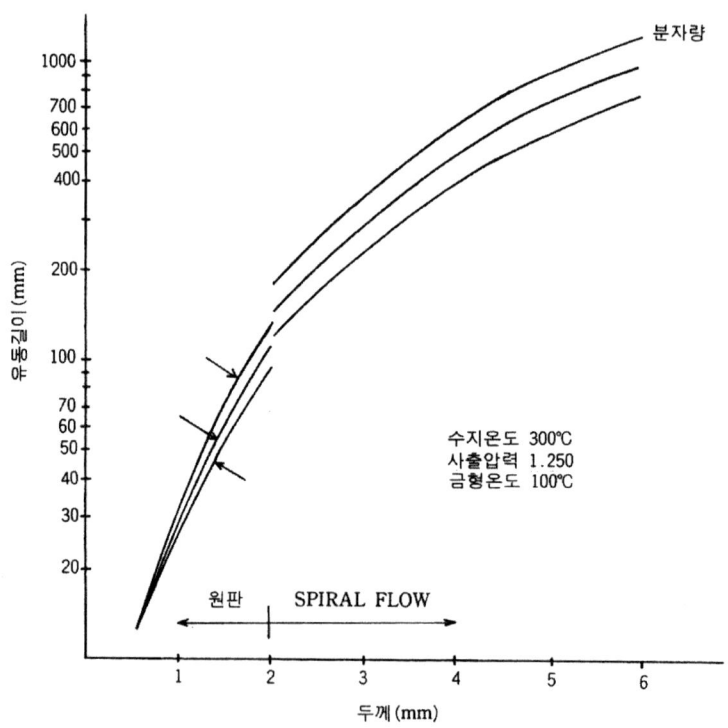

4-1-2. 각종 수지의 용융점도

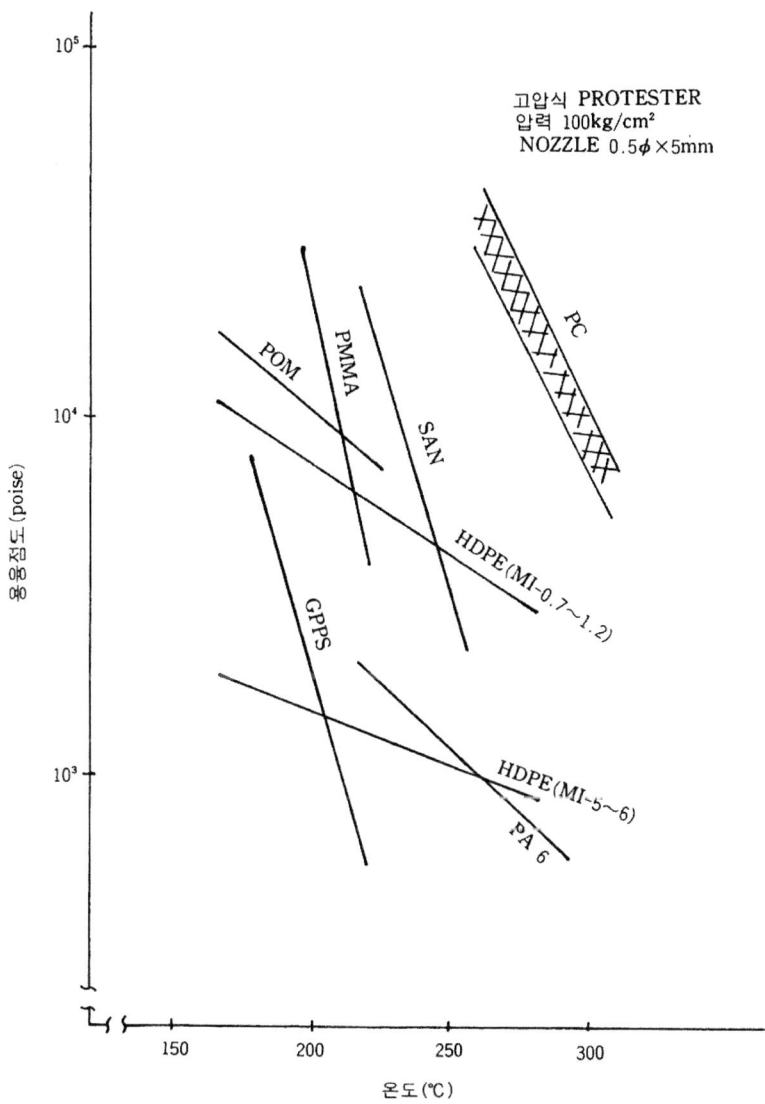

온도(℃)

4-1-3. 성형조건과 사출압력, 수지온도에 의한 유동특성

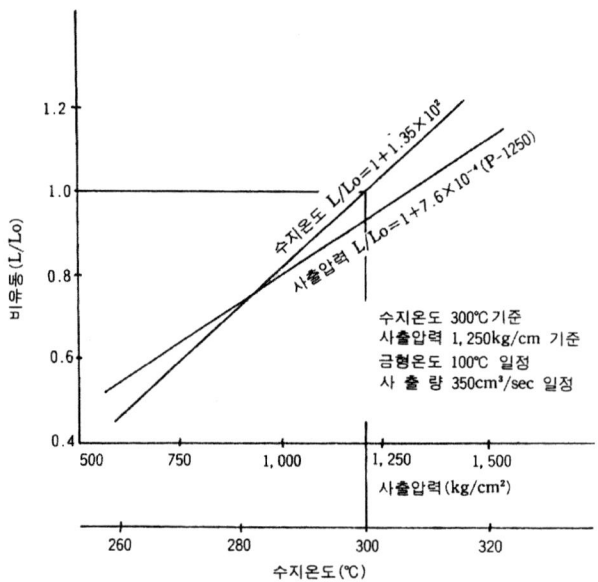

4-1-4. gate의 형상과 유동특성

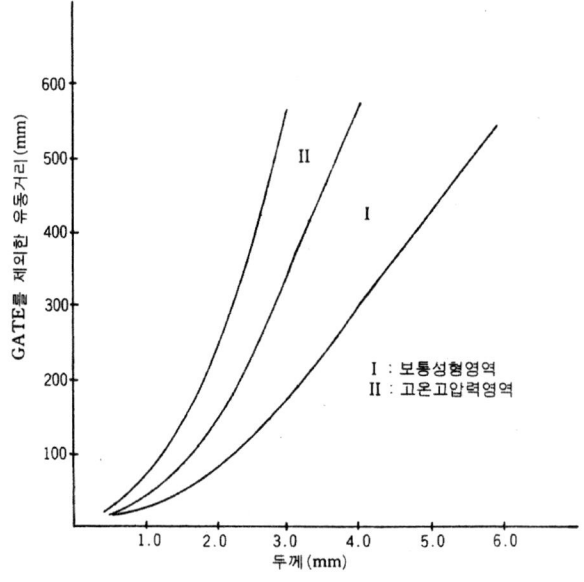

4-1-5. 열안정성

1) 열분해

330~340℃에서 산화발열, 460~470℃에서 급격한 산화 반응, 500℃ 부근에서 탄화된다. 따라서 실용상 330℃까지는 열분해한다. 실용적인 성형 가능 최고 온도는 320℃이다.

2) 용융에 의한 분자량 저하

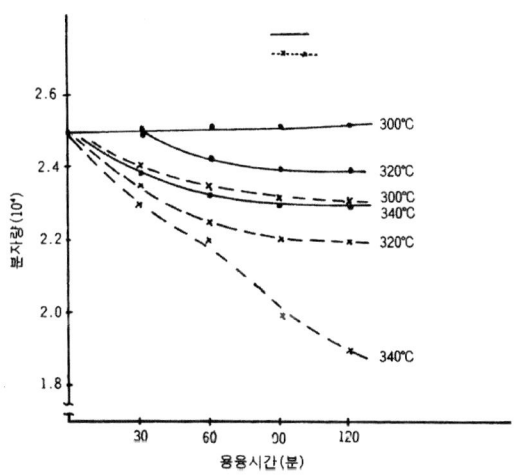

3) 사출성형 시에 의한 흡수율 영향

pellet 분자량	pellet 흡수율 (%)	성형품 분자량	낙구충격에 의한 파괴율(%)			성형품 외관
			연성파괴	취성파괴	전파괴율	
25,000	0.014	25,000	0	0	0	양호
	0.047	24,000	30	0	30	양호
	0.061	24,000	50	0	50	양호
	0.067	24,000	90	0	90	은조발생
	0.200	22,000	20	80	100	은조, 기포발생
22,000	0.015	22,000	70	0	70	양호

성형품 cup, 중량 2.13kg, 낙하 높이 10m

4 - 1 - 6. 가수분해

1) 열화

수분이 기화하여 가수분해에 의한 탄산가스, 일산화탄소가 발생한다. 성형품의
외관에 미려를 주는 pellet의 흡수율은 0.05% 이하이다.

2) 건조조건

공기 중에 방치하는 흡수율이 0.15~0.20%이므로 성형 전에 0.015~0.02%의
흡수율이 되도록 120℃ 이상, 한계흡수율 이하로 예비건조해야 한다.

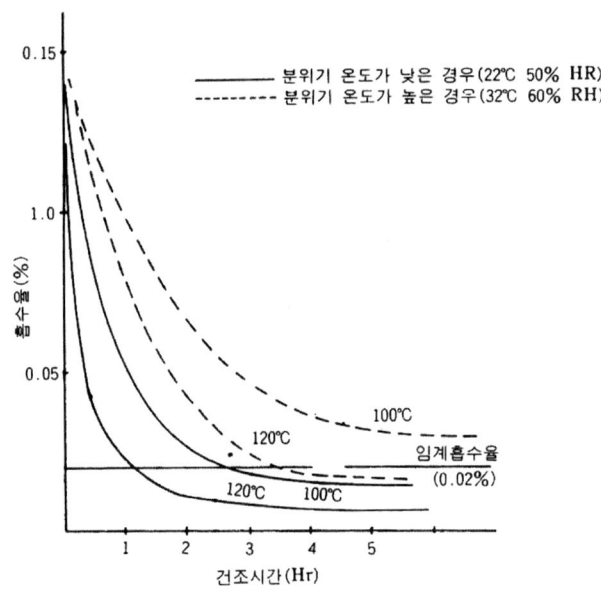

3) 성형 현장에서 간편히 판정하는 pellet 예비건조

- 용융수지에 기포가 있는 경우
- 성형품에 silver streak 발생
- runner와 성형품의 두꺼운 부분에 미세한 기포가 다수 발생
- 흐름의 선단부에 기포가 발생
- 성형품을 파단 시 조각으로 취성파괴된다.

4 - 1 - 7. 성형조건과 응력 crack

1) 성형조건과 강도

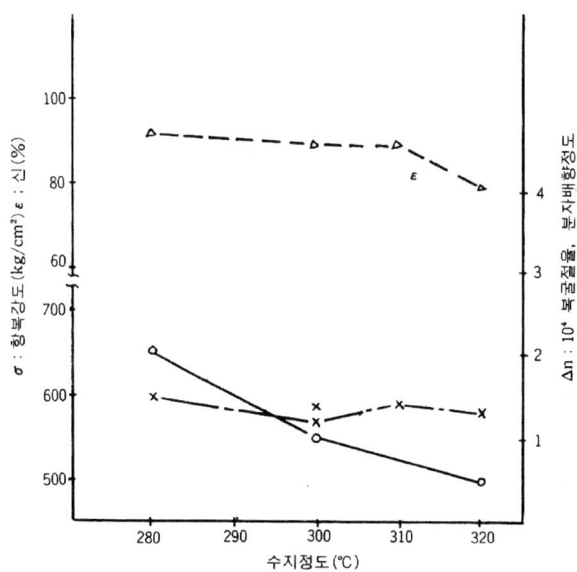

2) 성형조건과 잔류응력

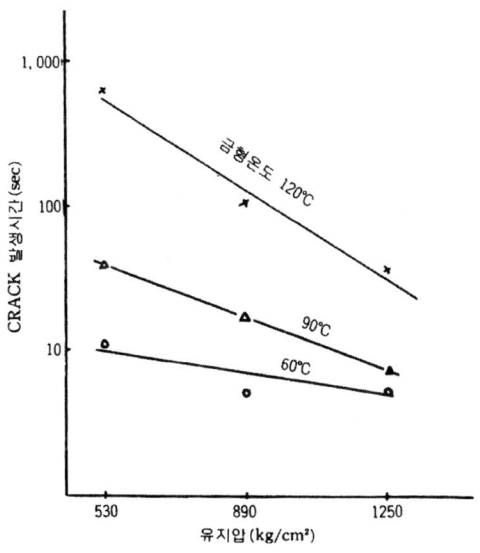

잔류변형은 일반적으로 수지온도를 높게, 사출압력을 낮추고 금형온도를 높이면 변형이 작아진다.

4-2. 치수안정성

4-2-1. 성형수출률과 안정성

1) cavity 측을 되도록 적게, core 측은 되도록 크게 금형을 수정하도록 한다.
2) 치수측정용의 sample은 성형개시 직후 30shot 이후의 것으로 한다.
3) 치수측정은 성형 24시간 후에 측정한다.

4-2-2. 성형조건과 성형수축률(1)

성형조건			성형수축률		
cylinder 온도 (℃)	사출속도	사출압력 (kg / ㎠)	5일 후	10일 후	30일 후
270	저속	1,400	−	0.76	−
270	고속	1,400	0.75	0.79	0.76
290	저속	840	0.82	0.84	0.82
290	고속	840	0.72	0.76	0.76
290	저속	1,400	0.60	0.62	0.59
290	고속	1,400	0.65	0.65	0.68
310	저속	840	0.66	0.66	0.65
310	고속	840	0.65	0.67	0.68
310	저속	1,400	0.59	0.61	0.59
310	고속	1,400	0.57	0.57	0.57

4-2-3. 성형조건과 성형수축률(2)

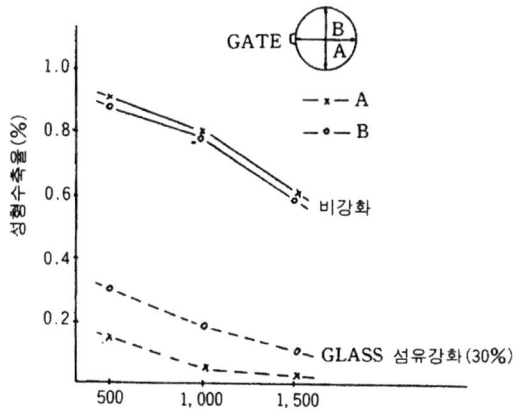

4-2-4. 흡수와 치수변화

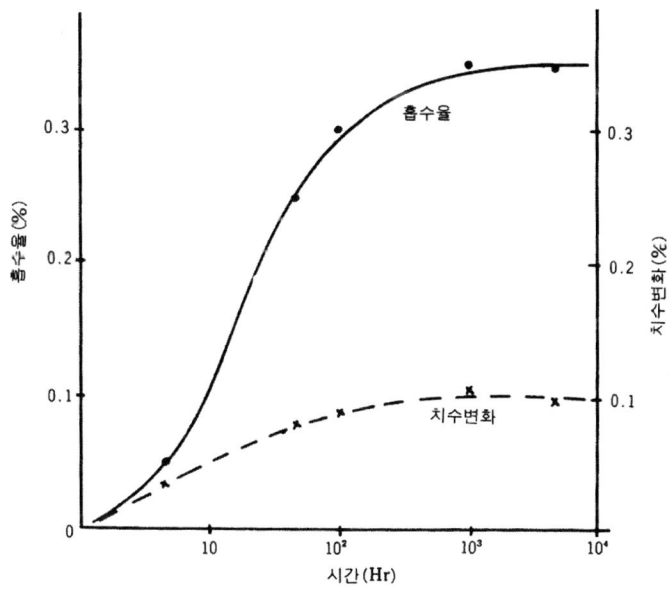

 표준성형조건으로 성형하는 경우에 성형 정도는 shot 간의 편차가 0.02～0.05% 이하라야 한다.

4－3. glass 섬유강화 polycarbonate

4-3-1. 금형온도와 외관

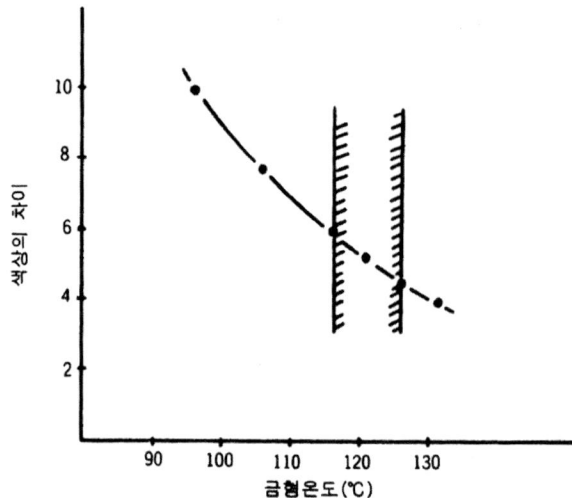

4-3-2. polycarbonate의 표준성형조건

예비건조 (온도×시간)	hopper 온도 (흡습방지)(℃)	cylinder 온도(℃)	사출압력 (kg / ㎠)	금형온도 (℃)
* A 120×5 이하 * B 120×4 이하 * C 120×3 이하	100～120	270～300	800～1,200	100～120

* A: 선반식 열풍순환건조기 * B: hopper drier * C: 제습식 hopper drier

4 - 3 - 3. weld 강도

1) 비weld부 강도의 40% 정도

2) glass 섬유강화의 weld 강도

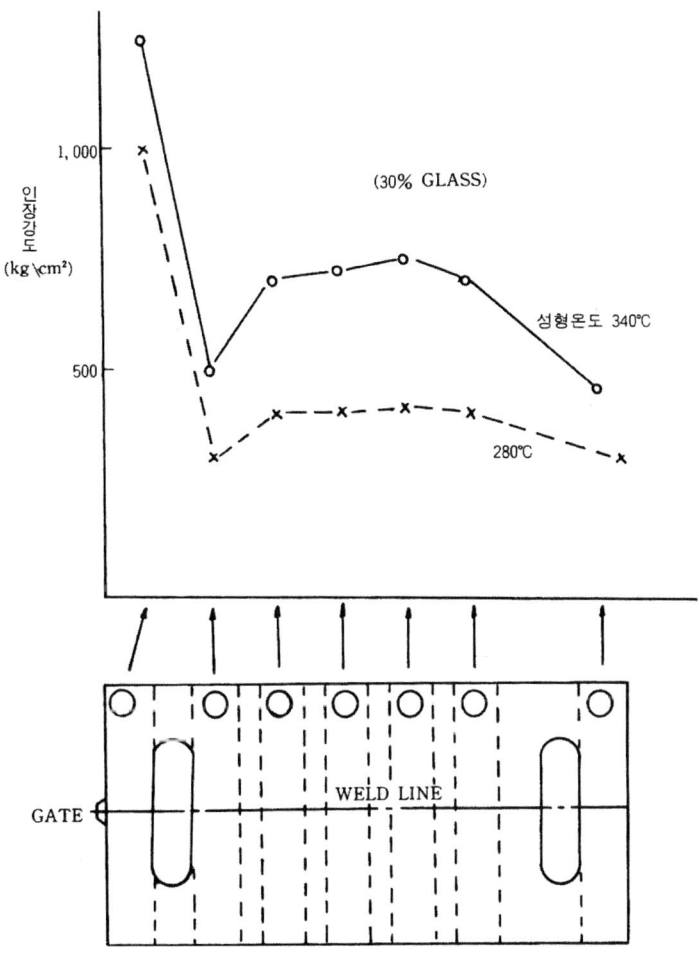

5. ABS수지의 가공특성

5-1. 유동특성

5-1-1. cylinder 온도와 spiral 유동거리

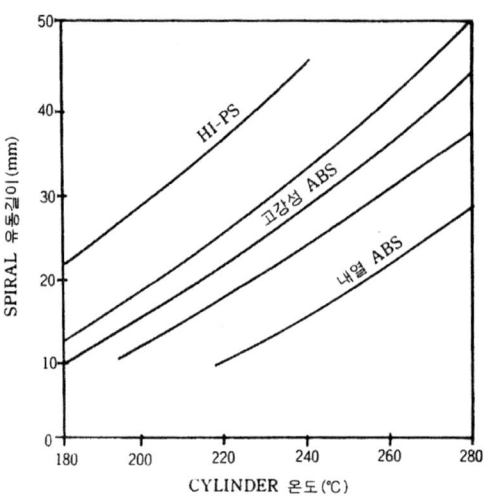

5-1-2. 제품에 의한 MI와 L/t 관계

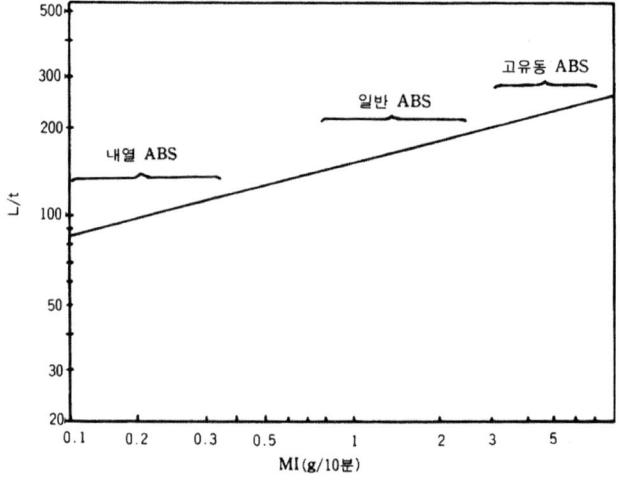

1) L/t

일반 grade	$140 \sim 180$
고유동 grade	$200 \sim 250$
내열 grade	$80 \sim 110$

5-1-3. MI와 두께 관계

1) spiral 유동길이가 일정할 때 MI와 두께의 궤적

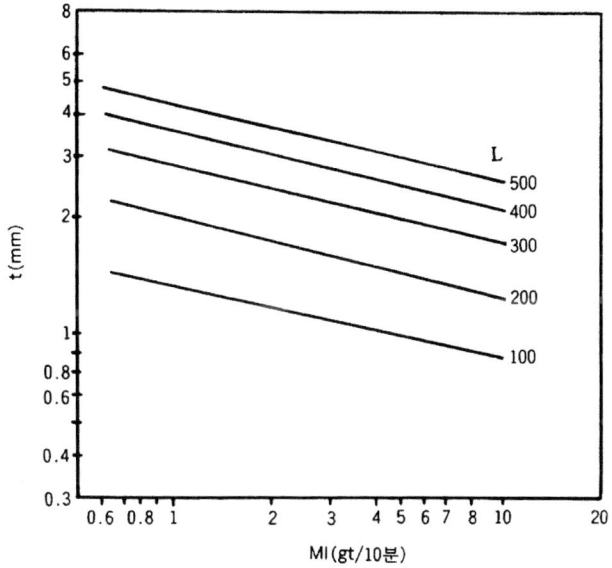

5-1-4. center gate와 side gate의 L/t 관계

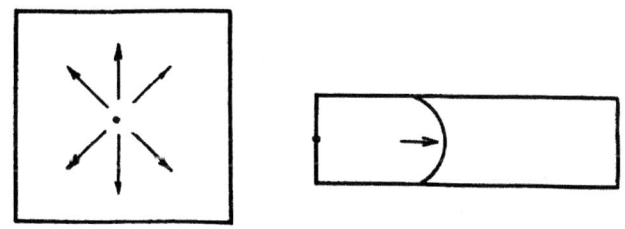

5-2. 성형수축

5-2-1. 사출압력과 성형수축률

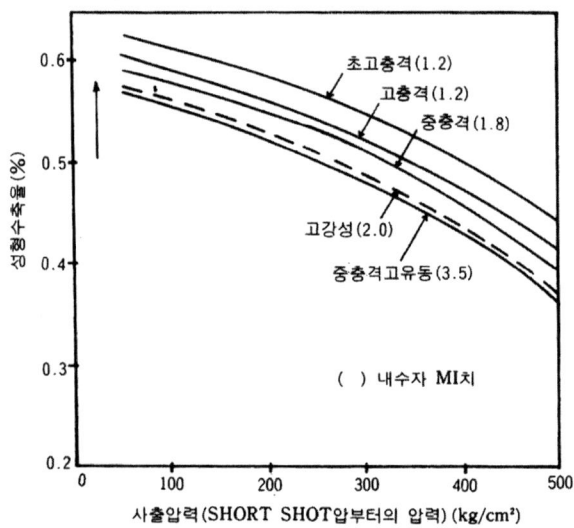

5-2-2. 사출압력과 성형수축률

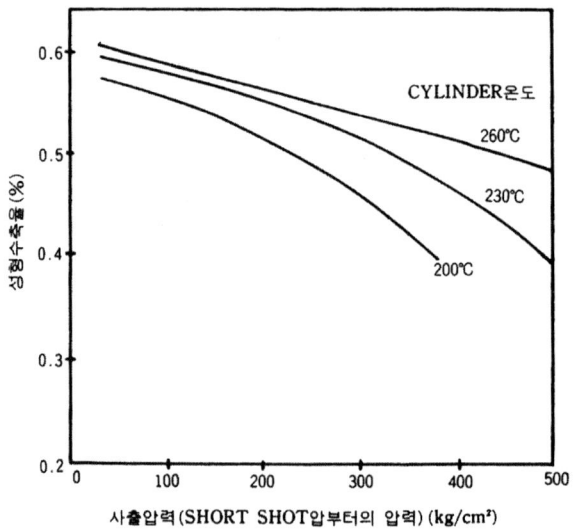

5-3. 성형품의 물성

실용적 수지온도는 200~250℃이다. 그 이상은 탐과 광택 저하. 열열화에 의한 물성 저하, 특히 충격강도가 저하한다.

재생재료의 사용은 15% 이내로 한다.

5-3-1. 충격강도와 cylinder 온도 영향

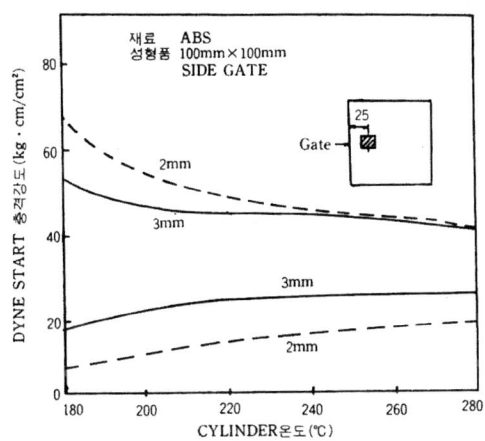

5-3-2. 충격강도 및 굉댁의 cylinder 온노에 의한 영향

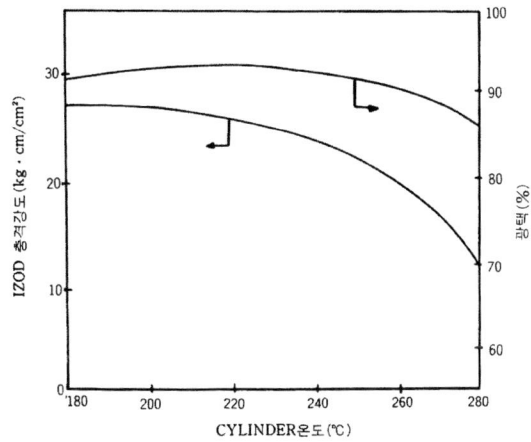

5-3-3. 표준적 성형조건

항 목	일반 type	high flow	내열 type	도금 type	난연 type
예비건조	80~85℃ 2~4시간	80~85℃ 2~4시간	85~90℃ 2~4시간	80~85℃ 2~4시간	70~80℃ 3~4시간
cylinder 온도(℃)	190~250	180~250	200~250	200~250	160~230 (pvc bland) 160~210
사출압력(kg / ㎠)	700~1100	600~1100	700~1100	700~1100	700~1100
금형온도(℃)	40~80	40~80	40~80	40~80	40~60
사출속도	-	-	-	가능한 한 느리게 한다.	-

5-3-4. cylinder 온도와 밀착강도

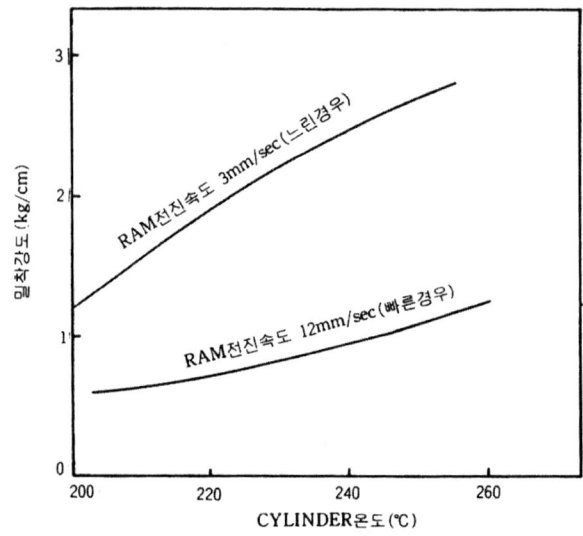

6. 저발포수지의 재료

6-1. 저발포수지의 개요

발포 사출성형의 금형 내의 수지와 발포제와의 용융 혼합물을 사출하여 성형하는 방법이다.

성형품의 두께가 4㎜를 초과하면 통상의 성형 방법으로는 수지가 고화할 때 수축 등 변형이 생기기 쉽다. rib 보강 시도 표면 결함 및 변형이 생기기 쉽다. 저발포 사출성형의 목적은 성형품 두께의 제한을 그다지 받지 않는다는 것이다. 수지가 고화할 때 체적 수축의 대부분이 내부 발포에 따라 흡수되어 변형이 남고, 생성된 발포 부분은 벌집 구조를 형성하여 성형품의 강성 향상에 기여하게 된다. 발포 배율을 control함에 따라 성형품의 경량화도 가능하게 된다.

저발포 성형품은 structural form(이하 SF)라 불리는 구조용 발포제를 의미하며, 통상 열가소성 수지에 따른 저발포 사출성형품으로 발포 배율이 1~2배까지의 것을 말하며, 발포배율은 제품 두께에 비례하고, 6㎜ 이상의 두께 성형품에 유효하다.

6-2. 저발포수지의 재료

6-2-1. base 재료

스티렌계 수지는 광범위의 grade에 대하여 적응이 가능하며 대형 생산품을 만들 때에는 유동이 좋은 type의 수지를 사용함에 따라 유효하다.

6-2-2. 발포제

1) 무기계 발포제와 유기계 발포제가 있으며, 저발포 사출성형에는 유기제 발포제인 ADCA(아조지카본아이드)가 사용되고 있다.

특징으로

- 자기 소화성

- 무독성(FDA 인가＝식품용기 2% 첨가)

2) 발포제의 base 재료에의 첨가 방법

- 전착 방식(발포제를 BASE 재료에 직접 전착)
- MB 방식(방포제의 MB를 사용)

3) ADCA가 분해하여 생산된 암모니아 등은 금형 부식의 원인이 되는 경우가 있기 때문에 그 대책을 고려해야 한다(도금 등).

6-3. 비발포제품과 저발포제품 비교 분석

비교항목		비발포제품	counter pressure 제품	sendwitch 제품
금형	기본적인 금형 system	통상의 사출성형 금형으로 가능	cavity에 공기, 질소 gas를 주입(내압 12kg/cm 정도)하여 금형 내부 ejector pin부분이 완전 seal 할 필요가 있어 공기, 질소 gas의 주입, 배출구를 설치한다.	
	hot runner system	사용 가능	사용 불가	사용 불가
	금형의 gate수 (대형 housing제품)	통상은 6 point gate가 많다.	대부분은 1 point로 가능	평균 4 point gate
생산성	평균 cycle 시간	약 120초(두께 4mm 경우)	약 170초(두께 5.5mm 경우)	약 240초(두께 5.5mm 경우)
	cycle 시간중의 냉각시간	약 70초(두께 4mm 경우)	약 110초(두께 5.5mm 경우)	약 160초(두께 5.5mm 경우)
cost	총체적인 cost조건 (대형 housing제품)	비발포 제품의 지수를 1.0으로 하고 타공법과 비교한다.	단품일 경우 1.3정도 최종제품은 0.8정도	단품일 경우 1.8정도 최종제품은 1.8정도
제품성형	최종적인 대형 housing의 부품종류수	3부품 구성	2부품 구성	3부품 구성
특징비교	성형가능한 제품의 최대 두께	4.0mm 이하	20mm~25mm	
	성형가능한 제품의 최저 두께	1.0mm	1.0mm	4.0mm
	제품의 발포 배율	1.0배	약 0.9배	약 0.85배
	적응 성형재료	원칙적으로배여하한 재료로 성형가능	PS	PS, PPHOX
	성형품의 특징	제품의 표면경도가 비교적	제품의 표면정밀도를 요구하는 경우는 표면도장을 할 필요가 있다.	
	발포 system	−	발포제를 0.3% 혼입하여 사출성형하면 좋다.	발포제는 사용하지 않고 성형시점에 질소 gas를 분사한다.

비교항목		비발포제품	counter pressure 제품	sendwitch 제품
특징비교	제품의 표면도장	원칙적으로 도장 전의 표면 다듬질 가공과 primer처리 등의 base도장은 하지 않고 통상 1공정 도장으로 한다. 단, 특히 표면광택을 필요로 하는 제품은 base도장을 할 필요가 있다.		제품의 표면 사상가공과 primer 처리 등의 base도장을 할 필요가 있다. 따라서 3공정 도장을 한다.
	낙구충격에 의한 제품의 파괴정도	파괴강도는 약하며 제품의 조립시점에 금속판 등 보강재를 사용할 필요가 있다.		비발포제품에 대하여 약 3배의 내 파괴강도를 유지한다. 내분의 발포상태가 honey come(벌집) 상태로 파괴가 난해한다. 따라서 제품을 조립시점에 금속판 등 보강재 사용이 필요없다.
	weld부분의 파괴배율	금형 system과 성형기술에 의하여 비교적 weld가 크다. 다점 gate는 weld의 발생개소가 많다.	weld line이 크지 않기 때문에 표면도장으로 커버한다.	

7. PMMA 수지의 가공특성

7-1. 유동성

7-1-1. 성형온도와 유동성

1) 성형온도 270~290℃

2) 수지의 일반적 종류

grade	FR(g / 10분)	열변형온도(℃)
내열 type	2	100
일반 type	6	87
양유동 type	15	80

7-1-2. 유동거리와 성형온도 관계

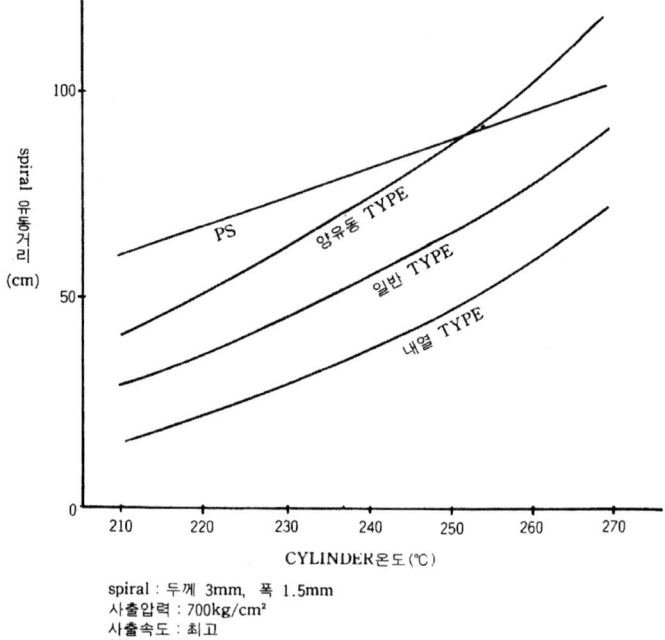

spiral : 두께 3mm, 폭 1.5mm
사출압력 : 700kg/cm²
사출속도 : 최고
형온 : 60℃
cycle : 60sec

7-1-3. 유동거리와 사출압력 관계

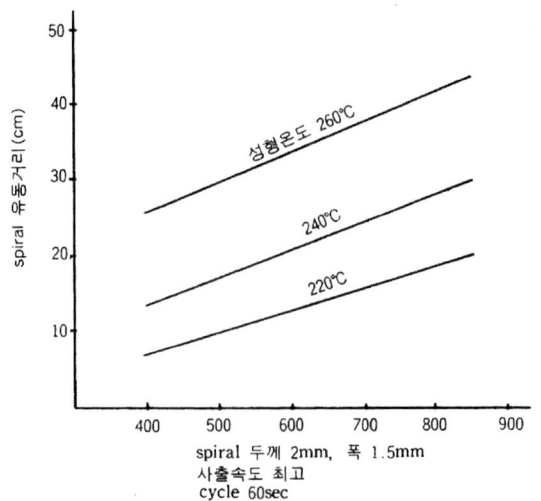

spiral 두께 2mm, 폭 1.5mm
사출속도 최고
cycle 60sec

7-1-4. 유동거리와 금형온도 관계

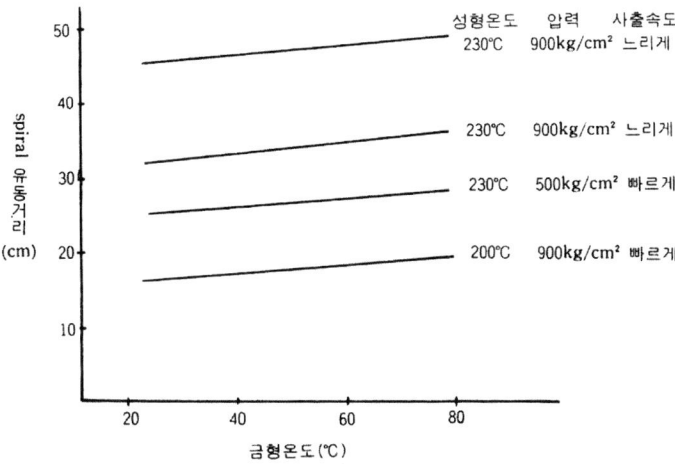

7-1-5. 두께와 유동거리 관계

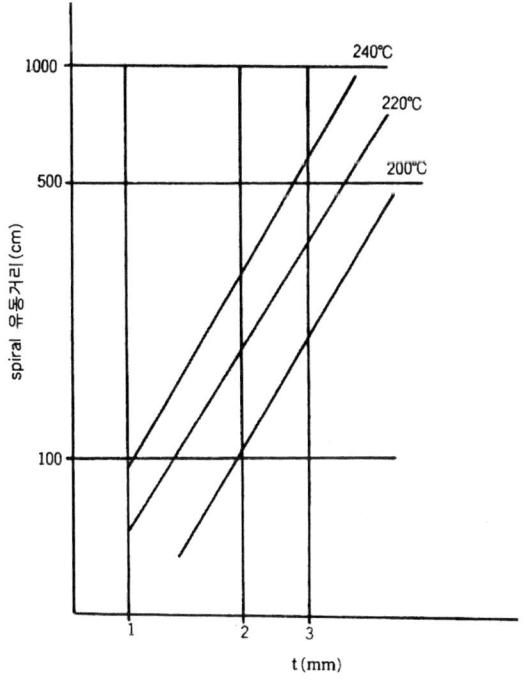

7-2. 성형수축

7-2-1. 성형수축률

1) 성형온도를 낮게, 사출압력을 높게 하면 성형수축률이 작아진다.

2) 설계의 기준은 0.004를 중심으로 하는 성형수축률

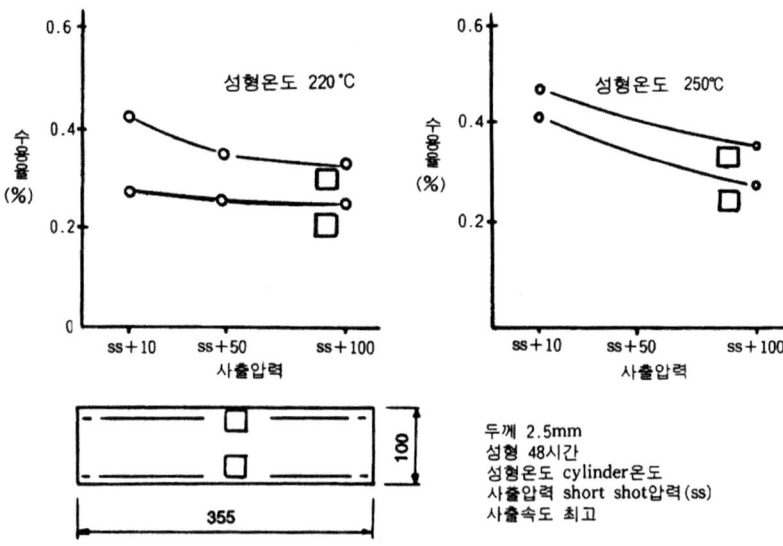

두께 2.5mm
성형 48시간
성형온도 cylinder온도
사출압력 short shot압력(ss)
사출속도 최고

7-2-2. 습도팽창률

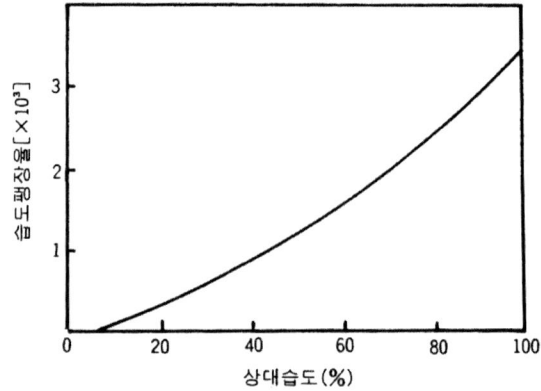

7 - 3. 성형품의 물성

7 - 3 - 1. 성형조건과 굽힘강도의 영향

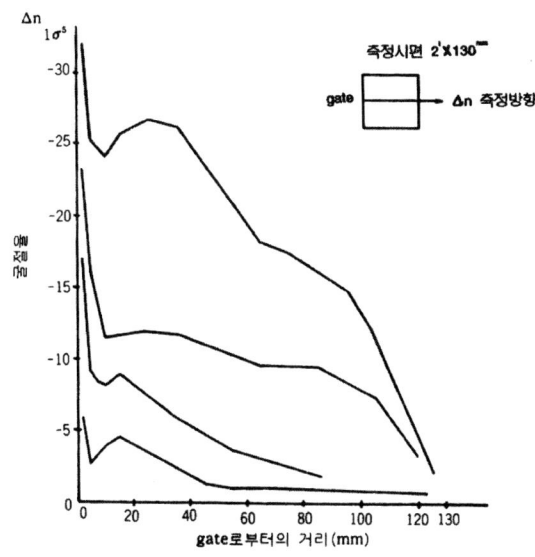

7 - 3 - 2. cylinder 온도와 인장강도 관계

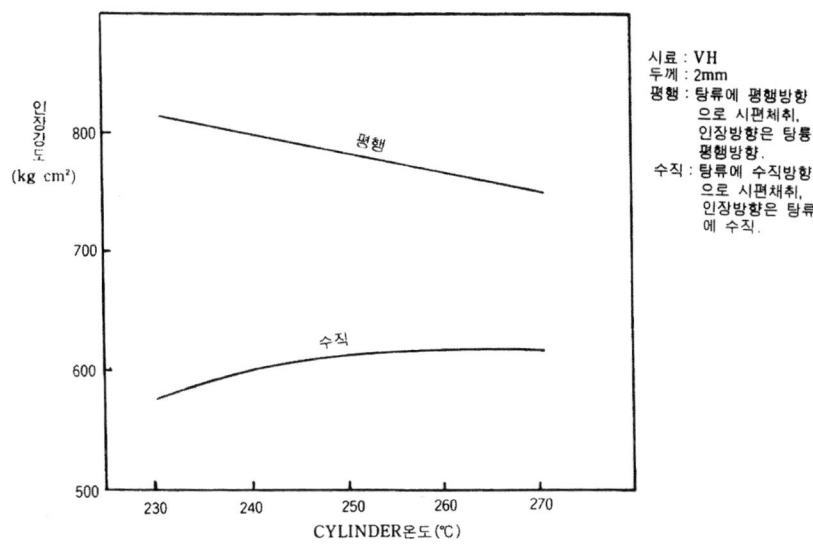

7 - 3 - 3. 성형용도와 가열변형량

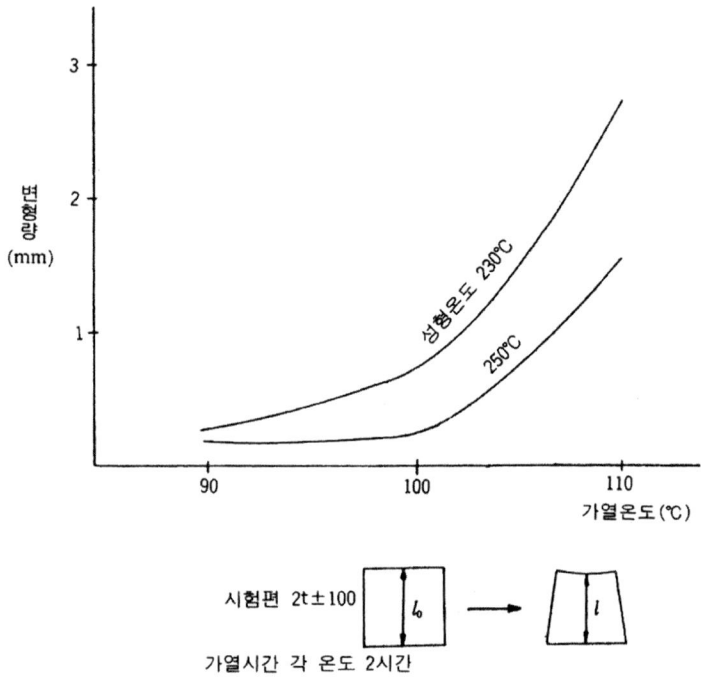

시험편 2t±100

가열시간 각 온도 2시간

7 - 3 - 4. 표준성형조건

1) 건조

수분량 0.2~0.4%, 예비건조온도 80℃, 건조시간 4~6시간

2) 성형조건

grade	cylinder 온도 (℃)	사출압력 (kg / cm²)	금형온도 (℃)
내열 type	220~260	800~1,400	50~90
일반 type	–	800~1,400	40~80
양유동 type	190~240	800~1,400	40~70

8. polyetherimide 수지의 가공특성

8-1. dissipation factor

1) frequency

23℃, 50% RH

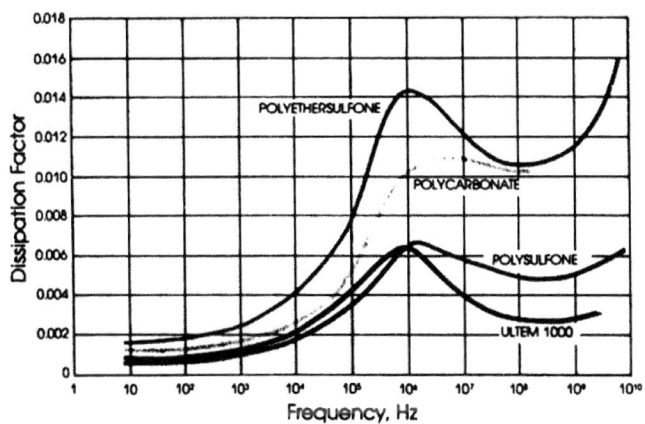

2) temperature

$2.45 \times 10\,Hz$

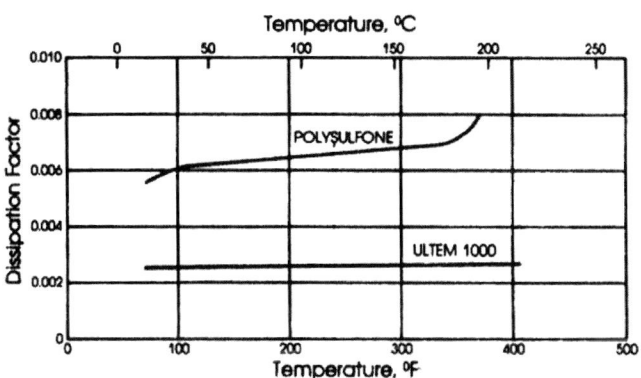

8 - 2. stress - strain corve

1) polyetherimide resin

온도 23℃

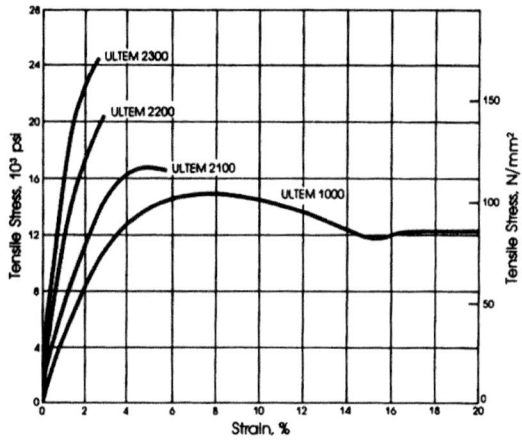

2) aluminum

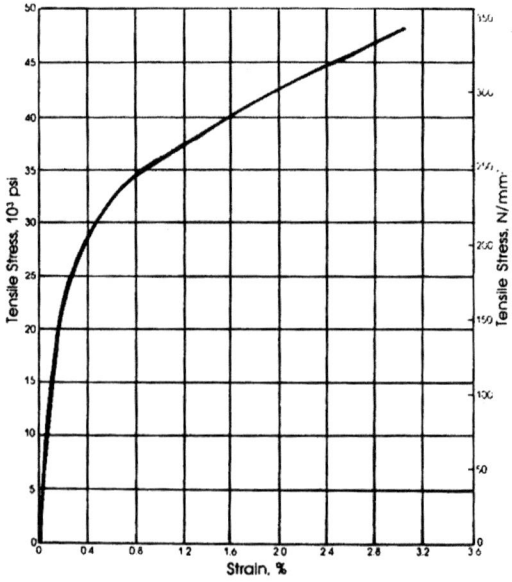

3) carbon steel

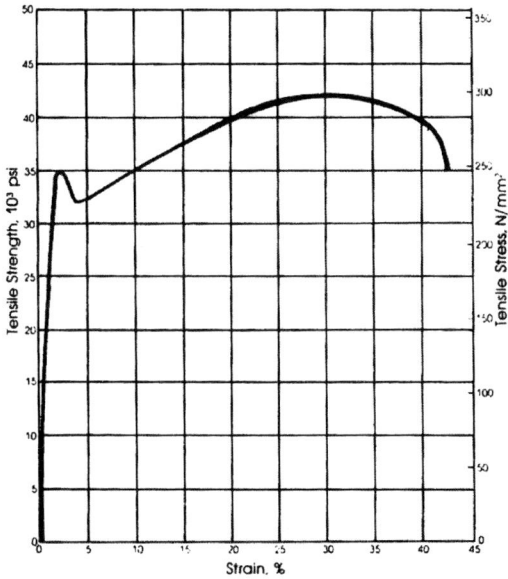

제4장

고품질 성형에 의한 대책

1. 설계의 요점

1-1. 금형설계 사양서

주문선	주문선 수소	
	주문선 회사명	
	납입장소	
성형기	품명	
	사용수지명	
	성형수지율	/ 1,000
	색조	투명성	투명, 불투명
		색명	
	성형품단중	
	성형품투영면적	g
성형품	제작소(제조소)명	㎤
	형식	
	시출중량	g / shot
	형체력	ton, oz

성형품	tiebar	수평	cm×cm
		수직	cm×cm
	ejector 구멍직경		mmΦ
	사용형 두께	최대	mm
		최소	mm
	rocket ring구멍직경		mmΦ
	nozzle구멍직경		mmΦ
	nozzle R		
기 타	지급품		
	금형납기		년 월 일
	사용공장		
	금형가격		
금형구조	금형구조형식		
	취수		
	parting line		
		heater	pin, 단부pin, plate, 접시pin
		stripper plate	plate bar block, link
		sleeve	sleeve 특수sleeve
		공기	공기, 타병용
		병용	
		기타	2단돌출, 조루기구
		방식	보통, insulate hot
		형상·치수	원, 반원, U형, 치형
	nozzle 방식		well type
	종류·위치 형상·치수		
		종류	side core
		인발구조	경사pin, 경사cam 유압, 공기압
	냉각가열방식		
	특수가공의 유무		
	도금의 유무		유무
	주요 재료		
	소입		경도
	금형 layaut size		가로×세로×높이

1-2. 형도면 check

	일반적 check	금형 check
제품도	1. 제품도를 현척으로 설계한다. 2. 제품사용개소 및 중요개소의 확인 3. 제품각부치수, 요구공차의 확인 4. 두꺼운 종이, 목형, 석 등 적당한 물건으로 제품의 형상을 확인	1. 형상 및 치수의 불명, 제품설계와 협의하여 충분히 이해 2. 정정한 변경개소는 필히 문서로 승인 3. 특기r은 지정, 필요개소는 확인 4. 형구조의 치수 기입 기준면 5. 이차가공 부분의 다듬질 6. 유사품, 보충형 전회의 검사성적서를 조사
조립도	1. 조립도는 현척으로 작성 2. 조립도상에 조립순서의 치수기입 3. 형을 사용성형기에 취부하는 방법을 도면화 4. 설계자의 의도를 도면화, 치수, sheet paper로 표기	1. 형은 요구성형기에 취부 확인 2. 형의 높이, 성형기의 die 최소, 최대고의 확인 3. bolt hole의 개소 확인 4. 형구조의 제작사양지 시 차이가 있을 때 관련부서에 통지 5. 냉각수양수와 clamp용 bolt 확인 6. 형분해조작은 제품에 무리가 없다. 7. 온도의 확인 8. 냉각수, bolt, knock 확인 9. 관련된 치수를 기입 10. 제품취출 경우 guide pin, pin 확인 11. 조립에 필요한 치수, 부품도제도에 필요한 최소 치수 기준을 기입
부품도	1. 부품도는 조립도에 제시 2. 지수, 공차, 다듬질기호 3. screw hole, +넹, pitch 지수 및 개수를 재확인 4. 소입 지시 5. 가공상 비용 6. 면취 개소의 지정 7. 중량물인 경우 추가 hole의 필요성 8. 조각지정	1. 제품도에 수축량을 포함한 치수를 주기 후 치수기입 2. 유사품의 수축률을 참고 3. 부품도의 제도는 원칙적으로 조립도의 방향과 동일 4. 부품도의 기준선은 cavity부, 원칙동일기준선으로 제두 5. 부품두의 check는 조립두에 익한 단독 check, 가조합된 부품을 동시에 check 6. 도면상에 복잡한 것은 입체도 또는 문자로 표시 7. 도면치수에 taper의 지시 8. 형분할면이 다른 경우의 형은 전부를 표기 9. 계산치수는 필히 현척 또는 check 10. 소입, coating은 지정 11. 가공면의 다듬질 기호표기 12. 소재치수는 확실, 원수, 재질, 항번을 표기 13. 단면도시는 형상을 이해하는 부서에 맞게 14. 온도계구, thermostart 용구의 check

1-3. 공정 계통도

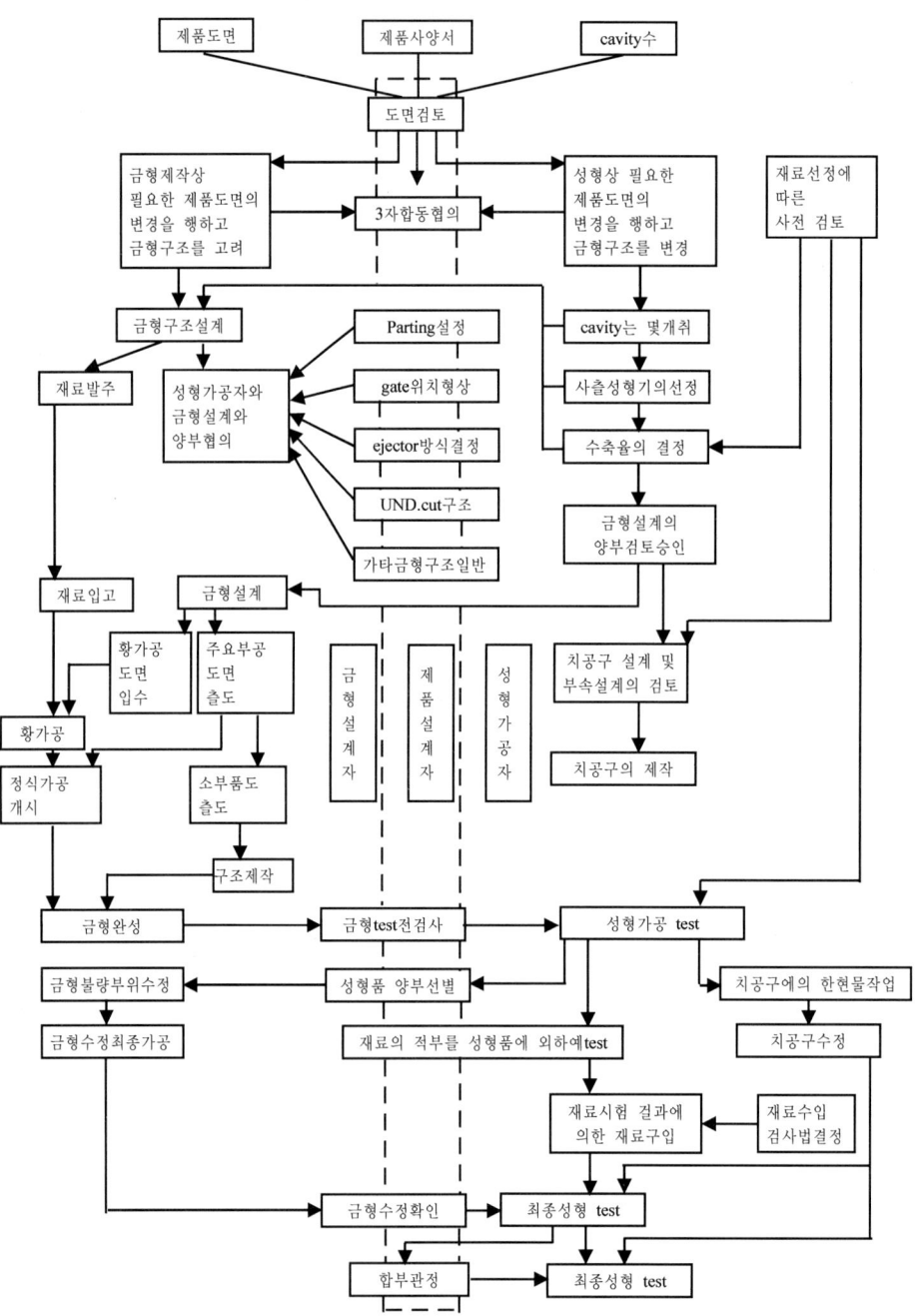

2. 사출성형용 금형

2-1. 금형의 구조

① 표준형

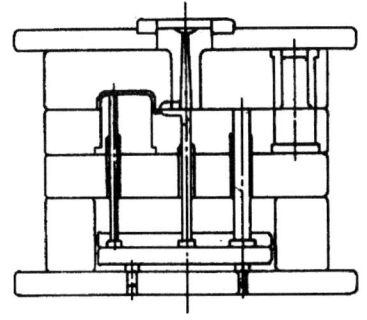

② side gate용 stripper plate형

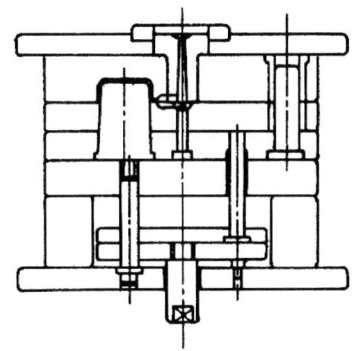

③ pin point형

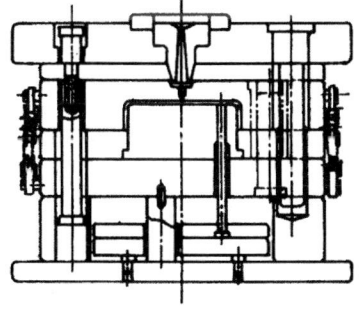

④ runner형

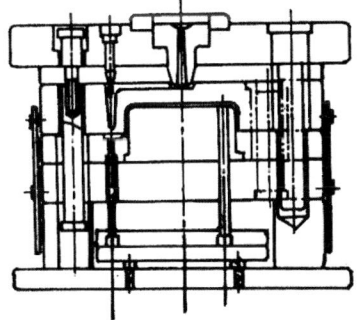

⑤ 사출성형용금형 구조와 각부 명칭

번 호	명 칭	번 호	명 칭
1	고정편 취부판	11	sprue bush
2	고정편 형판	12	guide pin
3	가동편 형판	13	guide pin bush
4	수판	14	sprue lock pin
5	space block	15	ejector pin
6	ejector plate(상)	16	return pin
7	ejector plate(하)	17	stopper pin
8	가동편 취부판	18	stripper plate
9	core	19	ejector plate guide pin
10	rocket ring	20	ejector rod

⑥ taper형

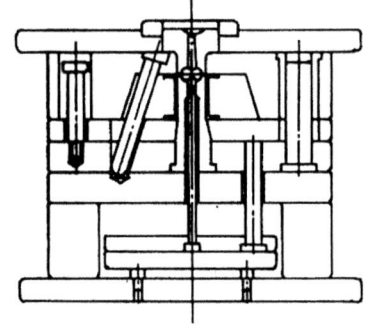

⑦ 가동 측 side core형

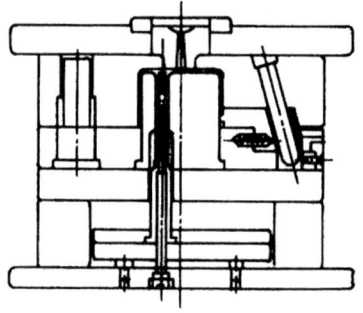

⑧ 고정 측 side core형

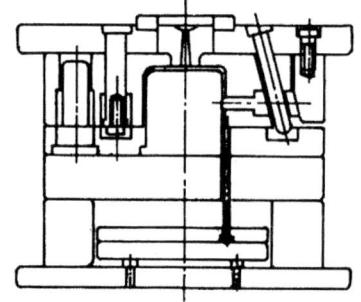

⑨ 사출성형용 금형 구조와 각부 명칭

번 호	명 칭	번 호	명 칭
21	runner strippe plate	31	
22	surpport pin	32	angular pin
23	surpport	33	ejector sleeve
24	stripper bolt	34	core pin
25	brabolt	35	side core
26	chain	36	stopper
27	runner ejector pin	37	coil
28	runner lock pin	38	locking block
29	stopper screw		
30	인장 ring		

2-2. 금형 core 방식

① core a방식   ② core b방식

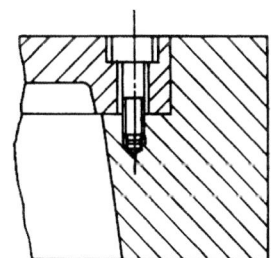

③ core c방식   ④ core d방식

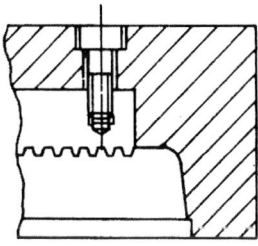 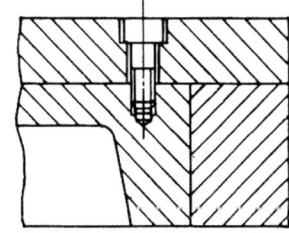

⑤ core e방식　　　　　⑥ core f방식

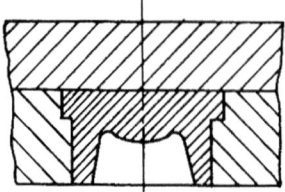 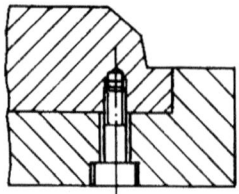

⑦ core g방식　　　　　⑧ core h방식

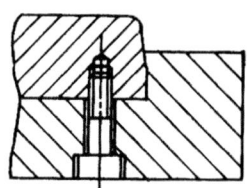 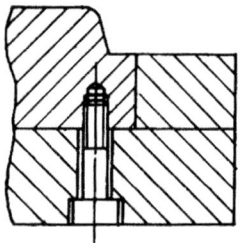

⑨ core I방식　　　　　⑩ core j방식

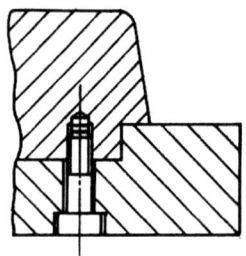 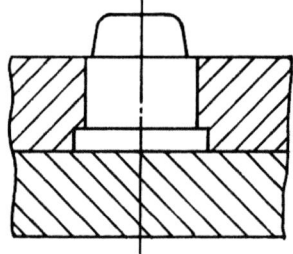

2-3. 돌출 방식

2-3-1. ejector 결정 flow chart

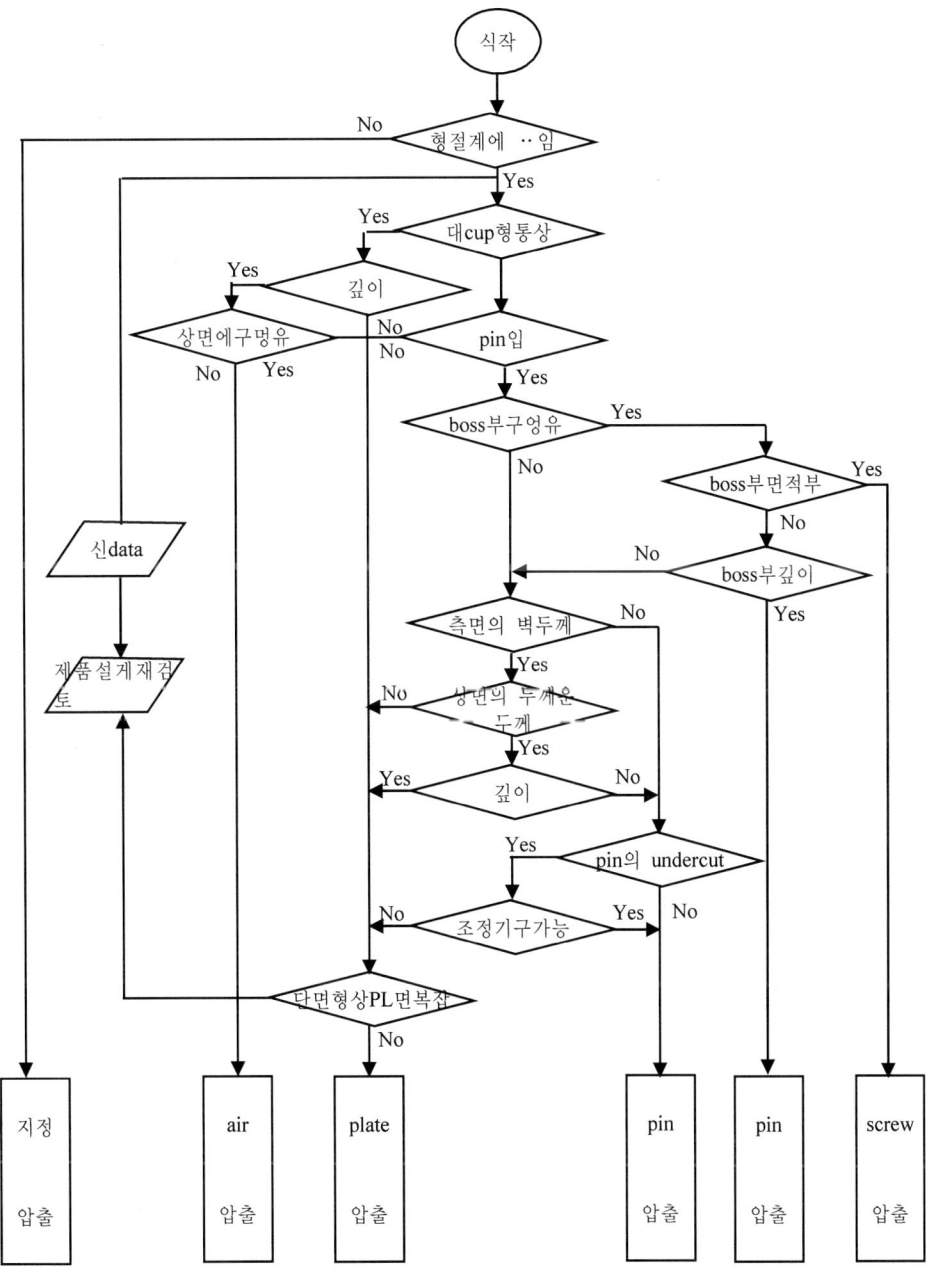

2 - 3 - 2. pin, sleeve, plate, air runner 돌출

① 원형의 돌출 pin

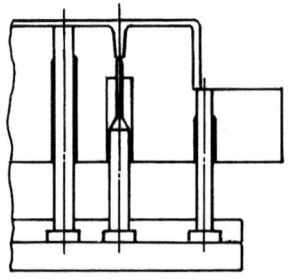

② 각 pin

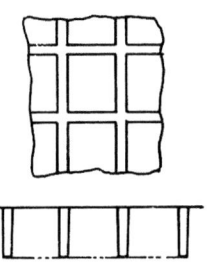

③ sleeve 돌출

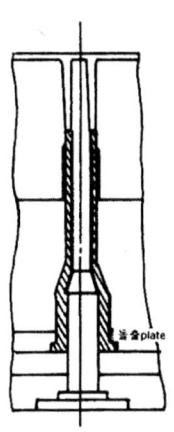

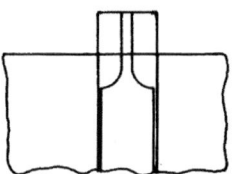

④ stripper plate 돌출

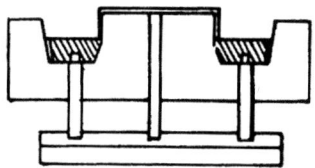

⑤ air 돌출

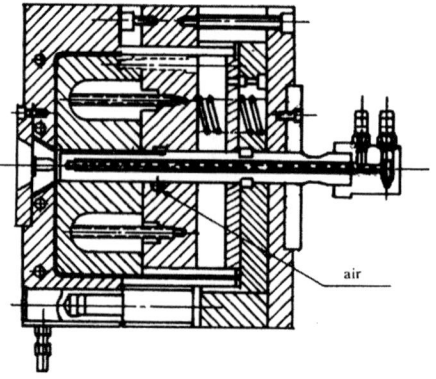

⑥ stripper plate와 pin 돌출

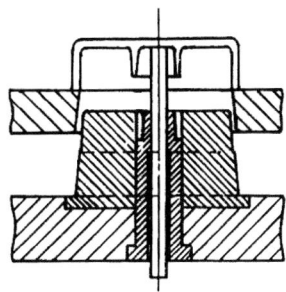

⑦ pin과 sleeve 돌출

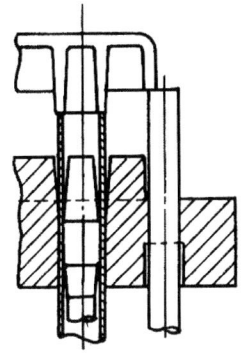

⑧ stripper plate와 sleeve 돌출

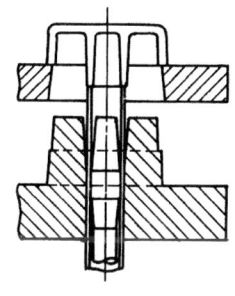

⑨ stripper plate와 air 돌출

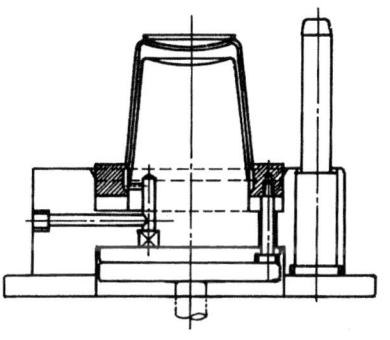

⑩ runner 돌출

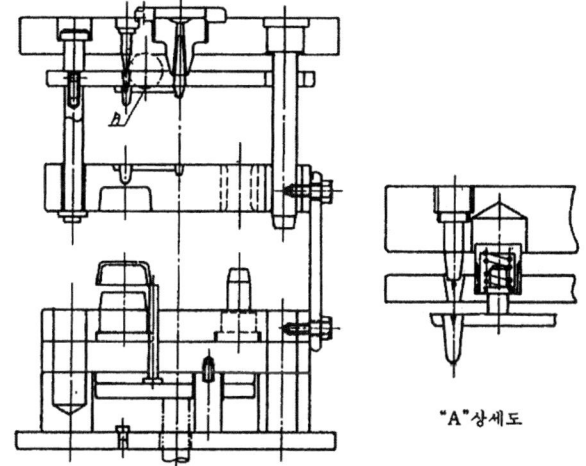

"A"상세도

2 - 3 - 3. 2단 돌출

① coil에 의한 방법

② cylinder에 의한 방법

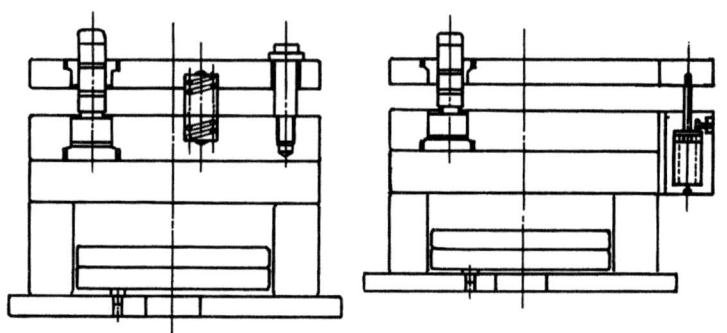

③ cam을 사용하는 방법

④ 클릭에 의한 방법

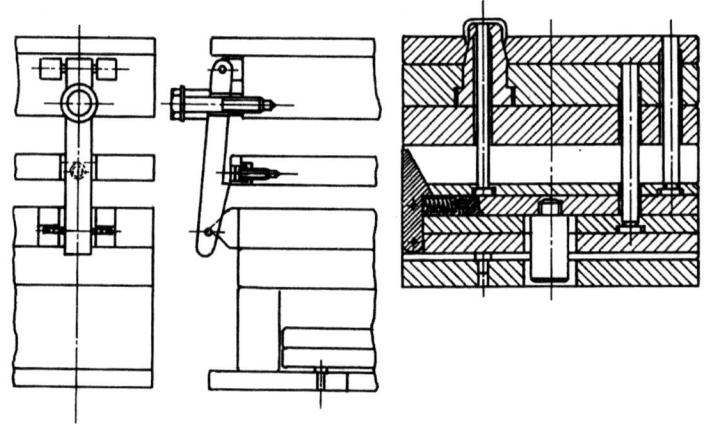

⑤ slide block에 의한 방법

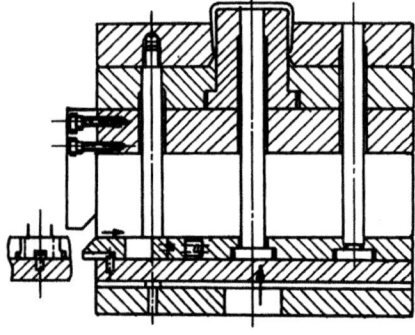

2-3-4. ejector plate 기구

① coil에 의한 방법

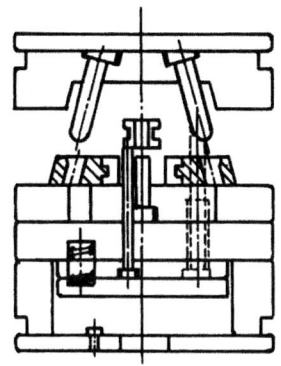

② link에 의한 방법

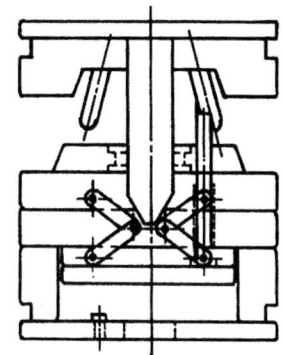

③ bar에 의한 방법

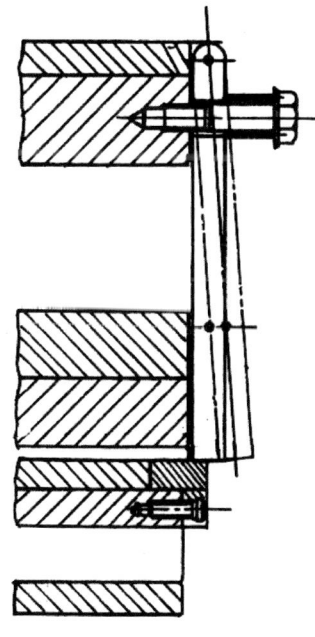
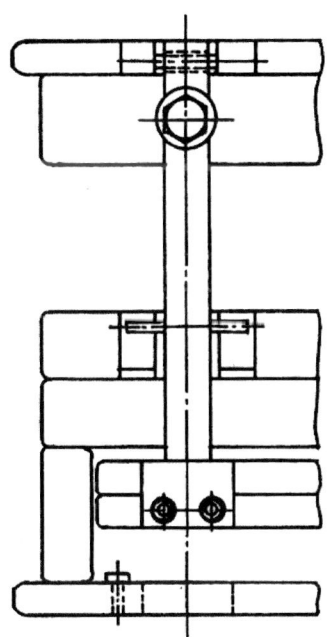

④ rack에 의한 방법

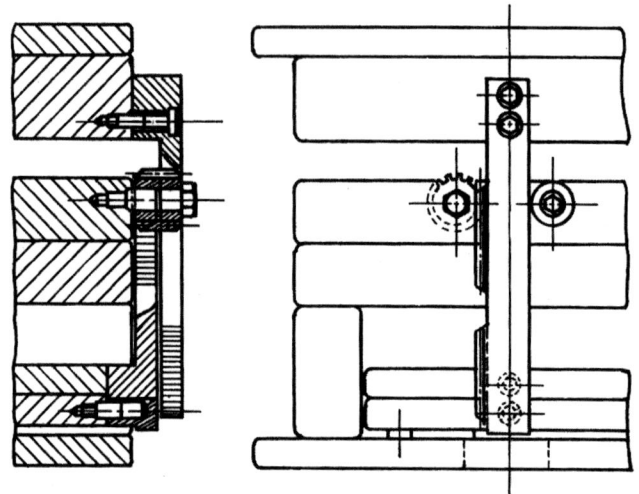

2-4. under cut 처리

2-4-1. 외부에 있는 under cut

① slide core(bobbin 성형)

② 원형성형품의 분할형의 이동
   필요량 계산

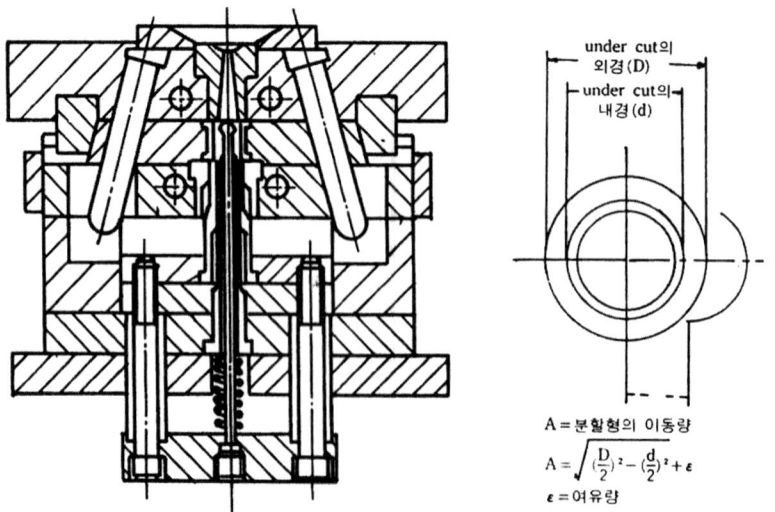

A = 분할형의 이동량

$$A = \sqrt{(\frac{D}{2})^2 - (\frac{d}{2})^2} + \varepsilon$$

ε = 여유량

③ air cylinder에 의한 hole

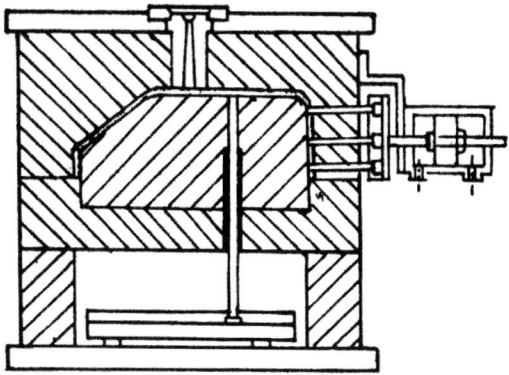

④ angular cam에 의한 side core

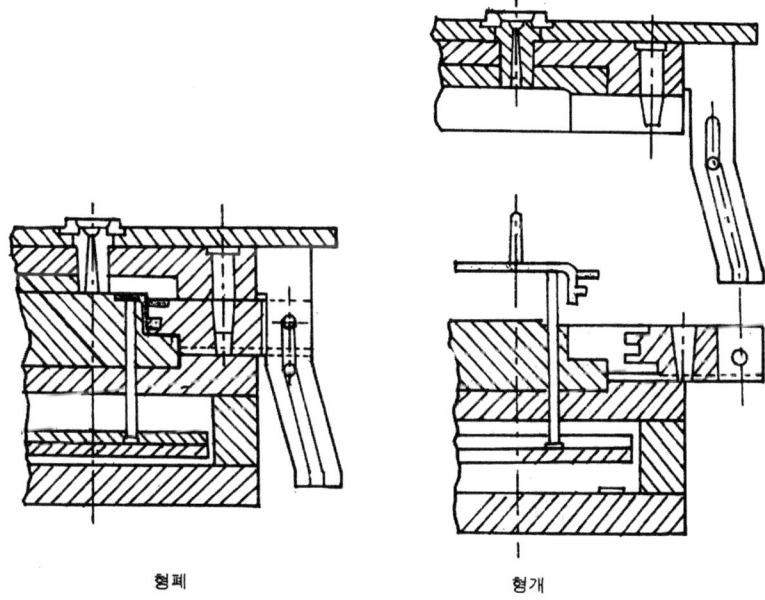

형폐   형개

2-4-2. 내부에 있는 under cut

① core와 성형품을 동시에 취출

② core를 내측에 이동

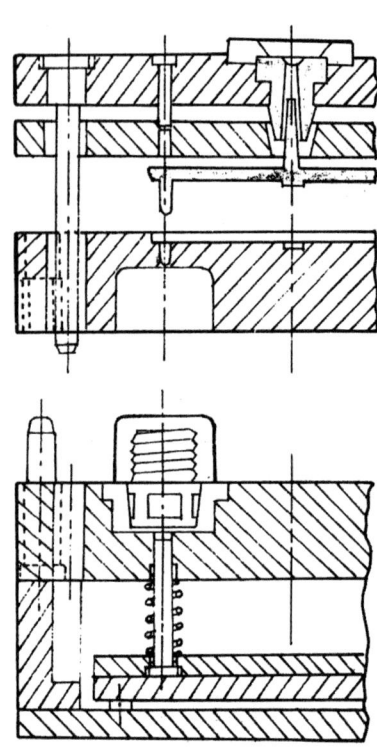

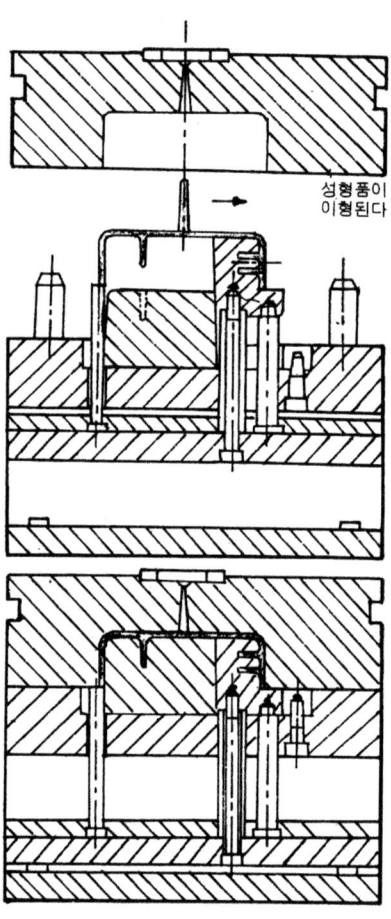

성형품이
이형된다

③ 각 side가 내측으로 이동

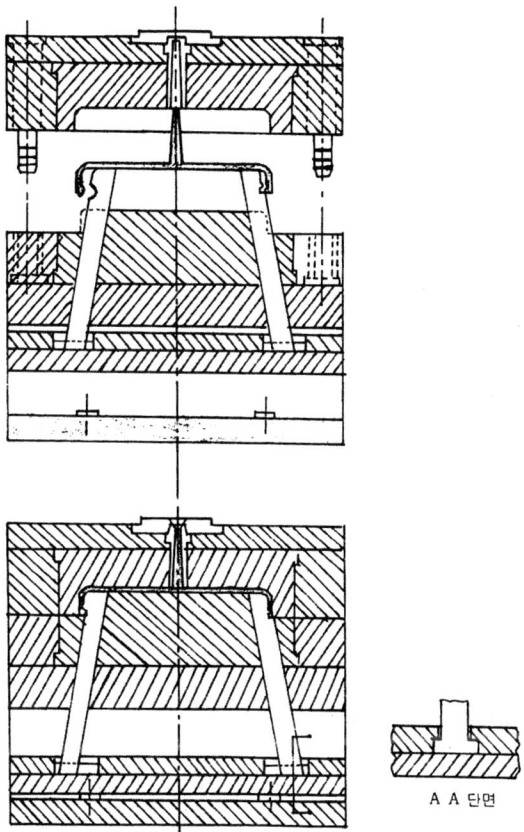

A A 단면

2-5. runner gate 방식

2-5-1. runner

(1) runner 형상

① 원형 runner 형상

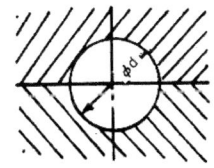

성형재료의 유동성이 좋다

단위 mm

호칭	4	6	7	8	9	10	12
d	4	6	7	8	9	10	12

② U형 runner 형상

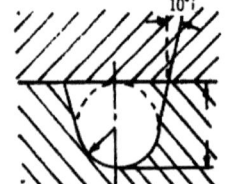

단위 mm

호칭	4	6	7	8	9	10	12
R	2	3	3.5	4	4.5	5	6
H	4	6	7	8	9	10	12

③ 사다리꼴 runner 형상

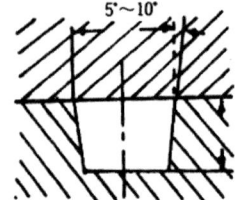

단위 mm

호칭	4	6	7	8	9	10	12
W	4	6	7	8	9	10	12
H	3	4.0	5	5.5	6.0	7	8

$$(H \fallingdotseq \frac{2}{3} W)$$

(2) runner 선택 기준

호칭치수	성형품중량(oz)
4	3
6	12
8	
10	12 이상
12	대형

styrene 수지의 사용 예이다.

호칭치수	성형품투영면적
6	10 이하
7	50
7.5	200
8	500
9	800
10	1200

성형재료의 특성 및 성형품형상에 따라 가할 필요가 있다.

(3) PVC 수지의 sprue, runner system

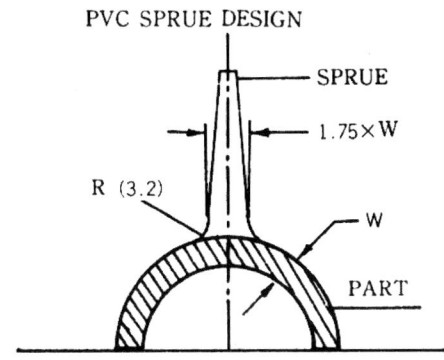

PVC SPRUE DESIGN

SPRUE

$1.75 \times W$

R (3.2)

W

PART

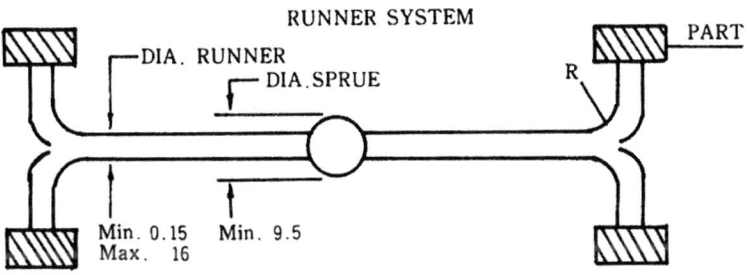

RUNNER SYSTEM

DIA. RUNNER

DIA.SPRUE

PART

R

Min. 0.15
Max. 16

Min. 9.5

(4) runner balance

runner는 2~4개가 보통이고 5개 이상은 수지와 분산되어 성형품의 치수편차
가 크다. 설치각도는 흐름의 역류방향에 90° 이하로 하고 좌우대칭으로 한다.

① cavity의 배치와 runner의 방식

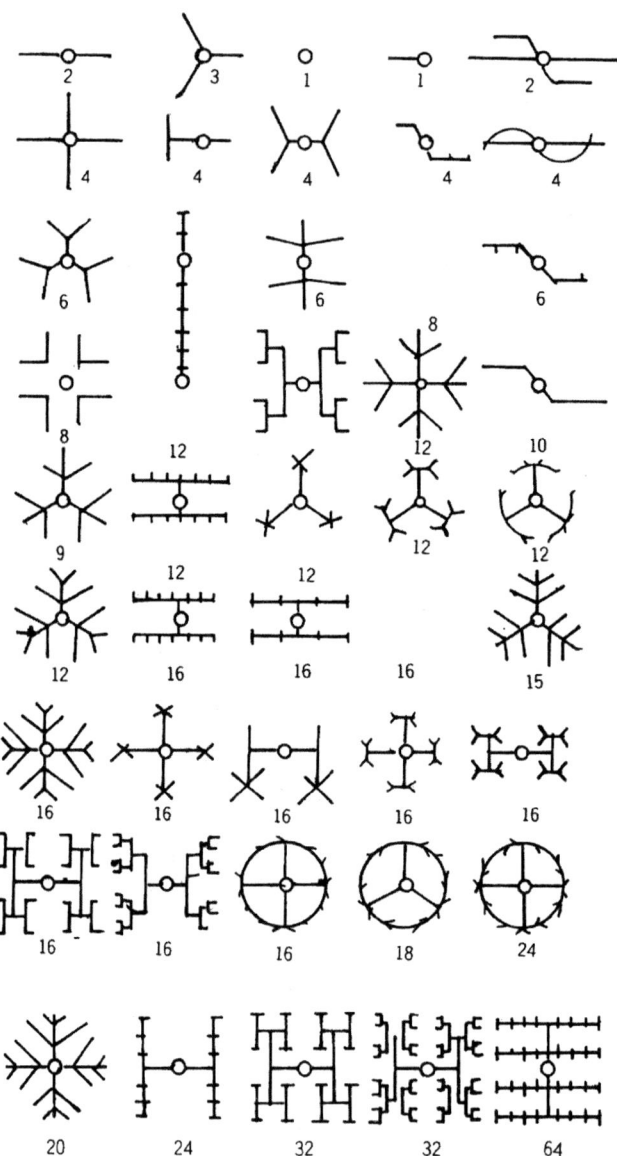

② hot runner system

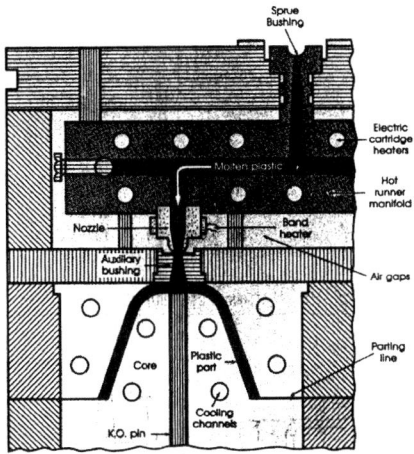

③ runner design

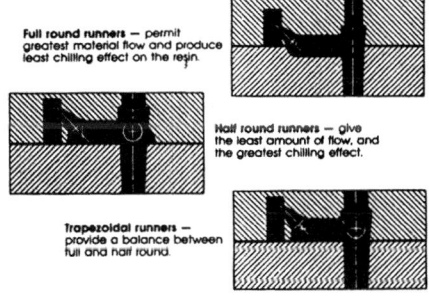

④ recommended runner diameters

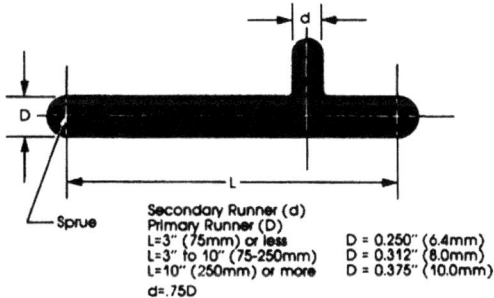

(5) 유동비

① 각종 수지의 L/t와 사출압력 관계

$$유동비 = \sum_{i=1}^{i=N} \frac{Li}{ti}$$

Li: 유로의 길이(mm)

ti: 유로의 직경(mm)

재료 수지명	사출압력 kg / cm²	$\sum_{i=1}^{i=n} \frac{Li}{ti}$	재료 수지명	사출압력	$\sum_{i=1}^{i=n} \frac{Li}{ti}$
PE	1,500	280~250	PS	900	300~260
PE	600	140~100	HDPVC	1,300	170~130
PP	1,200	280	HDPVC	900	140~100
PP	700	240~200	HDPVC	700	110~70
PS	900	300~280	LDPVC	900	280~200
PMMA	900	360~200	LDPVC	700	240~160
			PC	1,300	180~120
POM	1,000	210~110	PC	900	130~90

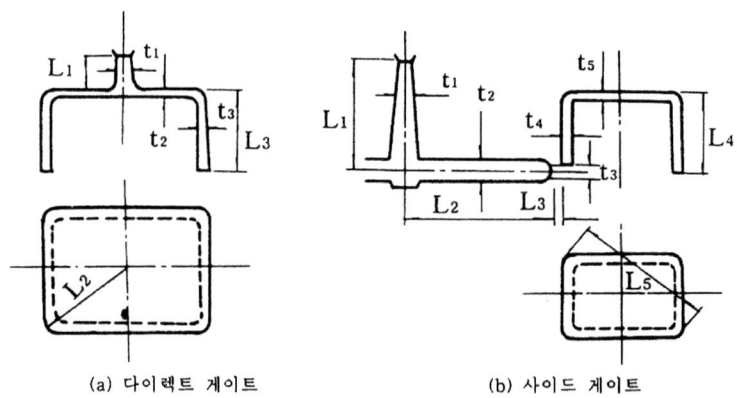

(a) 다이렉트 게이트   (b) 사이드 게이트

$$유동비 = \frac{L_1}{t_1} + \frac{L_2 + L_3}{t_2} \qquad 유동비 = \frac{L_1}{t_1} + \frac{L_2}{t_2} + \frac{L_3}{t_3} + \frac{L_4 + L_3}{t_4}$$

2-5-2. gate

(1) direct gate

후가공이 필요한 반면 압력손실이 적어 성형이 비교적 용이하다.

① sprue 치수

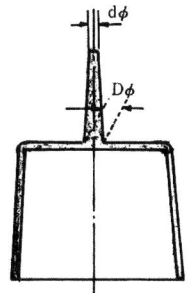

제품중량 재료 　sprue경	3oz 이하		12oz 이하		대형	
	d	D	d	D	d	D
PS	2.5	4	3	6	4	8
PE	2.5	4	3	6	4	8
ABS	2.5	5	4	7	5	8
PC	3	5	4	8	5	10

(2) side gate

소형부터 중형까지의 성형품을 다수개 취하는 데 많이 이용한다.

압력손실이 크고 short shot가 생긴다. 일반적으로 gate 두께는 0.5～1.5㎜, 폭은 1.5～5㎜, gate land는 1～2.5㎜ 정도로 하나 대형 성형품의 형상에 대한 gate의 두께는 2～2.5㎜, 폭은 7～10㎜, gate land는 2～3㎜로 한다.

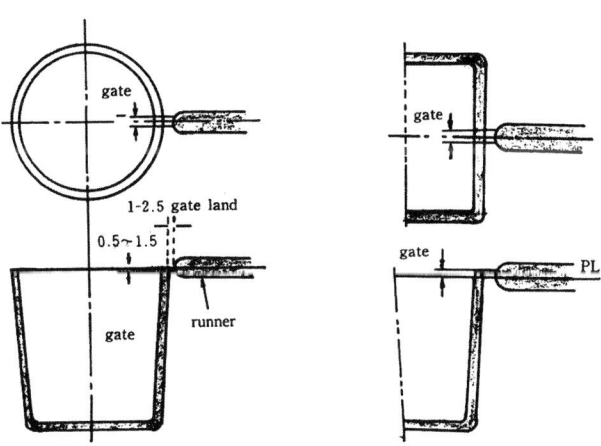

① edge gate　　　　　　　　　② jump or film gate

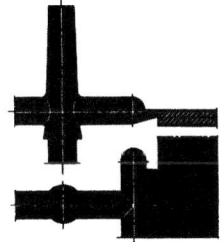
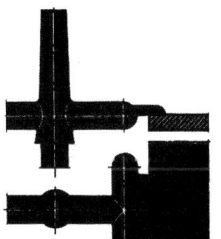

(3) tab gate

pmma 수지나 san 수지 등 투명도를 요구하는 수지에 사용

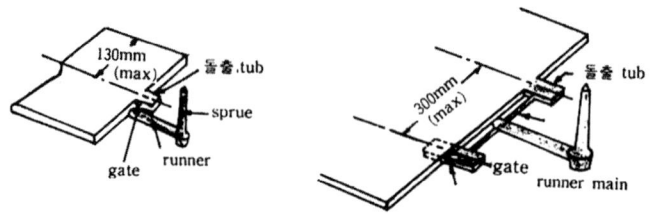

(4) fan gate

평판면적이 큰 성형품에 사용

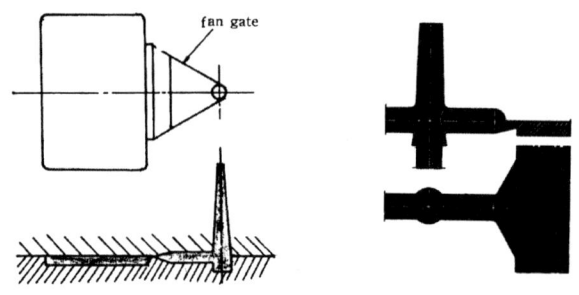

(5) disk gate

성형품의 원형 hole부에 위치한다.

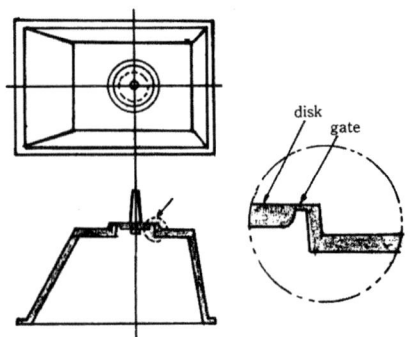

(6) submarine gate

tunnel gate라고도 한다. gate가 금형 내에서 자동 절단된다.

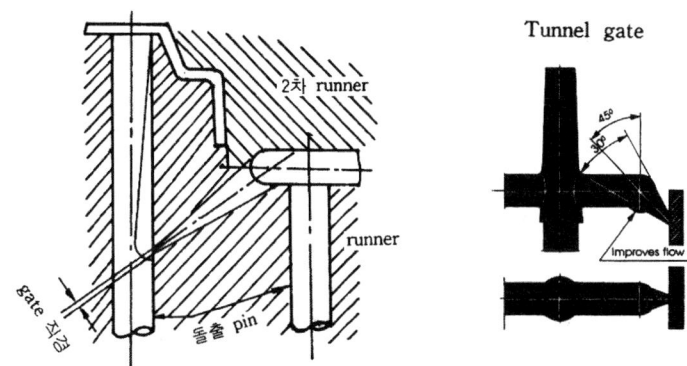

(7) pin point gate

금형 내에 gate가 자동 절단된다.

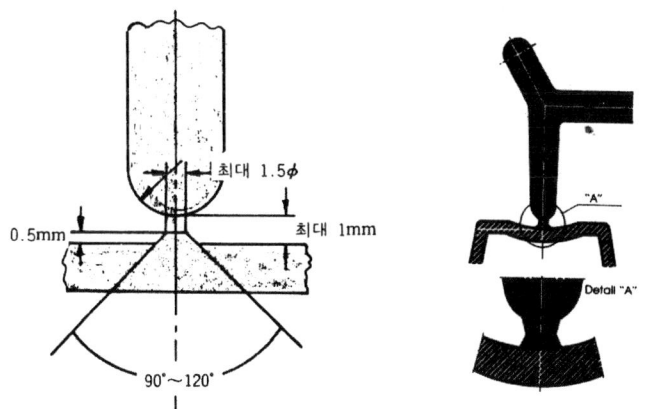

(8) 다점 pin point gate

중형, 대형 성형품에 gate를 1개소로 부족할 경우에 gate부를 수개소 설치한다. pin point로 채용할 경우에 주의할 사항은 runner 성형품 취출의 space가 성형기의 stroke 내에 있어야 한다.

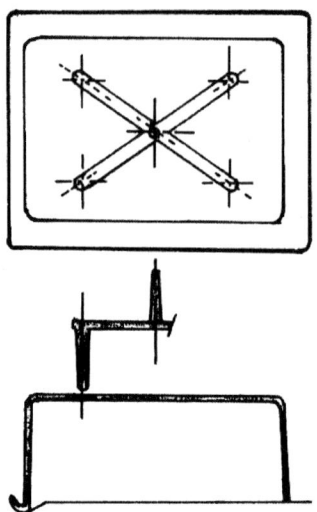

(9) pin point gate

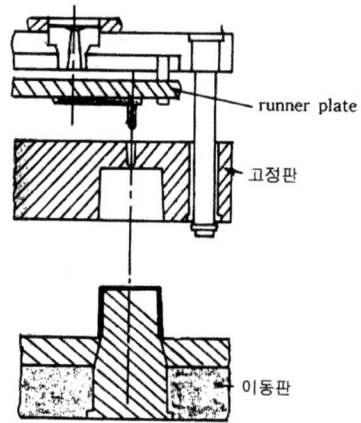

runner plate

고정판

이동판

Gate location

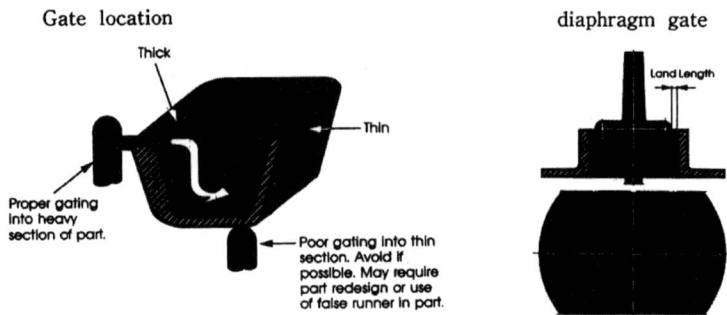

diaphragm gate

(10) PVC gate design options

① CENTER SPRUE GATE

Average Wall Section	Part Weight	No.of Cavities	Sprue Size ("0" Diameter)	Runner Size	Gate Size
0.125(3.2)	16oz.orless(453)	1	1 / 4 ″ (6.3)	–	–
0.140(3.6)	32oz.orless(907)	1	3 / 8 ″ (9.5)	–	–
0.160(4.0)	48oz.orless(1360)	1	13 / 32 ″ (10.3)	–	–
0.180(4.57)	64oz.orless(1814)	1	7 / 16 ″ (11.1)	–	–

② SUB GATE INTO EJECTOR PINS

Average Wall Section	Part Weight	No. of Cavities	Sprue Size ("0" Diameter)	Runner Size	Gate Size
0.110(2.8)	8oz.orless(22.6)	1	1 / 4 ″ (6.3)	1 / 4″ (6.3) round	0.1253 − dia − 1 gate into 1 / 4″ dia.pin 1 / 2flat
0.125(3.2)	16oz.orless(413)	1	1 / 4 ″ (6.3)	5 / 16″ (7.9) round	0.125″ dia. − 4 gates into 5 / 16″ (7.9) dia.pins, 1 / 2flat
0.140(3.6)	32oz.orless(907)	1	5 / 16 ″ (7.9)	3 / 8″ (9.5) round	0.140″ dia. − 4 gates into 3 / 8″ (9.5) dia.pins, 1 / 2flat
0.160(4.0)	48oz.orless(1360)	1	3 / 8 ″ (9.5)	13 / 32″ (10.3) round	0.160″ dia. − 6 gates into 3 / 8″ (9.5) dia.pins, 1 / 2flat

③ 3PLATEMOLD

Average Wall Section	Part Weight	No. of Cavities	Sprue Size ("0" Diameter)	Runner Size	Gate Size
0.090(2.2)	4oz.orless(113)	4	9 / 32″ (7.1)	5 / 16″ (7.9) round	0.125″ dia. − 1 gate
0.125(3.29)	8oz.orless(226)	2 or 4	5 / 16″ (7.9)	3 / 18″ (4.2) round	0.180″ dia. − 2 gates in each part

④ EDGE GATE

Average Wall Section	Part Weight	No. of Cavities	Sprue Size ("0" Diameter)	Runner Size	Gate Size
0.090 $''$ (2.2)	4oz.orless(113)	2	1 / 4$''$ (6.3)	5 / 16$''$ (7.9) round	0.090$''$ ×0.312$''$ (2.28×7.92) − 1 gate
0.125 $''$ (3.2)	8oz.orless(226)	2	3 / 8$''$ (9.5)	3 / 8$''$ (9.5) round	0.125$''$ ×0.375$''$ − 1gate(3.17×9.52)
0.140 $''$ (3.6)	16oz.orless(453)	2	13 / 32$''$ (10.3)	3 / 8$''$ (9.5) round	0.140$''$ ×0.375$''$ − 2gates each (3.55×9.52)
0.160 $''$ (4.0)	32oz.orless(907)	1	13 / 32$''$ (10.3)	13 / 32 $''$ (10.3) round	0.160$''$ ×0.400$''$ − 2 to 3gates (4.06×10.16)

⑤ SUB GATE

Average Wall Section	Part Weight	No. of Cavities	Sprue Size ("0" Diameter)	Runner Size	Gate Size
0.050 $''$ (1.2)	1oz.orless(28)	32	3 / 16$''$ (4.7)	3 / 16$''$ (4.7)	0.050$''$ dia. − 1 gate(1.27)
0.090 $''$ (2.2)	4oz.orless(113)	4	1 / 4$''$ (6.3)	1 / 4$''$ (6.3)	0.100$''$ dia. − 1 gate(2.54)
0.125 $''$ (3.1)	4oz.orless(113)	8	13 / 32$''$ (10.3)	1 / 4$''$ to 13 / 32$''$ (6.3~10.3)	0.125$''$ dia. − 1 gate(3.17)
0.140 $''$ (4.5)	8oz.orless(226)	2	1 / 4$''$ (6.3)	5 / 16$''$ to 3 / 8$''$ (7.9~9.5)	0.160$''$ dia. − 1 gate(4.06)

2-5-3. gate 결정 flow chart

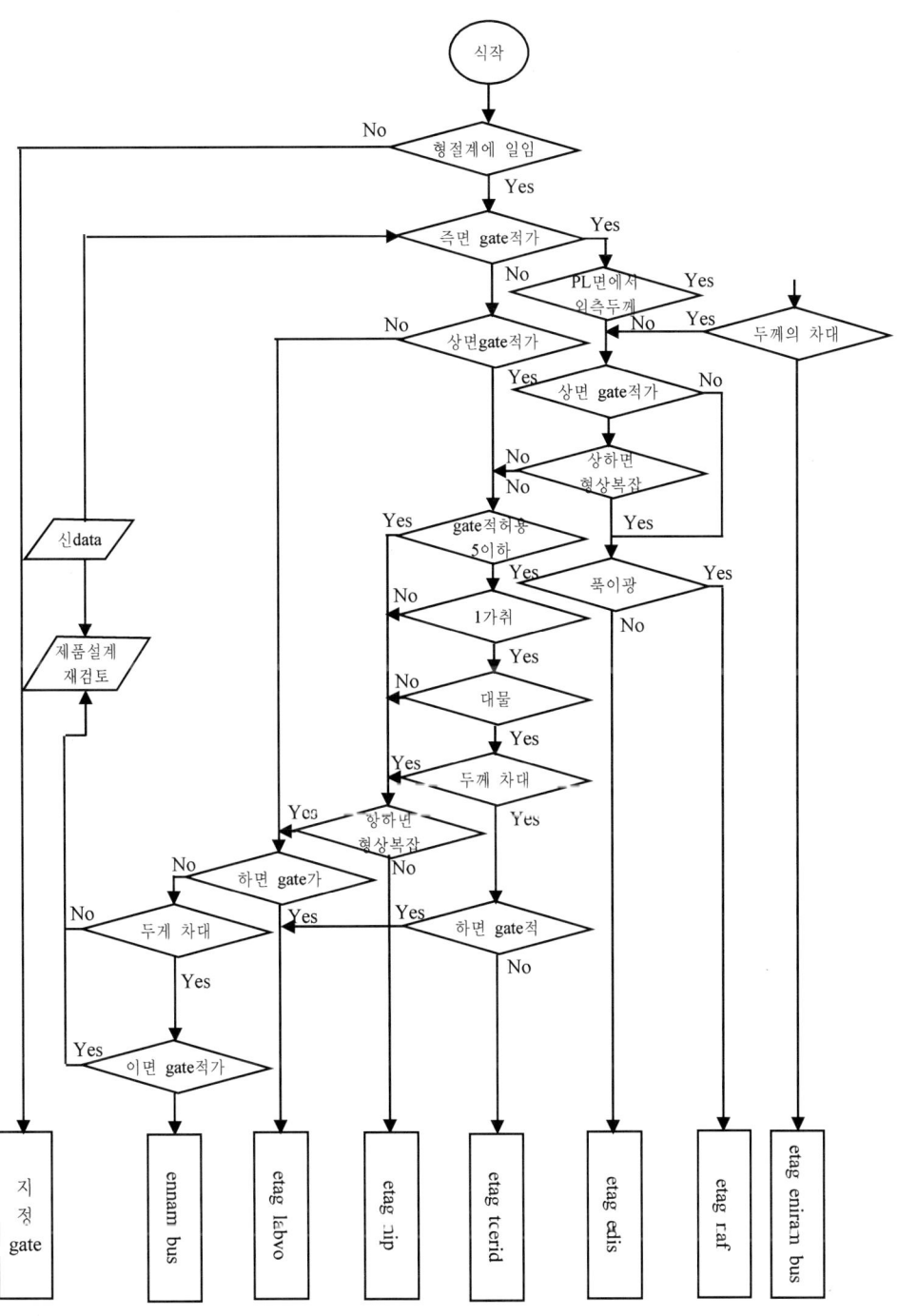

2-6. hot runner system

runner가 고냉하는 것을 방지한다. runner plate를 heat가열, 성형기의 cylinder 와 동일한 온도(200～300℃)를 유지, 수지가 항시 용융상태로 하는 방식

① 금형구조

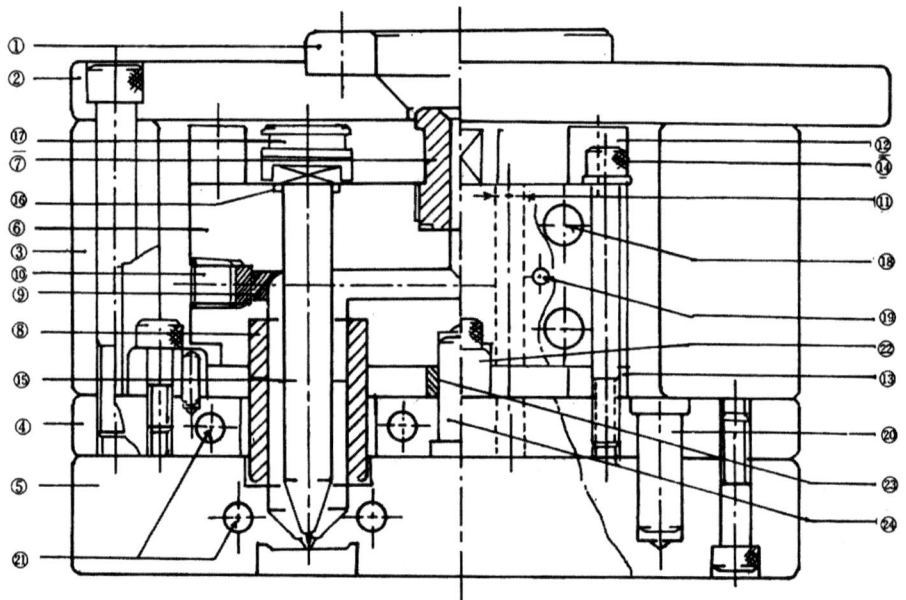

① rocket ring	⑨ runner block	⑰ head
② 고정축 취부판	⑩ blook screw	⑱ catridge heater구멍
③ space block	⑪ 위치결정 pin구멍	⑲ 열전대 삽입구멍
④ back plate	⑫ 상부 head	⑳ 보조 guide pin
⑤ cavity plate	⑬ 하부 head	㉑ 냉각수구멍
⑥ manu holder	⑭ manu holder set bolt	㉒ 위치결정 block
⑦ sprue bush	⑮ nozzle	㉓ centering
⑧ runner bush	⑯ "O" ring	㉔ center pin

2-6-1. 외내부가열방식

(1) 외부가열방식

① runner에 평행가공한 hole에 카트리지 히터를 삽입한다.

② 마니홀드 측면에 space heat를 취부한다.

③ 핸드히터를 취부한다.

   국부적 가열로 열효율이 나쁘다.

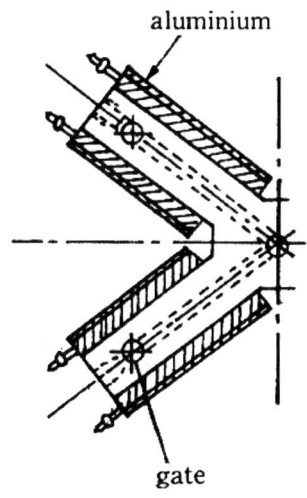

(2) 내부가열방식

heat를 runner 중심부에 위치하고 runner 내부를 가열하는 방식. 금형두께가 얇아지는 데 유의해야 한다.

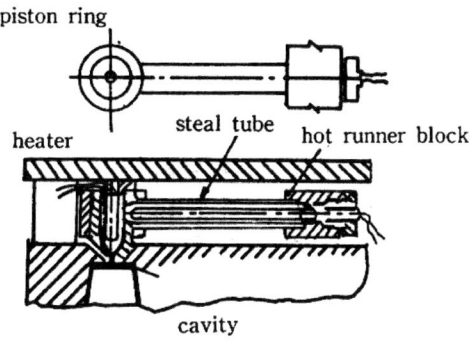

2 - 6 - 2. nozzle 가열방식

(1) 무가열방식

nozzle은 heat로 가열하여 nozzle 내의 수지를 용융상태로 유지한다. nozzle은 일반적으로 길이는 40㎜의 한계 내로 하고 Be - Cu재를 사용한다.

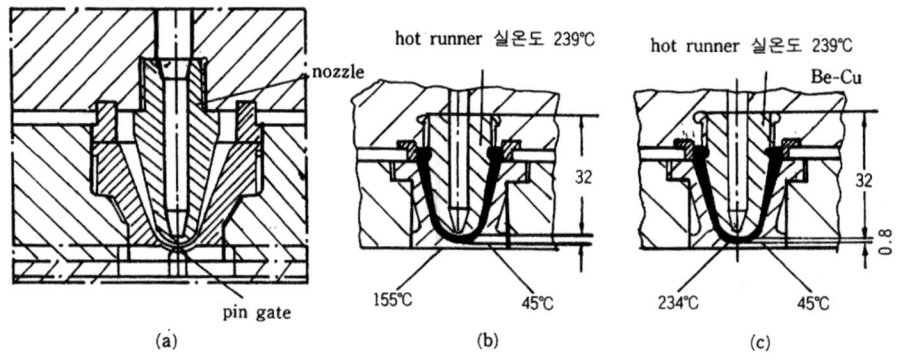

(a)　　　　　　　(b)　　　　　　　(c)

(2) 외부가열 방식

nozzle 외주에 hot heat를 장치하여 가열하는 방식이다.

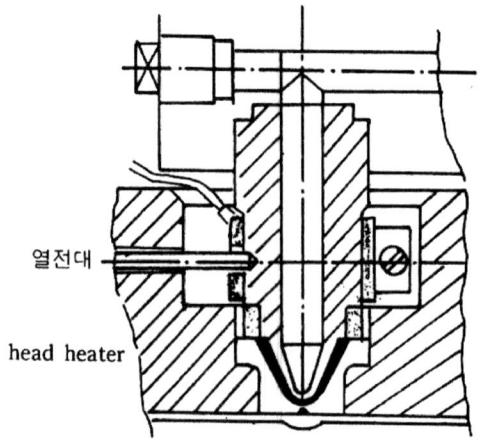

⑶ 내부가열 방식

nozzle 내에 카트리지를 압입하여 가열하는 방식이다.

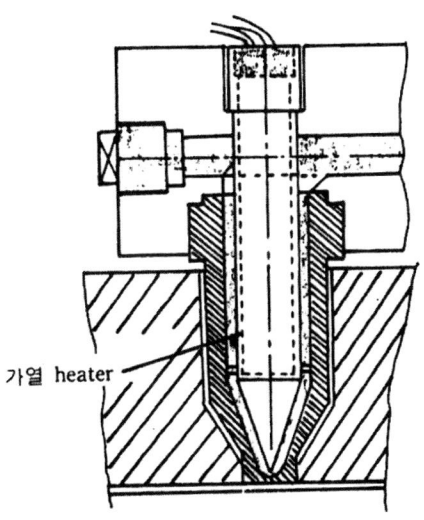

가열 heater

2-6-3. hot runner의 온도제어

hot runner의 온도를 control한다. 다점 gate는 gate 수에 대응하는 제어를 하는 것이 보통이다. 대출력의 heat를 소수배열하고 용량 위치를 균등히 배치해야 한다.

2-7. 금형치수 정밀도와 강도계산

2-7-1. 금형치수 정밀도

① 금형치수공차는 제품치수공차의 1/3～1/6으로 한다.

② 금형구조상 정밀도

금형부분	해당개소	조 건	표준치	
형 판	두께	평행으로 한다.	300에 0.02 이내	
	조립 총두께	평행으로 한다.	300에 0.1 이내	
	guide pin	hole경이 정확하다.	H7	
		고정 측, 가동 측이 동일 위치한다.	±0.02 이내	
		직각이 한다.	100에 0.02 이내	
	ejector pin	hole경이 정확하다.	H7	
	return pin hole	직각이 한다.	0.02 이내	
guide pin	압입부의 직경	연삭다듬질한다.	k6, k7, m6	
	섭동부의 직경	연삭다듬질한다.	f7, e7	
	진직도	굽힘이 없다.	100에 0.02 이내	
	경도	소입, 소려 처리한다.	H_RC 55 이상	
guide pin bush	외경	연삭다듬질한다.	k6, k7, m	
	내경	연삭다듬질한다.	H7	
	내, 외, 경의 관계	동심으로 한다.	0.01	
	경도	소입, 소려 처리한다.	H_RC 55 이상	
ejector pin return pin	가동부의 직경	연삭다듬질한다.	2.5~5	− 0.01 − 0.03
			6~12	− 0.02 − 0.05
	진직도	굽힘이 없어야 한다.	100에 0.1 이내	
	경도	소입 소려 또는 질화 처리한다.	H_RC 55 이상	
ejector plate	ejector pin 취부 hole	hole위치형판과 동일치수로 한다.	±0.3	
	return pin 취부 hole		±0.1	
side core	가동부의 작동	원활해야 한다.	H7, e6	
	경도	양면 또는 한 면 소입 처리해야 한다.	H_RC 50~55	

2-7-2. 강도계산

		하중	(M)	δ
1			$M_{max} = Wl$	$\delta_{max} = \dfrac{Wl^3}{3EI}$
2			$M_{max} = \dfrac{1}{2}Wl$ $(W = wl)$	$\delta_{max} = \dfrac{Wl^3}{8EI}$ $(W = wl)$
3			$M_{max} = \dfrac{1}{4}Wl$	$\delta_{max} = \dfrac{Wl^3}{48EI}$
4			$M_{max} = \dfrac{1}{8}Wl$	$\delta_{max} = \dfrac{Wl^3}{192EI}$
5			$M_{max} = \dfrac{1}{8}Wl$ $(W = wl)$	$\delta_{max} = \dfrac{5\,Wl^3}{384EI}$ $(W = wl)$
6			$M_{max} = \dfrac{1}{12}Wl$ $(W = wl)$	$\delta_{max} = \dfrac{Wl^3}{384EI}$ $(W = wl)$
7			$M_{max} = \dfrac{1}{8}Wl$ $(W = wl)$	$\delta_{max} = \dfrac{Wl^3}{184.6EI}$ $(W = wl)$

(1) 금형측벽계산

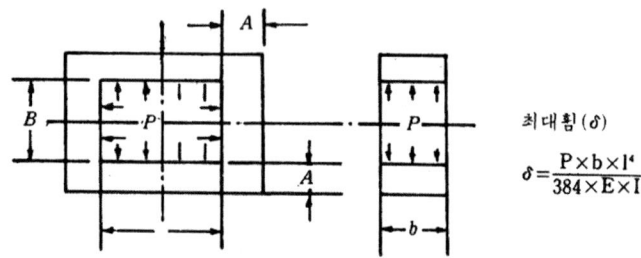

최대휨(δ)

$$\delta = \frac{P \times b \times l^4}{384 \times E \times I}$$

① 예제 $l = 400 \text{mm}$, $P = 400 \text{kg} / \text{cm}^2$, $E = 2.1 \times 10^4 \text{kg} / \text{mm}^2$, $b = 200 \text{mm}$, $h = 200 \text{mm}$의 경우

$$\delta = \frac{4 \times 200 \times 400^4}{384 \times 2.1 \times 10^4 \times (200 \times 200^3)/12} = 0.02 mm$$

(2) 가동형판의 휨

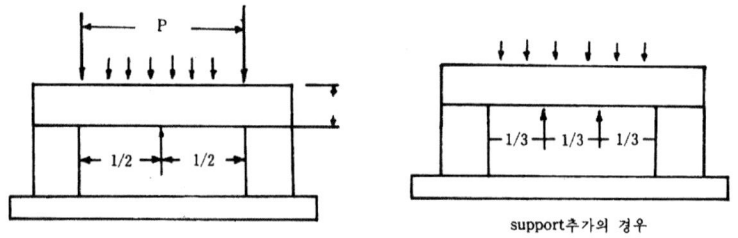

support추가의 경우

$$\delta = \frac{5 \times W \times l^4}{384 \times E \times I}$$

$I = \dfrac{bh^3}{12}$ 식을 변형하여 다음과 같이 h를 구하면

$$h = \sqrt[3]{\frac{5 \times W \times l^4}{32 \times E \times b \times \delta}}$$

h는 $l^{1/3} = \sqrt[3]{l^4}$ 에 비례한다.

따라서 l＝1／2일 때 h＝1／25이고 l＝1／3일 때 h＝1／4.3이 된다.

2-8. 금형의 온조방식

2-8-1. 전열면적

① $Q = S \times G \times C_p(t_1 - t_0)$ kcal / hr

    S: 매시 shot 수

    G: 1shot의 수지중량

    C_p: 수지의 비열

    t_1: 취출 시의 수지온도

    t_0: 취출 시의 성형품온도

전열면적은 $A = Q / hw \times T$

    T: 금형과 냉매의 평균온도차

    hw: 냉각 pipe의 경막전열 계수

따라서 hw는 다음 식에서 산출한다.

$$hw = \frac{\lambda}{d} \times (\frac{d \times \nu \times q}{\mu})^{0.8} \times (\frac{C_p \times \mu}{\lambda})^{0.3}$$

    d: 관경

    v: 유속

    q: 밀도

    μ: 점도

    λ: 매체의 열전도율

② 금형의 소요전열면적도식 계산법

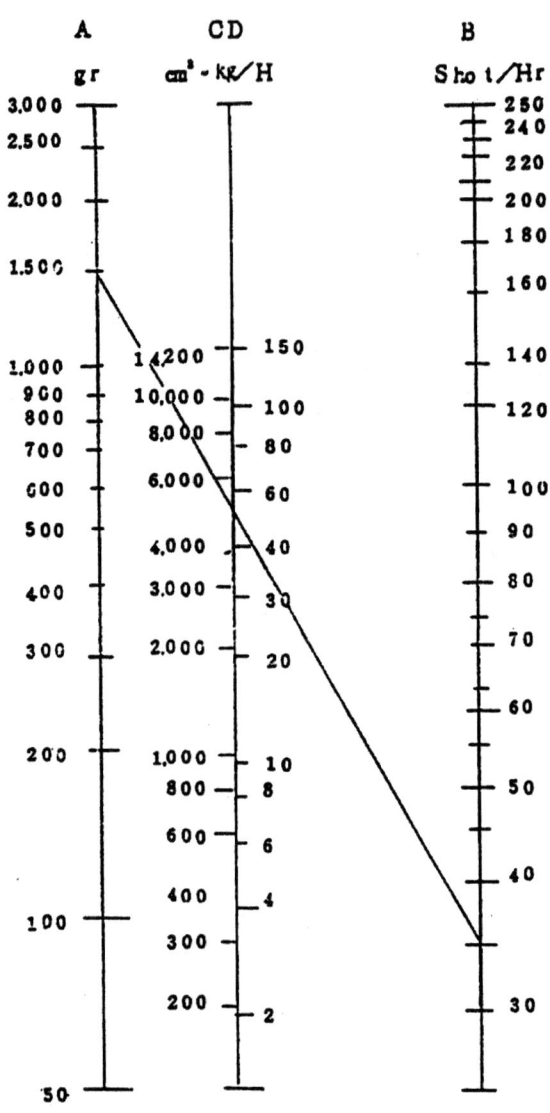

A : 1shot 중량 kg   [예] 성형품중량 $A=1,500$g

B : shot 수/시간   shot 수 $B=3.5$s/h

C : 소요전열면적 cm²   소요면적 $C≒5,000$cm²

D : 성형용량$(A×B)$kg/h   성형용량 $D≒52$kg/h

2-8-2. 냉각 pipe의 분포

① 보통 $Φ8～Φ15$ 정도이며 $Φ6$ 이하는 압력손실이 크고 효과가 적다.

   금형의 온도분포 일례

② 온조방식의 실례

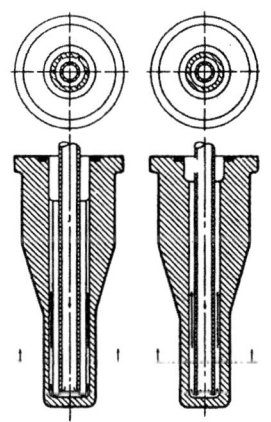

Mold cooling (Bubblers)

Mold temperature control

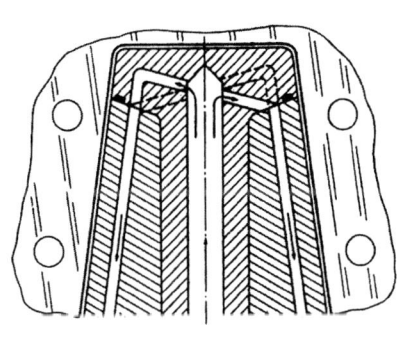

그 림	적 요
	• 일반적으로 사용하는 방법으로 가공이 용이하다. • sprue의 근접하여 냉수로를 통할 수 있다. • 성형품이 각진 부분에 적용한다.
	• 성형품의 형상에 근접한 냉각 hole을 가공하는 것으로 냉각효과가 크다. • 각진 부분, 변형 부분의 성형품에 적용한다.
	• 원통형의 성형품의 외주냉각법이다.

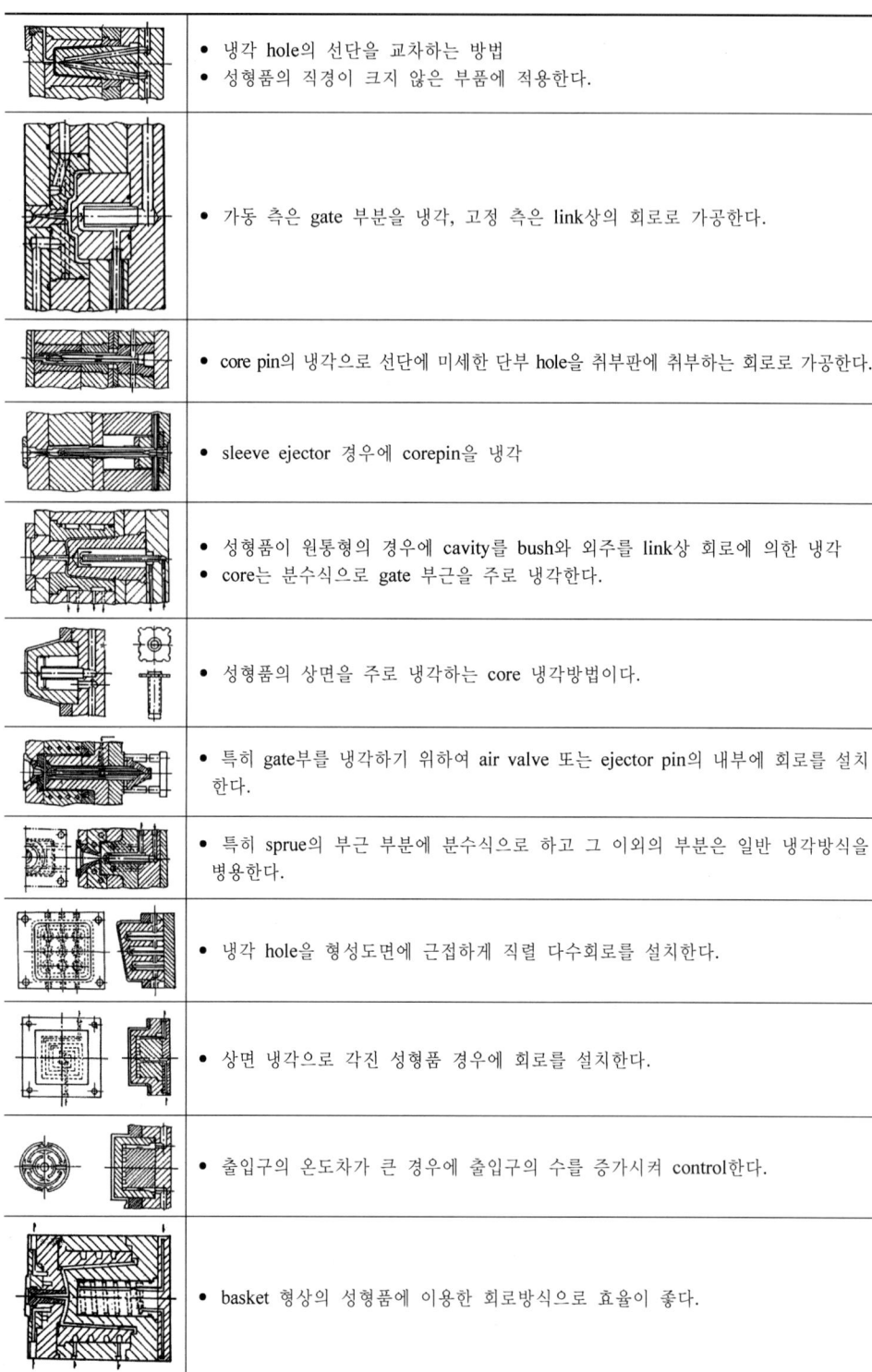

	• 냉각 hole의 선단을 교차하는 방법 • 성형품의 직경이 크지 않은 부품에 적용한다.
	• 가동 측은 gate 부분을 냉각, 고정 측은 link상의 회로로 가공한다.
	• core pin의 냉각으로 선단에 미세한 단부 hole을 취부판에 취부하는 회로로 가공한다.
	• sleeve ejector 경우에 corepin을 냉각
	• 성형품이 원통형의 경우에 cavity를 bush와 외주를 link상 회로에 의한 냉각 • core는 분수식으로 gate 부근을 주로 냉각한다.
	• 성형품의 상면을 주로 냉각하는 core 냉각방법이다.
	• 특히 gate부를 냉각하기 위하여 air valve 또는 ejector pin의 내부에 회로를 설치한다.
	• 특히 sprue의 부근 부분에 분수식으로 하고 그 이외의 부분은 일반 냉각방식을 병용한다.
	• 냉각 hole을 형성도면에 근접하게 직렬 다수회로를 설치한다.
	• 상면 냉각으로 각진 성형품 경우에 회로를 설치한다.
	• 출입구의 온도차가 큰 경우에 출입구의 수를 증가시켜 control한다.
	• basket 형상의 성형품에 이용한 회로방식으로 효율이 좋다.

3. 금형재료

3-1. 주요금형재료

3-1-1. 금형재료선택기준
① 필요한 치수의 소재가 짧은 기간 내에 입수
② 피절삭성이 우수
③ 사상면의 미려
④ 내마모성이 양호
⑤ pin hole 편석과 내부결함이 없는 것
⑥ 열처리 기술이 간편

3-1-2. 금형의 요구특성과 적합재료

(1) plastic 금형강을 사용
① 성형 shot 수가 적고 경도가 높다.
② 면정도가 필요
③ 금형제작기간이 길다.
④ 금형가격이 고가
⑤ 제품형상변경이 용이

(2) preharden강을 사용
경도 HRC 30~60 경우에 절삭기간이 end mill 경우 2~3배

(3) 석출경화강의 사용
preharden강 이상의 경도를 필요로 할 때 사용
소입하여 휨이 적다.

(4) 열처리용강의 사용

① 냉간공구강: 열간공구강에 비해 C량이 많고 Cr의 탄화물이 다량 분산되어 내모마성이 높다. 소려온도 150~200℃

② 열간공구강: 휨 발생이 적다. 소려온도는 550~650℃

(5) 쾌삭강의 사용

MnS, FeS의 화합물로 다듬질성이 나쁘다. 쾌삭성이 우수하다.

3-1-3. plastic 성형금형재의 재성질 비교

금형재 종류 · preharden	강도(온도 ~400℃)	내마 모성	내식성	피절 삭성	경면다 듬성	embossing 가공성(소요 시간)	소입성	용접성	가 격	금형수명 shot 수
PDM preharden HRC32	B−	B−	B	B−	A	A	A	B	B+	〈60만
HPM1 preharden HRC40	B+	B+	B	A+	A+	A	A	A	C	〈100만
HPM2 preharden HRC35	B	B	B	A+	A	A	A	A	A−	〈80만
DAC(SKD61) HRC45~50	A−	A−	A−	B+※	A	A	A	A−	B	〈120만
SLD(SKD11) HRC55~60A	A	A+	A−	B※	A−	A−	A	C	B	〈250만
PSL HRC33~41	B+	B+	A	B−※ ~C	A	B※※	A	A	C	〈150만
SUS440C HRC55~60	A	A	A	B※	A−	B※※	B	C	B−	〈230만
SCM4 HRC30	C+	C+	B−	A+	B	B+	C+	A	A+	〈30만
S50C HRC15	C	C	C	A++	C	B	C	A	A++	〈20만
YAG HRC32~50	A~A−	A~A−	A~A−	B−※	A	A	A	A	C−	〈200만

※ 표시: 소입 혹은 고용화처리 상태의 피절삭성
※※ 표시: 소요시간이 길면 양호

3-1-4. plastic 성형금형재의 화학성분과 열처리온도

강 중	C	Cr	Mo	V	소입, 고용화 온도(℃)	소려, 시효온도(℃)
PDM	Ni－Cr－Mo－V계				HRC32	
HPM1					HRC40	
HPM2					HRC35	
DAC(SKD61)	0.39	5.2	1.4	0.4	1000~1040℃공(유)	550~680℃공기
SLD(SKD11)	1.50	1.20	1.0	0.4	1000~1050℃공기 (980~1030℃유)	200~250℃공기 510~540℃공기
SUS440C	1.10	1.70	≦0.75	–	1010~1070℃유	150~350℃공기
PSL※1	석출경화형 stainless강				800~850℃공기	470~490℃공기
YAG ※2 maruegink	Ni18	Co8	5	Ti0.4 A10.1	800~850℃공기	450~520℃공기
YCH1	≦0.08	–	–	–	침탄 후 770~800℃수	200~300℃공기
SCM4	0.4	1.1	0.23	–	830~880℃유	550~650℃공기
S50C	0.5	–	–	–		

※1. 고용화처리 상태(HRC33)로 공급, 형조 후 시효처리(HRC41)
※2. 고용화처리 상태(HRC32)로 공급, 형조 후 시효처리(HRC50)

3-1-5. plastic 금형용강 분류

(1) plastic 금형용강의 강제 maker별 brand 비교

분류	사용 시의 경도 HRC	상당규격				강제 MAKER						
		JIS	AISI	DIN		신호	일립	애지	대동	일본 고주파	비즈 비시	수피 로드
프리하든강	HS30	S55C	1055	CK55 C55	11203 10535	KTSM2A KTSM21	HIT81	–	AUK1	PDS1	KPM1	M45VL MT50C	SD17 SD30
	25－30	SCM440	4140H 4142H	2CRM04	17225	KTSM3A KTSM31	HIT83	HOL DAX	AUK1 1	PDS3	KPM2 KPM2S	–	SD61 SD80
	30－35	SCM440 SNCM	P20	–	12330	KTSM3M	HPM2 HPM17	IMP AX	–	PDS5	–	MT－M MU－P	SD100
	36－45	SKT4 SKD61	6F3 H13			KTSM4 KTSM41	FDAC	–	–	HD22F	KDAS	MT24M	–
		석출 경화	P21	–	–							
소입 소둔강	46－5	SKD61	H13	X40CR MOV51	12344	–	DAC					
	56－62	SKD11	D2	X165CR MOV12	12601	–	SLD					
	58－62	고소입성 금형재(JIS SKS 계)				ACD37		AKS3	GO4	KSM		
		고온소둔 DIES강				SLD8			DC53	KDR21	R79	
석출 경화강	45－55 마루에 진즈강					MRS 18개	YAG					
내식강	30－45 프리하든	SUS계					PSL	STA VAX				
	46－60 소입소둔	SUS계						STA VAX				
비자성강	40－45											

(2) 금형재료의 특징

- 표면의 변색, 부식상황 조사내용(polyacetal resin으로 cylinder 온도 260℃)
  stavax>skd‒11>xw‒10, nak‒55>impax>s50c
- 표면의 변색, 부식상황의 순위(문헌중심)
  SUS310S, SUS440C≧PSL>MAS‒1>SUS304>SKD11

형 재	JIS 및 MAKER	종 류	경도 HRC	내마모성	내식성	강도	피절삭성	경면성	부식 가공성	소입성	용집성
기계구조용 탄소강	G4051	S45C‒55C	15‒20	C	Ḋ	C	A⁺⁺	C	B	C	A
STAINLES강	G4303	SUS‒304(SUS‒27)		A	B						
		SUS‒440C(SUS‒57)	55‒60	A	A⁻	A	B	A	B	B	C
탄소 공구강	G4401	SK‒3	63<	B⁻	C						
고속도 공구강	G4403	SKH‒57	63	A⁺	B	A⁺	B	A⁻		B⁻	C
합금 공구강	G4404	KSK‒3	60<	B⁻	C						
		SKD‒11	63‒65	A	B⁻	A	B	A⁻	A⁻	A	C
		SKD‒12	65	A	B	A					
		SKD‒61	45‒50	B⁺	C⁻	A⁻	B⁺	A	A	A	A
석출경화형 STAINLES강	히타치 금속	PSL	40	B⁺	A	B⁺	C	A	B	A	A
진공용해 STAINLES강	우쓰데호름	STAVAX	52	A	A	A	B	A⁺⁺		A	
매삭 STAINLES강	대동특수강	NAK‒101	35		B⁺	B	B	B	A		A
석출경화형 마루에진크강	″	MAS‒1	50‒54	A⁻	B⁺	A	B⁻	A	B	A	A
	히타치금속	YAG	55	A⁻	A⁻	A⁻	B⁻	A	A	A	A
″ 푸레하‒돈강	″	HPM‒1	40	B	C⁻	B⁺	A⁺	A⁺	A	A	A
	″	HPM‒2	35	B⁻	C⁻	B	A⁺	A	A	A	A
	대동특수강	NAK‒55	40	C⁺	D⁺	B	A⁺⁺	A	B		
	″	PFG	39								
Be‒Cu 합금		275C	42‒48								
		20C	35‒42								

※ 평가CLASS: 양호 A CLASS(동일한 CLASS 중의 순위 A⁺⁺>A⁺>A>A⁻)
양호 B CLASS(동일한 CLASS 중의 순위 B⁺>B>B⁻)
양호 C CLASS(동일한 CLASS 중의 순위 C⁺>C>C⁻)
양호 D CLASS(동일한 CLASS 중의 순위 D⁺키ID>D⁻)

3-1-6. 소입, 소둔, 소려 열처리 도해

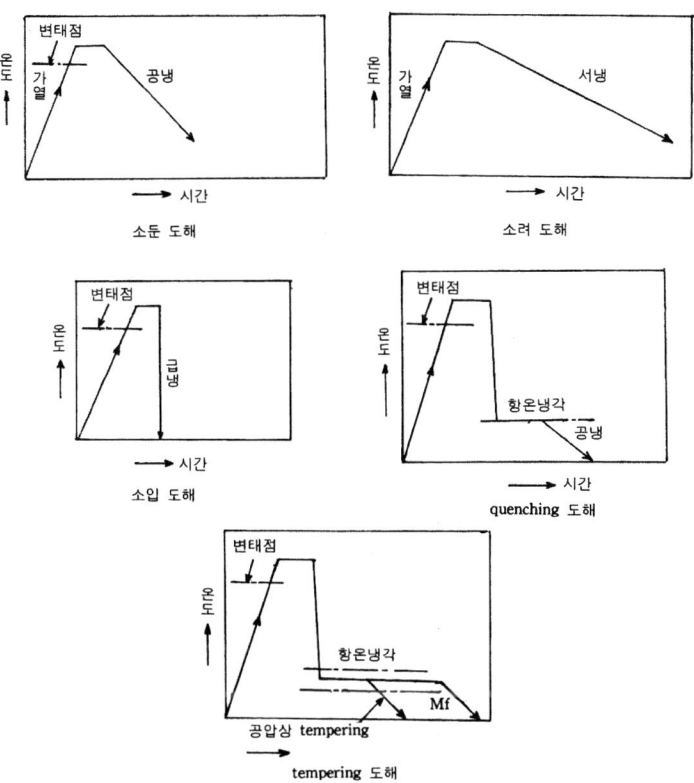

소둔 도해

소려 도해

소입 도해

quenching 도해

tempering 도해

3-1-7. C 0.45%의 탄소강 소려온도와 기계적 성질의 변화

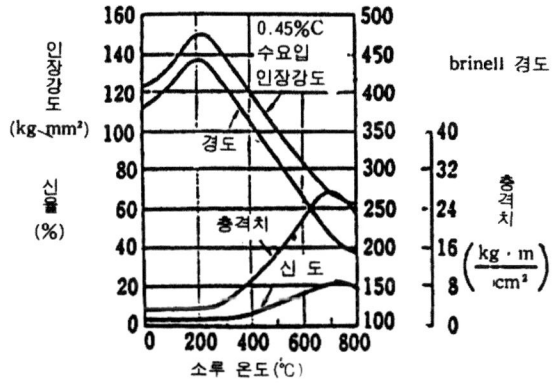

3-2. 시판부품

3-2-1. die set

(1) side gate die set

① A type

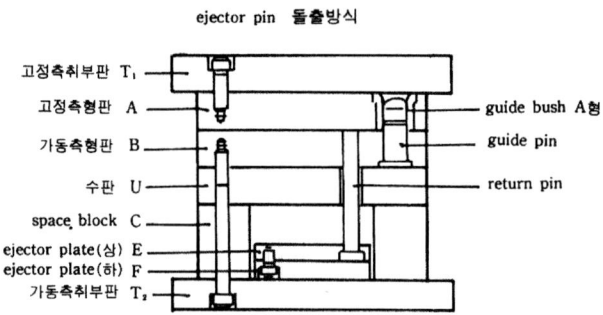

② B type

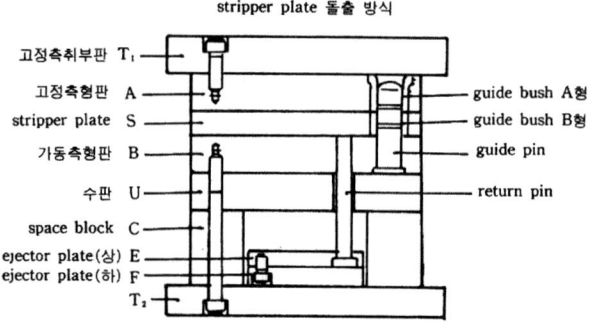

③ C type

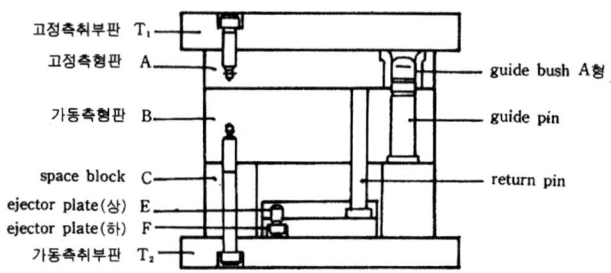

(2) pin point gate des set ①

① DA type

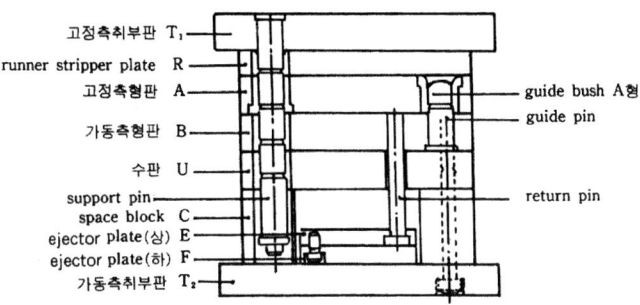

ejector pin 돌출 방식

고정측취부판 T₁
runner stripper plate R
고정측형판 A
가동측형판 B
수판 U
support pin
space block C
ejector plate(상) E
ejector plate(하) F
가동측취부판 T₂

guide bush A형
guide pin
return pin

② DB type

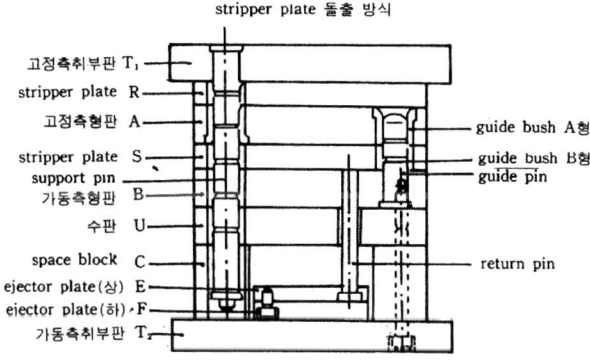

stripper plate 돌출 방식

고정측취부판 T₁
stripper plate R
고정측형판 A
stripper plate S
support pin
가동측형판 B
수판 U
space block C
ejector plate(상) E
ejector plate(하) F
가동측취부판 T₂

guide bush A형
guide bush B형
guide pin
return pin

③ DC type

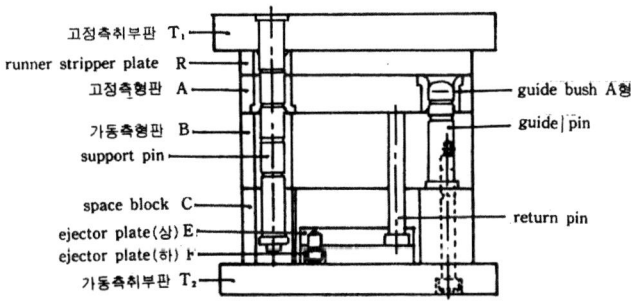

ejector pin 돌출방식으로 수판이 없는 경우

고정측취부판 T₁
runner stripper plate R
고정측형판 A
가동측형판 B
support pin
space block C
ejector plate(상) E
ejector plate(하) F
가동측취부판 T₂

guide bush A형
guide pin
return pin

(3) pin point gate de set ②

① EA type

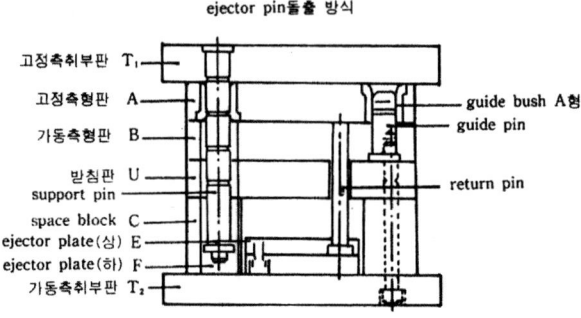

② EB type

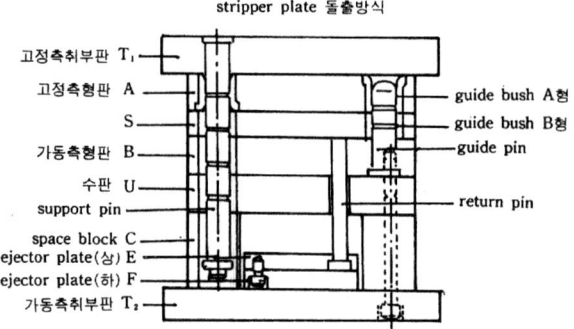

③ EC type

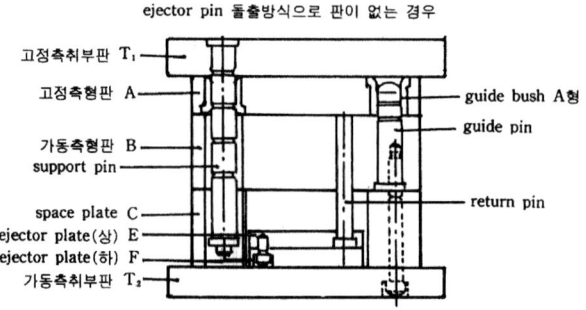

(4) 금형기구부품의 선택기준

명칭·종류		재 질	열처리	경 도	특 성					
					인성	내마모성	내열성	내부식성	경제성	
	PP	M-6(ASTM · A538-65)	Q.T. 질화	HRC 표면 63 내부 53	A	표면 A 내부 E	500℃까지	도금필요	C	Φ0.4~Φ4
	HPP	SKH-9 (AISI · M-2)	Q.T.	HRC 60-62	C	A	500℃까지	도금필요	C	동상
	P	M-6(ASTM · A538-65)	Q.T. 질화	HRC 표면 63 내부 53	A		500℃까지	(〃)	C	동상
	HP	SKH-9 (AISI · D-2)	Q.T.	HRC 60-62	C	A	500℃까지	(〃)	C	동상
	DP-1		Q.T. 초프로세스	HRC 58-60	D	A	500℃까지	(〃)	B	Φ1.5 이상 전 size
	CP	SUS440C AISI · 440C	Q.T. 초프로세스	HRC 57-58	C	B	400℃까지	A 도금불요	B	동상
	SP	SKS-21	Q.T.	HRC 60-62	C	B			A	전 size
Square pin		SKS-21	Q.T.	HRC 60-62	특주에서의 재질의 선정은 상기 어떠한 것도 가능하다.					0.4두께 이상
Sleeve center pin		SKS-3	Q.T.	HRC 60-62	동상					두께 0.4㎜ 이상 내경 Φ0.8 이상
party pin		SKS-3	Q.T.	HRC 60-62	완전호환성이 최대의 특징이다.					

(5) 각종 ejector pin

① stopper pin

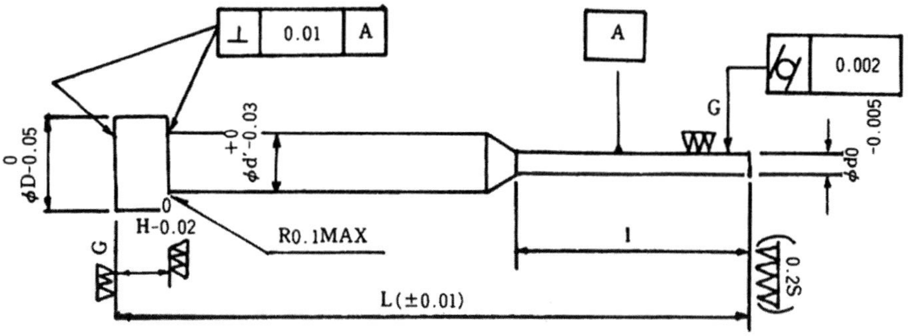

( ) 공차는 특주사양

② ejector pin

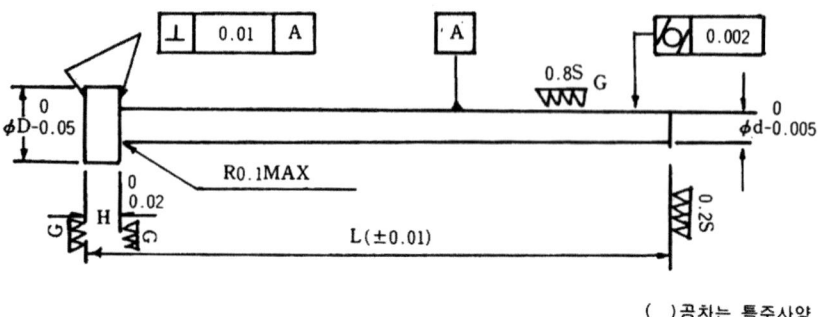

( )곰차는 특주사양

③ screw pin

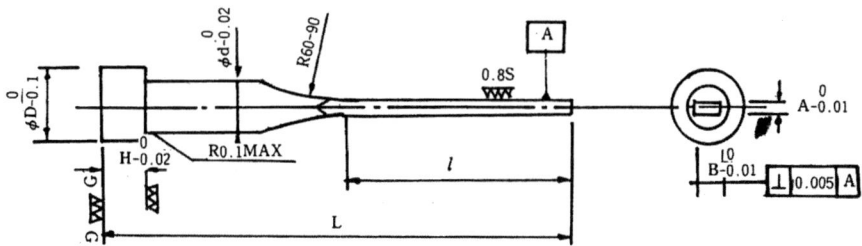

④ sleeve(A)

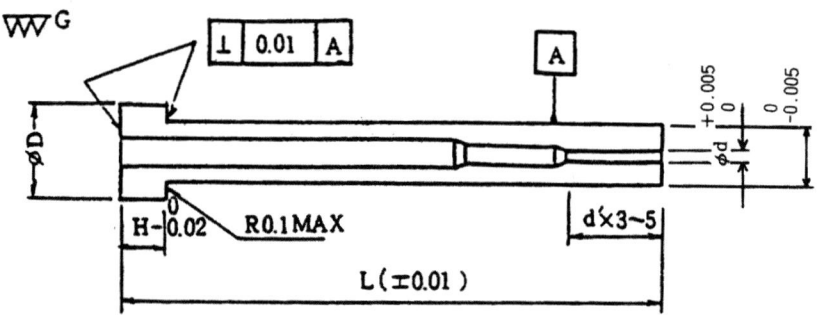

⑤ sleeve(B)

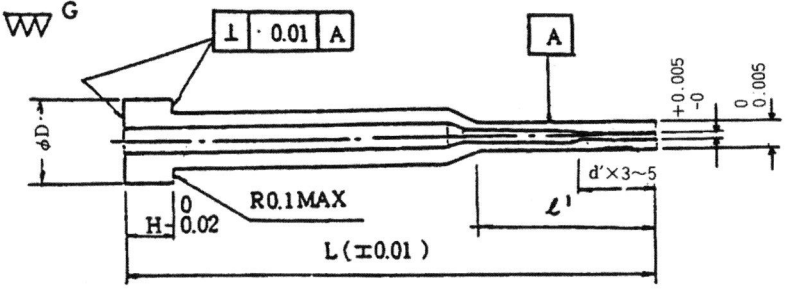

⑥ center pin

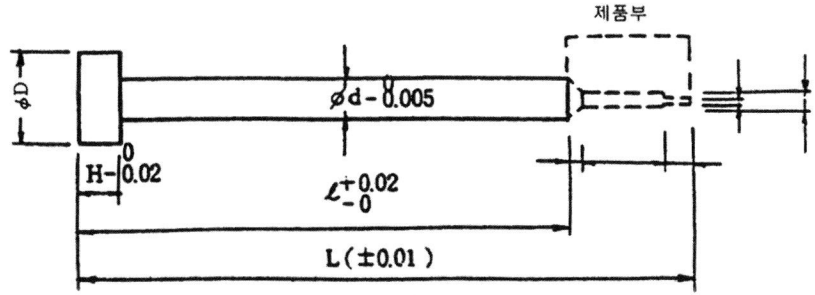

⑦ party pin

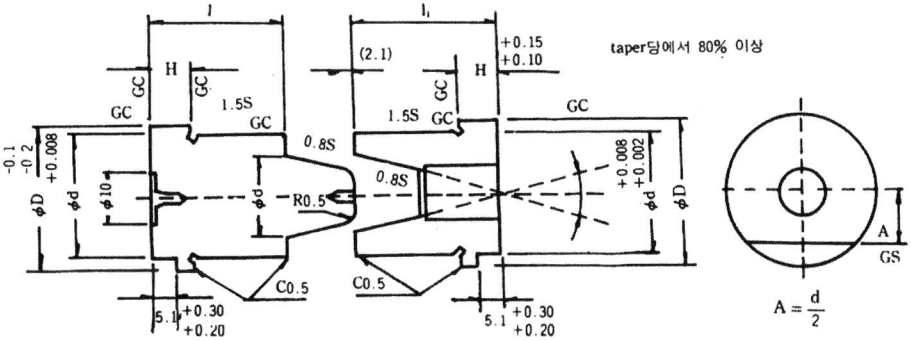

4. 금형공작법

4-1. 소성가공

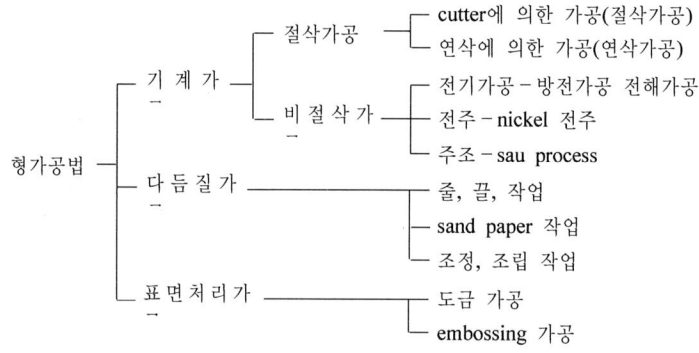

4-2. 기계가공

4-2-1. 가공형상과 사용기계

총칭 가공구분	기계가공 구분	형상구분	사용공구 구분	기계명
절삭가공	일반공작기계가공	평면가공	bite 절삭	평삭반, 형삭반, 입삭반
		축가공	bite 절삭	정반, taroit 정반, 수직반
		공가공	bite 절삭	bore반
		중가공	bite 절삭	중반 Jig gundriller m / c
	모방 공작기계가공	Jig 가공		Jig반
		횡가공	bite 절삭	방전반
			cutter 절삭	copy반, 조각반
	NC공작 기계가공	평면가공	cutter 절삭	NC copy machining center
		축가공	bite 절삭	NC 선반
		방전가공	cutter 절삭	NC반, NC중반
연삭가공	연삭공작기계	평면가공		평면연삭반
		외경가공		원통연삭반, 만능연삭반
		내경가공		내면연삭반, 만능연삭반
		가공		Jig 연삭반
		곡면가공		성형연삭반, 방전연삭반, NC성형연삭반
전기가공	방전가공	삼차원가공	형상전극	방전가공기
		이차원가공	선전극	wire cutter 방전가공기
	전기가공	삼차원가공	형상전극	전해가공기
		이차원가공	지석	전해성형연삭반

4-2-2. 표면조도

각종 가공법에 사용하는 표면 거칠기의 범위

표면 거칠기의 표시법	0.1 -S	0.2 -S	0.4 -S	0.8 -S	1.5 -S	3 -S	6 -S	12 -S	18 -S	25 -S	35 -S	50 -S	70 -S	100 -S	140 -S	200 -S	280 -S	400 -S	560
가공법 거칠기의 범위	0.1 이하	0.2 이하	0.4 이하	0.8 이하	1.5 이하	3 이하	6 이하	12 이하	18 이하	25 이하	35 이하	50 이하	70 이하	100 이하	140 이하	200 이하	280 이하	400 이하	560 이하
기호	무기호 또는 ~																		
은조								정밀											
주조								정밀											
다이캐스팅																			
열간압연																			
냉간압연																			
인발																			
압출																			
덤브링																			
사취																			
전조																			
삼각기호																			
정면빌딩절삭						정밀													
평각																			
형각(직립절삭포함)																			
밀링절삭						정밀													
정밀보링																			
줄사상						정밀													
환절삭					정밀		상		중										
중보링						정밀													
드리굉																			
리마가공					정밀														
부로잉					정밀														
쉐이빙																			
연삭			정밀		상		중												
호닝사상			정밀																
초사상	정밀																		
버핑사상			정밀																
샌드페이퍼사상			정밀																
랩핑	정밀																		
액체호닝			정밀																
바니싱사상																			
로라사상																			
화학연석						성빌													
전해연석		정밀																	

4-3. 성형품의 생산성 향상에 필요한 요인과 금형관계

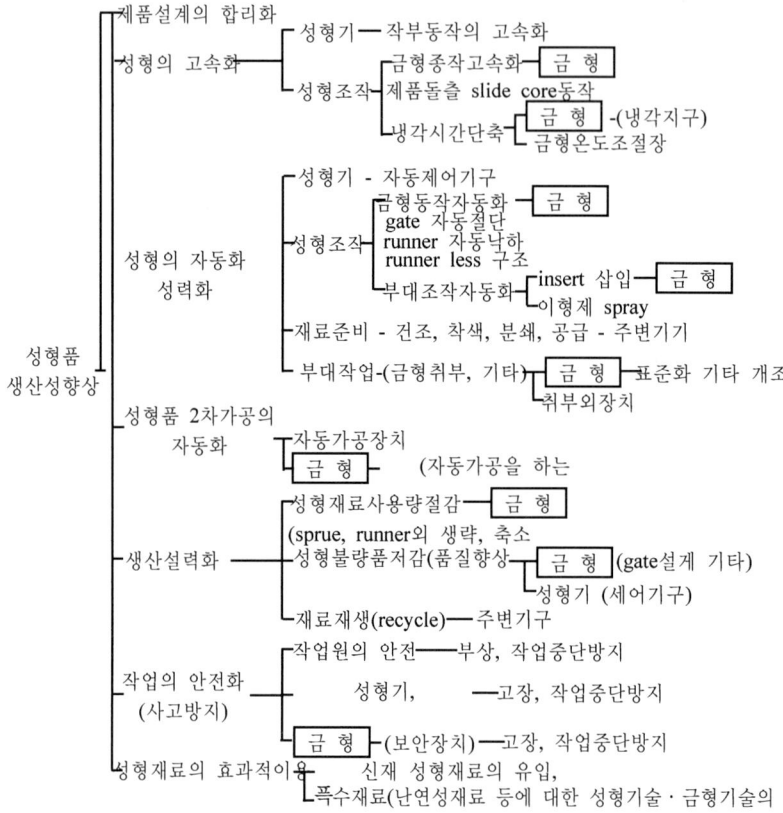

5. 사출성형용 금형의 원가계산

5-1. 금형 제조원가

5-1-1. 금형 제조원가

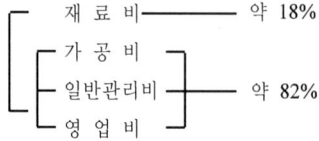

5-2. 금형의 원가계산

5-2-1. 재료비
요구되는 성형품의 크기, 사용수지에 따른 재질과 중량이 결정되고, 강재의 단가를 곱하여 집계된 것으로 일반적으로 산출할 수 있다.

5-2-2. 가공비
가공시간 × 가공단가
금형제작에 사용되는 공작기계에 따른 가공비 산출을 달리해야 한다.

5-2-3. 기술료
특별한 성형기술을 만족시키기 위함

5-2-4. 운반비

5-3. 가공단가의 산출방법

5 3-1. 기계종류별 표준 가공단가 산출방법

5-3-1-1. 기계가공원가(직접비)에 따른 산출방법
기계유지비 = 감가상각비 + 회생수리비 + 조세공과 + 이자 + 보험료
기계가동비 = 동력비 + 소모품비 + 치공구비 + 보전비 + 수선비
노무비 = 임금급료 + 상여수당 + 복리후생비
공장관리비, 판매비, 일반관리비 등이 있다.

1) 기계유지비의 산출방법
(1) 감가상각비

$$1시간당의 \ 상각비 = \frac{구입가격}{n} \times \frac{1}{2400X}$$

n: 사용 가능 연수, 2400: 연간 예정 작용시간

X: 가동률

(2) 고정자산세, 이자, 보험료

$$연간평균투자액 = \frac{n+1}{2n} \times 구입가격$$

$$1시간당의 \ 고정자산세 = (\frac{n+1}{2n} \times 0.014) \times \frac{1}{2400X} \times 구입가격$$

$$1시간당의 \ 휴식 = (\frac{n+1}{2n} \times 0.1) \times \frac{1}{2400X} \times 구입가격$$

$$1시간당의 \ 보험료 = (\frac{n+1}{2n} \times 0.0051) \times \frac{1}{2400X} \times 구입가격$$

따라서 1시간당의 유지비 총계는 회생수리비가 없다고 하면

$$\frac{구입가격}{n} \times \frac{1}{2400X}[1 + \frac{n+1}{2}(0.1 + 0.014 + 0051)]$$

(예) n = 6, X = 75%로 하면,

유지비 · 구입가격×0.1312×10 − 3

또 회생수리비가 있다고 하면, 수리한 때의 잔존가격에 회생수리비를 더하여 구입가격으로 하고, 사용 가능 연수를 그때부터 6년간으로 한다.

유지비 = 구입가격×0.1338×10^{-3}

2) 기계가동비의 계산방식

가동비

기계를 운전 가공할 때에 발생하는 비용, 절삭공구비, 그 밖의 공구비, 유지(기름)비, 소모품비, 수선비, 가공비 등이 있다.

기종별 1시간당의

$$○○ \ 비용 = \frac{년간 기종별 ○○ 비 합계}{기종별 평균 투자 합계} \times 평균 투자액 \times \frac{1}{2400X}$$

(X = 가동률)

전력요금

- 기본요금은 기계에 딸려 있는 전동기의 크기에 따라 배분한다.
- 종량요금은 전력요금에 전동기 크기의 기본요금을 뺀 것을 전력소비 kwhr 수로 배분한다.
- 배전설비의 감가상각비는 전동기의 크기에 따라 배분한다.
- 배전설비의 수선비는 소비전력량 kwhr에 따라 배분한다.

(1) 기종별 시간당 가동비 및 유지비의 구입가격에 대한 계수표

단위: 10^{-3}

기계 항목	ENGINE LATHE							COPYING LATHE
단위(mm) 기계사양(1)	BED상의 흔들 림 300 미만	300 미만	300 – 400 미만	300 – 400 미만	400 – 500 미만	400 – 500 미만	500 – 600 미만	340 – 550
기계사양(2)	CENTER 간 거리 760 미만	760 이상	1210 미만	1210 이상	1210 미만	1210 이상	1000 – 2000	400 – 650
절삭공구비	0.01462	0.01462	0.01462	0.01462	0.01462	0.01462	0.01462	0.00995
기타공구비	0.00946	0.00946	0.00946	0.00946	0.00946	0.00946	0.00946	0.00875
유지(기름)비	0.00663	–	0.00663	0.00663	0.00663	0.00663	0.00663	0.00229
동력비	0.02110	0.02258	0.01651	0.01790	0.01608	0.01700	0.01699	0.03183
수선비	0.01078	0.01078	0.01078	0.01078	0.01078	0.01078	0.01078	0.00560
가동비 합계	0.06259	0.06407	0.05800	0.05939	0.05757	0.05849	0.05848	0.05842
유지비	0.13380	0.13380	0.13380	0.13380	0.13380	0.13380	0.13380	0.13380
소모품비(원)	251.5	251.5	251.5	251.5	251.5	251.5	251.5	634.5
1시간당 식집비용합계 (노무비 제외)	0.19639 (+251.5원)	0.19787 (+251.5원)	0.19180 (+251.5원)	0.19319 (+251.5원)	0.19137 (+251.5원)	0.19229 (+251.5원)	0.19228 (+251.5원)	0.19222 (+634.5원)

항목 \ 기계	FACE LATHE	TURRET LATHE		BENCH DRILLING MACHINE		RADIAL DRILLING MACHINE		
단위(mm) 기계사양(1) 기계사양(2)	BED상의 흔들림 1080 CENTRE 간 거리 1000	BED상의 흔들림 250 가공 가능 최대경 50	540 50	구멍가공능 력 13φ	19φ	19φ	22φ	25φ
절삭공구비	0.02142	0.04155	0.06894	0.08050	0.04830	0.03456	0.03220	0.01394
기타공구비	0.00214	0.07060	0.04934	0.09633	0.05780	0.00934	0.03853	0.02788
유지(기름)비	0.00214	0.01570	0.02946	0.03208	0.01925	0.01151	0.01283	0.00691
동력비	0.02828	0.06850	0.11288	0.02192	0.02285	0.05043	0.08757	0.01988
수선비	0.00645	0.02383	0.01954	0.01617	0.00970	0.01122	0.00647	0.00620
가동비 합계	0.06043	0.22018	0.28016	0.24700	0.15790	0.11706	0.17740	0.07481
유지비	0.13380	0.13380	0.13380	0.13380	0.13380	0.13380	0.13380	0.13380
소모품비(원)	214	577.5	490	1062	1062	384	622	622
1시간당 직접비용합계 (노무비 제외)	0.19423 (+214원)	0.35398 (+577.5원)	0.41396 (+490원)	0.38080 (+1062원)	0.29170 (+1062원)	0.25086 (+384원)	0.31120 (+622원)	0.20861 (+622원)

항목 \ 기계	UPRIGHT DRILLING MACHINE	VERTICAL DRILLING MACHINE	VERTICAL MILLING MACHINE			PLAIN MILLING MACHINE		UNIVERSAL MILLING MACHINE
단위(mm) 기계사양(1) 기계사양(2)	구멍가공능력 40φ 이하	구멍가공능력 20φ	1번 TABLE 이동 400x200x300 TABLE 크기 800 - 1250x250	2번 600x300 x450 1340x265	3번 800x350 x400 1570x340	0번 250x100 x200 450x120	600x300x450 1340x265	700x200 x300 1360x260
절삭공구비	0.08721	0.02760	0.02815	0.00476	0.00295	0.03030	0.00353	0.00774
기타공구비	0.00754	0.03303	0.01905	0.00952	0.00325	0.02605	0.00444	0.00258
유지(기름)비	0.01186	0.01100	0.00724	0.00119	0.00273	0.01348	0.00136	0.00387
동력비	0.07849	0.02663	0.02201	0.01146	0.00772	0.09885	0.01559	0.01787
수선비	0.00281	0.00554	0.00718	0.00531	0.00152	0.00963	0.00096	0.00416
가동비합계	0.18791	0.09780	0.08363	0.03224	0.01817	0.17831	0.02588	0.03622
유지비	0.13380	0.13380	0.13380	0.13380	0.13380	0.13380	0.13380	0.13380
소모품비(원)	220.5	622	337.5	1116	750.5	303	1065.5	120
1시간당 직접비용합계 (노무비 제외)	0.32171 (+220.5원)	0.23160 (+622원)	0.21743 (+337.5원)	0.16604 (+1116원)	0.15197 (+750.5원)	0.31211 (+303원)	0.15968 (+1065.5원)	0.17002 (+120원)

항목＼기계	JIG MILLING MACHINE	CYLINDRICAL GRINDING MACHINE	INTERNAL GRINDING MACHINE	UNIVERSAL GRIND MACHINE	UNIVERSAL TOOL GRINDER	SINTERED CARBIDE TOOL GRINDER	SHAPING MACHINE	SAYING MACHINE
단위(mm) 기계사양(1) 기계사양(2)	TABLE의 이동 560x550 x200	BED상의 흔들림 300 미만 CENTER 간 거리 760 미만	TABLE의 이동량 1200－1500 CENTER 간 거리 400－700	TABLE의 크기 200 CENTER 간 거리 600	TABLE상의 흔들림 200－254 CENTER 간 거리 600－686	TABLE 흔들림 150	STROKE 243－650 TABLE 400－720	BAND SAYING MACHINE 120φ
절삭공구비	0.00765	0.00558	0.04891	0.01777	0.01650	0.03316	0.01332	0.04808
기타 공구비	0.00116	0.01115	0.04894	0.04258	0.04799	0.00967	0.00743	0.00499
유지(기름)비	0.00182	0.00276	0.02280	0.00346	0.00279	0.01523	0.00578	0.00785
동력비	0.00976	0.00325	0.03366	0.01630	0.01269	0.01015	0.02657	0.00402
수선비	0.00043	0.00248	0.02234	0.01173	0.01313	0.00361	0.00752	0.00186
가동비합계	0.02082	0.02522	0.21665	0.09184	0.09310	0.07182	0.06062	0.06680
유지비	0.13380	0.13380	0.13380	0.13380	0.13380	0.13380	0.13380	0.13380
소모품비(원)	220.5	622	390.5	1074.5	1269.5	220.5	574.5	220.5
1시간당 직접비용합계 (노무비 제외)	0.15462 (＋220.5원)	0.15902 (＋622원)	0.35045 (＋390.5원)	0.22564 (＋1074.5원)	0.22690 (＋1269.5원)	0.20562 (＋220.5원)	0.19442 (＋574.5원)	0.20060 (＋220.5원)

항목＼기계	BORIZOWTAL BORING MACHINE	JIG BOILER	PROFILE MILLING MACHINE	CYLINDRICAL GRINDING MACHINE		SURFACE GRINDER	MOLDING GRINDER	
단위(mm) 기계사양(1) 기계사양(2)	TABLE TYPE MAIN SPINDLE 85－90φ	11－12	NO	BED상의 흔들림 200 CENTRE 간 거리 750	300 1000		TABLE 600x300	이상
절삭공구비	0.00136	0.00310	0.00207	0.00800	0.00558	0.00223	0.03057	0.04446
기타 공구비	0.00077	0.00620	0.00228	0.00267	0.01115	0.00160	0.03059	0.04449
유지(기름)비	0.00057	0.00154	0.00191	0.00667	0.00276	0.00133	0.00713	0.01066
동력비	0.00520	0.00442	0.00541	0.01639	0.00325	0.00328	0.02100	0.03050
수선비	0.00054	0.00138	0.00106	0.00430	0.00248	0.00086	0.01396	0.02030
가동비 합계	0.00844	0.01664	0.01273	0.03803	0.02522	0.00930	0.10325	0.15011
유지비	0.13380	0.13380	0.13380	0.13380	0.13380	0.13380	0.13380	0.13380
소모품비(원)	572.5	622	750.5	120	622	622	625	572
1시간당 직접비용 합계 (노무비 제외)	0.14224 (＋572.5원)	0.15044 (＋622원)	0.14653 (＋750.5원)	0.17183 (＋120원)	0.15902 (＋622원)	0.14310 (＋622원)	0.23705 (＋625원)	0.28391 (＋572원)

기계 항목	PROFILE GRINDING MACHINE	JIG GRINDER	PLANING MACHINE	HARD BORING MACHINE	LAPPING MACHINE	ELECTRIC SPARK MACHINE	BROACH SHARPENER	BOB
단위(mm) 기계사양(1) 기계사양(2)	위시노 GIS 상당	11－12	EAUSER 3SM 상당	TABLE 1500－1000	100φ	4kwhr	TABLE (1650x200)x170 CENTER 간 거리 1100－1540	TABLE STROKE 500 CENTER 간 거리 500
절삭공구비	0.01528	0.00186	0.00159	0.00072	0.04546	0.00320	0.04010	0.00756
기타 공구비	0.01530	0.00133	0.00134	0.00041	0.00062		0.04000	0.00451
유지(기름)비	0.00420	0.00111	0.00131	0.00030	0.00927	0.00114	0.04310	0.00231
동력비	0.01072	0.00273	0.00397	0.00274	0.03511	0.01040	0.01230	0.00491
수선비	0.00719	0.00072	0.00225	0.00028	0.00235	0.00068	0.02183	0.01562
가동비 합계	0.05269	0.00775	0.01046	0.00445	0.09281	0.01542	0.15733	0.03491
유지비	0.13380	0.13380	0.13380	0.13380	0.13380	0.13380	0.13380	0.13380
소모품비(원)	541.5	583	640	572.5	220.5	1172	620.5	390.5
1시간당 직접비용합계 (노무비 제외)	0.18649 (＋541.5원)	0.14160 (＋583원)	0.14426 (＋640원)	0.13825 (＋572.5원)	0.28661 (＋220.5원)	0.14922 (＋1172원)	0.29113 (＋620.5)	0.16871 (＋390.5원)

기계 항목	SLOTTING MACHINE
단위(mm) 기계사양(1) 기계사양(2)	대외 SS24 상당
절삭공구비	0.02808
기타 공구비	0.01901
유지(기름)비	0.00717
동력비	0.02195
수선비	0.00711
가동비 합계	0.08332
유지비	0.13380
소모품비(원)	337.5
1시간당 직접비용 합계 (노무비 제외)	0.21712 (＋337.5원)

3) 노무비 및 배분비율 산정

노무비는 연도별 중소기업의 원가지표에 따라 산출된다. 공장간접비, 관리비의 배분율은 원가지표에 따라 구한다.

4) 기종별 시간단가 산출의 실례

bed 위에 떨림이 300㎜ 미만이고 center 간 거리 760㎜의 선반을 800만 원에 구입하였다고 하면, "기종별 시간당 가동비 및 유지비 구입가격에 대한 계수표"에 따라 이 선반의 시간당 유지비 및 가동비는 구입가격 × $0.19639 \times 10^{-3} + 251.5$원이다.

따라서 800만 원 × $0.19639 \times 10^{-3} + 251.5$원 = $1,822.62$원이 된다.

기계공의 시간당 노무비는 "노무비 및 배분비율의 산정"에 따라 6,500원이 되기 때문에 이 선반 1시간의 가공원가는 (1,822.62원 + 6,500원) × 2.22 = 18,476.21원이 된다.

5) 완성조립의 시간당 가공원가 산출방법

노무비를 제외한 완성용 공구와 완성대, 그 밖의 소모품비로서 이것을 시간당으로 환산하면 290.5원이 된다. 따라서 완성조립의 시간당 가공비는 (290.5원 + 6,500원) × 2.22 = 15,074.91원

5-3-2. 사출성형용 금형의 평균단가 산출방법

5-3-2-1. 구입가격과 가동비 계수

- 먼저 구입가격은 구입당시의 가격을 평균한 것으로 한다.
- 가동비 계수를 구하는 방법은

$$\frac{\text{가동비 계수 합계}}{\text{평균 년간투자액 합계}} \times \text{평균 년간투자액} = \text{평균 가동비 계수}$$

- 소모품비는 산술평균으로 산출한다.

1) 사출성형용 금형기계 구성 기준

기 종	기계구성 비율(%)	가공시간 비율(%)
ENGINE LATHE	14.4	8.6
DRILLING MACHINE	8.8	5.9
BORING MACHINE	0.3	0.2
JIG BORING MACHINE	0.6	0.4
MILLING MACHINE	18.7	11.2
DIE SINKING MACHINE	10.0	6.0
ENGRAVING MACHINE	2.5	1.5
PLANING MACHINE	0.8	0.5
PROFILE GRINDING MACHINE	0.2	0.1
GRINDING MACHINE	8.9	5.3
SHAPING MACHINE	6.3	3.8
SLOTTING MACHINE	0.5	0.3
HONING MACHINE	0.0	0.0
ELECTRIC SPARK MACHINE	21.6	13.0
기타 공작기	5.4	3.2
COLD HOPPING	0.0	0.0
기계 소계	100.0	60.0
완성 조립		40.0
계		100.0

금형의 기계구성 기준(가공시간 비율에 따라 산출한 것)과 기종별 평균 가공원 가에 따라 사출성형용 금형의 1시간 평균 가공단가를 산출할 수 있다.

5-4. 가공시간 산출방법

사출성형용 금형의 가공시간은 성형품의 크기, 형상, 치수정도, 금형제조업체의 보유기계의 종류, 기술, 기능, 생산관리양식, 성형업체의 설비종류, 성형기술 등 다수의 인자에 따라 달라지고 있다.

5-4-1. 재질별 가공시간 산출방법

부품의 기종별 가공시간을 산출하기 위하여 최소한도 가공시간 견적표로 재질 별 가공시간을 산정한다. 이 가공시간 산정에 사용할 각 재질별 표준가공시간 자 료로 표시한다. 이 표는 가공재료, 절삭조건, 공정내용, 유도, 사용범위를 조건으 로 하여 가공면적에 대한 가공시간의 표준을 표시하고 있다.

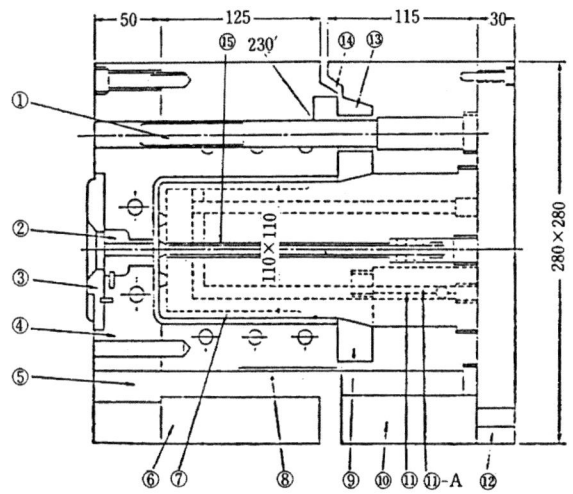

1) 110 × 110 × 140각형 가공시간 견적표

부품	수량	재질	재료비	기종	선삭	밀링 가공	보링 가공	연삭	형삭	입삭	드릴 가공	용접	기타	완성	계
1	2	S50C			2			1							4
2	1	SNC			3			0.5						0.5	4
3	1	S50C			2.5			0.5						0.5	3.5
4	1	SNC				8	6	3	4		2			6	29
5	2	SK			3			1							4
6	1	SNC				65	5	3	7		12			32	124
7	1	SNC				28	2	14	6		4			12	66
8	2	SK			3			1							4
9	1	SNKC			4	12	4	3						7	30
10	1	SK			8	24	10	3	6		3			12	66
11 – 11A	4	SK			6			3							9
12	1	S50C					3	1	3					1	8
13	2	SNC			1.5			1							2.5
14	4	SKS				3		1						2	6
15	1	SS			2.5			0.5							3
기타														60	60
일상 업무													35		35
계					36.5	140	30	36.5	26		21		35	133	458
실적															

기계가공: 290hr
완성가공: 133hr
일상업무: 35hr
가공시간 458hr
설계시간 62hr

2) 정면반면삭 표준가공시간

(1) 절삭조건

재 질	절삭 속도	이 송	절단 깊이
SS41	100	0.31	4 mm
S50C	80	0.3	4 mm
SCM	60	0.2	4 mm
SKD	60	0.2	4 mm

* 기준 Φ는 400Φ로 계산
* 여유율은 20%로 한다.

(2) 공정내용분석

순	동작내용	시간(분)	비 고
1	피면삭물취부	15	크레인을 사용
2	공구준비(TOOL)	5	
3	1면 절삭	X1	
4	반전취부	15	크레인을 사용
5	2면 절삭	X2	
6	피면삭물계측	5	
7	떼어내기	5	크레인을 사용
합계		45분 + X1 + X2	

* 1면 절삭은 황가공 2회, 중가공 1회, 완성가공 1회의 4회 절삭을 말함

(3) 재질별 면절삭 시간표

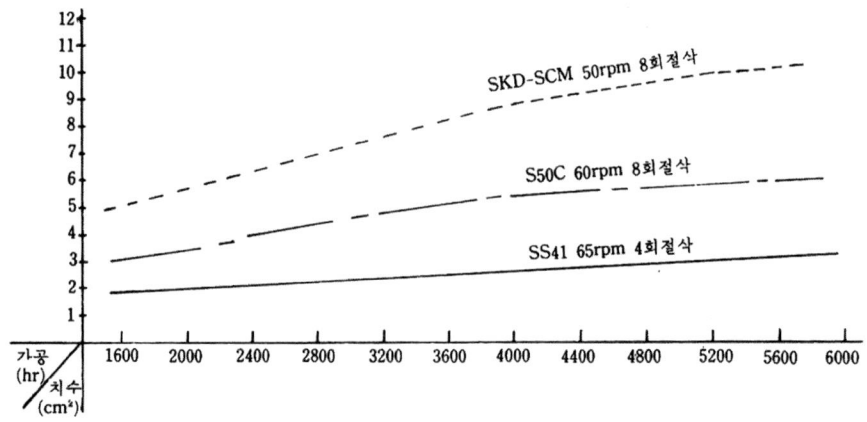

5-4-2. 총 가공시간 산출법

총 가공시간으로 1벌의 금형이 완성될 때까지 요구되는 가공시간을 기종에 관계없이 집계한 것이다. 따라서 기종, 작업에 무관하기 때문에 견적을 내는 사람, 회사에 따라 차이가 있다.

과거의 실적 경험을 토대로 추정하기 때문에 각사의 설비, 기술, 관리방식에 따라 차이가 나는 것은 당연한 일이다.

여기에서 경향을 파악하기 위해 data를 수집 검토한 결과 다음과 같이 산출할 수 있다.

단, 제품체적이 3000㎤ 이하의 것에 적용한다.

5-4-2-1. 소형으로 복잡형상정도가 높든가 또는 대형의 것

성형품체적 1000㎤ 이하:　$Y1 = 0.957X + 120.5$

성형품체적 1000 - 3000㎤까지: $Y2 = 1.583X + 57.8$

5-4-2-2. 보통의 형상, 중형의 것(3000㎤까지)

$Y = 1.088X + 31.3$

5-4-2-3. 소형으로 보통형상 또는 대형으로 간단한 것

성형품체적 1000㎤ 이하: $Y1 = 0.862X + 24.7$

성형품체적 1000 - 3000㎤까지: $Y2 = 0.735X + 37.4$

(X = 제품체적 ㎤, Y = 총가공시간 hr)

1) 생산 milling 표준가공시간

(1) 면삭의 모든 절삭조건

절삭 속도	55㎜ / min	여유율	20%	절단횟수	4㎜ 4회
주축회전수	80r.p.m	이송량	도면치수 + 200㎜	사용 cutter	8Φ초경정면 milling
이송	56㎜ / min	편두께절삭대	15㎜	준비시간	hoist사용 0.75hr 현품 0.5hr

(2) 기준면의 모든 절삭조건

절삭 속도	100㎜ / min	여유율	20%	절단횟수	2회
주축회전수	160r.p.m	이송량	도면치수＋200㎜	사용 cutter	8Φ 초경정면 milling
이송	56㎜ / min	편두께절삭대	1㎜	준비시간	hoist사용 20hr 현품 0.75hr

* 면삭은 황가공 2회, 중가공 1회, 완성가공 1회의 4번 절삭을 표시한다.

(3) 생산 milling 가공 시간표

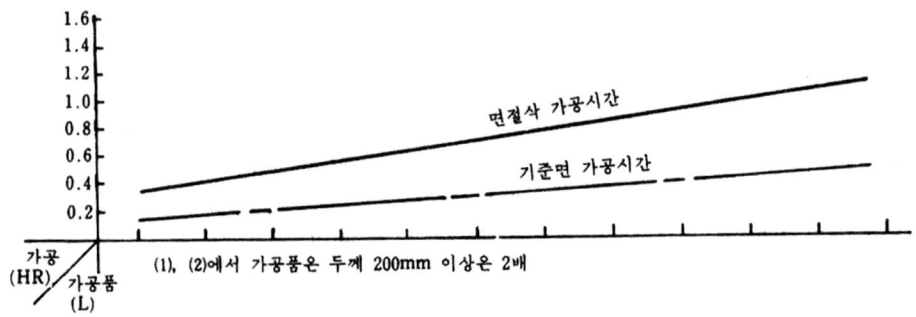

2) SHAPER 표준가공시간

(1) HS TOOL 절삭가공시간

재 질	절삭속도	이 송	절단높이
SS41	16㎜	0.5	25㎜
SS50C	12㎜	0.5	25㎜
SCM	8㎜	0.5	25㎜
SKD	8㎜	0.5	25㎜

* 피면삭물의 최대치수는 600×600×28㎜까지로 한다.
* 여유율은 20%로 한다.
* 면삭은 횡가공 2회
　중가공 1회
　완성가공 1회

(2) 공정내용분석

순	동작내용	시간(분)	비 고
1	피면삭물취부	5	크레인 또는 현품
2	제1상면 절삭	X1	
3	반전취부	5	크레인 또는 현품
4	제2상면 절삭	X2	
5	피면삭물계측	25	
6	제3측면 취부	5	크레인 또는 현품
7	제3측면(상면) 절삭	X3	
8	제4측면 취부	5	크레인 또는 현품
9	제4측면 절삭	X4	
10	피면삭물계측	25	
11	제5측면 취부	5	크레인 또는 현품
12	제5측면 절삭	X5	
13	제6측면 취부	5	크레인 또는 현품
14	제6측면(상면) 절삭	X6	
15	피면삭물계측	25	
16	떼어내기	25	크레인 또는 현품
	합계	40분 + X1 + X2 + X3 + X4 + X5 + X6	

(3) 재질별 SHAPER 가공시간

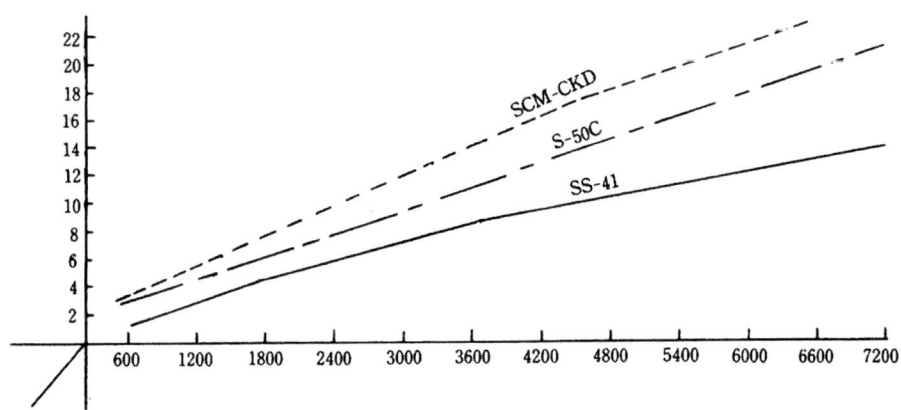

3) PLANER 표준가공시간

(1) HS TOOL 절삭조건(6면삭)

재 질	절삭 속도	이 송	절단 깊이
FC	20m / min	1 mm	5 mm
SS41	16m / min	1 mm	5 mm
S50C	12m / min	1 mm	5 mm
SCM	8m / min	1 mm	5 mm
SKD	8m / min	1 mm	5 mm

* S250C
 SCC   재는 단조재
 SKD

(2) 공정내용분석

순	동작내용	시간(분)	비 고
1	피면삭물취부	20	크레인사용 때 + 10
2	공구취부준비	10	
3	상면 절삭	X1	
4	반전 취부	30	크레인사용 때 + 10
5	상면 절삭	X2	
6	피절삭물계측	5	
7	취부 CHANGE	20	
8	측면1 절삭	X3	
9	취부 CHANGE	20	
10	측면2 절삭	X4	
11	취부 CHANGE	20	
12	측면2 절삭	X5	
13	피절삭물계측	5	
14	취부 CHANGE	60	
15	측면4 절삭	X6	
16	피절삭물계측	5	
17	떼어내기	10	크레인사용 때 + 10
	합계	165 − 190 + X1 + X6	

* 여유율 20%로 한다.
* 절삭은 황가공 2회, 중가공 1회, 완성가공 1회

(3) 재료취급대기준

단조재 중량	두 께	측 면
80 kg 이하	8 mm	5 mm
100 kg까지	8 mm	7 mm
150 kg까지	8 mm	8 mm
250 kg까지	9 mm	10 mm
400 kg까지	9 mm	13 mm
600 kg까지	9 mm	15 mm
800 kg까지	11 mm	18 mm
1,000 kg까지		20 mm
1,500 kg까지		25 mm
2,000 kg까지	12 mm	20 mm
5,000 kg까지	15 mm	50 mm

* 주철 5mm SS41 5mm로 한다.

(4) 재질별 면절삭 시간표

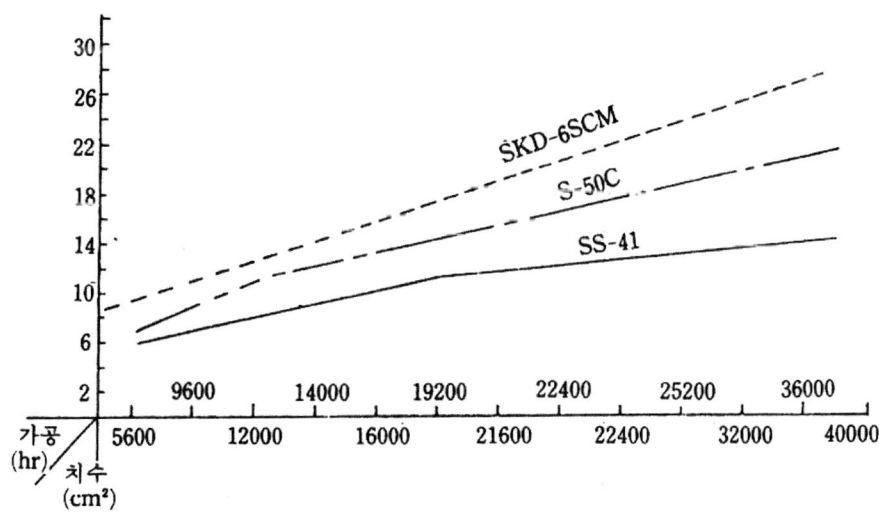

4) surface grinder 표준가공시간

조건 \ 기종별	정 밀	거칠음
숫돌폭 가로 이송(좌우)	50mm 17mm	20mm 10mm
세로 이송(좌우)	1 / 3 숫돌폭 (16.5mm)	1 / 3숫돌폭 (16.5mm)
절 단	0.01	0.01

* 절삭량
  연마대 0.3mm로 30회
* 준비시간
  hoist를 사용할 경우 0.75hr
  현품이 가능한 경우 0.2hr

* 여유율 20%로 한다.
* 연삭거리 300mm×300mm 이하 …… 0.3mm
  300mm×300mm 이상 …… 0.5mm로 한다.

(1) surface grinder 가공시간

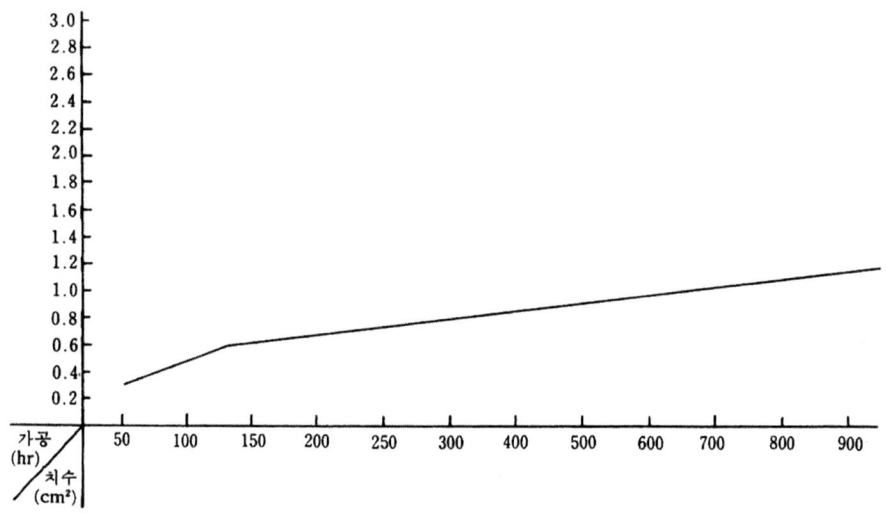

5) Milling cutter 표준가공시간

(1) 황삭조건(0.5mm 남을 때까지)

cutter 경 (mm)	절삭 속도 (m / min)	회전수 (r.p.m)	절삭단면적 깊이×폭(mm)	이송 속도 (m / min)	1날당 이송 (mm / rev)	1시간당 절삭량(cm³ / hr)	비 고	
2Φ	18	2,860	0.5×2	110	0.02	7	2개 날	제품부
4Φ	18	1,400	1.0×4	100	0.04	24	2개 날	완성가공
6Φ	18	950	1.5×6	100	0.05	54	2개 날	
8Φ	18	720	2.0×8	80	0.06	77	2개 날	
10Φ	18	570	2.5×10	80	0.07	120	2개 날	
12Φ	18	480	3.0×12	80	0.08	170	2개 날	
15Φ	16	340	15×7.5	70	0.05	470	2개 날	
18Φ	16	280	18×9	70	0.06	680	4개 날	제품부 황가공 제품부 이외(모형 core 구멍)
20Φ	16	250	20×10	60	0.07	720	4개 날	
25Φ	16	200	25×12.5	60	0.08	1,120	4개 날	
30Φ	15	160	30×15	50	0.08	1,350	4개 날	
35Φ	15	140	35×17.5	50	0.09	1,530	4개 날	
40Φ	15	120	40×20	50	0.0	2,400	4개 날	

5 - 4 - 3. 가공시간

5 - 4 - 3 - 1. 가공시간 산정방법

$$황삭시간 = \frac{절삭부 체적}{단위 절삭량(상기 표에 따라)} \cdots\cdots (A) 단위(시간)$$

$$완성시간 = \frac{절삭면적 \times 3}{이동속도 \times cutter경} \cdots\cdots (B) 단위(분)$$

여유율 50% 제품부 가공 50%

제품부 이외의 가공 30%

준비시간 0.5hr

가공시간 계 = (A + B)×(1 + 0.5) + 0.5hr

1) milling machine 표준가공시간(제품부 외(모형 core 구멍)의 완성가공, 제품부의 황가공)

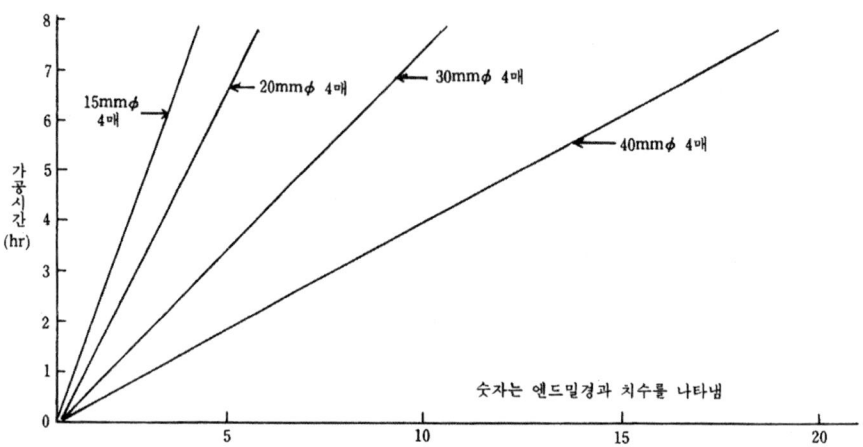

2) milling machine 표준가공시간(제품부 완성가공)

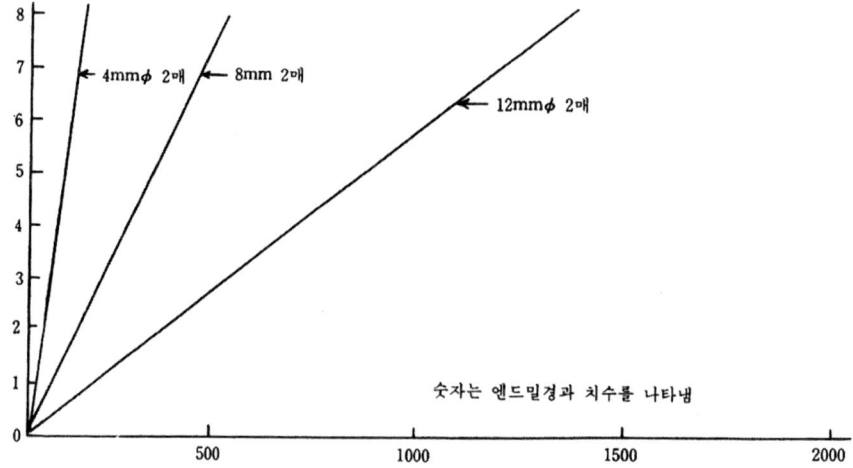

3) 모방 표준가공시간

(1) 절삭조건

cutter 경(mm)	절삭속도 (m / min)		회전수 (r.p.m)		이송 (mm / min)			전달깊이 (mm)			pick feed				
	황	완성	황	완성	황	중	완성	황	중	완성	황	중		완성	
												숫	암	숫	암
5Φ	15	20	950	1,270	–	200	200	3 – 5	0.8	0.5	3.5	2	1.2	1.2	1.0
10Φ	15	20	480	640	–	200	200	5 – 7	1.0	0.5	7	2.8	1.8	1.8	1.5
15Φ	15	20	320	420	40	200	200	5 – 7	1.0	0.5	10	3.5	2.4	2.4	2.0
20Φ	15	20	240	320	40	200	200	5 – 7	1.2	0.5	14	4	3	3	2.5
25Φ	15	20	200	260	40	150	150	5 – 7	1.4	0.5	17	4.4	3.6	3.6	3
30Φ	15	20	160	210	40	150	150	5 – 7	1.6	0.5	21	4.8	4.2	4.2	3.5
40Φ	15	20	140	180	40	150	150	5 – 7	1.6	0.5	25	5.4	4.8	4.8	4

이송속도는 가공면 각도 a에 따라 다르다.

$a \geq 45°$는 모방 표준가공시간과 같고, $45° \leq a \leq 75°$의 경우는 모방 표준시간의 80%, $a > 75°$의 경우는 모방 표준가공시간의 60%이다.

(2) 가공시간 계산법

- $t = \dfrac{일반면적}{pf \times s}$ ......(A) pf = pick peed, s = 이송

- 여유율 일반면적 100 – 900㎠의 경우 30%

　　　　　　　　1,600 – 3,600㎠의 경우 25%

　　　　　　　　4,900 – 12,000㎠의 경우 20%

- 준비시간

　일반면적 100 – 1,600㎠의 경우 2hr,

　2,500 – 4,900㎠의 경우 4hr,

　6,400 – 8,100㎠의 경우 5hr,

　10,000 – 12,000㎠의 경우 5hr

이 조건을 실시한 걸괴를 보면 다음의 그림과 같다. 그러므로 20Φ와 25Φ cutter의 경우, 실험치가 반대로 되어 있는 것은 이송이 지연되고 있기 때문이다.

4) 숫가공 1모방 표준가공시간(가공면 각도 45° ≥45° a)

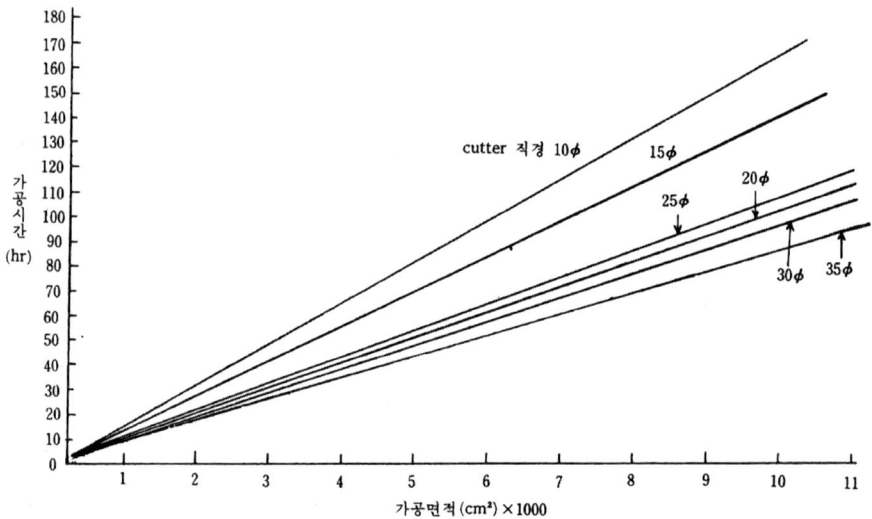

5) 암가공 2모방 표준가공시간(가공면 각도 45° ≥a)

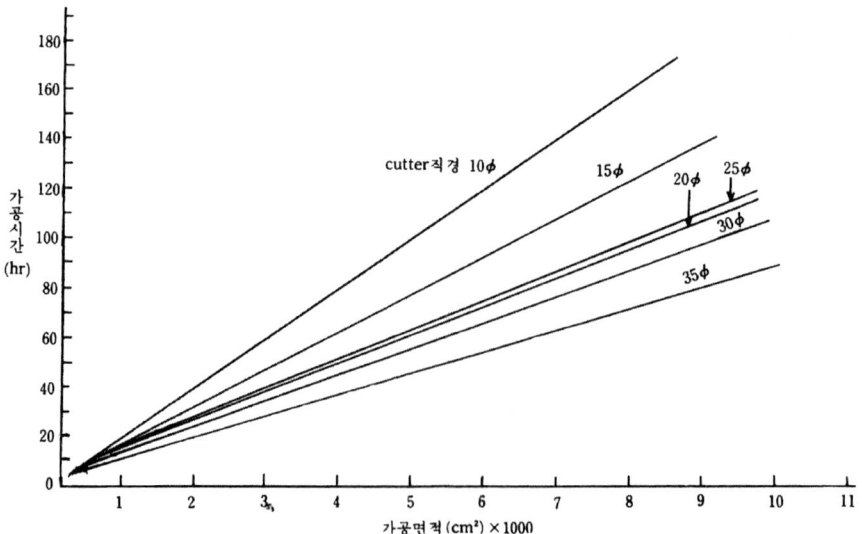

6) 숫가공 3모방 표준가공시간(가공면 각도 75° ≥ a ≥ 45°)

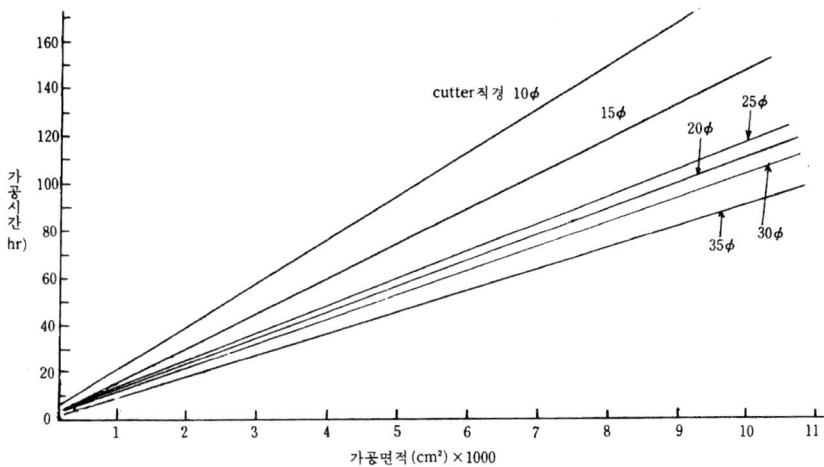

7) 암가공 4모방 표준가공시간(가공면 각도 75° ≥ a ≥ 45°)

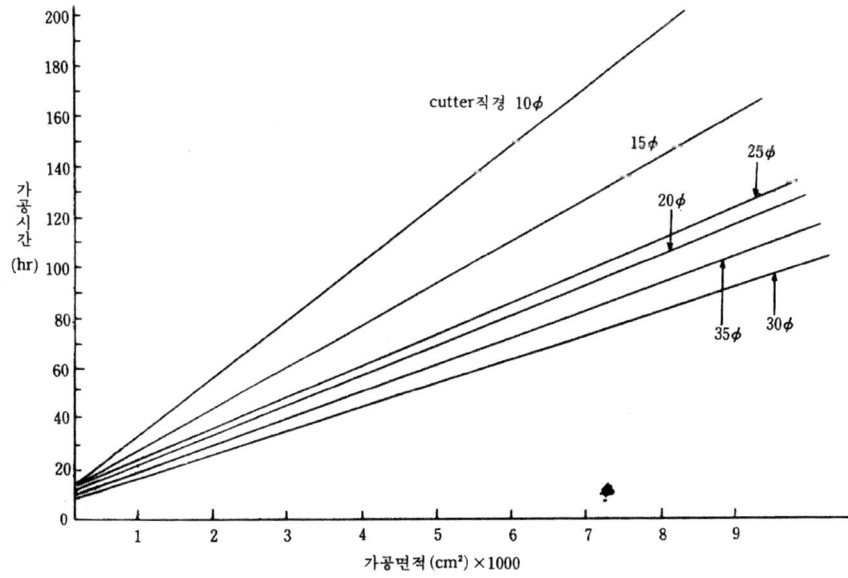

8) 슷가공 5모방 표준가공시간(가공면 각도 $a > 75°$)

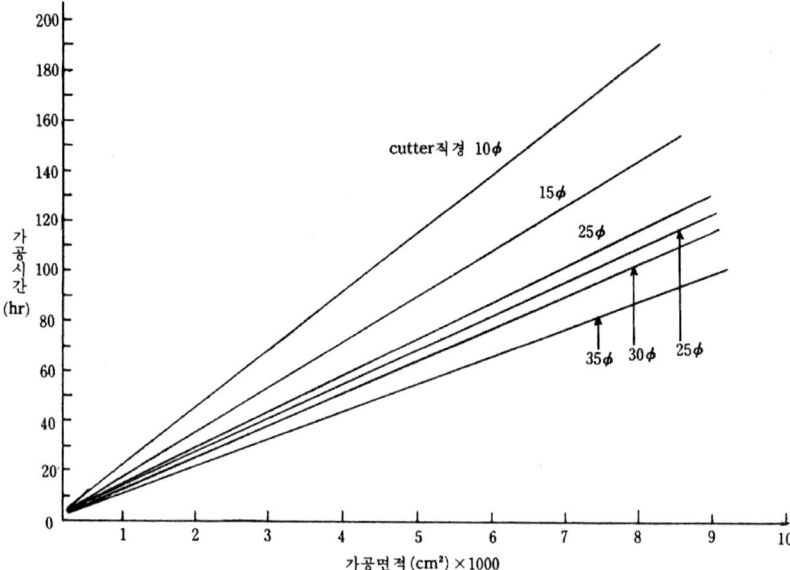

9) 암가공 6모방 표준가공시간(가공면 각도 $a > 75°$)

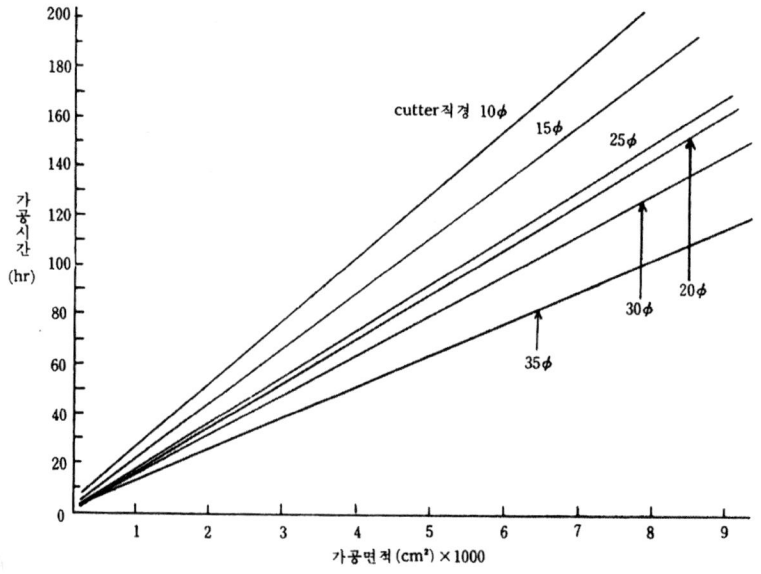

10) tackle 표준가공시간

(1) 절삭조건

절삭속도 황삭: 25m / min   완성: 40m / min

cutter경 (mm)	황·중 회전수 (r.p.m)	완성 회전수 (r.p.m)	절단 깊이		pick feed			이 송	
			황·중 mm	완성 mm	황·중 mm	요 mm	철 mm	황·중 mm	완성 mm / min
1Φ	7,900	12,000	0.2	0.05	0.3	0.3	0.15	200	300
2Φ	3,980	6,400	0.2	0.05	0.4	0.4	0.2	200	400
3Φ	2,660	4,250	0.3	0.1	0.5	0.5	0.25	300	400
4Φ	1,990	3,200	0.3	0.1	0.6	0.6	0.3	300	500
5Φ	1,590	2,540	0.3	0.1	0.8	0.6	0.3	300	500
6Φ	1,330	2,120	0.3	0.1	1.0	0.7	0.35	500	600
7Φ	1,140	1,820	0.5	0.15	1.2	0.7	0.35	500	600
8Φ	990	1,590	0.5	0.15	1.2	0.8	0.4	500	600
9Φ	880	1,410	0.5	0.15	1.5	0.8	0.4	500	600
10Φ	790	1,270	0.6	0.2	1.5	0.9	0.45	600	700
11Φ	720	1,150	0.6	0.2	1.5	0.9	0.45	600	700
12Φ	660	1,060	0.6	0.2	2.0	1.0	0.5	600	700

황가공은 보통 milling cutter, 그 밖의 기계로 가공하는 것으로 한다.

황·중가공 1회, 완성가공 3회

- 가공시간 $= \dfrac{\text{일반면적} \times \text{가공공수}}{PE \times \text{이송}} \times \text{단위분}$

- 여유율 50%

- 준비시간

    100㎠ − 400㎠   0.5hr

    900㎠   0.75hr

    1,600㎠ − 2,000㎠   1hr

11) 숫가공 1수동 모방가공시간

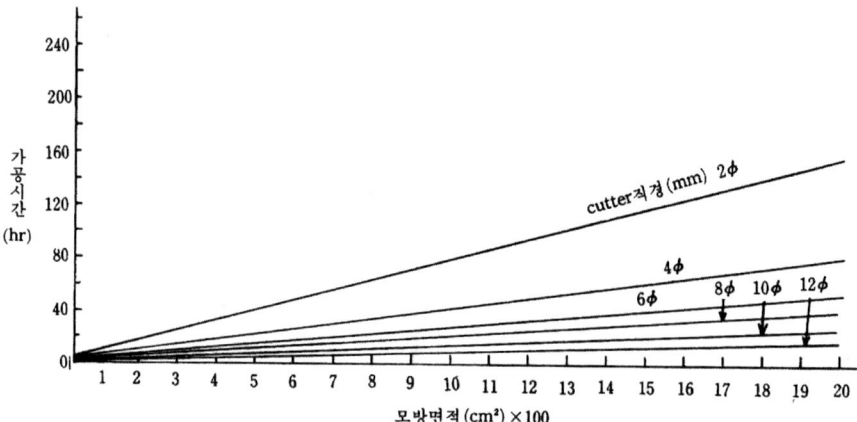

$$T = \frac{0.0742\,PL}{S}\,(\text{hr})$$

$T = $ 시간

$S = $ 속도

$P = $ pitch

$L = $ 길이

12) 암가공 2수동 모방가공시간

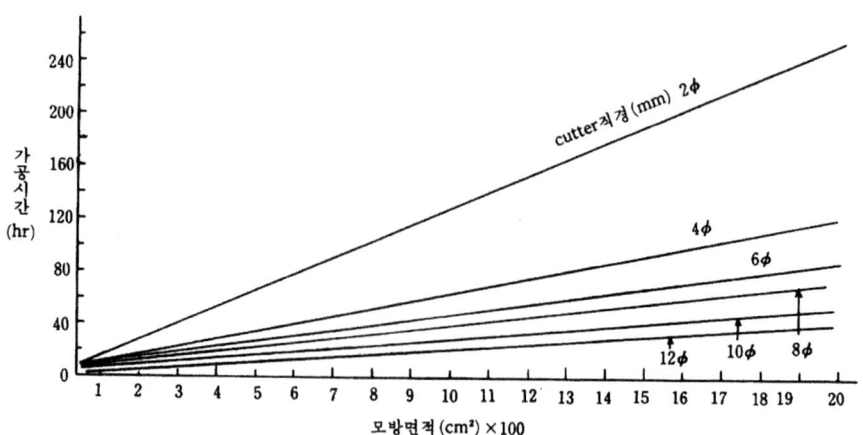

13) drilling machine 표준가공시간

모든 절삭조건(니켈크롬강, 항장력 10㎏ / ㎟ 이하의 것으로 적용한다.)

(1) 절삭속도

drill 경 5-12Φ	15-20m / min	이송 0.08-0.15
drill 경 12-22Φ	15-20m / min	이송 0.15-0.25
drill 경 22-30Φ	18-20m / min	이송 0.25-0.35
drill 경 30-50Φ	15-20m / min	이송 0.35

(2) 회전수

drill 경이 12일 때 400rpm
drill 경이 22일 때 220rpm
drill 경이 30일 때 160rpm
drill 경이 50일 때 100rpm

(3) 진행 준비시간은

hoist 사용 시 +1.0hr drill 교체 1종당 +0.1hr

수동으로 가능한 때 +0.25hr

(4) 여유율 30%로 한다.

drill 경 \ 깊이	0-50mm 구멍 1개마다	50-100mm 구멍 1개마다	100-150mm 구멍 1개마다	150-200mm 구멍 1개마다	조 건 회전수	조 건 이 송	저감률
5-12Φ	0.05hr	0.1hr	0.15hr	0.17hr	400rpm	0.08㎜	10-20 0.95%
12-22Φ	0.04hr	0.09hr	0.15hr	0.17hr	220rpm	0.15㎜	20-30 0.9%
22-30Φ	0.03hr	0.07hr	0.11hr	0.17hr	160rpm	0.25㎜	30-40 0.85%
30-50Φ	0.03hr	0.07hr	0.11hr	0.15hr	100rpm	0.35㎜	40-50 0.8%

(5) 가공시간 산정방법

깊이 구멍경	0 - 50mm	50 - 100mm	100 - 150mm	150 - 200mm	회전수 이송	절삭속도
5 - 12Φ	0.15hr	0.29hr	0.43hr	0.58hr	54rpm 0.3mm	2m / min
12 - 22Φ	0.12hr	0.27hr	0.43hr	0.58hr	43rpm 0.4mm	3m / min
22 - 30Φ	0.12hr	0.23hr	0.38hr	0.56hr	32rpm 0.5mm	3m / min
30 - 50Φ	0.1hr	0.22hr	0.36hr	0.52hr	26rpm 0.6mm	4m / min

(라이머 교체 1종단 0.1hr 프러스)

탭 경	길이(L)			회전수	pitch	주형조공의 경우
	30mm	40mm	50mm			
5 / 3″ (16Φ)	0.12hr	0.14hr	0.16hr	91rpm	2.3mm	1개소당 0.35hr
3 / 4″ (19Φ)	0.14hr	0.16hr	0.2hr	76rpm	3.5mm	1개소당 0.4hr
7 / 8″ (22Φ)	0.17hr	0.2hr	0.26hr	65rpm	2.8mm	1개소당 0.45hr
1″ (25Φ)	0.11hr	0.26hr	0.3hr	57rpm	3.2mm	1개소당 0.5hr

(6) 냉각수관의 DRILL 가공시간

직경(mm)	깊이(mm)	N - Cr steel	mill steel
3.5Φ - 10Φ	150	20min	15min
3.5Φ - 12Φ	300	45	30
3.5Φ - 20Φ	300	60	40
3.5Φ - 25Φ	300	75	50

(7) boring 가공시간

직경(mm)	깊이(mm)	N - Cr steel	mild steel	비 고
3.5Φ - 10Φ	25	10min	8min	
3.5Φ - 12Φ	25	15	12	
3.5Φ - 20Φ	25	20	16	
3.5Φ - 21Φ	25	25	20	
3.5Φ - 32Φ	25	30	24	
3.5Φ - 37Φ	25	20	16	
3.5Φ - 45Φ	25	25	20	
3.5Φ - 50Φ	25	30	24	
3.5Φ - 75Φ	25	35	30	

5-5. 견적 방식

5-5-1. 재질별 가공시간과 단가에 따른 방법

금형부품의 재질별 가공시간을 표준가공시간자료를 사용하여 재질별로 집계하고, 이것에 해당 재질별 단가를 곱하여 이것을 다시 한 번 집계함에 따라 총공비를 산출한다. 이 방법은 보편적으로 외국에서도 사용되고 있는 방법이며, 전제가 되는 설계도가 필요하고 비교한 경험을 필요로 하기 때문에 견적에 시간이 걸린다. 중소기업의 금형회사에서도 이 방법을 채용하고 있는 업체가 많이 있다.

5-5-2. 총가공시간과 평균단가에 따른 방법

제일 많이 사용되고 있는 방법이 총가공시간에 평균단가를 곱하여 산출하는 방법이다. 총가공시간은 전기한 바와 같이 산출하고, 산술 평균단가를 곱하여 가공비를 산출하는 것이 많다. 사출성형용 금형기계 구성비율에 따라 구한 평균가공단가와 4-2. 총가공시간 산출방법으로 산출한 가공시간의 상승적 총가공비 원가로 한다.

5-5-3. 계산 견적 방식

금형세조입자 독자적으로 자사익 과거 실적을 매번 정형화한 것으로 한네 모아 견적에 사용하고 있는 방법으로, 각 사 등이 다른 방식을 사용하고 있다.

따라서 가공시간, 가공단가의 산출방법도 전술의 것과 다르기 때문에 혼동하면 안 된다.

하나의 예를 들면, 이 견적방식은 재료비, 가공비 및 설계비 등 3개의 부분으로 나누어 견적하고 있다.

M(재료비) + P(가공비) + D(설계비) = 견적금액

5-5-3-1. 재료비

$M = aW(m + A) + G$

  W: 금형의 중량

α: 주요재료의 kg당 단가

m: ejector 기구에 따른 계수

A: ejector 기구 이외의 기구에 따른 가산치

G: 모델 재료 및 목형비

모형재료는 하기에 따라 산출한다. 모형이 필요한 개소의 체적이 1.5를 곱하여 모형의 용적을 산출하고, 이것에 모형재료의 비중과 단가를 곱하여 산출한다. 목형비는 외주가격 그대로 가산한다.

5 - 5 - 3 - 2. 가공비

$P = (P1 + P2 + P3) \times \alpha 2$

$P1 =$ 고정, 가동형의 가공시간

$P1 = (1 + B)HB$

1) ejector 기구에 따른 계수(m)

ejector의 종류	계수(%)	ejector의 종류	계수(%)
ejector 없음	100	돌기와 pin	120
돌기	100	돌기와 stripper	120
pin	115	pin과 stripper	135
stripper	120	돌기, pin, stripper	

2) ejector 기구 이외의 기구별 가산계수(A)

기구명	가산계수(%)	기구명	가산계수(%)
pin gate	25	가로빼기 코아프라방식	5
1개 core방식	20	경사 pin방식	10
고정, 가동 모두 core방식	30	com block방식	15
분할면 평면이 아닌 경우	15		

(주의) 기구가 2개 이상 조합된 경우는 가산계수도 가산한다.

3) 고정형, 가동형의 중량과 가공시간(HB) 곡선

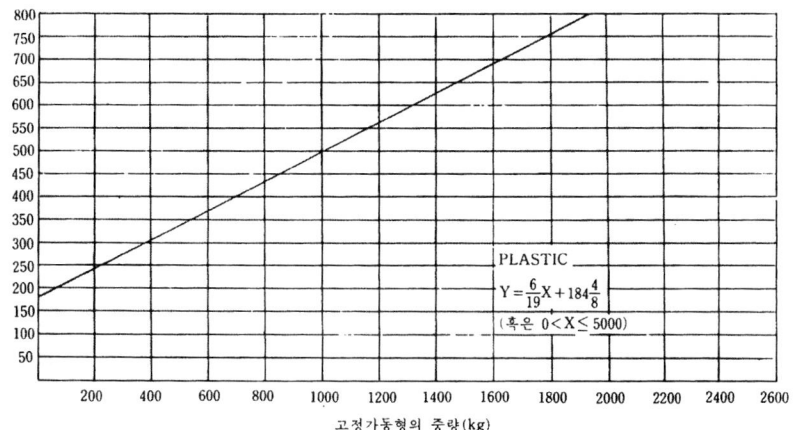

가운데 그래프 내 텍스트:

PLASTIC

$$Y = \frac{6}{19}X + 184\frac{4}{8}$$

(혹은 $0 < X \leq 5000$)

x축: 고정가동형의 중량(kg)

HB: 고정, 가동형의 중량에 따라 구할 수 있는 가공시간

B: 기구에 따른 계수

$P2$: 제품부의 가공시간

$P2$: CB × n × c

CB: 제품부 가공면적×0.25hr / ㎠

n: 조각수

c: 가공정도에 대한 계수

$P3$: 모형 가공시간

$P3$: 0.15P2

$a2$: 가공 평균단가

만일 목형을 그대로 사용할 경우는 모형 가공시간은 불요

4) 기구에 따른 계수(B)

기 구	가산계수(%)	기 구	가산계수(%)
표준사양(2매 구조) 직조 P1평면, 밀어내기 없고, 가로빼기 없음	0	고정, 가동형판 core방식	50
		PL면 관통 가공 가능	35
3매 구조	50	PL면 관통 가공 불가능	45
어느 편이든 일방형 판 core방식	15		

기 구	가산계수(%)	기 구	가산계수(%)
돌기 ejector 기구	20	가로빼기 코아프라방식	45
pin ejector 기구	25	경사 pin방식	50
stripper ejector 기구	45	cam block 방식	60

(참고) 어느 쪽의 기구를 병용할 때에도 계수는 가산한다.

5) 가공정도에 대한 계수(C) 및 단가

기준: 중급으로 총가공시간의 10%가 고급기계가공, 10%가 중급기계가공, 40%가 범용기계가공, 40%가 완성가공으로 비교한 것을 말한다.

정도	가공계수(%)	(α 2) 단가(원)	정도	가공계수(%)	(α 2) 단가(원)
정급	140	15,750 - 17,500	중급	100	12,500 - 14,000
상급	120	14,000 - 15,750	조급	80	11,000 - 12,500

단가는 설계비가 포함되어 있기 때문에 설계비를 별도로 견적할 경우에는 약 10%를 빼기로 한다.

5-5-4. 설계비

$D = (P1 + P2 + P3) \times d \times E \times \alpha 3$

d = 제품도 지급의 경우 기준설계 계수

E = 지급도의 유무에 관한 계수

$\alpha 3$ = 설계비 단가 12,500 - 15,000원 / hr

1) 설계시간계수

총가공시간 P1 + P2 + P3 hr	d(%)	총가공시간 P1 + P2 + P3 hr	d(%)
5,000 이상	6	750 - 1,000	11.5
3,000 - 5,000	7	500 - 750	12.5
2,000 - 3,000	8	400 - 500	13.5
1,500 - 2,000	9	300 - 400	15
1,250 - 1,500	10	200 - 300	17
1,000 - 1,250	11	200 이상	20

2) 지급도 관계지수

지급도관계	E(%)	지급도관계	E(%)
견본품 지급의 경우	115	구조도 지급의 경우	80
조립구조도 지급의 경우	50	조립구조, 부품도 지급의 경우	10

이외의 개발품에 대하여는 기술료를 별도 고려해야 한다.

5-6. 납기의 결정

```
금형 납기 ┬ 가공시간
          ├ 설계시간
          ├ 재료  입수기
          └ 검사기간
```


5-6-1. 간이 산출법

간이 산출법으로는 총가공시간에 따라 필요일수를 내는 방법이 있다.

$$가공\ 필요일수 = \frac{총가공시간}{실동률 \times 2 \times (1일의\ 가동시간)}$$

$$실동률 = \frac{실제\ 금형가공에\ 사용된\ 시간}{금형\ 직접공의\ 총시간}$$

실동률은 그 회사의 1년간 실적에 따라 산출한다.

계수 2는 고정·가동 양형을 병렬 작업하기 위해 생기는 계수이다. 이것에 설계시간 계수에 따라 얻은 설계 필요시간에서 일수를 산출하고, 검사일수를 가산하여 전 필요일수를 얻는다.

5-6-2. 기종별 가공 분석표

일정을 계획하고 납기를 산출하기 위해서는 기계작업 가동분석 일람표를 사용한다.

5-6-3. 가공 정밀에 따라 산출하는 방법

일반적인 방법으로 1일 1형으로 투입하는 가공시간을 과거의 실적에 따라 구한다. 금형의 크기를 가공시간으로 치환하면, 1일 1형으로 투입하는 가공시간의 기준 곡선을 얻을 수 있다.

$$가공 \ 시 \ 필요한 \ 일수 = \frac{총가공시간}{가공밀도} \times 1.3$$

1) 투입시간 기준곡선

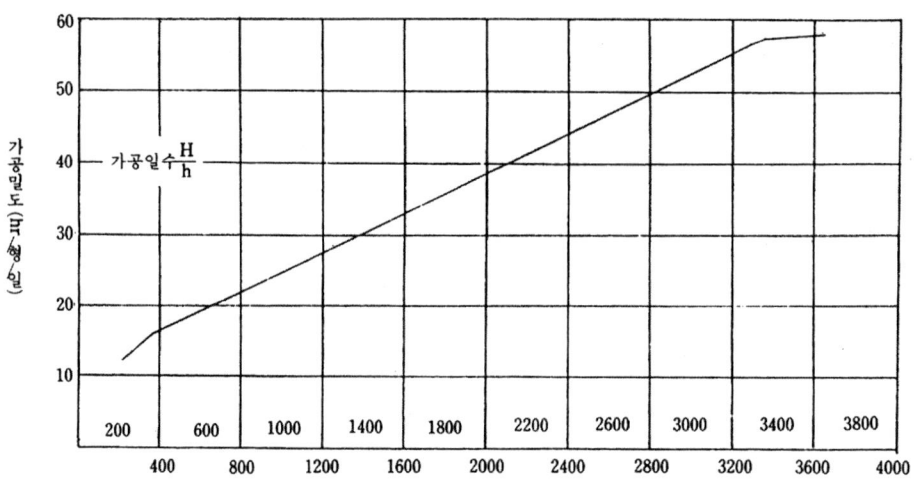

2) 기계 작업가동 분석 일람표

단위: %

소구분	작업별 요소작업	1 면삭	2 황조	3 평언삭	4 언삭	5 모방	6 지구보라	7 대밀링카터	8 소밀링카터	9 형삭	10 대선삭	11 소선삭	12 보오링	13 대구멍가공	14 소구멍가공
주체	절삭 중	31.6	34.5	20.5	14.7	48.6	22.5	46.7	35.3	44.0	35.0	43.2	44.6	42.7	34.8
부수작업	물품취부	5.5	5.4	2.8	1.4	3.5	6.1	4.2	5.5	4.9	3.5	6.6	4.9	9.8	10.0
	물품착탈장치	1.5	2.1	2.0	0.9	0.9	1.8	1.0	1.2	0.6	0.9	1.4	1.5	2.9	2.8
	핸들조각	0.6	2.5	0.2	0.4	1.8	4.2	0.9	0.8	4.0	0.1	–	2.1	3.2	2.1
	중심내기	2.2	0.9	0.1	0.4	3.2	9.1	2.7	3.9	4.0	3.8	7.9	7.6	3.3	2.3
	절분지급	1.3	4.6	2.9	0.3	2.0	2.8	2.9	3.3	3.8	0.3	1.5	1.5	2.1	1.6
	절삭공구대이동	2.7	5.2	1.6	1.0	3.2	5.6	4.1	4.3	4.7	4.8	6.4	4.9	2.4	1.8
	소계	13.8	20.7	9.6	4.4	14.6	29.6	15.8	19.0	22.0	13.4	23.8	22.5	23.7	20.6
합계		45.4	55.2	30.1	19.1	63.3	52.1	62.5	54.3	66.0	48.4	67.0	67.1	66.4	55.4
작업여유	물품점검	1.1	0.9	0.5	1.7	1.8	2.4	0.6	1.4	1.0	3.1	1.9	2.3	3.2	1.4
	주유기계점검	1.1	1.0	1.1	1.0	2.1	0.1	0.2	0.1	1.2	0.2	0.3	1.5	1.1	0.2
	재료운반	1.1	2.1	0.9	0.2	0.4	1.3	0.8	0.4	0.6	–	1.0	0.9	1.8	–
	치수측정	1.9	0.4	1.6	2.9	0.9	1.7	2.9	2.9	4.9	4.7	3.3	2.9	0.6	0.4
	절삭공구교환	2.6	4.7	0.8	0.3	5.3	6.2	4.1	4.7	1.9	2.5	3.0	3.8	4.9	3.7
	절삭공구연마	1.3	0.3	1.7	0.3	2.5	0.8	0.4	1.5	1.5	3.5	3.5	2.9	1.5	0.6
	도면숙지	0.7	1.3	0.5	0.1	2.9	5.2	2.4	2.9	2.1	2.4	3.1	2.4	2.6	1.0
	소계	9.8	10.7	7.1	6.5	15.9	17.7	11.4	13.9	13.2	16.4	16.1	16.7	15.7	7.3
직장여유	작업합의	1.9	1.3	1.6	2.4	5.1	4.5	3.8	4.7	1.8	1.3	1.2	3.2	0.7	0.9
	기계고장	9.0	9.9	1.3	–	1.5	2.9	6.2	0.6	–	0.5	2.3	–	0.2	–
	청소	1.5	3.9	0.9	0.2	1.3	2.4	1.5	1.7	2.0	0.9	0.7	0.8	1.8	1.7
	재료대기	0.7	2.7	0.7	0.4	5.0	5.1	0.6	2.1	–	–	0.2	0.4	0.2	0.1
	CLAIN 대기	0.9	2.1	0.2	–	0.2	0.3	1.0	0.2	0.6	–	1.2	0.8	1.9	–
	절삭공구대기	0.2	1.2	–	–	0.9	6.6	2.8	3.7	0.3	–	–	0.7	0.5	0.1
	생각	0.3	0.1	0.3	0.1	1.0	2.4	2.3	2.4	0.6	0.4	0.9	1.0	0.3	–
	공구날깊이	1.7	2.4	1.1	1.0	3.0	3.3	3.7	6.4	3.2	2.6	1.9	3.8	5.1	4.4
	작업 중지	24.8	3.8	51.4	67.0	0.3	–	0.1	1.3	9.3	21.7	1.5	1.7	0.4	25.8
	기타	2.9	4.3	2.3	2.3	2.2	2.4	2.7	5.2	2.4	7.4	6.4	3.6	4.4	4.2
	소계	43.9	31.7	59.8	73.4	20.5	29.9	24.7	28.3	20.2	34.8	16.3	16.0	17.5	37.2
납품피로	휴식	0.9	2.4	3.0	1.0	0.4	0.3	1.4	3.5	0.6	0.4	0.6	0.2	0.4	0.1
합계		55.6	44.8	69.9	80.9	36.8	47.9	37.5	45.7	34.0	51.6	33.0	32.9	33.6	44.6
총계(%)		100	100	100	100	100	100	100	100	100	100	100	100	100	100

제5장

성형불량 현상과 대책

1. 성형불량의 원인 및 대책

1-1. 성형불량에 대한 일반적 고려

1-1-1. 성형불량의 주요원인
(1) 성형기 기능의 과대 평가
(2) 성형조건의 부적정
(3) 제품설계상의 결함
(4) 금형의 결함
(5) 원료수지의 결점
(6) 사출성형의 한계 이상 요구

1-1-2. 성형불량의 특성 용인도

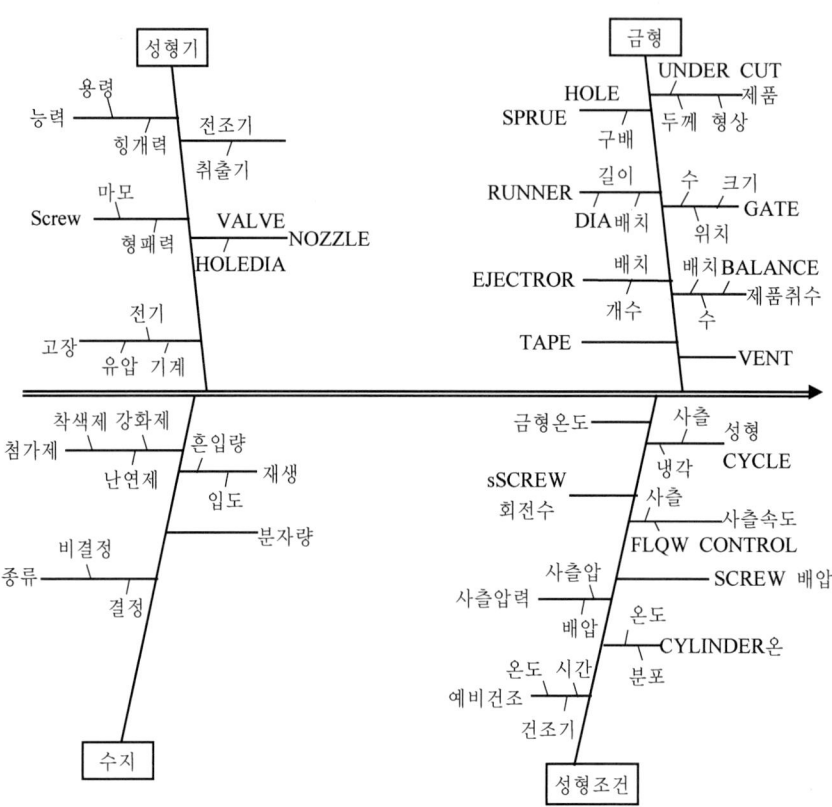

1-2. 성형불량 현상과 대책

1-2-1. short shot(충진부족)

(1) short shot 발생 원인

① 수지의 유동성 부족의 원인인 경우

② 성형기의 능력 부족의 원인인 경우

③ 유동저항이 큰 경우

④ 다수개취 중 일부가 충진 부족인 경우

⑤ cavity 내의 gas가 발생하여 충진 부족인 경우

⑥ 수지의 계량에 편차로 충진 부족인 경우

(2) short shot 원인에 대한 대책

	원 인	대 책
원 료	● 유동성 부족 pellet형상 부적 pellet의 고체 유동성 부족 재생품의 혼합	• 분자량(용융정도)이 낮은 것을 사용 pellet 구상에 가깝고 작은 것 표면 윤활제를 사용 혼합비율을 적게
성형기	사출용량의 balance 부적 ● 최대 사출압력의 부족 screw의 형상 부적 screw, cylinder의 마모 hopper의 형상 부적 nozzle의 형상 부적	사출용량의 balance는 40~80% 범위 • 사출압력이 큰 기계로 변경 각 zone의 길이 재검토에 의한 역류 valve screw, cylinder를 경신 각도와 hopper의 hole을 크게 hole을 크게, 짧게
제품형상	● 두께가 너무 얇다. ● 유동거리가 너무 멀다. ● 불균일한 두께 corner의 r부족	• 두께를 두껍게 • 다점 gate로 유동거리를 가깝게 • 균일한 두께 corner에 r설치
금 형	● cavity의 배치 부적 sprue의 형상 부적 ● runner의 형상 부적 • gate의 형상 부적 금형의 재질, 구조의 부적	• 취수, 배치 재검토 sprue경을 크게 • runner를 크게, balance를 고려 • gate를 크게, balance를 고려, 위치 재검토 core의 강성, vent설치
성형조건	● cylinder온도의 설정 부적 ● 사출압력의 설정 부적 ● 사출속도의 설정 부적 ● 금형온도의 설정 부적 screw회전수의 설정 부적 screw배압의 설정 부적 ● 충진량의 설정 부적 성형 cycle의 설정 부적	• cylinder온도를 높게, 온도분포 재검토 • 사출압력, 2차 압력을 높게 • 사출속도를 재검토 • 금형온도를 높게 screw회전수를 작게 screw배압을 높게 charge stroke를 크게 사출시간, 냉각시간을 길게

주기 a) 원인 중의 ● 표기는 major 사항이다.

1-2-2. 치수상이

(1) 치수상이의 발생 원인

① 성형수축에 원인이 있는 경우

성형수축의 편차＝성형수축 ±10%

② 충진제의 영향에 원인이 있는 경우

흐름방향의 수축률은 적고 직각방향은 크다.

착색제에 의한 색의 편차가 치수의 변화를 가져온다.

③ 계량성의 영향에 원인이 있는 경우

④ 후가공처리에 원인이 있는 경우

(2) 치수상이 원인에 대한 대책

	원 인	대 책
원 료	● 성형수축률이 크다 　pellet의 계량성 부족 ● 충전제의 영향 　재생품의 혼합	• 성형수축률이 작은 수지로 변경 　pillet의 형상 적정화, 표면윤활제를 사용 • 충진제의 재검토 　혼합비율을 적게
성형기	사출용량의 balance 부적 ● 최대 사출압력의 부족 ● screw의 형상 부적 　screw, cylinder의 마모 　hopper의 형상 부적	사출용량의 balance는 40～80% 범위 • 사출압력이 큰 기계로 변경 • screw형상을 재검토 　screw, cylinder의 경신 　hopper각도를 크게, hopper hole을 크게
제품형상	● 두께가 너무 얇다 ● 유동거리가 너무 멀다 ● 불균일한 두께 　corner의 r부족	• 두께를 두껍게 • 유동거리를 가깝게 • 균일한 두께 　corner에 r설치
금 형	● cavity의 배치 부적 　sprue의 형상 부적 ● runner의 형상 부적 ● gate의 형상 부적	• 취수, 배치 재검토 　sprue경을 크게 • runner를 크게, balance 재검토 • gate를 크게, balance 재검토
성형조건	● cylinder온도의 설정 부적 ● 사출압력의 설정 부적 　사출속도의 설정 부적 ● 금형온도의 설정 부적 　screw회전수의 설정 부적 　screw배압의 설정 부적 ● 충진량의 설정 부적 　성형 cycle의 설정 부적	cylinder온도, 온도분포 적정 • 적정하게 한다. 　적정하게 한다. • 적정하게 한다. 　적정하게 한다. 　적정하게 한다. • 적정하게 한다. 　적정하게 한다.
후가공처리	● 흡수처리 ● 결정화처리	• 처리조건을 적정하게 한다. • 처리조건을 적정하게 한다.

1-2-3. flash(성형귀)

(1) 성형귀 발생 원인
① 형체력 부족이 원인인 경우
② 금형의 형합이 불형합인 경우
③ 금형의 강성 부족이 원인인 경우
④ 수지의 유동성이 나쁜 경우
⑤ 수지의 공급과잉이 원인인 경우

(2) flash 원인에 대한 대책

	원 인	대 책
원 료	● 용융점도가 너무 낮다 계량성 부족 재생품의 혼합	• 용융점도가 높은 것을 사용 pellet의 형상 적정화, 표면윤활제를 사용 혼합비 율을 적게
성형기	● 사출용량의 balance 부적 ● 형개력 부족 screw의 형상 부적 hopper의 형상 부적 취부판의 정도 부족	사출용량의 balance는 40~80% 범위 • 형개력이 큰 기계로 변경 type의 재검토 hopper 각도를 크게, hopper hole을 크게 취부판 의 평행도 향상
제품항상	유동거리가 너무 멀다 불균일한 두께 ● 두께가 너무 얇다 under cut	유동거리를 가깝게 균일한 두께 • 두께를 누껍게 under cut를 없애기
금 형	● cavity의 배치 부적 runner의 형상 부적 gate의 형상 부적 ● 금형의 형합 부적 ● slide core로 인한 형개력 부족 금형의 재질 부적 금형의 강성 부족 각 부품의 정도 부족	• 취부, 배치 재검토 runner를 크게, balance 위치를 적정 gate를 크게, balance 위치를 적정 • 금형의 적정 형합 • 형합 및 형개력 적정 내마모성의 재질 사용 재질, 구조를 재검토 부품의 정도를 높인다
성형조건	● cylinder온도의 설정 부적 ● 사출압력의 설정 부적 사출속도의 설정 부적 ● 금형온도의 설정 부적 screw회전수의 설정 부적 screw배압의 설정 부적 ● 충진량의 설정 부적 성형 cycle의 설정 부적	• cylinder 온도를 낮게, 온도분포를 재검토 • 사출압력, 2차 배압을 낮춘다 적정하게 한다 • 적정하게 한다 • 적정하게 한다 적정하게 한다 적정하게 한다 • 적정하게 한다

1-2-4. 수축

(1) 수축 발생 원인

① 압축 부족이 원인인 경우

성형품의 두께, 용적에 비하여 sprue, runner, gate 과소

특히 gate가 과소하기 때문이다.

② 계량공정의 부적인 경우

gate부의 수축 및 제품표면의 수축

③ 냉각 불균일의 원인인 경우

제품의 두께가 불균일한 부분

④ 수축률이 커서 원인인 경우

(2) 수축, 원인에 대한 대책

	원 인	대 책
원 료	● 성형수축률이 크다 계량성 부족 ● 충진제의 영향 재생품의 혼합	• 성형수축률이 작은 수지로 변경 pellet의 형상 적정화, 표면윤활제를 사용 • 충진제의 재검토 혼합비율을 적게
성형기	사출용량의 balance 부적 ● 최대 사출압력 부족 ● screw의 형상 부적 screw, cylinder의 마모 hopper의 형상 부적	사출용량의 balance는 40~80% 범위 • 사출압력이 큰 기계로 변경 • screw형상을 재검토 screw, cylinder를 경신 hopper 각도를 크게, hole을 크게
제품형상	● 두께가 너무 두꺼움 ● 유동거리가 너무 멀다 ● 불균일한 두께 ● rib, boss의 형상 부적 corner의 r부족	• 두께를 얇게 • 다점 gate로 유동거리를 짧게 • 균일한 두께 • rib, boss의 두께를 작게 corne에 r설치
금 형	● cavity의 배치 부적 sprue의 형상 부적 ● runner의 형상 부적 ● gate의 형상 부적	• 취수, 배치 재검토 spruer를 크게 • runner를 크게, balance를 취한다 • gate를 크게, balance위치를 적정
성형조건	● cylinder온도 설정의 부적 ● 사출압력의 설정 부적 ● 사출속도의 설정 부적 ● 금형온도의 설정 부적 screw회전수의 설정 부적 screw배압의 설정 부적 ● 충진량의 설정 부적 성형 cycle의 설정 부적	• cylinder온도를 낮게, 온도분포 적정 • 사출압력, 2차 압력을 높게 • 사출속도를 낮게 • 금형온도를 낮게 적정하게 한다 적정하게 한다 • 적정하게 한다 적정하게 한다

1-2-5. 휨 변형

(1) 휨 발생 원인

① 냉각이 불균일한 경우

ejector pin의 힘으로 성형품이 변형

금형에서 취출 시에 변형

② ejecor pin에 의한 경우

이형제 사용

③ 성형 휨에 의한 경우

성형수축률의 방향의 차, 두께변동

금형온도가 높고 수지온도가 높고 사출압력을 낮추고 금형의 거칠음

④ glass섬유 수지의 경우

(2) 휨 변형 원인에 대한 대책

	원 인	대 책
원 료	● 성형수축률이 크다 ● 성형수축률의 방향성이 있다 ● 충진세의 영향 　계량싱 부족 　재생품의 혼합	• 성형수축률이 작은 수지로 변경 • 성형수축률의 방향성이 작은 수지로 변경 • 충진제의 재검도 　pellet의 형상 적정회, 표면윤활제를 시용 　혼합비율을 적게
성형기	사출용량의 balance 부적 ● screw의 형상 부적 screw, cylinder의 마모 hopper의 형상 부적	사출용량의 balance는 40~80% 범위 • screw형상을 재검토 screw, cylinder를 경신 hopper 각도를 크게, hole을 크게
제품형상	● 사각형 성형품 ● 평판형 성형품 ● 두께가 너무 얇다 ● 불균일한 두께 corner의 r부족	• rib 보강, corner의 r 설치 • rib 보강, corner의 r 설치 • 두께를 두껍게 • 균일한 두께 corner에 r 설치
성형조건	● cylinder온도의 설정 부적 ● 사출압력의 설정 부적 ● 사출속도의 설정 부적 ● 금형온노의 설성 부석 ● 충진량의 설정 부적 ● 성형cycle의 설정 부적	• cylinder온도를 낮게, 온도분포 적정 • 적정하게 한다 • 적정하게 한다 • 적정하게 한나 • 적정하게 한다 • 적정하게 한다

1-2-6. 긁힘

(1) 긁힘 원인에 대한 대책

	원 인	대 책

원 료	● 성형수축률이 적다
	● 이형성의 부족
	● 표면경도, 탄성률이 크다
	계량성 부족
	재생품의 혼합
		• 성형수축률이 큰 수지로 변경
		• 이형성의 개량, 이형제 사용
		• 표면경도, 탄성률이 작은 수지로 사용
		  pellet의 형상 적적화, 표면윤활제를 사용
		  혼합비율을 적게

성형기	● 사출용량의 balance 부적 screw의 형상 부적 hopper의 형상 부적	사출용량의 balance는 40~80% 범위 • screw형상을 재검토 hopper형상을 재검토

제품형상	● 깊은 형상
	두께가 너무 얇다
	유동거리가 멀다
	embossing
		• 발구배를 크게
		  두께를 두껍게
		  유동거리를 가깝게
		  측면의 embossing을 없앤다

금 형	● 발구배 부족
	cavity의 배치 부적
	runner의 형상 부적
	gate의 형상 부적
	● ejector pin의 배치 부적
		• 발구배를 크게
		  취소, 배치의 재검토
		  runner의 형상을 재검토
		  gate의 형상을 재검토
		• ejector pin의 배치를 재검토

성형조건	● cylinder온도의 설정 부적
	● 사출압력, 2차 압력의 설정 부적
	사출속도의 설정 부적
	● 금형온도의 설정 부적
	screw회전수의 설정 부적
	screw배압의 설정 부적
	● 충진량의 설정 부적
	성형 cycle의 설정 부적
		• 온도를 낮게
		• 압력을 낮게
		  적정하게 한다
		• 온도를 높게
		  적정하게 한다
		  적정하게 한다
		• 작게 한다
		  적정하게 한다

1-2-7. 기포

(1) 기포 발생 원인

① 압축 부족의 경우

② 냉각 불균일의 경우

③ 휘발분에 의한 경우

(2) 기포 원인에 대한 대책

원 인		대 책
원 료	용융점도가 너무 높다 충진제의 영향 계량성 부족 재생품의 혼합	용융점도가 낮은 것으로 변경 충진제를 재검토 pellet의 형상 적정화, 표면윤활제를 사용 혼합비율을 적게
성형기	사출용량의 balance 부적 screw의 형상 부적 screw, cylinder의 마모 hopper의 형상 부적	사출용량의 balance는 40~80% 범위 screw형상을 적정 screw, cylinder를 경신 hopper형상을 적정
제품형상	● 두께가 너무 두껍다 ● 불균일한 두께 corner의 r 부족	• 두께를 얇게 • 균일한 두께 corner에 r 설치
금 형	● cavity의 배치 부적 sprue의 형상 부적 ● runner의 형상 부적 gate의 형상 부적	• 취수, 배치 재검토 sprue를 크게 • runner를 크게, balance gate를 크게, balance 위치를 적정
성형조건	● 예비건조 부족 ● cylinder온도의 설정 부적 ● 사출압력의 설정 부적 ● 사출속도의 설정 부적 ● 금형온도의 설정 부적 screw회전수의 설정 부적 screw배압의 설정 부적 ● 충진량의 설정 부적 성형 cycle의 설정 부적	• 충분한 예비건조 • 온도를 낮게 • 압력을 높게 • 속도를 느리게 • 온도를 높게 적정하게 한다 적정하게 한다 • 적정하게 한다 적정하게 한다

1-2-8. 강도 부족

(1) 강도 부족 발생 원인

① 수지의 열화에 의한 경우

② 수지의 가수분해에 의한 경우

③ 수지 및 충진제의 배향에 의한 경우

④ weld mark에 의한 경우

⑤ 흡습에 의한 경우

(2) 강도 부족 원인에 대한 대책

	원 인	대 책
원 료	분자량이 너무 작다 ● 충진제의 영향 ● 재생품의 혼합	분자량이 큰 것을 사용 • 충진제의 재검토 • 혼합비율을 적게
성형기	● 사출용량의 balance 부적 screw의 형상 부적 screw, cylinder의 마모 hopper의 형상 부적	• 사출용량의 balance는 40~80% 범위 screw형상을 재검토 screw, cylinder를 경신 hopper형상을 재검토
제품형상	● 두께가 너무 얇다 ● 불균일한 두께 ● corner의 r 부족	• 두께를 두껍게 • 균일한 두께 • corner에 r 설치
금 형	cavity의 배치 부적 sprue의 형상 부적 runner의 형상 부적 ● gate의 형상 부적	취수, 배치 재검토 sprue를 크게 runner를 크게, balance • gate를 크게, balance 위치를 적정
성형조건	● 예비건조 부족 ● cylinder온도의 설정 부적 사출압력의 설정 부적 사출속도의 설정 부적 금형온도의 설정 부적 screw회전수의 설정 부적 screw배압의 설정 부적 충진량의 설정 부적 ● 성형 cycle의 설정 부적	• 충분한 예비건조 • cylinder온도를 낮게, 온도분포를 적정 적정하게 한다 적정하게 한다 적정하게 한다 적정하게 한다 적정하게 한다 적정하게 한다 • 적정하게 한다

1-2-9. crack, crazing

(1) crack 발생 원인

① 이형불량에 의한 경우

② 과충진의 경우

③ 냉각에 의한 경우

④ insert에 의한 경우

(2) crack 원인에 대한 대책

원 인		대 책
원 료	분자량이 너무 작다 충진제의 영향 ● 재생품의 혼합 　이형성 부족	분자량이 큰 것을 사용 충진제를 재검토 ● 혼합비율을 적게 　이형성을 개량
성형기	● 사출용량의 balance 부적 　screw의 형상 부적 　sdrew, cylinder의 마모	● 사출용량의 balance는 40~80% 범위 screw형상을 　재검토 　screw, cylinder를 경신
제품형상	● 두께가 얇다 ● 유동거리가 너무 멀다 ● 불균일한 두께 ● corner의 r 부족 ● insert	● 두께를 두껍게 ● 유동거리를 가깝게 ● 균일한 두께 ● corner에 r 설치 ● insert의 형상을 재검토
금 형	cavity의 배치 부적 sprue의 형상 부적 runner의 형상 부적 gate의 형상 부적 ● 발구배의 부적 ● ejector pin의 배치가 부적	취수, 배치 재검토 적정하게 한다 적정하게 한다 적정하게 한다 ● 발구배를 크게 ● 적정하게 한다
성형조건	● 예비건조 부족 ● cylinder온도의 설정 부적 ● 사출압력의 설정 부적 ● 사출속도의 설정 부적 ● 금형온도의 설정 부족 　screw회전수의 설정 부적 　screw배입의 실징 부직 ● 충진량의 설정 부적 ● 성형 cycle의 설정 부적	● 충분한 예비건조 ● 적정하게 한다 ● 낮게 한다 ● 적정하게 한다 ● 높게 한다 　적정하게 한다 　꺽정히게 한다 ● 적정하게 한다 ● 짧게 한다

1-2-10. weld line

(1) weld line 발생 원인

① weld mark 위치불량의 경우

② 수지의 흐름자국의 경우

③ 공기, 휘발분에 의한 경우

④ 이형제에 의한 경우

⑤ 착색제의 성질에 의한 경우

(2) weld line 원인에 대한 대책

원 인		대 책	
원 료	분자량이 높다 ● 충진제의 영향 　계량성 불량 　재생품의 혼합	분자량이 낮은 것을 사용 ● 충진제를 재검토 　pillet의 형상 적정화, 표면윤활제를 사용 　혼합비율을 적게	
성형기	사출용량의 balance 부적 사출압력의 부족 screw의 형상 부적 screw, cylinder의 마모	사출용량의 balance는 40~80% 범위 사출압력이 큰 성형기로 변경 screw형상을 재검토 screw, cylinder를 경신	
제품형상	● hole이 있다 ● 불균일한 두께 　두께가 너무 얇다 　유동거리가 너무 멀다	● hole을 없앤다 ● 균일한 두께 　두께를 두껍게 　유동거리를 가깝게	
금 형	cavity의 배치가 부적 sprue의 형상 부적 runner의 형상 부적 ● gate의 형상 부적	취수, 배치를 재검토 sprue를 크게 runner의 형상을 크게 ● gate를 크게	
성형조건	● 예비건조 부족 ● cylinder온도의 설정 부적 ● 사출압력의 설정 부적 ● 사출속도의 설정 부적 ● 금형온도의 설정 부적 　screw회전수의 설정 부적 　screw배압의 설정 부적 ● 충진량의 설정 부적 　성형cycle의 설정 부적	● 충분한 예비건조 ● 온도를 높게 ● 압력을 높게 ● 속도를 높게 ● 온도를 높게 　적정하게 한다 　적정하게 한다 ● 적정하게 한다 　적정하게 한다	

1-2-11. flow mark

(1) flow mark 발생 원인

① gate부의 고화

② 나이테 현상

③ jetting

사출속도를 낮추고, gate를 크게, 수지가 cavity의 벽면을 흐르게, gate위치 및 sprue, runner의 cold slugwell을 크게 하면 효과가 있다.

(2) flow mark 원인에 대한 대책

원 인		대 책
원 료	● 용융점도가 너무 높다 ● 충진제의 영향	• 용융점도를 낮은 것으로 변경 • 충진제를 재검토
성형기	● pro - control장치가 없다	• pro - control이 있는 성형기로 변경
제품형상	● 성형품의 두께 과소(과대) 불균일한 두께 유동거리가 너무 멀다	• 성형품의 두께를 두껍게(얇게) 균일한 두께 유동거리를 가깝게
금 형	cavity의 배치가 부적 sprue의 형상 부적 runner의 형상 부적 ● gate의 형상 부적 ● cold slugwell이 없다	취수, 배치를 재검토 sprue를 크게 runner의 형상을 크게 • gate를 크게 • slugwell을 설치
성형조건	● cylinder온도의 설정 부적 사출압력의 설정 부적 ● 사출속도의 설정 부적 ● 금형온도의 설정 부적 성형 cycle의 설정 부적	• 온도를 높게 적정하게 한다 • 속도를 낮게 • 온도를 높게 적정하게 한다

1 - 2 - 12. silver streak

(1) silver streak 발생 원인

성형품의 표면에 수지의 흐름 방향에 은백색이 나타나는 현상

① 수분 및 휘발분의 영향

② 수지의 분해의 영향

③ 공기유입의 영향

④ 수지분말의 영향

⑤ 착색제의 성질에 의한 경우

(2) silver streak 원인에 대한 대책

	원 인	대 책
원 료	● 충진제의 영향 계량성 부족 재생품의 혼합	• 충진제를 재검토 pellet의 형상을 작게, 표면윤활제를 사용 혼합비율을 적게
성형기	● 사출용량의 balance 부적 screw의 형상 부적 screw, cylinder의 마모 hopper의 형상 부적	• 사출용량의 balance는 40~80% 범위 screw형상을 재검토 screw, cylinder를 경신 hopper형상을 재검토
제품형상	두께가 얇다 유동거리가 너무 멀다 ● corner의 r 부족	두께를 두껍게 유동거리를 가깝게 • corner에 r 설치
금 형	sprue의 형상 부적 runner의 형상 부적 gate의 형상 부적	sprue를 크게 runner를 크게 gate를 크게
성형조건	● 예비건조 부족 cylinder온도의 설정 부적 사출압력의 설정 부적 사출속도의 설정 부적 금형온도의 설정 부적 ● screw회전수의 설정 부적 ● screw배압의 설정 부적 성형 cycle의 설정 부적	• 충분한 예비건조 낮게 설정 적정하게 한다 늦게 설정 적정하게 한다 • 낮게 설정 • 높게 설정 정하게 한다

1-2-13. 변색

(1) 변색 발생 원인

① 전체 변색의 경우

② 흐름 모양상의 경우

③ weld부의 경우

(2) 변색 원인에 대한 대책

	원　인	대　책
원　료	분해온도가 낮다 ● 충진제의 영향	분해온도를 높게 ● 충진제를 재검토
성형기	● 사출용량의 balance 부적 　screw의 형상 부적 　hopper의 형상 부적	● 사출용량의 balance는 40～80% 범위 　screw의 형상을 적정 　hopper의 형상을 적정
제품형상	두께가 얇다 유동거리가 멀다	두께를 두껍게 유동거리를 가깝게
금　형	sprue의 형상 부적 runner의 형상 부적 ● gate의 형상 부적 ● vent가 부족	sprue를 크게 runner를 크게 ● gate를 크게 ● vent를 설치
성형조건	● cylinder온도의 설정 부적 ● 사출압력의 설정 부적 ● 사출속도의 설정 부적 　금형온도의 설정 부적 　screw회전수의 설정 부적 ● screw배압의 설정 부적 　성형 cycle의 설정 부적	● 적정하게 한다(낮게) ● 적정하게 한다(낮게) ● 적정하게 한다(늦게) 　적정하게 한다 　적정하게 한다 ● 적정하게 한다(높게) 　적정하게 한다(짧게)

1-2-14. 이물의 혼입

(1) 이물의 혼입 발생 원인

① 수지원료의 오염

② 성형기 속의 오염

③ 착색제의 분산불량

(2) 이물의 혼입 원인에 대한 대책

	원 인	대 책
원 료	원료에 이물 혼입 ● 충진제의 영향 ● 재생품의 혼합	원료 교환 • 원료 교환 • 분쇄기, 주머니의 청소를 충분히 한다

성형기	사출용량의 balance 부적
	● screw의 형상 부적
	● screw, cylinder의 마모
	  hopper의 형상 부적
		사출용량의 balance는 40~80% 범위
		• screw의 형상을 적정
		• screw, cylinder를 경신
		  hopper의 형상을 재검토

제품형상	두께가 너무 얇다 유동거리가 멀다	두께를 조정 유동거리를 가깝게
금 형	sprue의 형상 부적 runner의 형상 부적 gate의 형상 부적 ● ejector pin, slinde core의 grease가 나옴	sprue를 크게 runner를 크게 gate를 크게 • grease의 흐름 방지

성형조건	● cylinder온도의 설정 부적
	사출압력의 설정 부적
	사출속도의 설정 부적
	금형온도의 설정 부적
	● screw배압의 설정 부적
	● 성형 cycle의 설정 부적
		• 적정하게 한다
		  적정하게 한다
		  적정하게 한다
		  적정하게 한다
		• 적정하게 한다
		• 적정하게 한다

기 타	● 성형기, 건조기의 청소가 불충분 ● 작업환경의 청소가 불충분	• 정기적으로 기내의 청소를 충분히 한다 • 청소를 철저히 한다

1-2-15. 광택불량

(1) 광택불량의 발생 원인

① 금형의 사상불량

② 수지의 유동성 부족

③ 수지 중의 휘발분 영향

④ 이형제의 영향

⑤ 금형온도 부적정

(2) 광택불량 원인에 대한 대책

	원 인	대 책
원 료	● 오리곤의 함유량이 많다 ● 충진제의 영향 　계량성 불량 　재생물의 혼입	● 충진제의 재검토 　pellet의 형상 적정화, 표면윤활제를 검토 　혼입비율을 적게
성형기	사출용량의 balance 부적 screw의 형상 부적 hopper의 형상 부적	사출용량의 balance는 40~80% 범위 screw의 형상을 적정 hopper의 형상을 재검토
제품형상	● 평판형 　두께가 너무 두껍다 　(너무 얇다) 　유동거리가 너무 멀다 　corner의 r 부족 　불균일한 두께	곡면으로 한다 두께를 조정 유동거리를 가깝게 corner에 r 설치 균일한 두께
금 형	cavity의 배치 부적 sprue의 형상 부적 runner의 형상 부적 gate의 형상 부적 ● 발구배가 부족 ● gas vent가 부족 　cold slugwell이 부족	취수, 배치를 재검토 sprue를 크게 한다 runner를 크게, balance gate를 크게, balance를 유지, 위치를 적정 ● 발구배를 크게 ● gas vent를 설치 　cold slugwell을 설치
성형조건	● 예비건조 부족 ● cylinder온도의 설정 부적 ● 사출압력의 설정 부적 ● 사출속도의 설정 부적 ● 금형온도의 설정 부적 　screw배압의 설정 부적 ● 충진제의 설정 부적	● 충분한 예비건조 ● 적정하게 한다 ● 적정하게 한다 ● 적정하게 한다 ● 적정하게 한다 　적성하게 한다 ● 적정하게 한다

1-2-16. 색얼룩

(1) 색얼룩의 발생 원인

① 착색제의 분산불량

② 열안정성 부족

③ 착색제의 성질

④ 냉각속도

(2) 색얼룩 원인에 대한 대책

	원 인	대 책
원 료	용융점도가 너무 높다 ● 결정성 수지 ● 착색제, 착색방법이 부적 　계량성 부족 ● 재생품의 혼합	용융점도가 낮은 것으로 변경 ● 충진제를 재검토 ● 착색제, 착색방법을 재검토 　pellet의 형상 적정화, 표면윤활제를 재검토 ● 혼입비율을 적게
성형기	● 사출용량의 balance 부적 　screw의 형상 부적 　hopper의 형상 부적	● 사출용량의 balance는 40～80% 범위 　screw의 형상을 재검토 　hopper의 형상을 재검토
제품형상	● 불균일한 두께	● 균일한 두께
금 형	cavity의 배치 부적 ● gate의 형상 위치 부적	취수, 배치를 재검토 ● gate를 크게, 위치를 적정하게 한다
성형조건	● 예비건조 부족 ● cylinder온도의 설정 부적 　사출압력의 설정 부적 　사출속도의 설정 부적 ● 금형온도의 설정 부적 ● screw회전수의 설정 부적 ● screw배압의 설정 부적 ● 성형 cycle의 설정 부적	● 적정하게 한다 ● 적정하게 한다 　적정하게 한다 　적정하게 한다 ● 적정하게 한다 ● 적정하게 한다 ● 적정하게 한다 ● 적정하게 한다

1-2-17. 이형불량

(1) 이형불량의 발생 원인

① 과충진

② 고정형의 저항

(2) 이형불량 원인에 대한 대책

원 인		대 책
원 료	● 이형성 부족 　계량성 부족 ● 재생품의 혼입	• 품질개선, 이형제를 사용 　pellet의 형상 적정화, 표면윤활제를 재검토 • 혼입비율을 적게
성형기	사출용량의 balance 부적 screw의 형상 부적 hopper의 형상 부적	사출용량의 balance는 40~80% 범위 screw의 형상을 재검토 hopper의 형상을 재검토
제품형상	● 깊은 형상 　corner의 r 부족 ● under cut가 있다	corner에 r 설치 • under cut를 없앤다
금 형	cavity의 배치 부적 sprue의 형상 부적 runner의 형상 부적 gate의 형상 부적 ● 발구배 부족 ● ejector pin의 배치	취수, 배치를 재검토 sprue, nozzle의 구멍을 적합하게 한다 적정하게 한다 적정하게 한다 • 발구배를 크게 • ejector pin 수, 위치를 적정하게 한다
성형조건	● 예비건조 부족 ● cylinder온도의 설정 부적 ● 사출압력의 설정 부적 　사출속도의 설정 부적 ● 금형온도의 설정 부적 　screw회전수의 설정 부적 　screw배압의 설정 부적 ● 충진제의 설정 부적 ● 성형cycle의 설정 부적	• 충분한 예비건조 • 적정하게 한다(낮게) • 적정하게 한다(낮게) 　적정하게 한다 • 적정하게 한다(낮게) 　적정하게 한다 　적정하게 한다 • 적정하게 한다(작게) • 적정하게 한다(길게)

2. 수지별 불량현상과 대책

2-1. PA

2-1-1. silver streak

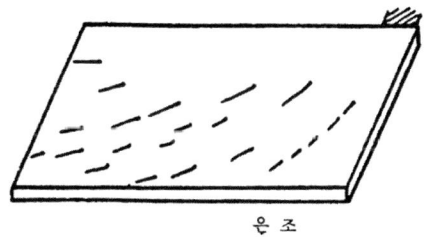

은 조

(1) 현상과 원인

① 수지의 건조 부족

② 이종재료의 혼입

③ 이형제의 과다

(2) 대책

① 재료의 건조

② screw성형기의 배압을 높게

③ 이종재료의 혼입 방지

④ 금형온도 조정

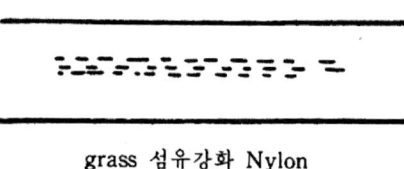

grass 섬유강화 Nylon

2 - 1 - 2. void

(1) 현상과 원인

① 용융고화 과정에서 체적수축이 크다.

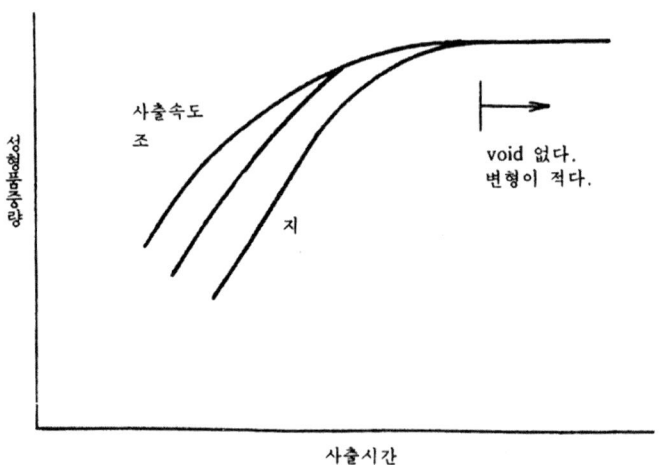

(2) 대책

① 재료면의 대책은 곤란하고 성형조건, 금형설계면의 대책 필요

② gate seal을 느리게 충진

③ 사출시간을 길게

④ 두께부의 gate를 재설치

⑤ 사출시간과 성형품 중량

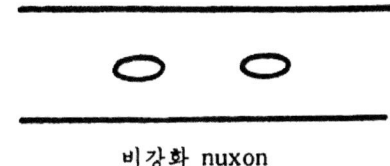

비강화 nuxon

2-1-3. weld에 관련 문제

(1) 색조 차이

① 비강화 grade는 결정화도의 차이

② 금형온도의 균일화

③ 수지온도를 높이고 충진시간을 빨리한다.

④ gate를 크게

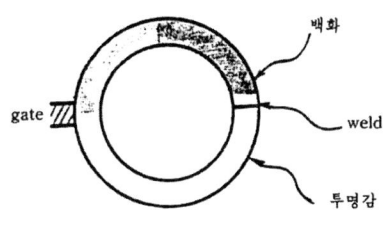

weld부의 색조이상

(2) gas 탐

① weld의 위치에 ejector pin을 설치하여 gas 배출

② cold slugwell 설치

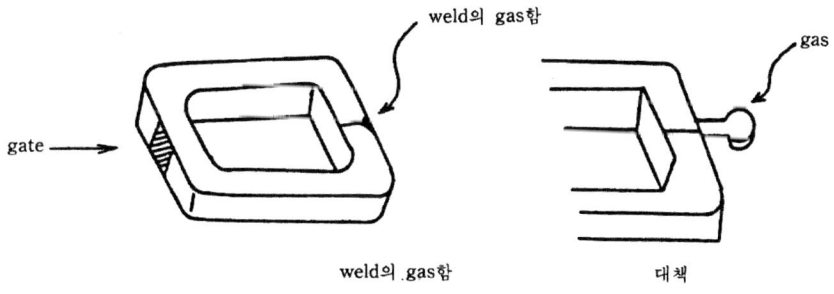

weld의 gas함   대책

(3) 강도부족

항 목	단 위	nylon 6 gf 30%	nylon 6 gf 45%	nylon66 gf 30%
인장강도	kg / ㎠	910(55)	900(45)	830(50)
신율	%	2.2(45)	1.9(40)	1.9(47)
굽힘강도	kg / ㎠	1,640(63)	1,580(55)	1,310(50)
굽힘탄성률	kg / ㎠	690(82)	840(70)	680(80)
충격강도	kg · cm / ㎠	20(25)	19(20)	8(15)

주기 ① ( ) 안의 수치는 정상부위강도에 대한 %이다.

(4) weld부의 형상

① glass섬유강화 grade의 경우에 섬유의 배향에 의한 성형수축률의 차에 기인
한다.

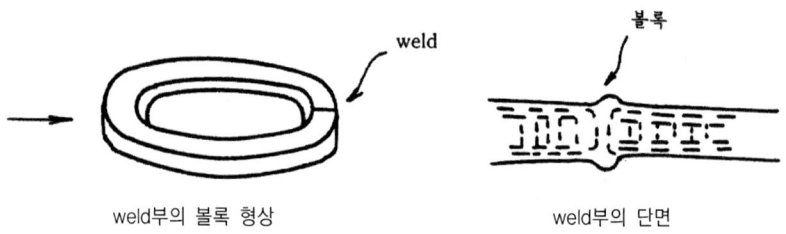

weld부의 볼록 형상   weld부의 단면

2-1-4. warpage

(1) nylon, pbt, pom 등 성형수축의 이방성

(2) 얇은 두께의 평판형상의 성형품이 심하다.

(3) 성형조건은 금형온도의 차가 있다.

(4) 두께의 균일화

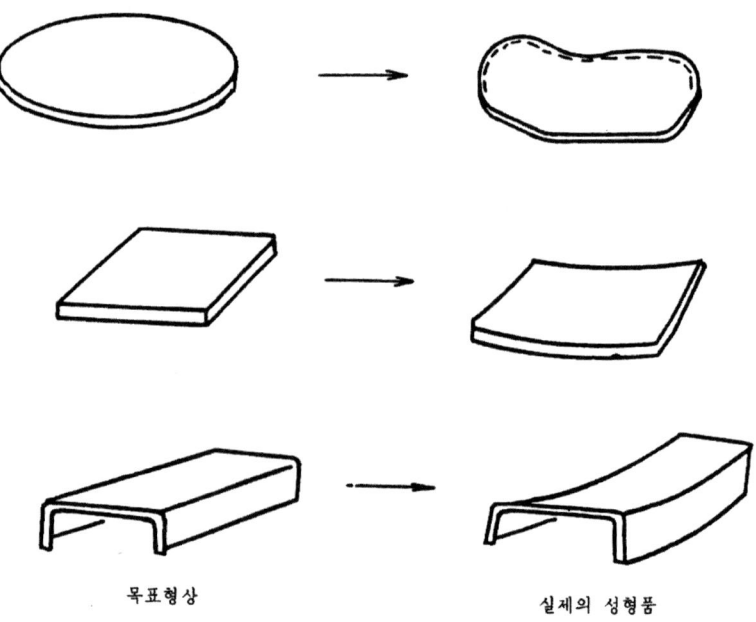

목표형상   실제의 성형품

glass 섬유강화수지성형품의 warpage

2-1-5. 강화제의 부풀음

(1) 강화 nylon의 표면에 강화제가 부상

(2) 사출속도를 빨리하고 금형온도를 높게 한다.

(3) 금형의 표면온도 80° 이상

gate 강화재의 표면부

2-1-6. gate부의 강도부족

(1) 수지의 유속이 빨리 배향하여 왜곡

(2) gate형상을 변경하여 gate로부터 cavity에 smooth하게 흐르도록 한다.

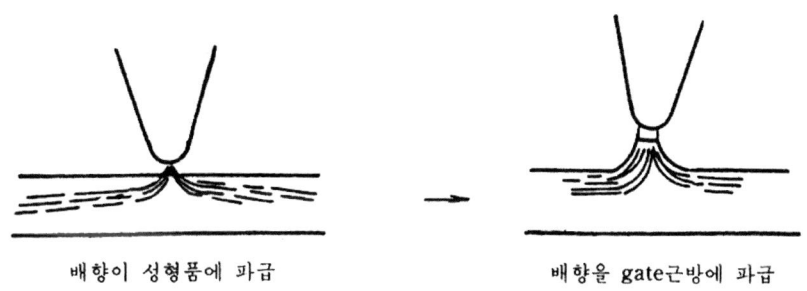

배향이 성형품에 파급   배향을 gate근방에 파급

gate 중심에서 배향

2-1-7. 성형품의 흑점

(1) cylinder, screw의 마모에 의한 금속의 혼입

(2) cylinder, screw에 부착된 탄화물의 영향

2-2. polyacetal

2-2-1. 치수정밀도

(1) **치수공차**

① 정밀성형 시에 치수 20～40㎜ 정도에 공차는 ±0.20～0.25%

② polyacetal의 치수공차

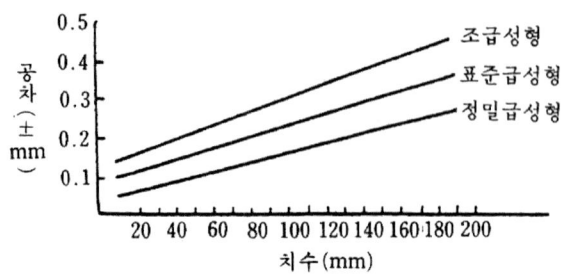

③ 시판성형기에 의한 polyacetal copolymer의 치수

시판성형기에 의한 치수정밀도	실험 1	실험 2
	성형기 A	성형기 B
동일 lot, 동일 성형일의 하루 내의 변동	0.04%	0.023%
동일 lot, 성형일이 다른 장기 변동	0.22	0.20
5 lot를 이용한 장기 변동	0.25	—

* $\pm 3\sigma / X \times 100(\%)$로 계산

④ 시판성형기의 성형조건

성형조건	조건의 장기간 변동	조건의 변동에 의한 추정치수
금형온도	90.8±6.9℃	±0.05%
수지온도	213.0±15.3℃	±0.11
사출압력	639±96kg / ㎠	±0.14

(2) 변형

① 성형품의 두께 불균일

② 금형온도, cavity 내압의 불균일

③ 유동방향에 의한 수축률의 이방성

2-2-2. 성형품 강도

(1) 치수정밀도 불량 대책

불량현상	원 인	대 책
치수에 대하여	성형조건의 영향으로 치수가 주요 원인	ⓐ cylinder온도(수지온도)를 낮게 한다. ⓑ 사출압력을 낮게 한다. ⓒ 작동유온을 일정하게 한다. ⓓ 금형온도를 낮게 한다. ⓔ cushion량을 일정량이 되도록 한다(계량 및 역류방지). ⓕ gate seal시간 이상의 시간을 사출·보압시간으로 한다. ⓖ 취출 후 냉각이 균일하게 되도록 한다. ⓗ gate를 작게 할 때에는 고속, 고압 사출 ⓘ 다수 개의 cavity일 때는 동시 충진을 위한 runner 배열, gate size를 설계한다.
부풀음, 변형	성형품 각부의 불균일한 성형수축이 주요 원인	[A] 수축이 균일하도록 대책을 취한다. ⓐ 금형 각부의 온도를 균일하게 한다. ⓑ 사출·보압시간을 gate seal시간 이상으로 한다. ⓒ 냉각시간을 길게 한다. ⓓ 금형온도를 낮게 한다. ⓔ 취출 후 냉각치구를 사용한다. ⓕ gate위치를 변경, 다점 gate의 사용으로 수축률의 이방성을 적게 한다. ⓖ 유동성이 좋은 grade를 사용한다. ⓗ 형상의 검토를 행한다(구배, rib 등). [B] 성형품 형상이 불균일 두께, 비대칭으로 형상변경이 불가능할 때는 금형온도차를 주어 수축차로써 변형방지를 행한다.

(2) void 대책

불량현상	원 인	대 책
void (기포)	두꺼운 성형품의 경우에 표면의 고화가 빠르고 중심부의 냉각이 빠르다. 중심부의 수지가 수축으로부터 표면에 이른다. 그 결과 중심부는 충진량 부족으로 void가 발생한다. (진공상 void) 기타, 휘발분에 의한 경우, 유동성에 의한 경우가 있다.	[A] 진공 void의 경우 　 수축으로 부족한 수지량을 보급하는 조건 ⓐ gate, runner, sprue, nozzle이 성형품 두께에 따라 크게, gate 두께는 성형품 두께의 50~60% 이상 ⓑ gate seal할 때까지 cushion량이 잔류하므로 조절한다. ⓒ 사출시간은 gate seal시간보다 길게 한다. ⓓ 사출속도를 느리게 한다(0.5m / min). ⓔ 사출압력을 높게 한다. ⓕ 용융점도가 높은 grade가 void는 작다. [B] 휘발분에 의한 경우 ⓐ 예비건조(80℃, 3시간 정도) ⓑ 분해 gas가 나오지 않도록 수지온도를 낮게 한다. [C] 유동성에 의한 경우 ⓐ 수지온도를 높게 한다. ⓑ 금형온도를 높게 한다. ⓒ 사출속도를 빠르게 한다.

(3) 변형 대책

불량현상	원 인	대 책
변형	void의 경우와는 반대로 수축에 의해 표면이 중심부에 들어가는 경우	ⓐ 금형온도를 낮게 한다. ⓑ gate, runner, sprue, nozzle을 성형품 두께로 볼 때 크게 한다. ⓒ gate seal할 때까지 cushion량이 잔류하므로 조절한다. ⓓ 사출시간은 gate seal시간보다 길게 한다. ⓔ 사출압력을 높게 한다. ⓕ 불균일 두께를 조정한다.

(4) flow mark 대책

불량현상	원 인	대 책
flow mark	cavity압이 불충분하다.	유동성을 좋게 하는 성형조건으로 한다. ⓐ 사출압력을 높게 한다. ⓑ 수지온도를 높게 한다. ⓒ 금형온도를 높게 한다. 80℃가 표준이고, 100～120℃로 하는 경우도 있다. ⓓ 사출속도를 빠르게 한다. 단, 빠르게 할 때는 jetting에 주의한다. ⓔ cushion량이 많고 압력손실이 큰 경우 약 5㎜가 되도록 조절한다. ⓕ cycle을 길게 한다. ⓖ gate, runner, sprue, nozzle을 크게 한다. ⓗ 유동성이 좋은 grade의 사용

(5) jetting 대책

불량현상	원 인	대 책
jetting	gate로부터의 분사로 인한 경우	ⓐ jetting이 발생하지 않도록 유입속도를 느리게 한다. • gate를 크게 한다. tab gate를 사용하고 수지의 직진거리를 짧게 한다. • 사출속도를 느리게 한다. • 사출속도의 pattern control을 검토한다. ⓑ flow mark가 발생, 표면에 잔류하지 않도록 금형온도를 높게 해서 제거한다. ⓒ 수지온도를 높인다. ⓓ 유동성이 좋은 grade의 사용

(6) 파괴점이 발생하는 부분

파괴의 부분	파괴의 주원인
sharp coner	응력 집중(특히 충격하중 시의 문제)
weld부	신율 저하
gate부	신율 저하, 성형 변형
미세한 core의 두께부	냉각 및 보압 불충분에 의한 신율 저하
두께의 급변부	냉각속도 불균일에 의한 성형 변형
flash	notch 발생의 원인
금속 insert	gate, weld에 의한 신율 저하, creep 파괴
평면적 얇은 두께	유동 배향에 의한 물성의 이방성
기타 (성형조건)	가소화 불량 coldslug의 유입 타 수지 혼입 성형조건의 부적당(수지온도, 보압) 재생품의 문제(가소화 불량, 이물 혼입)

(7) 성형품 파손불량 대책

p

불량현상	원 인	대 책
성형품 강도	sharp corner, weld, gate, flash, 두께급변부, 냉각불충분에 의한 결함부 등은 파괴발생점으로 될 수 있다. 가소화 불량, 타 수지 혼합도 강도를 저하시킨다.	[A] sharp corner로 인한 파손 ⓐ 곡률 [B] gate로 인한 파괴 ⓐ 응력에 의한 gate [C] weld 강도가 문제일 때 ⓐ 유동성이 좋도록 성형조건을 변경 ⓑ weld부부터 gas 제거 ⓒ gate 위치를 변경 [D] flash의 파괴 ⓐ 성형조건을 변경한다. ⓑ 금형을 수리한다. [E] 냉각부의 파괴 ⓐ 냉각시간을 길게 한다. ⓑ core 냉각 방법을 검토한다. [F] 가소화 경우 ⓐ 성형품 shot 중량과 성형기 중량과의 balance를 검토한다. ⓑ 수지온도를 높게 한다. ⓒ 분쇄한 재생재를 사용할 때 혼재량과 가소화를 확인

2-3. PBT

2-3-1. 치수정밀도

(1) 치수공차

① 정밀 성형의 경우는 치수 25~75㎜일 때 ±0.2~0.3%

② 실험결과: 30% glass 섬유 grade 120 × 120 × 3㎜ 평판

　　　　　1일 내: 0.038~0.059%

　　　　　5일 내: 0.125

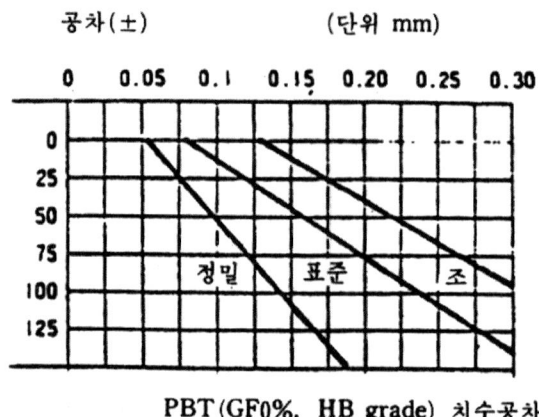

PBT(GF0%, HB grade) 치수공차

2-3-2. 변형 대책

불량현상	원 인	대 책
변형, 부풀음	glass섬유의 배향에 따른 수축률의 이방성이 주원인	ⓐ 형상을 대칭형, 두께를 균일, rib 보강으로 변형 방지 ⓑ gate는 성형품 중심으로 유입, 다점 gate 방식으로 한다. 그 때 배칭형상에 gate 위치를 정하고 balance 고려. 미세한 성형품은 사다리 gate가 좋다. ⓒ 금형온도를 낮게 한다. ⓓ glass 섬유 이외의 충진제 사용으로 변형이 작은 grade를 사용 ⓔ 충진속도가 빠를수록 일반적으로 변형이 적다.

2-3-3. L형 성형품의 변형에 대한 corner 냉각의 효과(단위: 도)

grade	corner 냉각 없음	corner 냉각 있음
glass 섬유 0% hb	1.9	0.5
glass 섬유 30% hb	3.3	2.7
glass bise 30% hb	2.2	0.7

2-3-4. 성형품 파손불량 대책

불량현상	원 인	대 책
성형품강도	취약한 상태로 성형, 주 원인은 성형 시의 가수분 해로 인한다.	[A] 가수분해 대책 ⓐ pellet의 예비건조 ⓑ 성형 중, hopper의 흡습을 방지 ⓒ 수지온도 - cylinder 내 체류시간이 추정하는 범위 내(성형 기가 큰 경우와 shot size, balance, 성형 cycle, 수지 온도) [B] 열화로 인한 강도가 약한 경우 ⓐ 파괴발생점에 강도상 결함(weld, gate, sharp corner) ⓑ 유동성 대책

2-3-5. 재생에 의한 인장강도

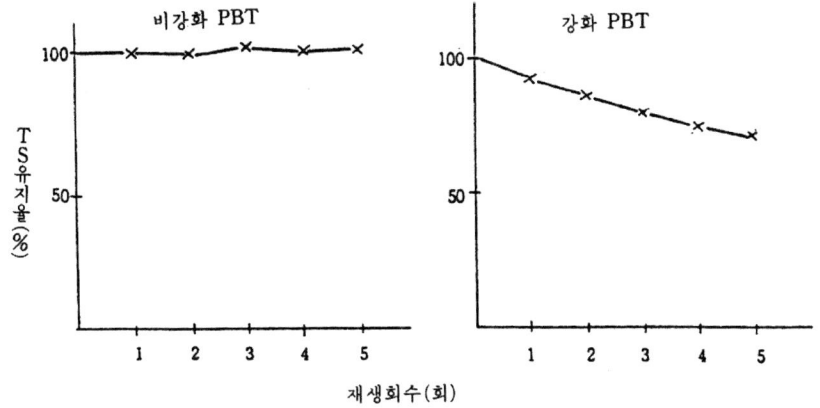

2-3-6. 재생에 의한 고유점도의 변화

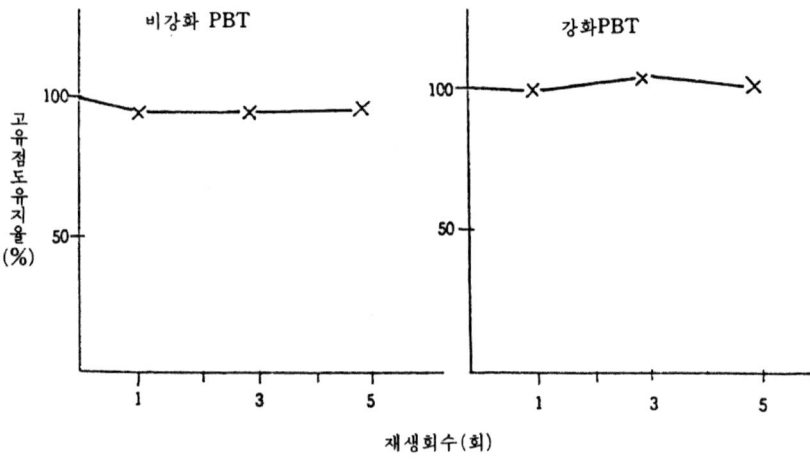

2-3-7. 재생횟수와 glass 섬유장 관계

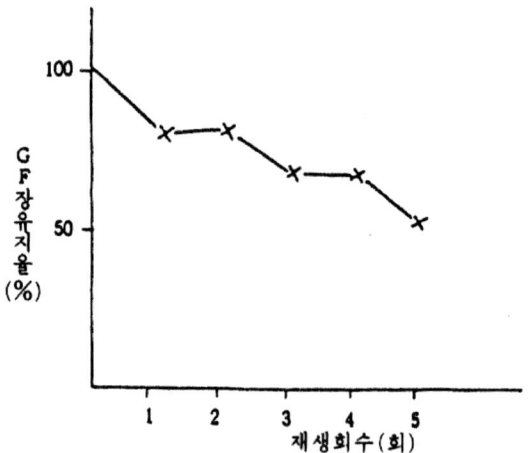

2 - 4. polycarbonate

2 - 4 - 1. 강도 부족

(1) 분자량과 강도

① 건조부족에 의한 가수분해

② 수지온도가 고온으로 열분해

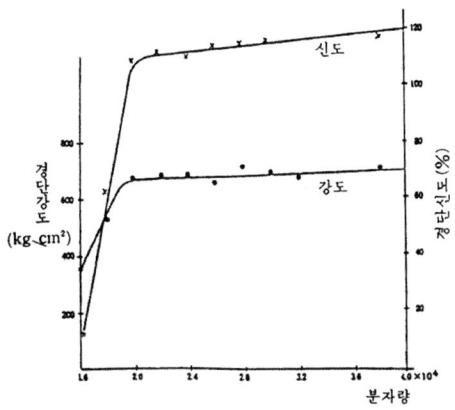

(2) 용융에 의한 분자량

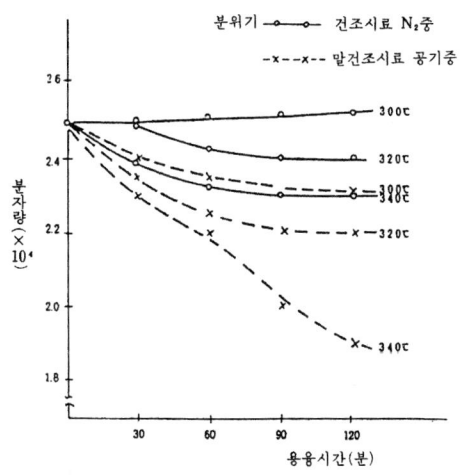

(3) 가수분해

① 사출성형 시에 의한 흡수율 영향

pellet 분자량	pellet 흡수율(%)	성형품 분자량	낙구 충격에 의한 파괴율(%)			성형품 외관
			연성파괴	취성파괴	전파괴율	
25,000	0.014	25,000	0	0	0	양호
	0.047	24,000	30	0	30	양호
	0.061	24,000	50	0	50	양호
	0.067	24,000	90	0	90	은조발생
	0.200	22,000	20	80	100	은조, 기포발생
22,000	0.015	22,000	70	0	70	양호

* 성형품: cup, 중량: 2.13kg, 낙하높이: 10m

② 건조곡선

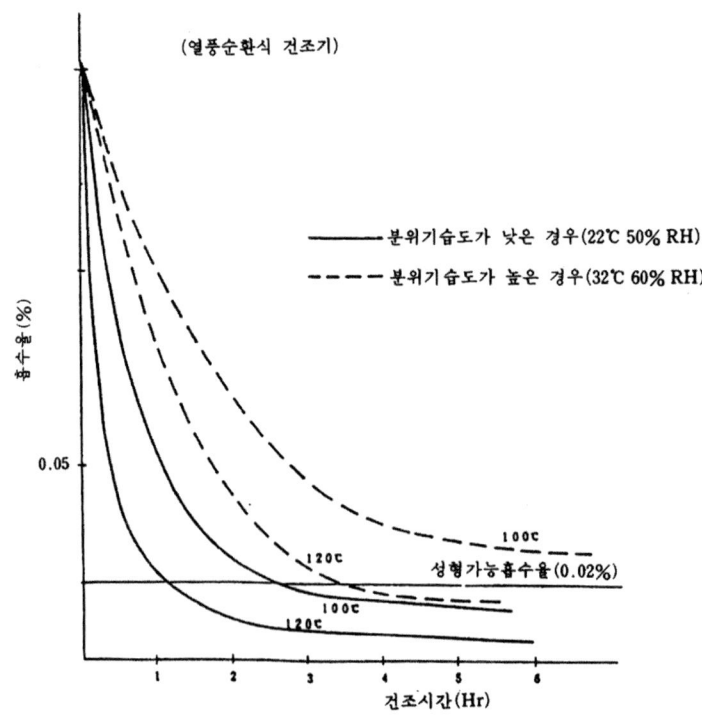

③ 성형조건과 강도

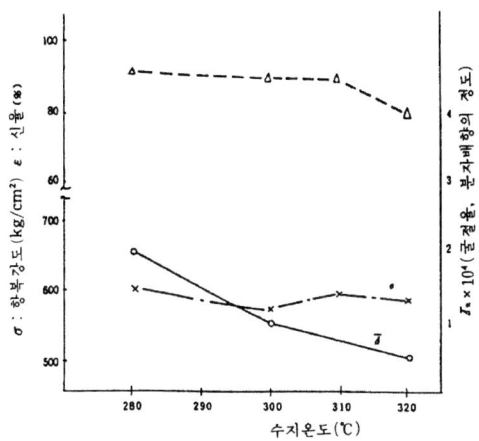

(4) 열분해

① 수지온도가 너무 높아 cylinder에 장시간 체류하여 열분해 현상

② 표준품종은 320℃ 이하, 난연품종은 290℃ 이하의 수지온도 유지

(5) 재생 이용

① 새생품의 혼입은 15% 이하

2-4-2. crazing, crack

① 분자량이 3만일 때는 $300 kg / ㎠$, 2만 5천일 때는 $200 kg / ㎠$ 이하라야 한다.

② craze 발생 유도시간의 굽힘하중에 의한 변화

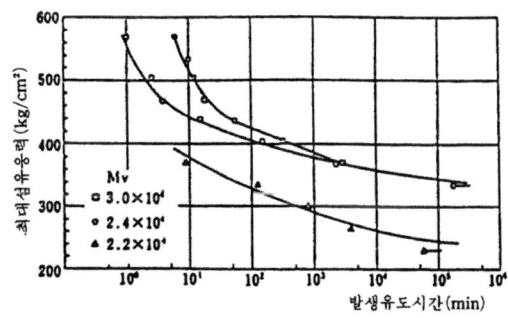

③ 분위기 온도와 craze 발생 응력

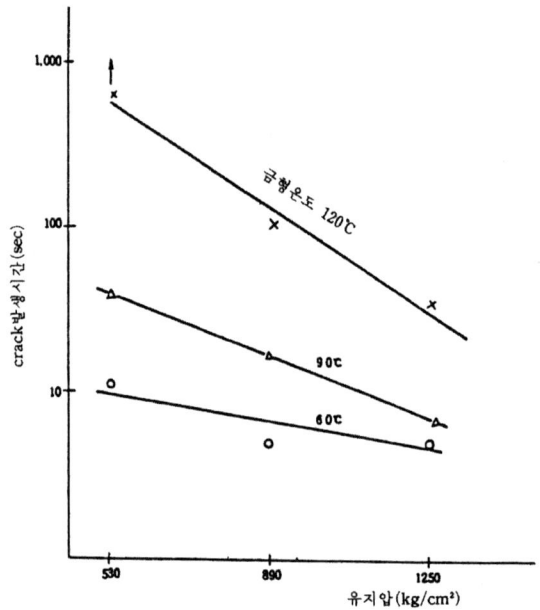

④ 응력조건과 잔류 응력

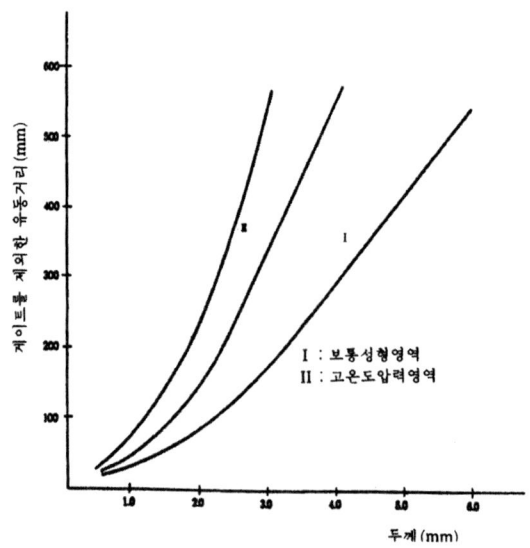

2-4-3. 유동성 부족

① 두께와 유동거리와의 관계

② 성형조건과 유동특성

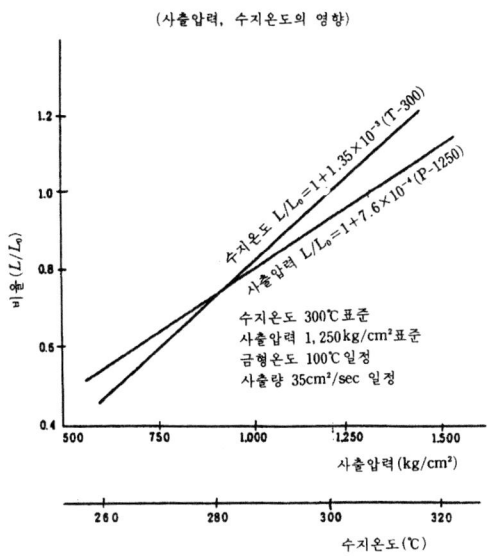

(사출압력, 수지온도의 영향)

수지온도 $L/L_0 = 1 + 1.35 \times 10^{-3}(T-300)$

사출압력 $L/L_0 = 1 + 7.6 \times 10^{-4}(P-1250)$

비율 (L/L_0)

수지온도 300℃ 표준
사출압력 1,250kg/cm² 표준
금형온도 100℃ 일정
사출량 35cm²/sec 일정

사출압력 (kg/cm²)

수지온도(℃)

2-4-4. 외관불량

(1) 기포, 은조

① pellet 수분율과 충격강도 및 외관

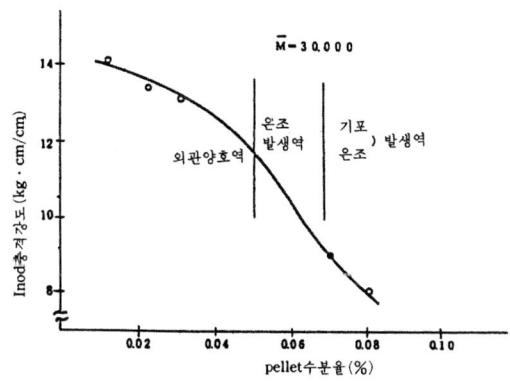

$\overline{M} - 30,000$

Inod충격강도 (kg·cm/cm)

온조
발생역

기포
은조 } 발생역

외관양호역

pellet수분율(%)

② 수분율이 0.05% 이하는 기포, 은조가 없어진다.

③ 수분율이 0.02% 이하이면 충격강도가 향상된다.

(2) 이물 혼입

① 성형기는 valve nozzle, 역류방지 valve 사용

(3) 변형

① 금형온도 저하하고, 성형품의 두께를 변경, gate 위치를 변경

2 - 5. ABS

2 - 5 - 1. silver streak 대책

불량현상	원 인	대 책
발생장소가 일정치 않은 경우	ⓐ 흡습수분의 건조 불충분 ⓑ screw 회전 시의 공기 유입 ⓒ 수지의 분해(내열 type) ⓓ 타 수지의 혼입	ⓐ 수분이 0.1% 이하, 0.05% 이하가 바람직하다. ⓑ screw 배압을 높게, hopper의 cylinder 온도를 낮게 ⓒ cylinder 온도를 낮게 ⓓ 재료의 취급에 주의
발생장소가 일정한 경우	ⓐ 금형 안으로의 공기유입	ⓐ cylinder 온도를 낮게 ⓑ 사출속도를 느리게 ⓒ jetting이 원인인 경우

2 - 5 - 2. ABS수지의 건조 곡선

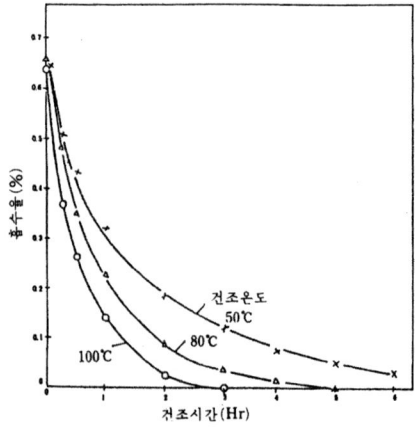

2-5-3. 광택불량 대책

불량현상	원 인	대 책
광택불량	a) 금형면과의 밀착불량 b) 수지의 열화	a) 금형온도를 높게 사출압력을 높게 사출속도를 빠르게 gate를 크게 b) cylinder 온도를 낮게 cylinder 내에 장시간 체류한 재료는 깨끗이 제거한다.

2-5-4. ABS 수지의 흡수율과 silver streak의 관계

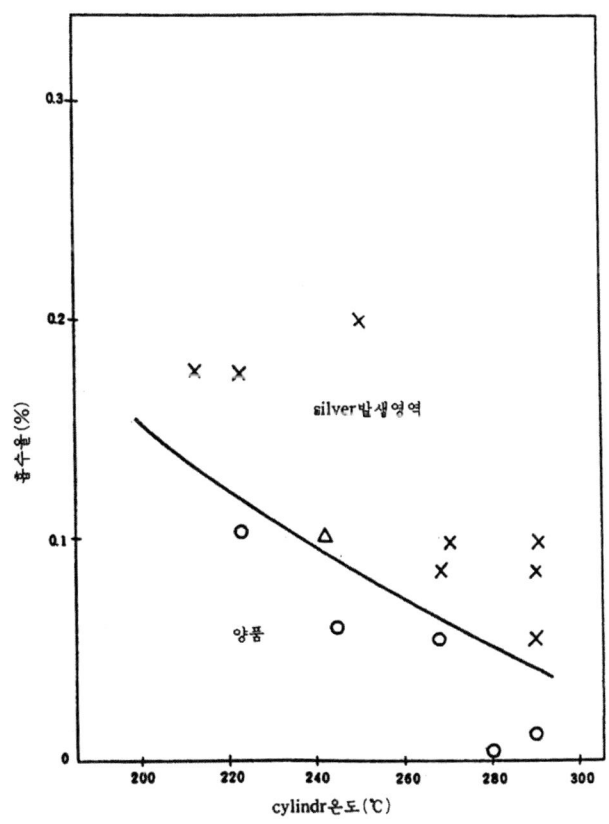

2-5-5. 창살금형으로의 공기유입에 의한 silver streak

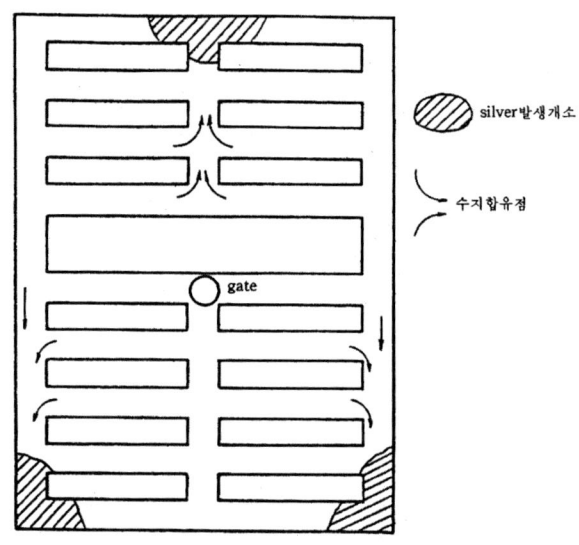

silver발생개소

수지합유점

gate

2-5-6. jetting 대책

불량현상	원 인	대 책
jetting	a) 난류	a) gate를 크게 gate 앞에 pin과 장해물로 gate 위치를 변경 cylinder 온도를 낮게 사출속도를 느리게

2-5-7. 광택이 양호한 ABS 수지 제품의 주사형 전자 현미경 사진

2-5-8. 광택이 나쁜 ABS 수지 제품의 주사형 전자 현미경 사진

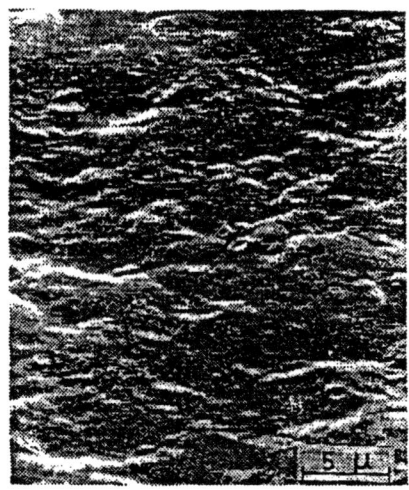

2-5-9. ABS 수지의 jetting 현상(제품두께 3㎜, gate 두께 1.2㎜)

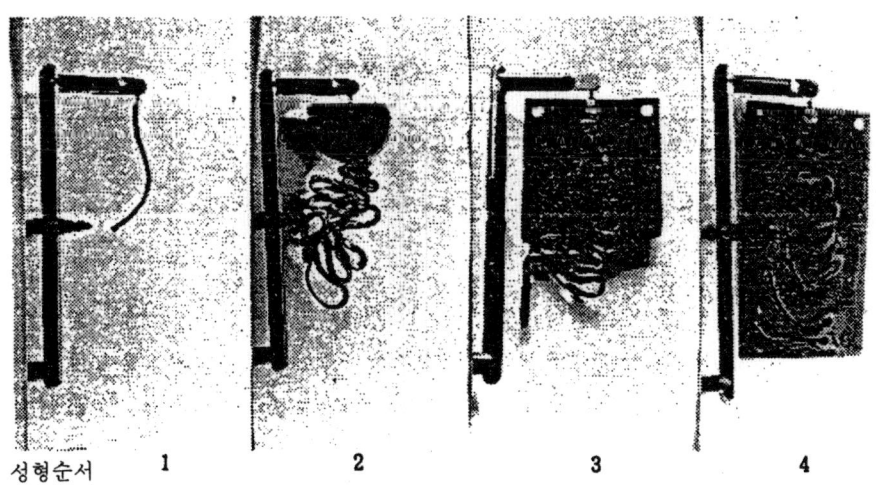

성형순서   1   2   3   4

side gate의 두께는 제품두께×70% 이상, pin gate의 두께는 제품두께×pin경의 60% 이상.

2-5-10. 백화 대책

불량현상	원 인	대 책
백화	a) 이형불량: 돌출 pin과 under cut 부분의 백화, embossing의 백화	a) 발구배를 크게 이형의 balance를 균일하게 진공상태의 해방 금형의 사상 사출압력을 낮게 금형온도를 낮게

2-5-11. 증상박리 대책

불량현상	원 인	대 책
증상박리	a) 타 수지의 혼합 b) gate부의 제품두께가 얇다(분자배향이 크다)	a) 재료의 취급에 주의 b) 두께를 두껍게 cylinder 온도를 높게, 금형온도를 낮게

2-6. acrylic

2-6-1. crack의 원인과 대책

(1) 2차 가공 시의 crack 발생
① 용융수지가 금형 내의 급냉에 의한 왜곡
② 수지의 분자배향에 의한 왜곡

(2) 이형 시의 crack 대책
① 이형 시의 성형품 온도를 높인다.
② 사출압력을 낮춘다.
③ ejector 응력, pin수, 위치 고려
④ 금형의 연마
⑤ 발구배를 크게

(3) 2차 가공(도장, screen인쇄, 접착) 시의 crack 대책

① 수지온도, 금형온도를 높인다.

② 사출속도를 낮춘다.

③ 성형품을 열처리

④ 제품의 각부에 r

⑤ 도료, 인쇄 ink의 용제를 변경

2-6-2. silver의 원인과 대책

(1) 원인

① 수분

② 분해 gas

③ 공기

(2) 대책

① 재료 건조

② cylinder온도를 높인다.

③ 배압을 높인다.

④ 사출압력을 높인다.

⑤ 사출속도를 높인다.

⑥ screw 회전수를 낮춘다.

⑦ hopper 측의 온도를 높인다.

2-6-3. 기포의 원인과 대책

(1) 공기유입에 의한 기포의 대책

① 배압상승

② screw 회전수를 낮게

③ hopper 측 온도를 높게

(2) 냉각 시 진공기포의 대책
① 금형온도를 높게
② 보압압력을 높게
③ 보압시간을 길게
④ 성형품 취출 후 수냉하는 경우는 물의 온도를 조금 높게

제6장

성형품의 외관불량과 대책

1. 외관향상에 의한 수지와 PART DESIGN

1-1. 수지와 외관불량의 요인

1-1-1. 사출성형품의 품질과 요인

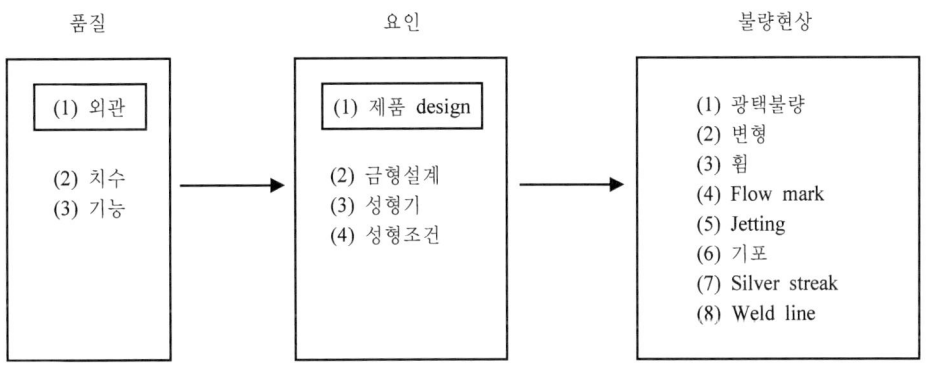

품질	요인	불량현상
(1) 외관	(1) 제품 design	(1) 광택불량
(2) 치수	(2) 금형설계	(2) 변형
(3) 기능	(3) 성형기	(3) 휨
	(4) 성형조건	(4) Flow mark
		(5) Jetting
		(6) 기포
		(7) Silver streak
		(8) Weld line

1-1-2. 각종 수지의 외관불량

불량 수지	광 택	변 형	휨	FLOW MARK	JETTING	기 포	SILVER STREAK	WELD LINE
ABS	○	−	−	×	×	−	×	●
HIPS	×	−	−	×	−	−	−	−
PS	○	−	−	−	−	−	−	−
PMMA	○	−	−	−	−	×	×	−
PC	○	−	−	−	−	×	×	−
PP	−	×	×	−	−	−	○	−
PA	−	×	×	−	−	−	−	−
PBT	−	×	×	−	−	−	−	−

주기: ① ○: 양호
    ② ×: 불량
    ③ 무표기: 제품 DESIGN, 금형설계, 성형조건에 의한 발생

1-1-3. 성형수축률

성형수축은 사출성형의 공정에서 열, 압력의 변화에 의하여 발생한다. 따라서 성형수축의 요인은 다음과 같다.

(1) 열적 수축

(2) 탄성회복에 의한 팽창

(3) 수지

(4) 결정화에 의한 비용적의 변화에 의한 수축

(5) 분자배향의 완화에 의한 수축

1-1-3-1. 각종 수지의 선팽창계수와 성형수축률

성형재료		충진재(강화재)	선팽창계수 (10 / ℃)	성형수축률 (%)
	수지명			
열경화성수지	PHENOL	목분	3.0~4.5	0.4~0.9
	PHENOL	GLASS 섬유	0.8~1.6	0.01~0.4
	UREA	CELLUROSE	2.2~3.6	0.6~1.4
	MERAMIN	CELLUROSE	4.0	0.5~1.5
	DIALLYL PHTHALATE	GLASS 섬유	1.0~3.6	0.1~0.5
	EPOXY	GLASS 섬유	1.1~3.5	0.1~0.5
	POLYESTER	GLASS 섬유	2.0~3.3	0.1~1.2
열가소성수지 결정성	PE(저밀도)	−	10.0~20.0	1.5~5.0
	PE(중밀도)	−	14.0~16.0	1.5~5.0
	PE(고밀도)	−	11.0~13.0	2.0~5.0
	PP	−	5.8~10.0	1.0~2.5
	PP	GLASS 섬유	2.9~5.2	0.4~0.8
	NYLON 6	−	8.3	0.6~1.4
	NYLON 6~10	−	9.0	1.0
	NYLON	20~40% GLASS섬유	1.2~3.2	0.3~1.4
	POM	−	8.1	2.0~2.5
	POM	20% GLASS 섬유	3.6~8.1	1.3~2.8
비결정성	PS(일반용)	−	6.0~8.0	0.2~0.6
	PS(내충격용)	−	3.4~21.0	0.2~0.6
	PS	20~30% GLASS 섬유	1.8~4.5	0.1~0.2
	AS	−	3.6~3.8	0.2~0.7
	AS	20~33% GLASS 섬유	2.7~3.8	0.1~0.2
	ABS	−	9.5~13.0	0.3~0.8
	ABS	20~40% GLASS 섬유	2.9~3.6	0.1~0.2
	MMS	−	5.0~9.0	0.2~0.8
	PC	−	6.6	0.5~0.7
	PC	10~40% GLASS 섬유	1.7~4.0	0.1~0.3
	경질 PVC	−	5.0~18.5	0.1~0.5
	CELLUROSE ACETATE	−	8.0~18.0	0.3~0.8

1-1-3-2. GLASS 30% PBT 수지의 두께와 성형수축률

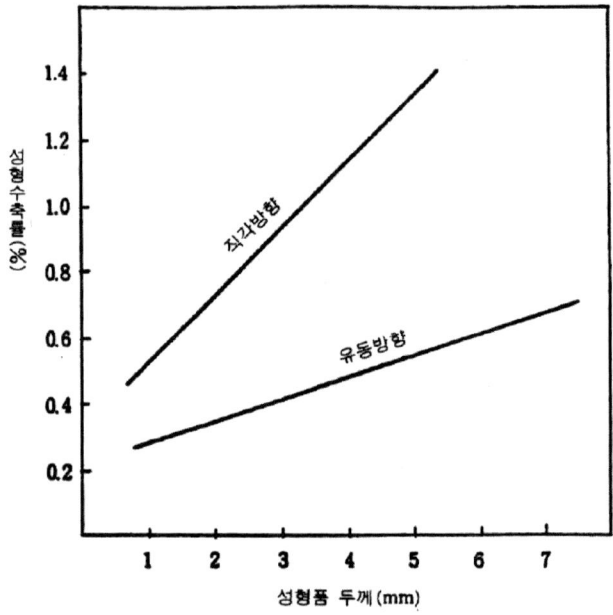

1-1-3-3. ABS 수지 성형품의 두께와 성형수축률

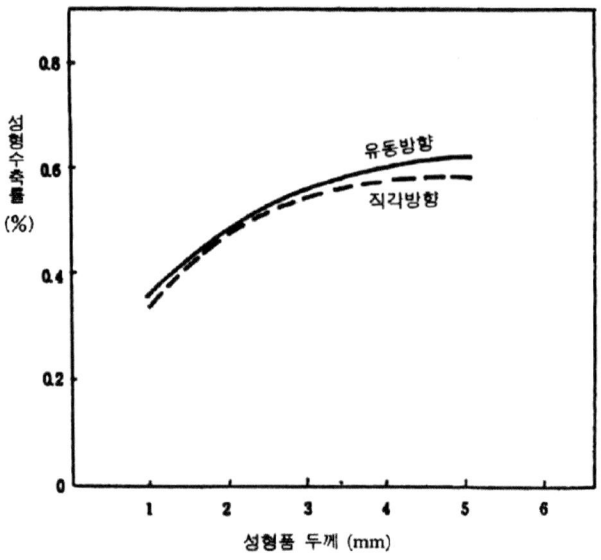

1-1-3-4. 각종 수지의 온도의 비용적

결정성 수지는 비결정성 수지에 비하여 성형수축률이 크다.

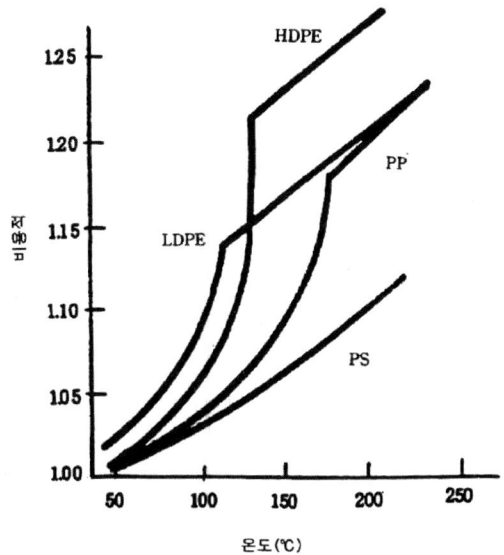

1-1-3-5. PBT 수지의 GF content와 수축률

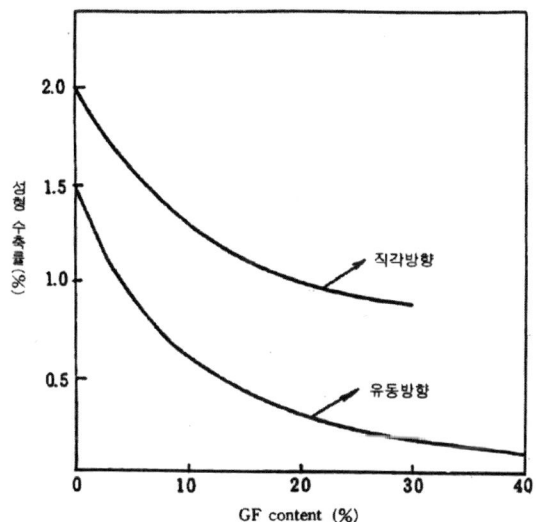

1-1-3-6. GPPS 용융 시의 압력과 비용적 관계

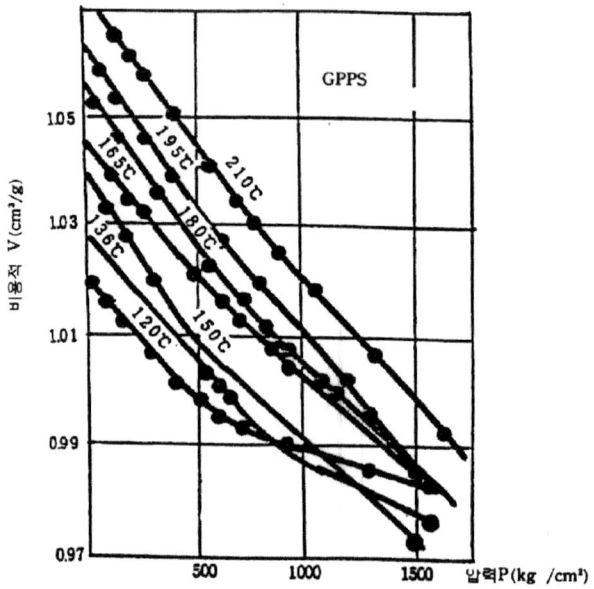

1-1-3-7. PE 용융 시의 압력과 비용적 관계

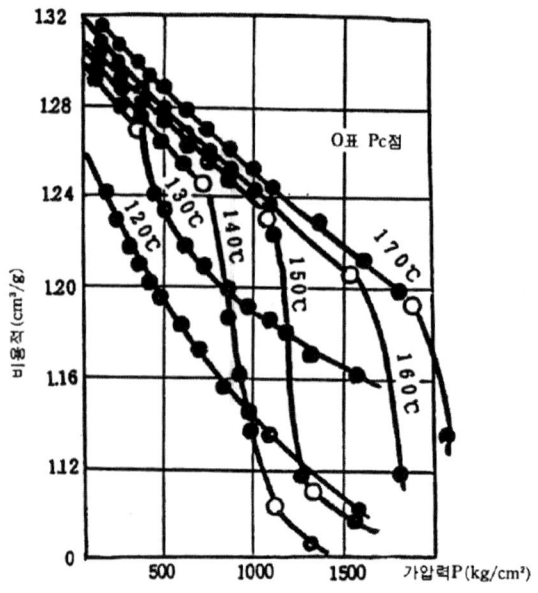

2. 제품 design

2-1. 두께

성형품의 강성을 증가할 경우는 두께의 증가보다 보강 rib를 설치하는 것이 cycle up과 변형방지 효과의 면에서 좋다.

2-1-1. 일반적으로 사용하는 두께의 범위

L / t가 과대한 경우에 gate의 수와 두께를 결정한다.

resin	두께(mm)	L / t
PE	0.6~3.0	280~200
PP	0.6~3.0	280~160
POM	1.5~5.0	250~150
PA	0.8~3.0	320~200
PS	1.0~4.0	300~220
PMMA	1.5~5.5	150~100
HDPVC	1.5~5.0	150~100
PC	1.5~5.0	150~100
ACS	1.6~4.0	300~220
ABS	1.5~4.4	280~160

(주기) L / t=충전 최대 길이(L) / 성형품 두께(t)

2-1-2. PBT의 수축과 두께 관계

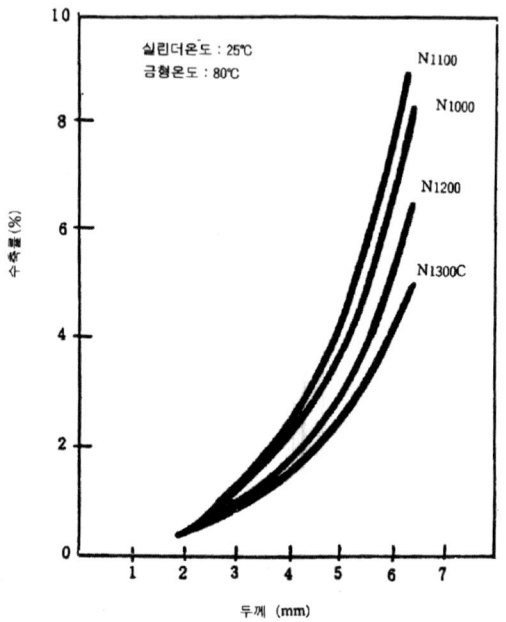

2-2. gate 위치

2-2-1. gate 위치와 변형

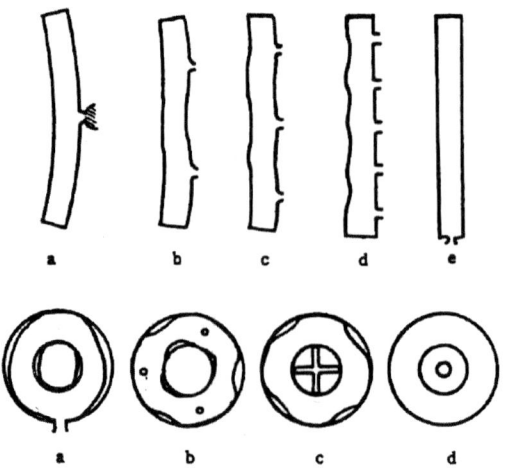

2-3. 발구배

발구배는 (1) 수지의 특성, (2) 성형품의 형상과 구조(이형방향, 두께), (3) 금형구조(ejector법), (4) 금형제작(금형면 사상의 정도), (5) 성형조건(형내수지압)을 고려해야 한다.

2-3-1. 각종 수지의 발구배

재 료	발구배 허용치		
	정밀급	표준급	거칠음급
PS	1 / 4°	1 / 2°	1°
HIPS	1 / 4	1 / 2	1
HDPE	1 / 2	3/4	1 1 / 2
LDPE	1 / 2	1	2
SAN	1 / 4	1 / 2	1
MS	1 / 4	1 / 2	1
ACS	1 / 8	1 / 2	1
PA	1 / 8	1 / 4	1 / 2
LDPVC	1 / 4	1 / 2	1

2-3-2. 제품 높이와 발구배

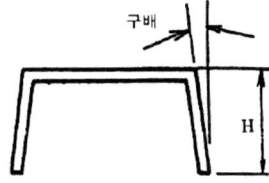

높이(H)	발구배
50 이상	2°～4°
50～100	1°～2°
100 이상	0.6°～1.5°

2-3-3. 각종 수지의 최대 under cut

resin	under cut(%)
(1) LDPE	23
(2) HDPE	10
(3) PA 66	17
(4) MMS	5
(5) POM	5

2-4. round

2-4-1. izod 충격강도에 의한 반경의 영향

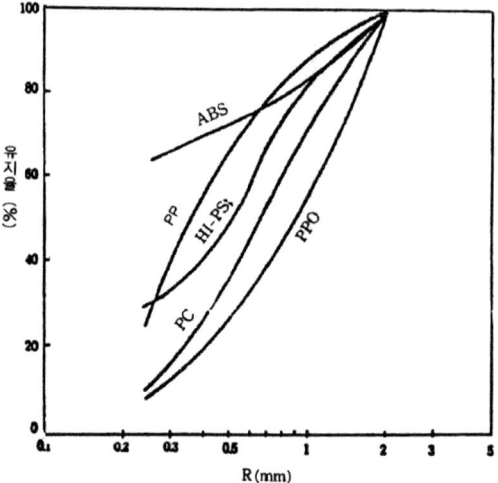

R2㎜ 수치의 기준

2-5. rib

2-5-1. 범용 rib

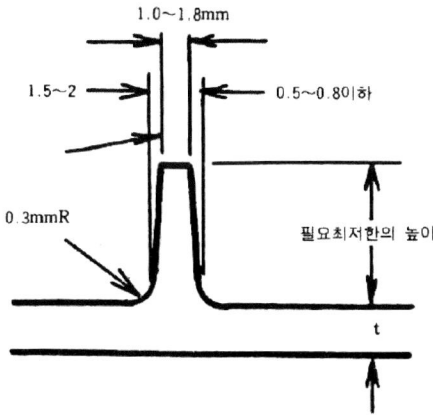

2-5-2. PVC 수지의 rib

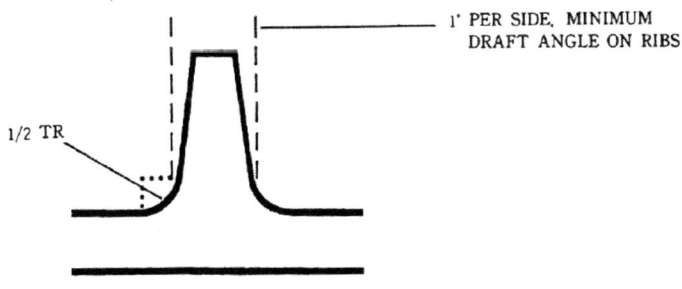

2-6. boss

2-6-1. styrene계 수지에 적용하는 self tapping boss의 구배

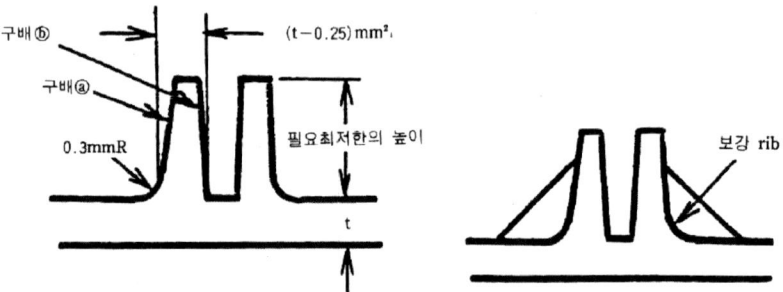

resin	발구배(a)	발구배(b)
PS, AS, ABS	1~2°	20´~1°
GLASS 섬유강화품	2~3°	30´~1°

(주기) glass 섬유강화품의 경우는 t와 같은 정도라도 좋다.

2-6-2. styrene계 수지에 적용하는 self tapping boss의 치수

항 목	고충격성 PS	중충격성 ABS 수지	glass 섬유강화 AS 수지
screw 외경 - boss 내경	0.5mm	0.5mm	0.3mm
boss 상부 두께	sgrew 골경 이상	screw 골경×2/3 이상	screw 골경 이상

(주기) 일반용 poly styrene은 적용 불가능

2-6-3. styrene계 수지에 적용하는 metal insert boss의 치수

resin	$(T/D) \times 100(\%)$
고충격성 PS, SAN 수지, glass 섬유강화품	약 70
ABS 수지	약 50

(주기) 일반용 poly styrene은 적용 불가능.

insert boss 상면

2-7. tubing

2-7-1. tube의 내압에 작용하는 stress

일반적으로 $Smax = P(\dfrac{r_0^2 + r_1^2}{r_0^2 - r_1^2})$

2-7-2. 얇은 tube 경우

t < 10×r일 때 $Smax = p\dfrac{r}{t}$

2-7-3. tube의 내압에 작용하는 stress에 의한 변형

$$R = P\dfrac{r}{E}(\dfrac{r_0^2 + r_1^2}{r_0^2 - r_1^2})\ [(1-\mu) + (1+\mu)\dfrac{r_0^2}{r_0^2}]$$

μ: poisson ratio

E: flexural modulus(kg / cm^2)

r_1: tube 내경의 반지름(cm)

r_0: tube 외경의 반지름(cm)

t: tube 두께(cm)

P: tube 내압(kg / cm^2)

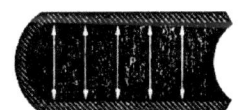

2 - 8. beam

2 - 8 - 1. beam structure

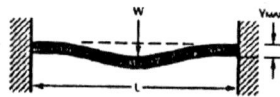

Both Ends Fixed, Center Load

$$S_{MAX} = \frac{WL}{\delta Z} \text{ (at supports)}$$

$$Y_{MAX} = \frac{WL^3}{192EI} \text{ (at load)}$$

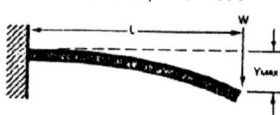

Cantilevered, End Load

$$S_{MAX} = \frac{WL}{Z} \text{ (at supports)}$$

$$Y_{MAX} = \frac{WL^3}{3EI} \text{ (at load)}$$

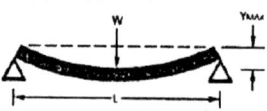

Simply Supported, Center Load

$$S_{MAX} = \frac{WL}{4Z} \text{ (at load)}$$

$$Y_{MAX} = \frac{WL^3}{48EI} \text{ (at load)}$$

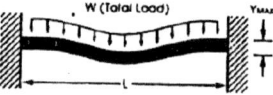

Both Ends Fixed, Uniform Load

$$S_{MAX} = \frac{WL}{12Z} \text{ (at suports)}$$

$$Y_{MAX} = \frac{WL^3}{384EI}$$

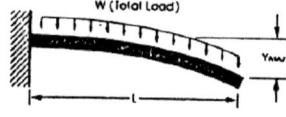

Cantilevered, Uniform Load

$$S_{MAX} = \frac{WL}{2Z} \text{ (at suports)}$$

$$Y_{MAX} = \frac{WL^3}{8EI} \text{ (at free end)}$$

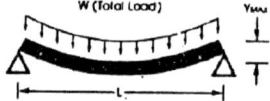

Simply Supported, Uniform Load

$$S_{MAX} = \frac{WL}{8Z} \text{ (at center)}$$

$$Y_{MAX} = \frac{5WL^3}{384EI}$$

2 - 9. plate

2 - 9 - 1. radial stress

$$S\ rad = \frac{3F}{4\pi t^2} \quad F = \pi r^2 P$$

$$S\ rad = \frac{3\pi r^2 P}{4\pi t^2} = \frac{3r^2 P}{4t^2}$$

2 - 9 - 2. tangential stress

$$S \tan = \frac{3F}{4\pi[1/\pi]t^2} = \frac{3\pi r^2 P}{\dfrac{4\pi t^2}{\mu}} = \frac{3\pi r^2 \mu P}{4\pi t^2} = \frac{3r^2 \mu P}{4t^2}$$

2 - 9 - 3. maximum deflection

$$Y_{\max} = \frac{3F[1/\mu^2 - 1]r^2}{16\pi E[1/\mu^2]t} = \frac{3Fr^2\left(\dfrac{1-\mu^2}{\mu^2}\right)}{\dfrac{16\pi Et}{\mu^2}}$$

$$= 3Fr^2 \times \frac{\dfrac{\mu^2(1-\mu^2)}{\mu^2}}{16\pi Et}$$

$$= \frac{3\pi r\, P(1-\mu^2)}{16\pi Et} = \frac{3r^2 P(1-\mu^2)}{16 Et}$$

P: pressure

μ: poisson ratio(0.3∼0.5)

2 - 9 - 4. circular plate under pressure

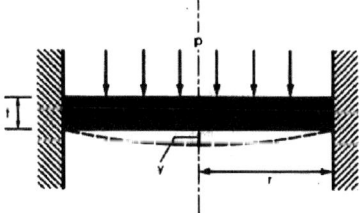

2 - 9 - 5. moments of inertia(1)

for typical configurations

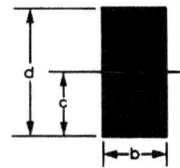

$$I = \frac{bd^3}{12}$$

$$Z = \frac{I}{c} = \frac{bd^2}{6}$$

$$I = .049d^4$$

$$Z = \frac{I}{c} = 0.098d^3$$

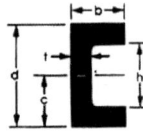
$$I = .049 (d_0^4 - d_1^4)$$

$$Z = \frac{I}{C} = 0.98 \frac{d_0^4 + d_1^4}{d_0}$$

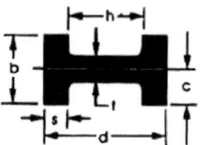
$$I = \frac{bd^3 - h^3(b-t)}{12}$$

$$Z = \frac{I}{C} = \frac{bd^3 - h^3(b-t)}{6d}$$

$$I = \frac{bd^3 - h^3(b-t)}{12}$$

$$Z = \frac{I}{C} = \frac{bd^3 - h^3(b-t)}{6d}$$

$$I = \frac{2sb^3 + ht^3}{12}$$

$$Z = \frac{I}{C} = \frac{2sb^3 + ht^3}{6b}$$

Z = Section modulus
c = Distance from neutral axis to extreme fiber

2 - 10. corner

2 - 10 - 1. fillet, radii

(1) stress concentration diagram

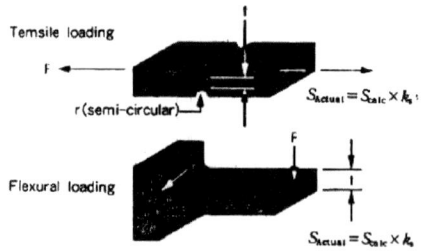

Temsile loading

F

r(semi-circular)

$S_{Actual} = S_{calc} \times k_t$

Flexural loading

$S_{Actual} = S_{calc} \times k_t$

(2) stress concentration factors

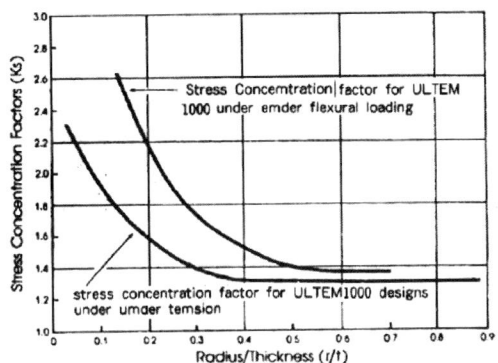

2 - 11. 기타

2 - 11 - 1. variable wall section diagram

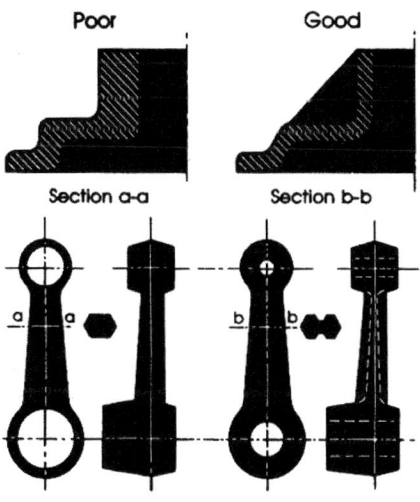

2 - 11 - 2. coring

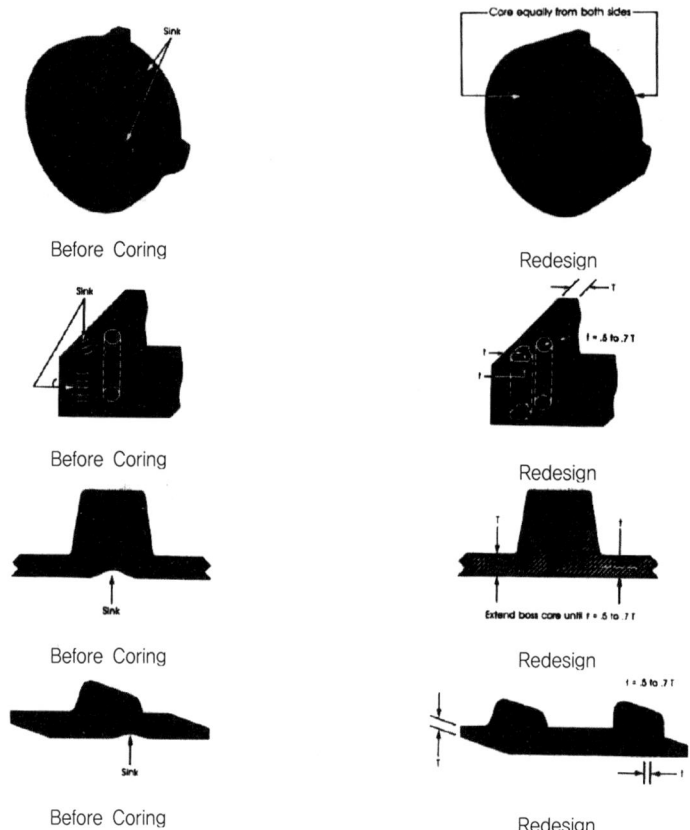

Before Coring

Redesign

Before Coring

Redesign

Before Coring

Redesign

Before Coring

Redesign

2 - 11 - 3. rib

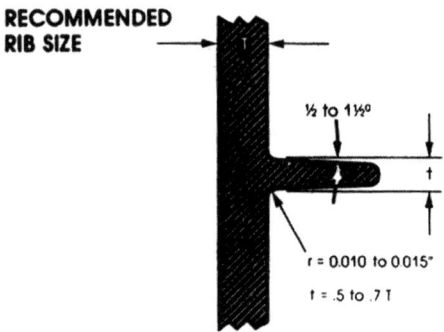

RECOMMENDED
RIB SIZE

½ to 1½°

r = 0.010 to 0.015″

t = .5 to .7 T

2 - 11 - 4. mating boss design

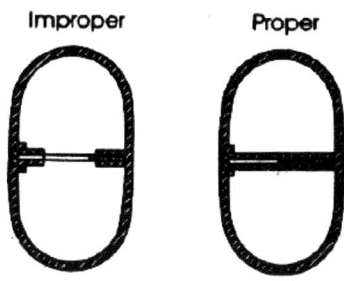

2 - 11 - 5. boss design

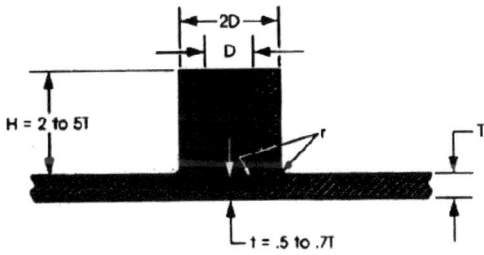

2 - 11 - 6. rib design concept for connecting boss

to external appearance wall

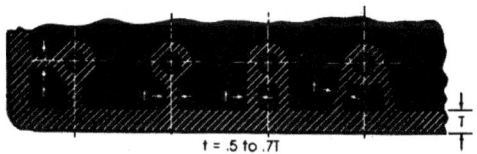

2-12. assembly

2-12-1. ultrasonic bonding

(1) butt joint

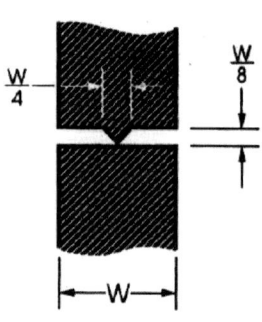

(2) step joint

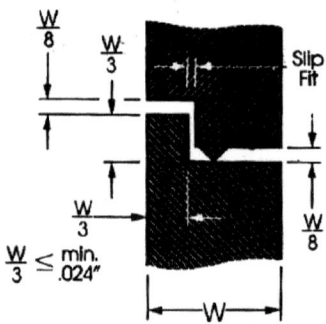

(3) tongue & groove joint

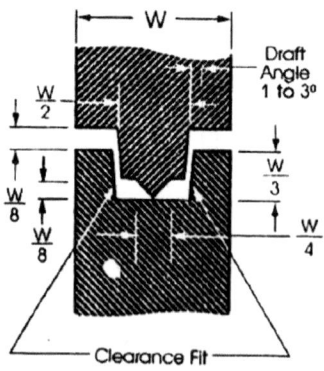

2 - 12 - 2. ultrasonic staking

(1) ultrasonic staking

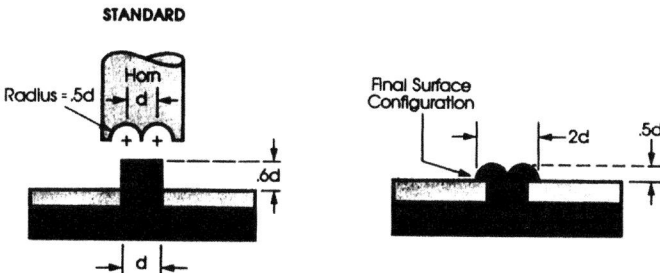

(2) low profile

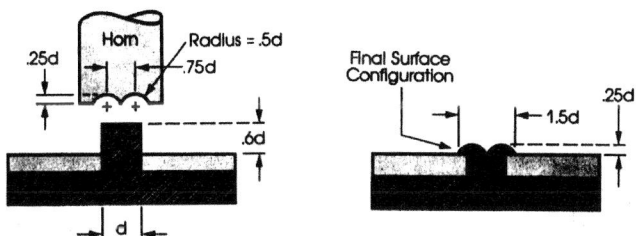

2 - 12 - 3. snap fit

(1) dynamic strain—straight beam

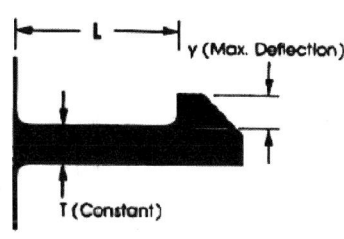

$$e_D(\text{Dynamic Strain}) = \frac{2yT}{2L^2}$$

(2) dynamic strain—tapered beam

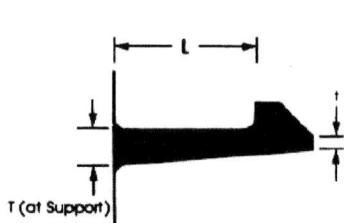

e_D(Dynamic Strain)$= \dfrac{2yT}{2L^2K_p}$

Find K_p(Proportionality Constant) from graph below, where $R = t / T$

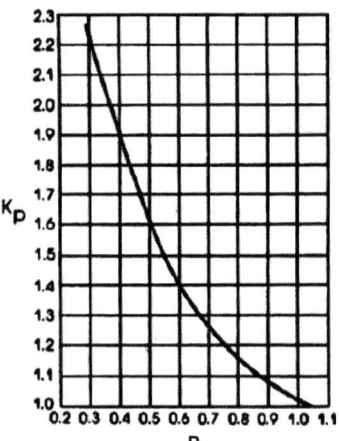

Proportionality Constant — Tapered Beam

2-12-4. solvent bonding

(1) recommended joint designs for solvent and adhesive bonding

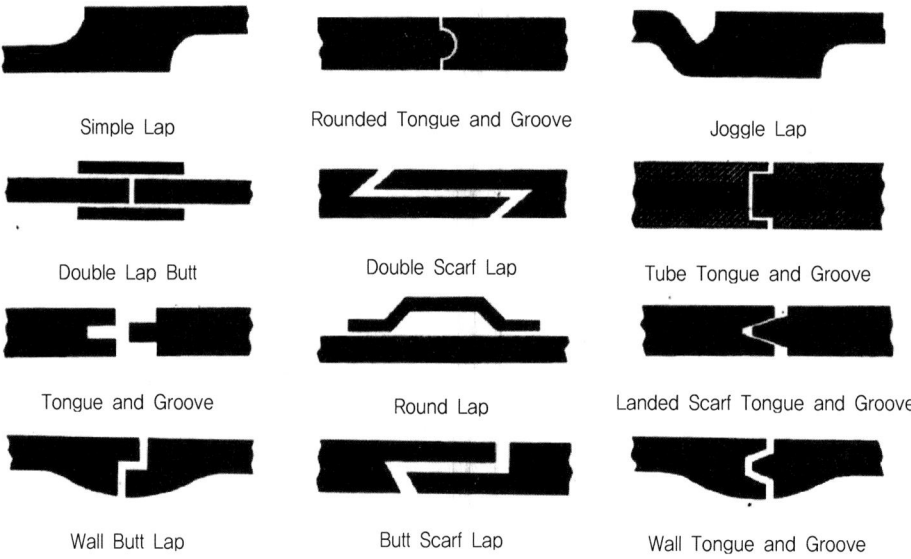

Simple Lap

Rounded Tongue and Groove

Joggle Lap

Double Lap Butt

Double Scarf Lap

Tube Tongue and Groove

Tongue and Groove

Round Lap

Landed Scarf Tongue and Groove

Wall Butt Lap

Butt Scarf Lap

Wall Tongue and Groove

2 - 12 - 5. thread - forming screw

(1) design parameters for thread—forming screws

screw size	hole size				optimum boss diameter		optimum length of engagenent[**]	
	tapered cored hole (top of hole)[*]		straight wall drilled hole					
	inch	mm	inch	mm	inch	mm	inch	mm
#4.17	0.093	2.36	0.093	2.36	0.250	6.35	0.218	5.54
#5.15	0.104	2.64	0.099	2.53	0.250	6.35	0.250	6.35
#6.13	0.112	2.84	0.109	2.77	0.280	7.11	0.281	7.14
#7.12	0.125	3.18	0.120	3.05	0.312	7.92	0.300	7.62
#8.11	0.136	3.45	0.130	3.30	0.343	8.71	0.343	8.71
#9.10	0.247	6.27	0.144	3.66	0.375	9.52	0.356	9.04
#10.9	0.162	4.11	0.157	3.99	0.406	10.31	0.375	9.52
#12.9	0.183	4.65	0.177	4.50	0.437	11.10	0.437	11.10
1/4 - 8	0.213	5.41	0.206	5.23	0.531	13.49	0.500	12.70
9/32 - 8	0.242	6.15	0.238	6.05	0.625	15.88	0.562	14.27
5/16 - 8	0.271	6.88	0.266	6.76	0.687	17.45	0.625	15.88

2 - 12 - 6. laser machining

(1) polyetherimide resin

maximum recommended cutting relationships

laser power, watts	cutting speed, in / min(cm / min)
150	35(90)
300	70(180)
500	135(340)

2 - 12 - 7. self tapping screw

(1) polyetherimide resin

insert material	ratio of wall thickness to O.D.
steel	1.0
brass	0.9
aluminum	0.8

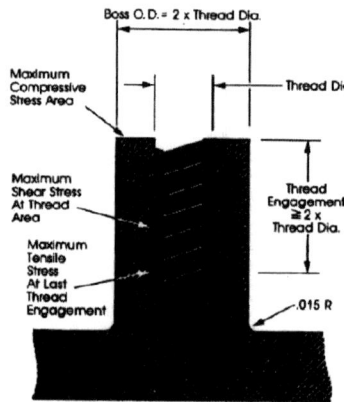

2 - 12 - 8. threaded insert

(1) polyetherimide resin

Insert Material	Ratio of Wall Thickness to O.D.
steel	1.0
Brass	0.9
Aluminum	0.8

2 - 12 - 9. ultrasonic insert

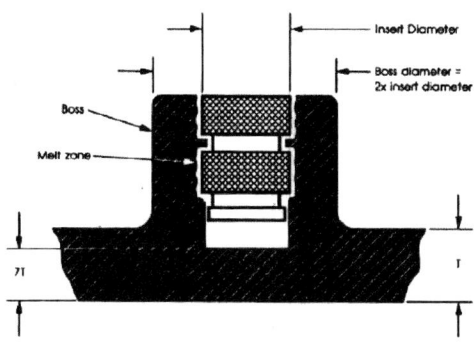

2 - 12 - 10. texture

(1) PVC resin의 texture surface에 따른 draft angle

depth of engravving, inches	minimum draft, degrees
0.001(0.025)	3
0.002(0.050)	5
0.003(0.076)	7
0.004(0.102)	9

3. 외관을 미려하게 하는 설계

3 - 1. 휨

휨의 원인은 (1) 성형수축에 의한 잔류변형, (2) 성형조건에 의한 잔류응력, (3) 이형 시의 잔류응력이다. 특히 성형수축에 의한 잔류변형은 제품현상과 수지의 종류에 의한 영향이다.

3-1-1. 평판형상의 성형품 단면과 휨 방향

- 현상

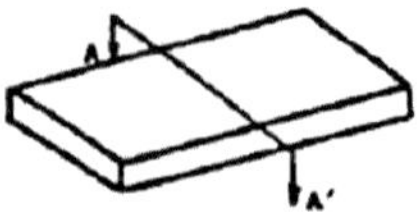

휨방향	단면 A-A′	
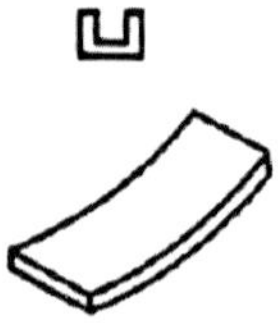	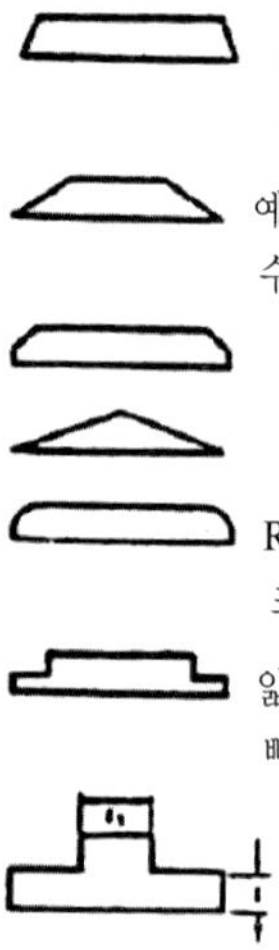 taper를 크게 취하는 경우 예각은 냉각이 빨라 수축이 작아진다. R은 각보다 수축이 크다. 얇은 두께는 냉각이 빠르다. $t < t_1$	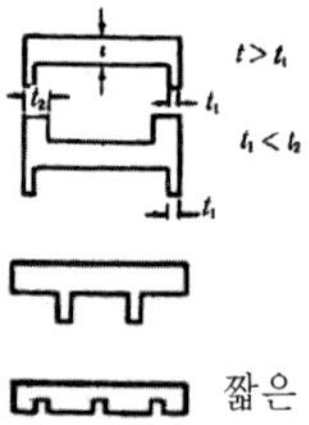 짧은 rib는 휨 대책 효과가 작다. 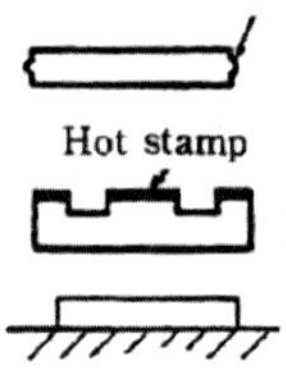 uandercut Hot stamp ejector 시에 변형 Hot stamp 시에 열에 의한 수축 두꺼운 성형품을 성형 후 작업대 상에 위치시킬 때 접촉측은 빨리 냉각한다.
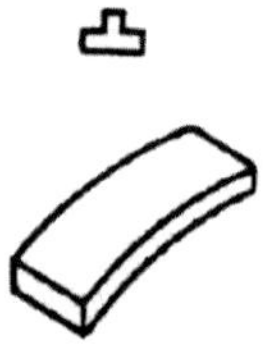	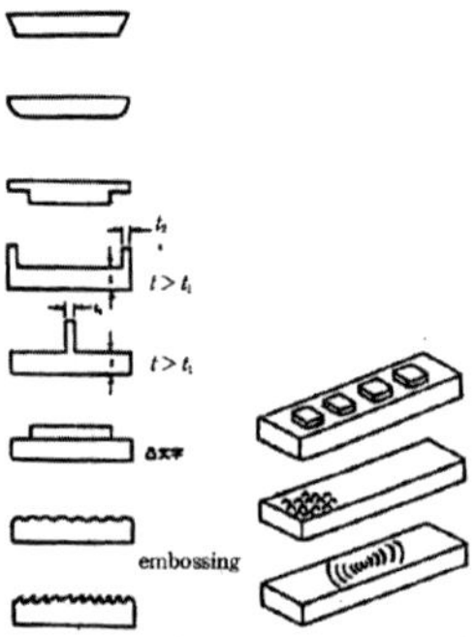 embossing 표면적이 크고 냉각이 빠르다.	
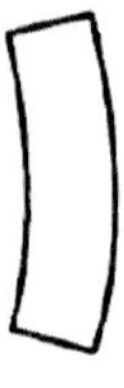	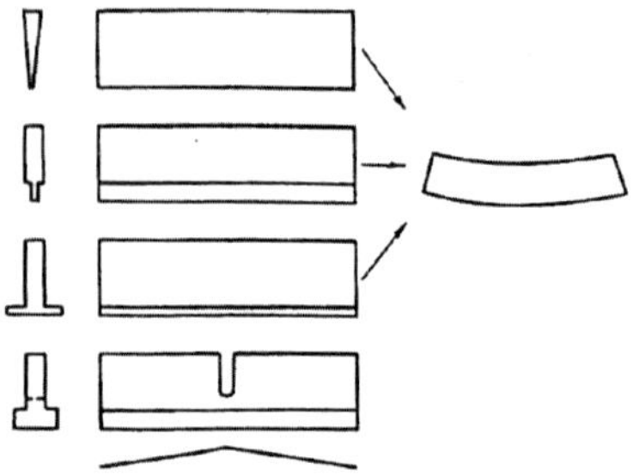	

3-1-2. 상자형상의 성형품 단면과 휨 방향

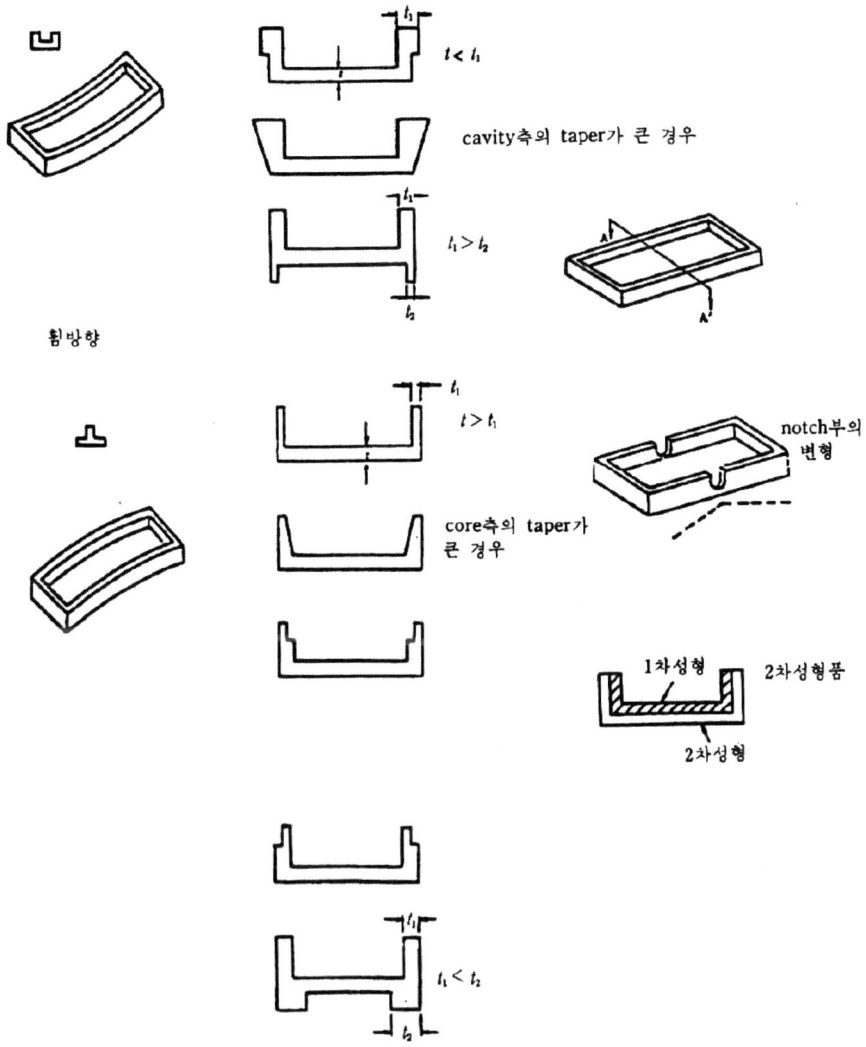

휨방향

$t < t_1$

cavity측의 taper가 큰 경우

$t_1 > t_2$

$t > t_1$

core측의 taper가 큰 경우

notch부의 변형

1차성형   2차성형품

2차성형

$t_1 < t_2$

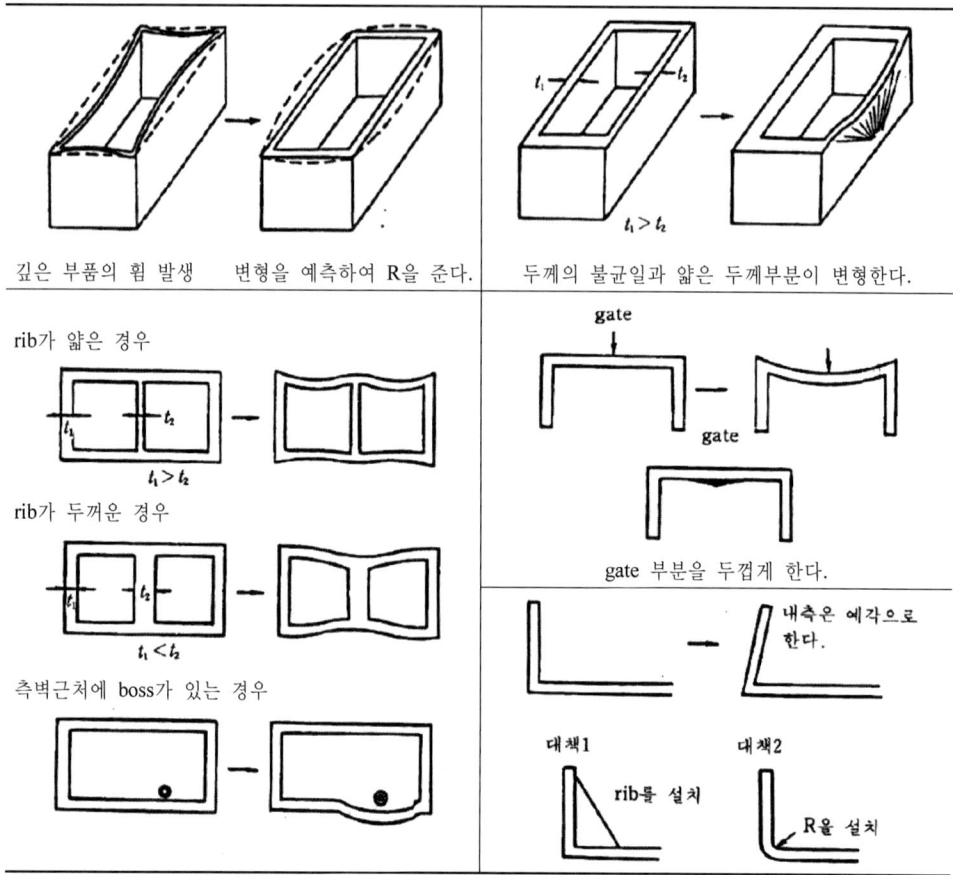

깊은 부품의 휨 발생   변형을 예측하여 R을 준다.

두께의 불균일과 얇은 두께부분이 변형한다.

rib가 얇은 경우

$t_1 > t_2$

rib가 두꺼운 경우

$t_1 < t_2$

측벽근처에 boss가 있는 경우

gate

gate

gate 부분을 두껍게 한다.

내측은 예각으로 한다.

대책1   대책2

rib를 설치   R을 설치

3-1-3. 대책

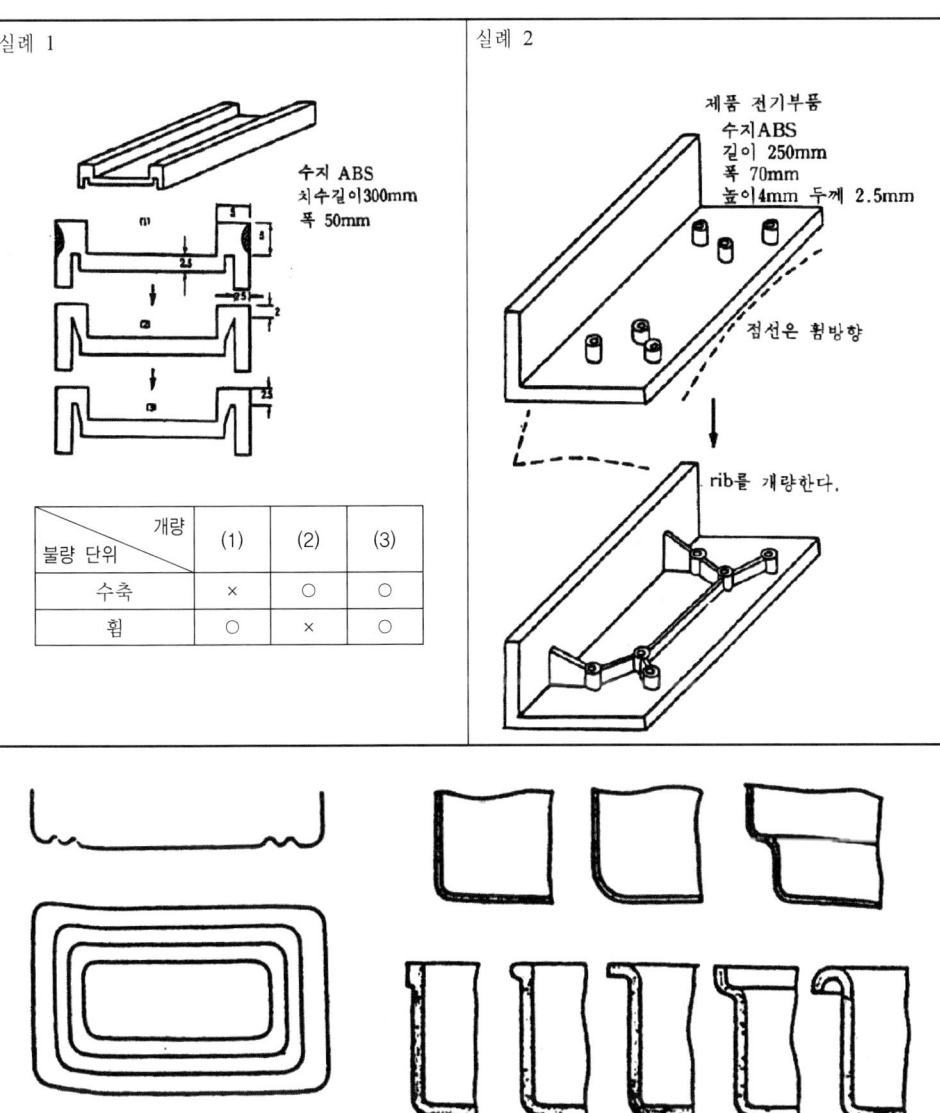

실례 1

수지 ABS
치수길이300mm
폭 50mm

개량 불량 단위	(1)	(2)	(3)
수축	×	○	○
휨	○	×	○

실례 2

제품 전기부품
수지ABS
길이 250mm
폭 70mm
높이4mm 두께 2.5mm

점선은 휨방향

rib를 개량한다.

Flangl의 보강

3-2. 수축

3-2-1. 수축의 현상

(1) 성형수축이 큰 결정성수지는 온도에 의한 비용적이 커서 변형이 크다.

(2) 금형 내의 용융수지는 표면의 냉각, 고화, 진행성 수축, 두께부 중심의 최종 흐름

(3) 수축은 두꺼운 두께

(4) 수축은 두께의 불균일

(5) 평할부의 보이는 부위 수축

(6) gate로부터 먼 지점

3-2-2. 대책

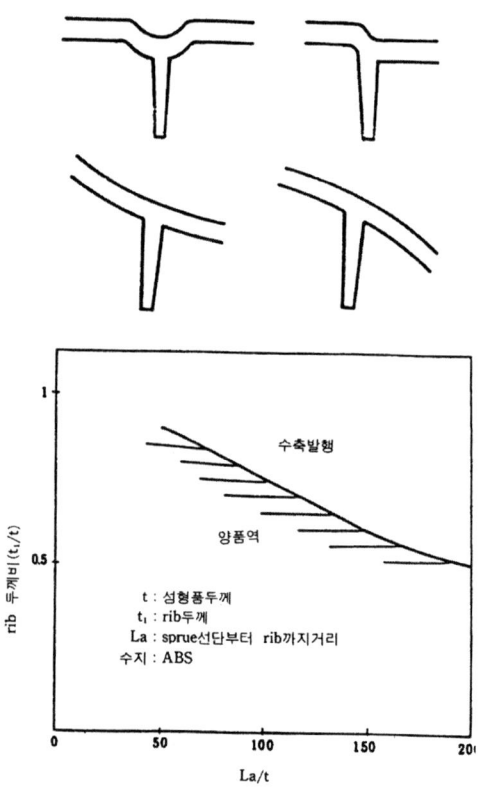

3-3. 광택불량

3-3-1. HIPS, ABS의 광택불량의 현상
(1) 두께 불균일 성형품에 두께부의 광택이 불량
(2) 성형품의 일부에 얇은 두께 부분에 gas가 발생
(3) embossing 성형품, parting부의 weld line 발생

3-3-2. 대책
(1) 금형에 균일하게 밀착되도록 두께를 균일화
(2) 수지에 함유된 첨가제의 응축물을 금형에 부착시키고 vent 설치화

3-4. flow mark

3-4-1. 현상
(1) gate부터 흐름자국의 동심원상 형상 발생
(2) 두께 변화 부분
(3) 흐름이 나쁜 재료

3-4-2. 대책
(1) 두께의 균일화
(2) 흐름이 좋은 재료로 개량

3-5. barus

3-5-1. 현상
(1) ABS, PA
(2) 얇은 두께에서 두꺼운 두께로 흐를 경우
(3) side gate

3-5-2. 대책

(1) gate 치수를 크게 한다.

(2) ABS, PA는 성형품 두께에 비하여 gate의 두께 비는 2/3 이상 필요

(3) 각종 수지의 barus 효과

barus 효과	수지
대 B > 2.5	PP, PE
중정도 1.5 < B < 2.5	PS, AS, PMMA
소 B < 1.5	ABS, nylon

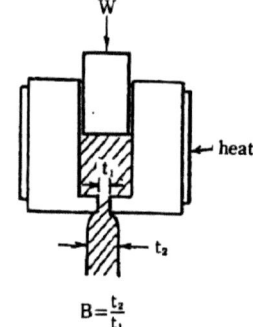

$$B = \frac{t_2}{t_1}$$

3-6. silver streak

3-6-1. 현상

(1) 발생장소가 일정하지 않다.

(2) 일정장소에 발생한다.

3-6-2. 대책

(1) 발생장소가 일정하지 않은 silver는 재료의 흡습수분분해, screw 회전 시의 공기유입 배제

(2) 발생장소가 일정한 silver는 제품 design 개선

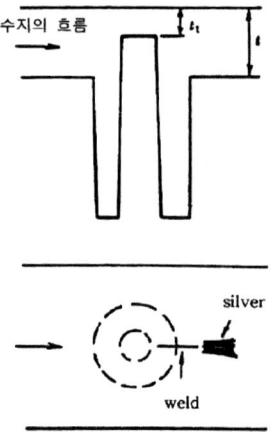

$t_1 / t = 0.3$ silver, weld

0.5 weld

0.8 양품

3-7. 기포

3-7-1. 현상
(1) POM
(2) PMMA, PC의 투명수지는 두꺼운 제품

3-7-2. 대책
(1) 장소가 불일정한 기포는 휘발분 제거
(2) 장소가 일정한 기포는 weld부의 공기 배제

3-8. 외관에 중요한 재료 및 용도에 대한 고려

3-8-1. 도금품의 양부
① 두께의 변화

② gate 및 sprue, runner

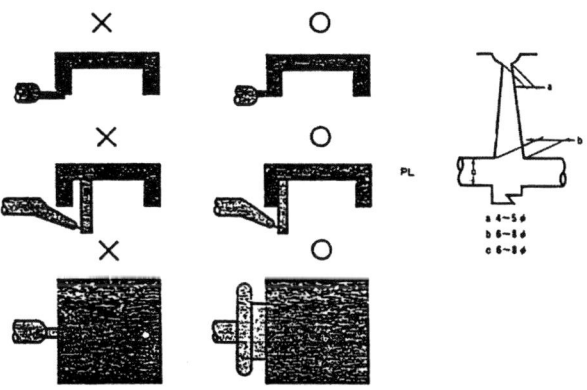

③ weld

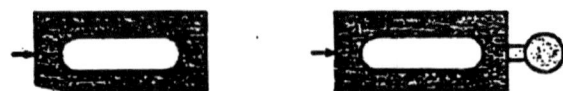

④ design

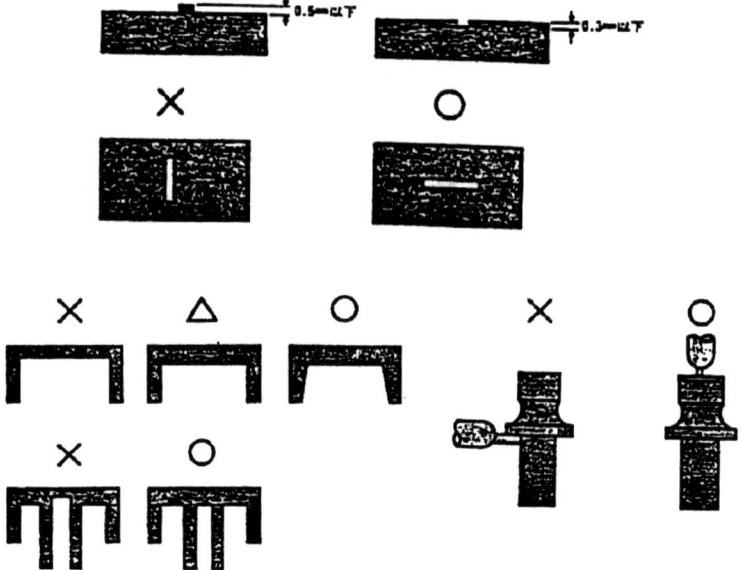

3-9. 도금부품의 design과 불량 현상

3-9-1. 형상요인과 불량 현상

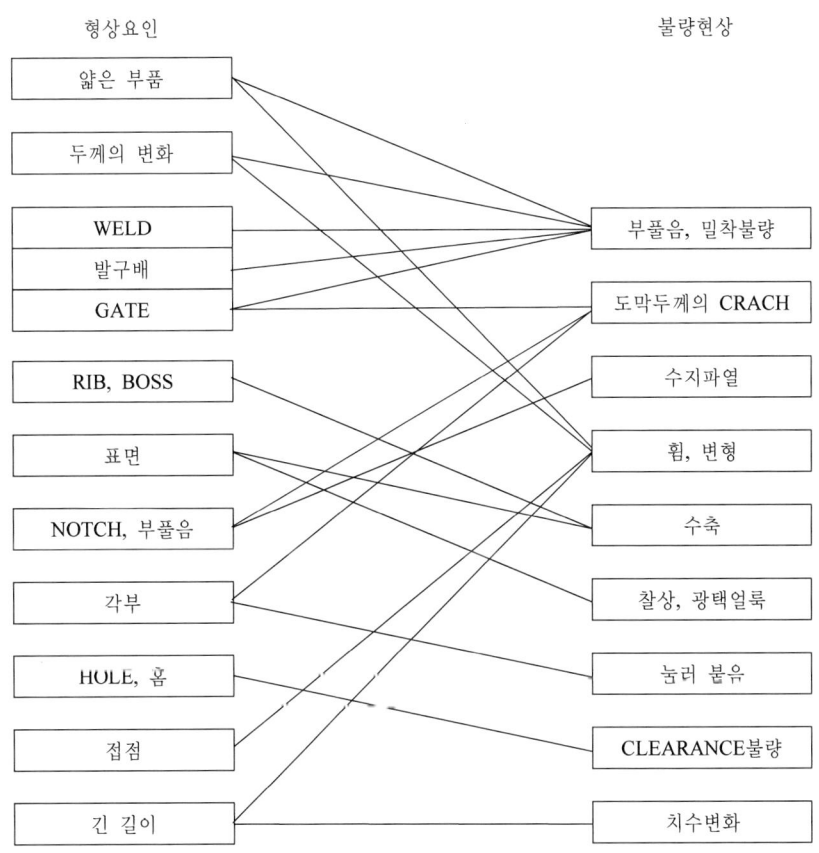

형상요인   불량현상

- 얇은 부품
- 두께의 변화
- WELD / 발구배 / GATE
- RIB, BOSS
- 표면
- NOTCH, 부풀음
- 각부
- HOLE, 홈
- 접점
- 긴 길이

- 부풀음, 밀착불량
- 도막두께의 CRACH
- 수지파열
- 휨, 변형
- 수축
- 찰상, 광택얼룩
- 눌러 붙음
- CLEARANCE불량
- 치수변화

3-9-2. 도금두께의 분포

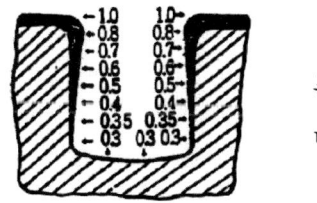

폭 / 깊이 = 0.85

단위 1 / 1000

3-10. 제품 design의 check list

3-10-1. 사용수지에 관하여

(1) 사용하는 수지

(2) 결정성수지, 비결정성수지

(3) 투명, 불투명

(4) 명판 부착 여부

(5) 충진제 함유 재료(glass섬유, talk)

(6) 요구특성(강도, 내열, 내약품성) 만족 여부

(7) 성형수축률

(8) 유동성 L / t에 의한 설계 여부

(9) 광택 여부 및 성형조건 변화 여부

(10) 색상 지정 여부

(11) metalic색의 재료, flow mark, weld 한계 여부

(12) 발포재료의 외관

3-10-2. 구조에 관하여

(1) 성형품의 용도, 사용 방법, 기능

(2) 형합 방법

(3) 형상의 단순화 여부

(4) 기본 두께

(5) 하중, 부분적인 응력 집중

(6) R

(7) 도장품, 도금품의 충격 강도

(8) 유사한 예

3-10-3. 요구 특성에 관하여

(1) 온도, 사용온도, 두께의 설정과 변형 방지책

ⓐ 연속 사용 한계온도(열열화)

ⓑ 변형하는 최고온도(이상 승온 시의 열변형)

ⓒ 응력하의 변형온도

ⓓ 금속취부상태의 열팽창 차에 의한 변형온도

ⓔ 최저온도(비화온도)

(2) 하중

ⓐ 필요강도

ⓑ 이상 시의 충돌, 낙하, 피로파괴, creep

(3) 내약품성

ⓐ 기름, 용제, 산, 알칼리의 약품 접촉

ⓑ LDPVC와 접촉 insert, gate부 boss

(4) 정도

ⓐ 허용공차

ⓑ 두께 및 형상에 의한 성형수축률의 차이

ⓒ 휨에 대한 형상

(5) 내구성

ⓐ 내구기간

ⓑ 내후성, 내광성 필요 여부

ⓒ 경시변화에 의한 강도 저하, 외관 변색(변색, 광택) 두께 여부

3 - 10 - 4. 외관에 대하여

(1) 형상 최적설계

ⓐ parting ling

ⓑ 금형 core선

ⓒ 발구배

ⓓ 두께

ⓔ R

ⓕ undercut

    ⓖ rib

    ⓗ boss

(2) 색

    ⓐ 흑색

    ⓑ 투명은 두께 차로 색차

    (3) 표면다듬질

    ⓐ embossing가공의 구배

    ⓑ hot stamping 고려 여부

    ⓒ 인쇄 고려 여부

    ⓓ 도장 고려 여부

    ⓔ 도금 고려 여부

3-10-5. 경제성에 관하여

(1) 희망하는 중량

(2) 제품의 경량화

(3) 현행 부품 cost

(4) 조립부품의 삭감과 취부 cost 절감

(5) 접착 방법

4. 외관정도 향상의 금형

4-1. 일반적인 외관불량을 방치하는 금형의 기본적 대응

4-1-1. 금형강도

(1) 다수개취 금형은 cavity의 배치를 compact로 배치

(2) space block의 span은 단거리 설정

(3) back plate 두께는 여유 있는 두께로 설정

(4) 강도 취약 부분은 support pin 설정

(5) rocket ring경 내의 제품 투영 면적이 큰 경우는 고정 측 취부 plate의 여유

(6) cavity, core 부분은 HRC 50 이상 정도의 열처리 재질을 사용

HRC 경도		HRC 경도	
SKS – 2	59~61	PDS – 5	33
SKS – 3	58~60	NAK – 55	40
SKD – 61	50~53	HPM – 1	38
SKD – 11	60~62		
* SUS – 440C	58~61	* 금형부식 대책 시에 사용	
* SUS – 420J2	50~54		
MAS – 1	50~52		

4-1-2. 이형 대책

(1) 성형수축률이 1.5% 이상인 POM, PBT, PP, PE 수지는 수축 방향의 면적비, 면조도를 중심으로 PL면 설정, cavity 분할을 행할 필요가 있다.

(2) 성형수축률이 0.8~1.5% 정도의 PA6, PA66, PA12 수지는 내외 양연의 면적비, 면조도를 고려할 필요가 있다.

(3) 수축률이 0.8% 이하의 비결정성 수지는 팽창방향의 면적비, 면조도를 중심으로 PL면 설정: cavity 분할을 행힐 필요기 있다.

4-1-3. 성형기의 설정과 금형 size

(1) 대형 성형기로 성형할 시의 demerit

　ⓐ 성형 cycle이 길어진다.

　ⓑ 금형파손율이 많아진다.

　ⓒ energy cost가 높아진다.

　ⓓ 성형준비에 요하는 시간이 길어진다.

(2) 성형기 설정

　ⓐ 제품의 투영면적

　　side gate, surbmarin gate, runner의 투영면적을 포함시킨다.

ⓑ 최대 cavity 내압

　　설정 사출 압력의 85～100%(고속충진성형 경우)

　　설정 사출 압력의 40～60%(저속충진성형 경우)

ⓒ 필요 사출 용량

　　최대 사출 용량의 30～70% 범위 내로 해야 한다.

4-1-4. 금형온도 조절 및 온도 확인

(1) heat로 온도 조절을 행할 경우

ⓐ 다수 heat 사용

ⓑ 온도 sensor, 온도계 병용 사용, 고정, 가동, 단독의 온도 조절을 행한다.

4-2. 구체적인 외관불량에 대한 금형 대책

4-2-1. burr

(1) 일반적으로 육안으로 판단하는 burr

ⓐ 양측정 10～30µ 정도의 burr는 곤란하다.

ⓑ 표면광택 flow mark, weld line, 치수 정도를 향상하기 위하여 저속충진
이 바람직하다.

ⓒ 표면의 burr, 변형 측정 data

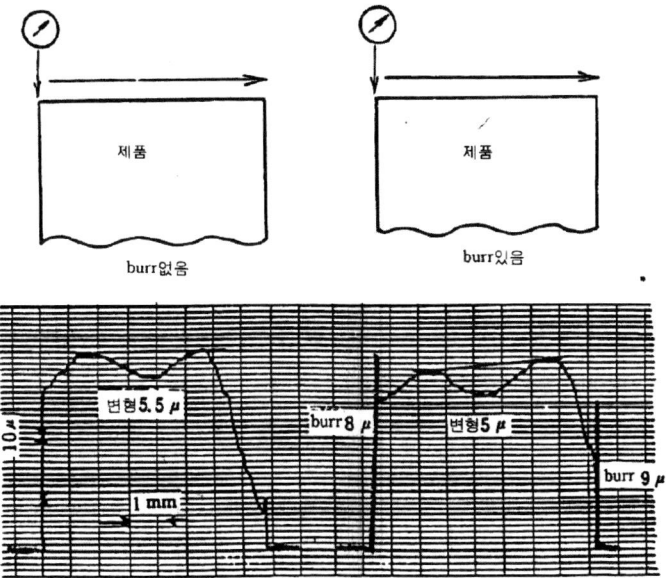

제품　　　　　　　　　제품

burr없음　　　　　　　　burr있음

변형5.5 μ　　　burr 8 μ　　변형5 μ

10¹

1 mm　　　　　　　　　　　burr 9 μ

(2) 형체 방향에 원인이 있는 burr

　ⓐ 금형의 긴 방향 치수 불량

　ⓑ back plate 및 rocket ring경 내부의 강도 부족

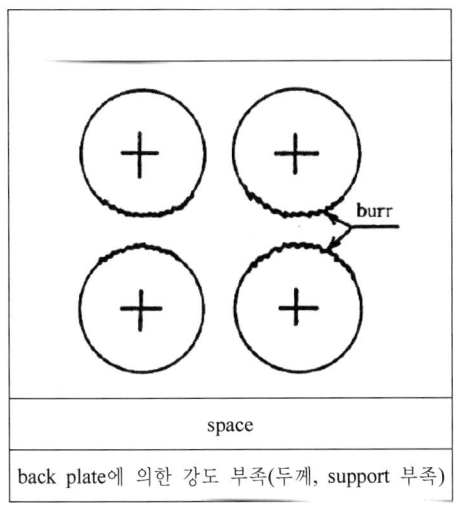

burr

space

back plate에 의한 강도 부족(두께, support 부족)

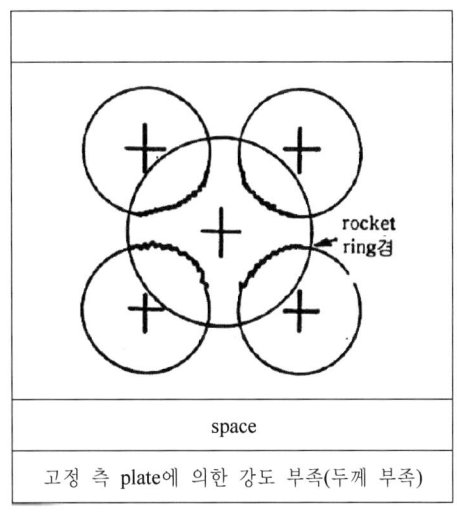

rocket
ring경

space

고정 측 plate에 의한 강도 부족(두께 부족)

ⓒ 가공 치수 불량

　ⓓ 특수한 예로 1300kg / ㎠ 이상 고압사출 및 고속사출 경우에 금형재 경
　　도가 떨어져 발생한다.

(3) 금형 측에 burr 발생 방지의 구체적 대응

　ⓐ 금형 강도가 높은 재질 선정

　ⓑ cavity core의 가공정도가 높고 각 core의 clearance를 진원도, taper, 평
　　면도, 각도 등을 포함하여 max 5μ 정도 이하

　ⓒ parting 부위, cavity core와 접촉면의 면 정도를 0.5S 이하

　ⓓ cavity core 재질은 최저한 HRC 50 이상 정도의 경도

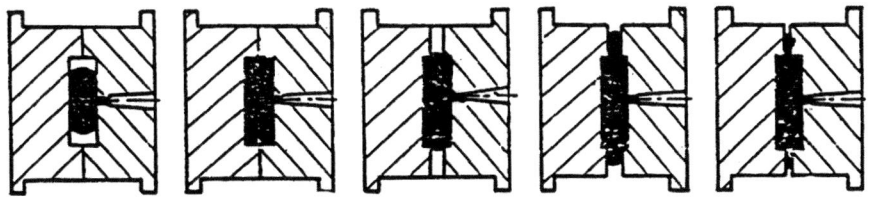

형체방향에 발생하는 경우

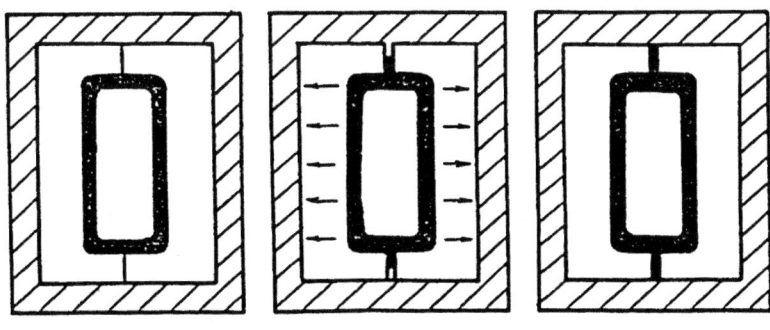

cavity면에 발생하는 경우

4 – 2 – 2. short shot

(1) 금형 측에 원인이 있는 경우

ⓐ 제품의 두께가 얇고 유동거리(L / t)가 크다.

ⓑ sprue, runner가 적다.

ⓒ gate 단면적이 작다.

ⓓ airvent가 없다.

ⓔ 금형강도, 가공정도의 문제로 성형조건의 폭을 한정한다.

ⓕ air 도피 장소에 gate 설정한다.

ⓖ 다수개취금형에 runner 거리 및 size, gate 단면적 및 land, gate 설정부의 제품두께 등에 차가 있다.

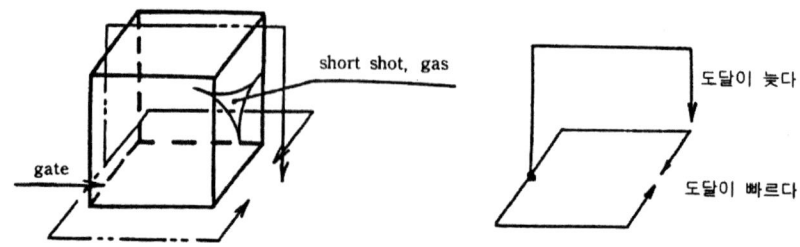

4-2-3. weld line

(1) 고형온, 고속도충진을 행하면 효과적이다.

(2) 금형강도, 가공정도가 높고 air vent를 설치

(3) 수지의 유동 방향에 두께 차가 있는 경우는 구배로 두께 차를 서서히 한다.

4-2-4. flow mark

(1) side gate 경우에 수지의 유동이 직선상의 말단에 위치 원인

ⓐ flow mark가 있는 경우   ⓑ flow mark가 없는 경우

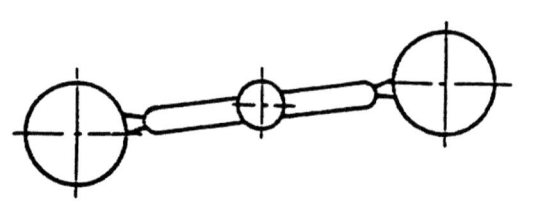
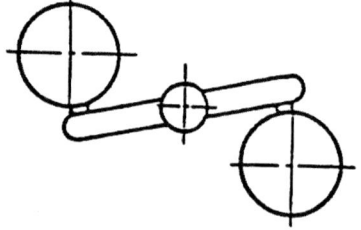

(2) runner 내의 유동 시에 수지의 냉각 원인

(3) side gate 경우에 두께가 얇은 단면적 원인

(4) pin gate 경우는 gate land를 작게

(5) cold sulg well 설치

(6) gate 통과 직후에 제품의 외관 장애물에 충돌 때문

4 - 2 - 5. jetting

(1) runner size는 충분한 여유를 유지하는 size로 한다.

(2) gate는 유입저항, 전단발열로 기인하기 때문에 얇은 gate로 한다.

4 - 2 - 6. vent

(1) 말단부에 air vent 5 ~ 10μ 정도 다수 설정

(2) 제품형상의 2 ~ 3mm 외측에 깊이 30 ~ 100μ 정도

4 - 2 - 7. 은조

(1) 은조 발생 원인

    ⓐ 건조부족의 수분 영향

    ⓑ 수지의 over heat에 의한 분해

    ⓒ 성형기 cylinder 내의 공기 유입

     V: 건조기 필요용량(kg)

     W: shot중량(gr)

     T: 필요건조시간(hr)

     t: 성형 cycle(s)

$$V = W \times \frac{3600 \times T}{t} \times 10$$

(2) 은조 방지 대책

    ⓐ gate 단면적을 작게 한다.

    ⓑ cavity 내의 수지 유동 말단에 over flow 설치

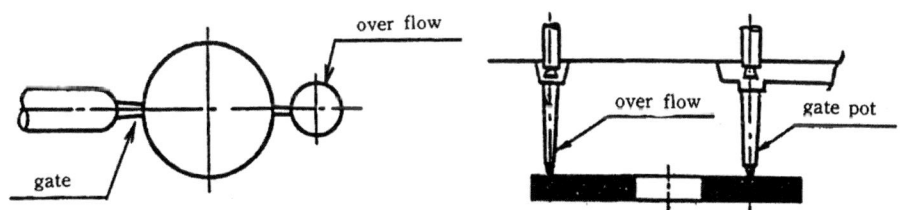

ⓒ cavity를 흐름 직전방향에 설정

cavity를 흐름 직전방향에 설정

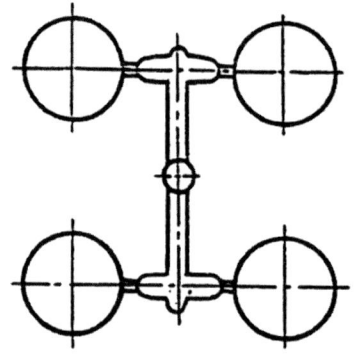

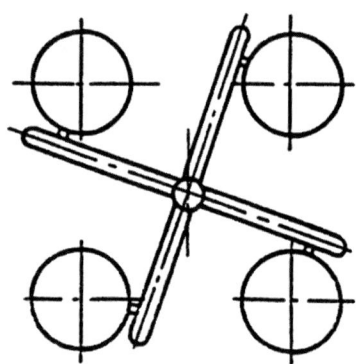

나쁜 설정

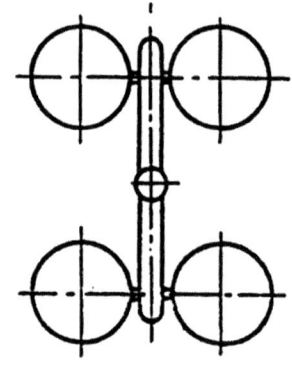

좋은 설정

4-2-8. 수축

(1) 발생 원인

ⓐ cavity 내압 부족

ⓑ gate 부분의 역류

ⓒ cavity 내 수지의 고온

(2) 대책

ⓐ gate 위치는 제품의 최대 두께 부위, 최대 두께의 50% 이상의 두께 부위
에 설정

ⓑ gate경 및 두께를 최대 두께의 50~80% 정도 설정

ⓒ high cycle 경우는 최대 두께의 35~60% 정도의 gate경을 설치

runner size와 수지 유동 거리

runner 두께	최고 유동 거리
1mm	80mm
2mm	180mm
3mm	320mm
4mm	50mm
5mm (사다리 runner)	740mm 90°굽힘으로 1회 15~20mm로 한다.

POM 수지
금형온도: 70~80℃
사출속도: 190~210℃
사출압력: 1000kg / ㎠
사출률: 60㎝ / sec

4-2-9. crack

(1) 발생원인

ⓐ 제품의 notch 부위

ⓑ weld 부분

ⓒ gate 부분

ⓓ ejector pin 주변

(2) 대책

ⓐ 제품의 notch 부분에 두께익 50~80% 정도 R 또는 C 설정

ⓑ 얇은 두께 방향에 gate 설정을 피한다.

ⓒ 흐름 최종단에 over flow 설정

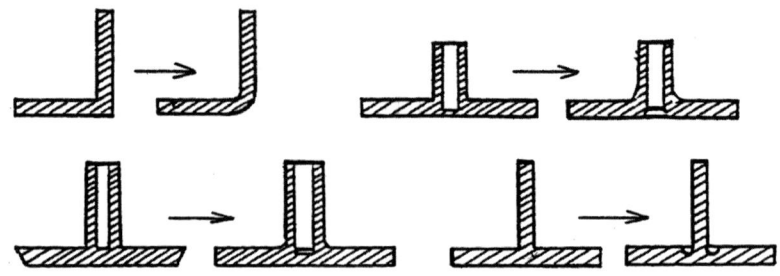

ⓓ air vent 설정

ⓔ pin point gate 및 surbmarin gate 설정

ⓕ under cut 배제

5. 외관 향상을 위한 성형조건과 성형기의 기능

5-1. 외관불량의 요인과 대책

5-1-1. cavity 내의 충진공전 중 skin층의 상태

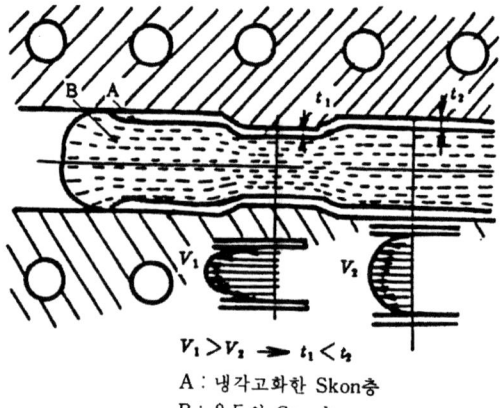

$V_1 > V_2 \Rightarrow t_1 < t_2$

A : 냉각고화한 Skon층
B : 유동의 Core측

일반적으로 충진 중의 skin층의 두께는 0.1∼0.3㎜ 정도이며 고속사출 경우는

0.1㎜ 이하, 저속사출 경우는 수㎜이다.

5 - 1 - 2. short shot

(1) short shot에 의한 압력측정치

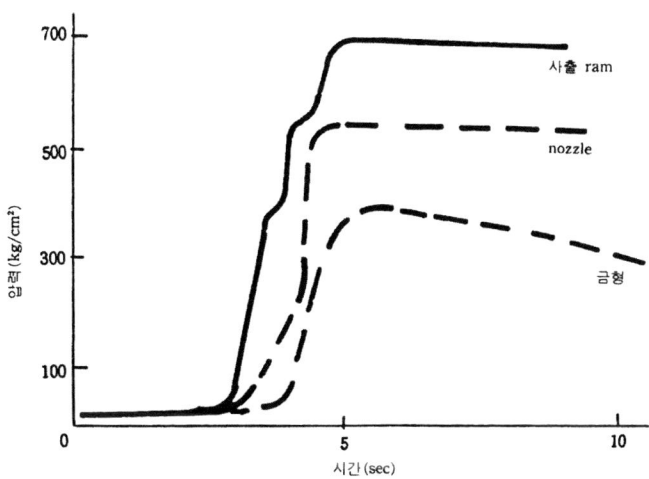

5 - 1 - 3. burr(flash)

(1) 사출속도의 pattern 예

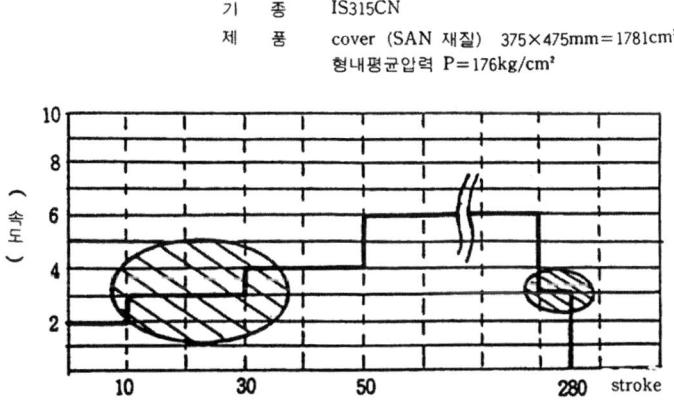

5 - 1 - 4. sink mark

(1) 다단보압제어의 pattern 예

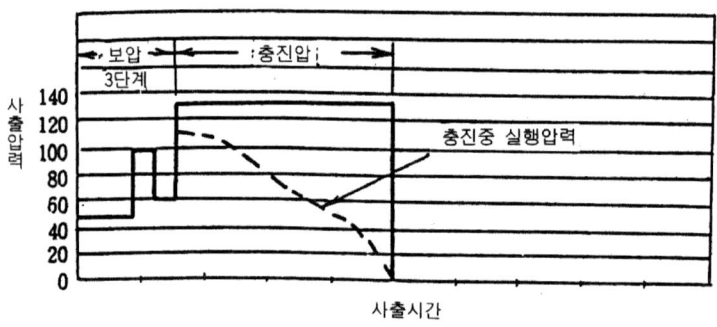

(2) 용융 plastic의 압력과 용적의 관계

  ⓐ spencer의 상태 방정식

   $(P + \pi)(V - W) = R$

   P: 압력

   $\pi \cdot W \cdot R2$

  ⓑ 사출보압과제

   POM 수지

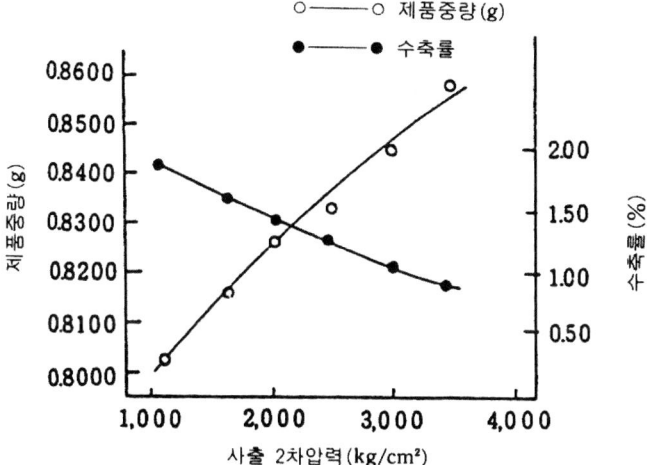

성형품…원통 $\phi 11 \times \phi 8 \times 15mm$

5 - 1 - 5. silver streak

(1) 건조 불충분한 SAN 수지의 배압 효과와 은조 발생분

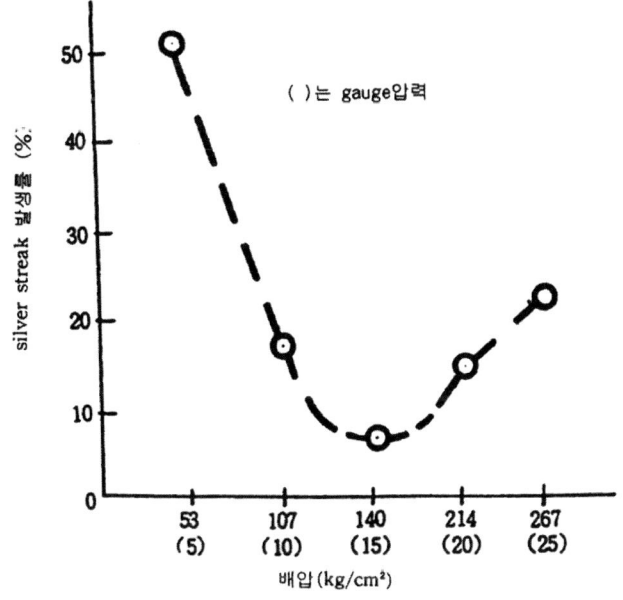

제7장
치수정밀도의 불량과 변형대책

1. 치수측정의 요점

1-1. 성형품의 치수계측 목적

(1) 요구하는 치수정도를 확인한다.

(2) 성형품의 치수상태를 검토하여 공정의 개선을 위한 관리치수를 정한다.

(3) 금형치수와 대비한 금형수정의 기준에 둔다.

1-2. 측정기기와 측정방법의 선정

(1) 내경

① 성형품의 형상 model 도형

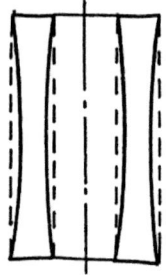

② 내경의 X-Y 단면형상의 model

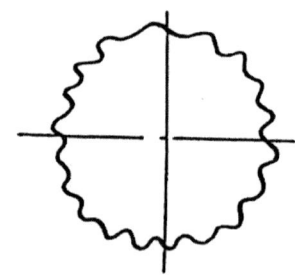

③ 최소경의 판정

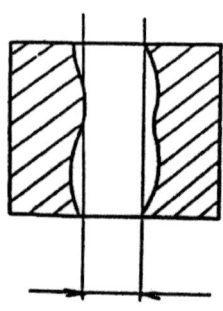

④ 최소경의 판정

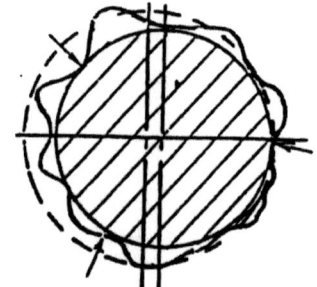

⑤

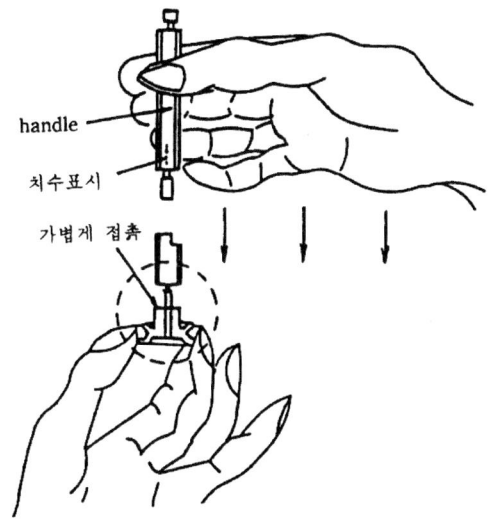

handle
치수표시
가볍게 접촉

(2) 면진

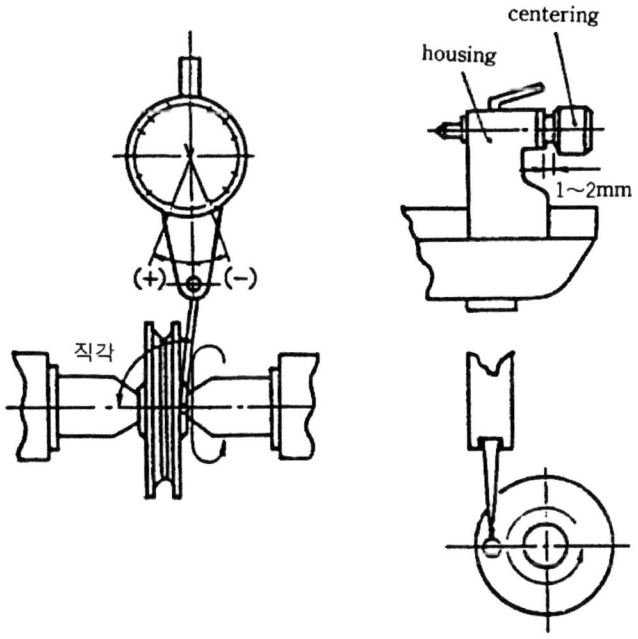

centering
housing
1~2mm
(+) (−)
직각

(3) 심진

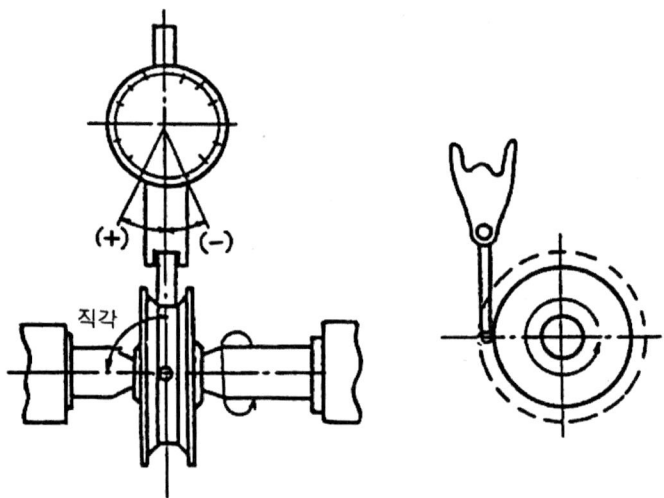

2. 기하공차의 도시방법

2-1. 기하공차의 종류와 그 기호

기하공차의 종류와 그 기호는 KS B0608 – 1987에 의한다.

2-1-1. 기하공차의 종류와 그 기호

적용하는 형체	공차의 종류		기 호	비 고
단독 형체	모양 공차	진직도 공차	—	
		평면도 공차	▱	
		진원도 공차	○	
		원통도 공차	⌭	
단독 형체 또는 관련 형체		선의 윤곽도 공차	⌒	
		면의 윤곽도 공차	⌓	
관련 형체	자세 공차	평행도 공차	//	
		직각도 공차	⊥	
		경사도 공차	∠	
	위치 공차	위치도 공차	⊕	
		동축도 공차 또는 동심도 공차	◎	
		대칭도 공차	⚎	
	흔들림 공차	원주 흔들림 공차	↗	
		온 흔들림 공차	⤢	

2-1-2. 부가 기호

	표시히는 내용	기 호(1)	비 고
공차붙이 형체	직접 표시하는 경우	⊥	
	문자기호에 의하여 표시하는 경우	A / A	
데이텀	직접 표시하는 경우	◣	
	문자기호에 의하여 표시하는 경우	A / A	
데이텀 타깃 기입틀		Φ2 / A1	
이론적으로 정확한 치수		50	
돌출 공차역		Ⓟ	
최대 실체 공차 방식		Ⓜ	

주(1) 기호란 중의 문자기호 및 수치는 P, M을 제외하고 한 보기를 나타낸다.

2-2. 기하공차의 공차역의 정의 및 도시보기와 그 해석

공차역의 정의란에서 사용하고 있는 선은 다음의 뜻을 나타내고 있다.

굵은 실선 또는 파선: 형체

가는 1점 쇄선: 중심선

굵은 1점 쇄선: 데이텀

가는 2점 쇄선: 보충하는 투상면 또는 절단면

굵은 2점 쇄선: 보충하는 투상면 또는 절단면에의 형체의 투상

공차역의 정의	도시보기와 그 해석
1. 직직도 공차	
(1) 선의 직각도 공차	
공차역은, 한 개의 평면에 투상되었을 때에는, t만큼 떨어진 두 개의 평행한 직선 사이에 끼인 영역이다. 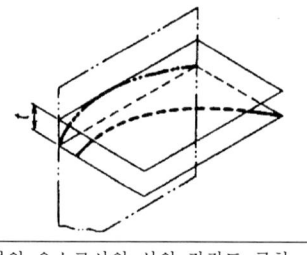	지시선의 화살표로 나타낸 직선은, 화살표 방향으로 0.1 mm만큼 떨어진 두 개의 평행한 평면 사이에 있어야 한다. 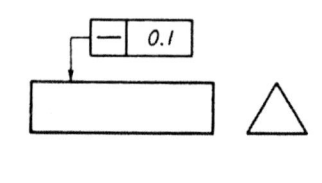
(2) 표면의 요소로서의 선의 진직도 공차	
공차역은, 지정된 방향의 절단면 내에서 t만큼 떨어진 두 개의 평행한 직선 사이에 끼인 영역이다. 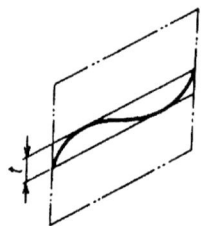	지시선의 화살표로 나타낸 면을, 공차기입틀을 표시한 도형의 투상면에 평행한 임의의 평면으로 절단했을 때, 그 절단면에 나타난 선이, 화살표 방향으로 0.1mm만큼 떨어진 두 개의 평행한 직선 사이에 있어야 한다. 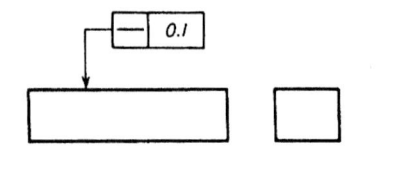

p

특히 축 대칭물의 형체에 대하여는, 그 축선을 포함하는 평면 위에 있어서의 것이다.

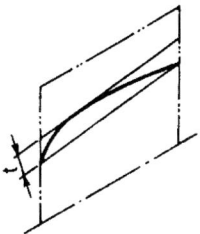

지시선의 화살표로 나타내는 원통면 위의 임의의 모선은, 그 원통의 축선을 포함하는 평면 내에 있어서 0.1mm만큼 떨어진 두 개의 평행한 직선 사이에 있어야 한다.

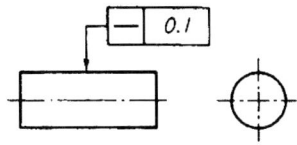

지시선의 화살표로 나타내는 원통면의 임의의 모선 위에서 임의로 선택한 길이 200mm의 부분은 축선을 포함하는 평면 내에 있어서 0.1mm만큼 떨어진 두 개의 평행한 직선 사이에 있어야 한다.

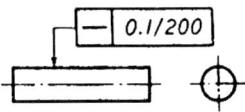

공차역의 지정이 서로 직각인 두 방향에서 실시되고 있는 경우에는, 이 공차역은 단면 $t_1 \times t_2$의 직6면체 안의 영역이다.

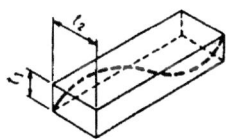

공차역을 표시하는 수치 앞에 기호 Φ가 붙어 있는 경우에 이 공차역은 지름 t의 원통 안의 영역이다.

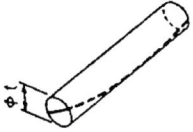

이 각봉의 축선은, 지시선의 화살표로 나타내는 방향으로 각각 0.1mm 및 0.2mm의 나비를 갖는 직6면체 내에 있어야 한다.

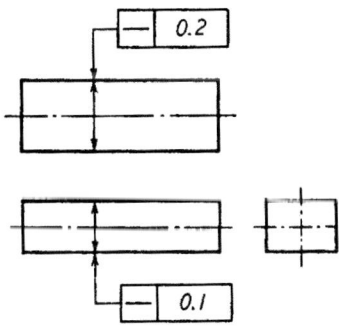

원통의 지름을 나타내는 치수에 공차 기입틀이 연결되어 있는 경우에는, 그 원통의 축선은 지름 0.08mm의 원통 내에 있어야 한다.

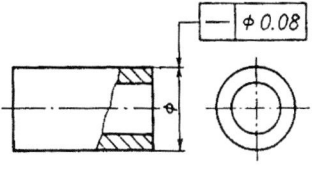

2. 평면도 공차

공차역은 t만큼 떨어진 두 개의 평행한 평면 사이에 끼인 영역이다.

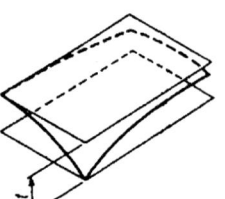

이 표면은 0.08mm만큼 떨어진 두 개의 평행한 평면 사이에 있어야 한다.

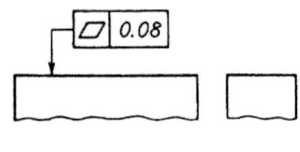

3. 진원도 공차

대상으로 하고 있는 평면 내에서의 공차역은 t만큼 떨어진 두 개의 동심원 사이의 영역이다.

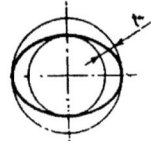

바깥지름면의 임의의 축직각 단면에 있어서의 바깥둘레는, 동일 평면 위에서 0.03mm만큼 떨어진 두 개의 동심원 사이에 있어야 한다.

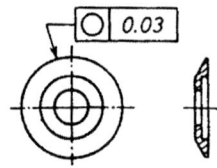

임의의 축직각 단면에 있어서의 바깥둘레는 동일 평면 위에서 0.1mm만큼 떨어진 두 개의 동심원 사이에 있어야 한다.

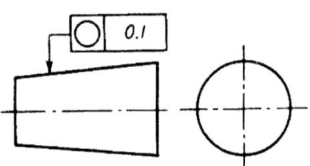

4. 원통도 공차

공차역은 t만큼 떨어진 두 개의 동축원통면 사이의 영역이다.

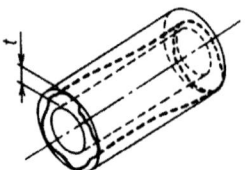

대상으로 하고 있는 면은, 0.1mm만큼 떨어진 두 개의 동축원통면 사이에 있어야 한다.

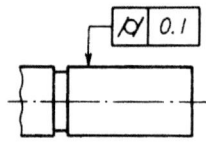

5. 선의 윤곽도 공차

(1) 단독형체의 선의 윤곽도 공차

공차역은, 이론적으로 정확한 윤곽선 위에 중심을 두는 지름 t의 원이 만드는 두 개의 포락선 사이에 끼인 영역이다.

투상면에 평행한 임의의 단면에서 대상으로 하고 있는 윤곽은, 이론적으로 정확한 윤곽을 갖는 선 위에 중심을 두는 지름 0.04mm의 원이 만드는 두 개의 포락선 사이에 있어야 한다.

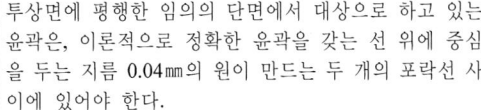

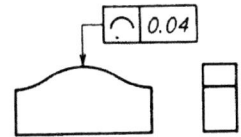

(2) 관련형체의 선의 윤곽도 공차

공차역은 데이텀에 관련하여 이론적으로 정확한 윤곽선 위에 중심을 두는 지름 t의 원이 만드는 두 개의 포락선 사이에 끼인 영역이다.

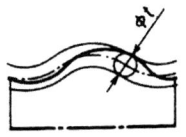

투상면에 평행한 임의의 단면에서 대상으로 하고 있는 윤곽은, 데이텀 평면 A에 관련하여 이론적으로 정확한 윤곽을 갖는 선 위에 중심을 두는 지름 0.04mm의 원이 만드는 두 개의 포락선 사이에 있어야 한다.

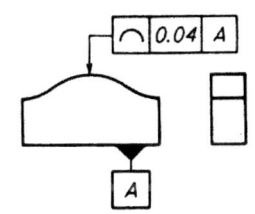

6. 면의 윤곽도 공차

(1) 단독형체의 면의 윤곽도 공차

공차역은 이론적으로 정확한 윤곽면 위에 중심을 두는 지름 t의 구가 만드는 두 개의 포락면 사이에 끼인 영역이다.

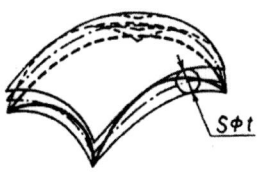

대상으로 하고 있는 면은, 이론적으로 정확한 윤곽을 갖는 면 위에 중심을 두는 지름 0.02mm의 구가 만드는 두 개의 포락면 사이에 있어야 한다.

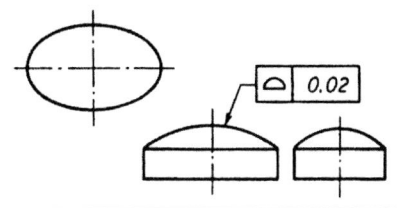

(2) 관련형체의 면의 윤곽도 공차

공차역은 데이텀에 관련하여 이론적으로 정확한 윤곽면 위에 중심을 두는 지름 t의 구가 만드는 두 개의 포락면 사이에 끼인 영역이다.

대상으로 하고 있는 면은, 데이텀 A에 관련하여 이론적으로 정확한 윤곽을 갖는 면 위에 중심을 두는 지름 0.02mm의 구가 만드는 두 개의 포락면 사이에 있어야 한다.

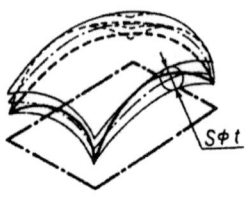

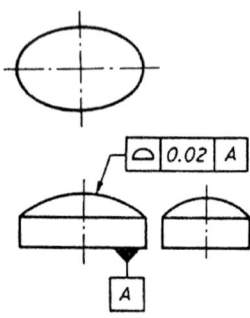

7. 평행도 공차

(1) 데이텀 직선에 대한 선의 평행도 공차

공차역은, 한 개의 평면에 투상되었을 때에는 데이텀 직선에 평행하고 t만큼 떨어진 두 개의 평행한 직선 사이에 끼인 영역이다.

지시선의 화살표로 나타내는 축선은, 데이텀 축직선 A에 평행하고 또한, 지시선의 화살표 방향(수직한 방향)에 있는 0.1mm만큼 떨어진 두 개의 평면 사이에 있어야 한다.

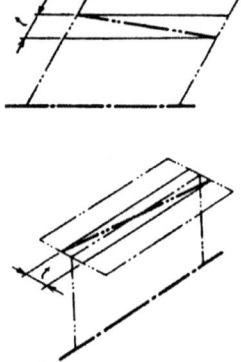

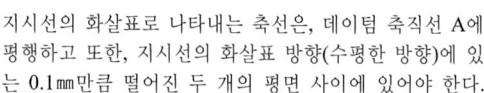

지시선의 화살표로 나타내는 축선은, 데이텀 축직선 A에 평행하고 또한, 지시선의 화살표 방향(수평한 방향)에 있는 0.1mm만큼 떨어진 두 개의 평면 사이에 있어야 한다.

공차의 지정이 서로 직각인 두 개의 평면에서 실시되고 있는 경우에는 이 공차역은 단면이 $t_1 \times t_2$이고, 데이텀 직선에 평행한 직6면체 안의 영역이다.

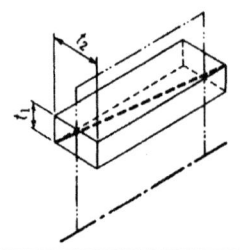

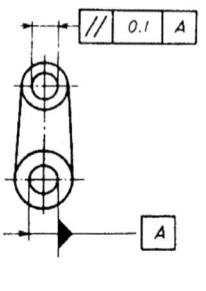

공차를 나타내는 수치 앞에 기호 Φ가 붙어 있는 경우에는 이 공차역은 데이텀 직선에 평행한 지름 t의 원통 안의 영역이다.

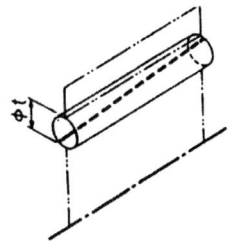

지시선의 화살표로 나타내는 축선은 각각의 지시선의 화살표 방향, 즉 수평방향으로 0.2mm, 수직방향으로 0.1mm의 나비를 갖고 데이텀 축직선 A에 평행한 직6면체 내에 있어야 한다.

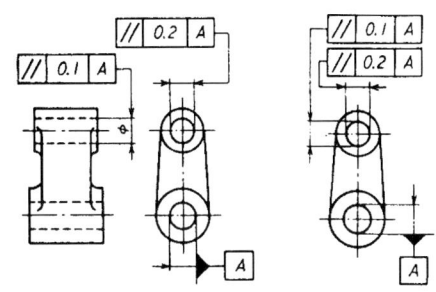

지시선의 화살표로 나타내는 축선은 데이텀 축직선 A에 평행한 지름 0.03mm의 원통 내에 있어야 한다.

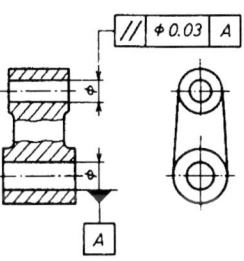

(2) 데이텀 평면에 대한 선의 평행도 공차

공차역은 데이텀 평면에 병행하고 서로 t만큼 떨어진 두 개의 평행한 병면 사이에 끼인 영역이다.

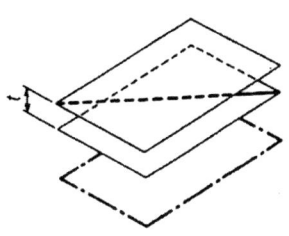

지시선의 화살표로 나타내는 축선은 데이텀 평면 B에 평행하고, 또한, 지시선의 화살표 방향으로 0.01mm만큼 떨어진 두 개의 평면 사이에 있어야 한다.

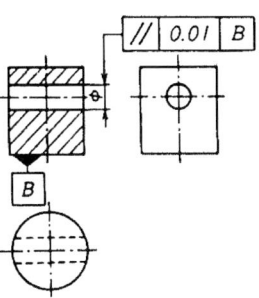

(3) 데이텀 직선에 대한 면의 평행도 공차

공차역은 데이텀 직선에 평행하고 t만큼 떨어진 두 개의 평행한 평면 사이에 끼인 영역이다.	지시선의 화살표로 나타내는 면은 데이텀 축직선 C에 평행하고 또한, 지시선의 화살표 방향으로 0.1mm만큼 떨어진 두 개의 평면 사이에 있어야 한다.
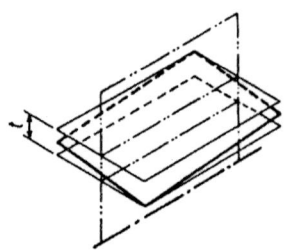	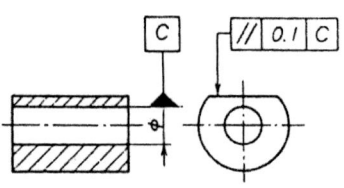

(4) 데이텀 평면에 대한 면의 평행도 설치

공차역은 데이텀 평면에 평행하고 t만큼 떨어진 두 개의 평행한 평면 사이에 끼인 영역이다.	지시선의 화살표로 나타내는 면은 데이텀 평면 A에 평행하고 또한, 지시선의 화살표 방향으로 0.01mm만큼 떨어진 두 개의 평면 사이에 있어야 한다.
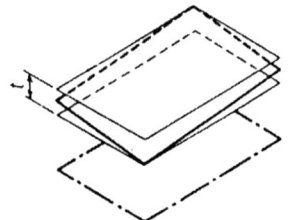	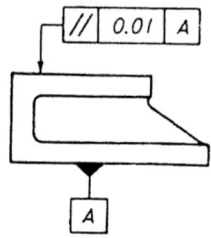
	지시선의 화살표로 나타내는 면 위에서 임의로 선택한 길이 100mm 위의 모든 점은 데이텀 평면 A에 평행하고 또한, 지시선의 화살표 방향으로 0.01mm만큼 떨어진 두 개의 평면 사이에 있어야 한다.
	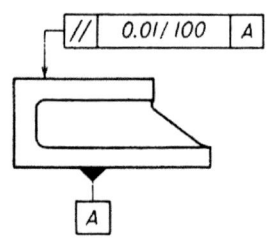

(1) 데이텀 직선에 대한 선의 직각도 공차

공차역은 한 평면에 투상되었을 때에는 데이텀 직선에 수직하고 t만큼 떨어진 두 개의 평행한 직선 사이에 끼인 영역이다.

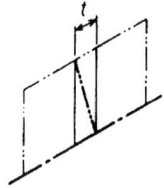

지시선의 화살표로 나타내는 경사진 구멍의 축선은, 데이텀 축직선 A에 수직하고 또한, 지시선의 화살표 방향으로 0.06㎜만큼 떨어진 두 개의 평행한 평면 사이에 있어야 한다.

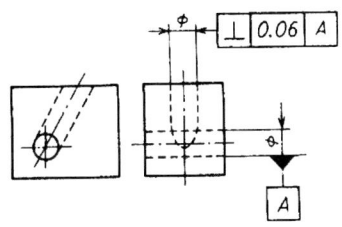

(2) 데이텀 평면에 대한 선의 직각도 공차

공차의 지정이 한 방향에만 실시되어 있는 경우에는, 한 평면에 투상된 공차역은 데이텀 평면에 수직하고 t만큼 떨어진 두 개의 평행한 직선 사이에 끼인 영역이다.

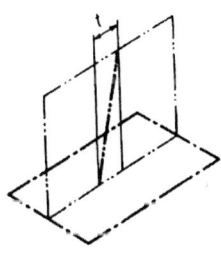

공차의 지정이 서로 직각인 두 방향으로 실시되어 있는 경우에는, 이 공차역은 단면이 $t_1 \times t_2$이고 데이텀 평면에 수직한 직6면체 안의 영역이다.

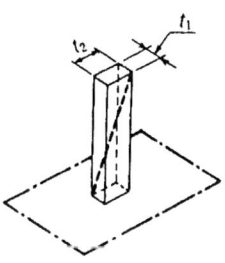

지시선의 화살표로 나타내는 원통의 축선은 데이텀 평면에 수직하고 또한, 지시선의 화살표 방향으로 0.2㎜만큼 떨어진 두 개의 평행한 평면 사이에 있어야 한다.

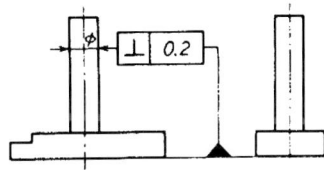

지시선의 화살표로 나타내는 원통의 축선은, 각각의 지시선의 화살표 방향으로 각각 0.2㎜, 0.1㎜의 나비를 갖고 데이텀 평면에 수직한 직6면체 내에 있어야 한다.

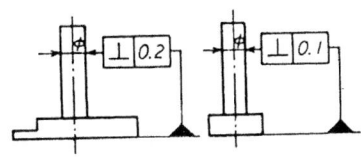

공차를 나타내는 수치 앞에 기호 Φ가 붙어 있는 경우에는, 이 공차역은 데이텀 평면에 수직한 지름 t의 원통 안의 영역이다.	지시선의 화살표로 나타내는 원통의 축선은 데이텀 평면 A에 수직한 지름 0.01mm의 원통 내에 있어야 한다.
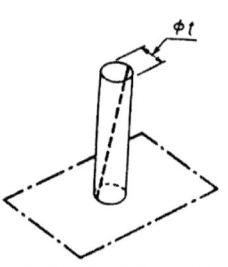	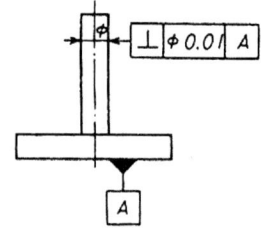

(3) 데이텀 직선에 대한 면의 직각도 공차

공차역은 데이텀 직선에 수직하고 t만큼 떨어진 두 개의 평행한 평면 사이에 끼인 영역이다.	지시선의 화살표로 나타내는 면은 데이텀 축직선 A에 수직하고 또한, 지시선의 화살표 방향으로 0.08mm만큼 떨어진 두 개의 평행한 평면 사이에 있어야 한다.
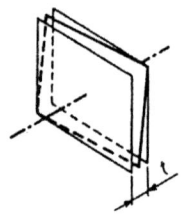	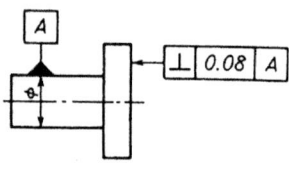

(4) 데이텀 평면에 대한 면의 직각도

공차역은 데이텀 평면에 수직하고 t만큼 떨어진 두 개의 평행한 평면 사이에 끼인 영역이다.	지시선의 화살표로 나타내는 면은, 데이텀 평면 A에 수직하고 또한, 지시선의 화살표 방향으로 0.08mm만큼 떨어진 두 개의 평행한 평면 사이에 있어야 한다.
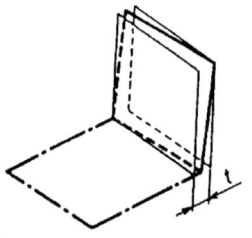	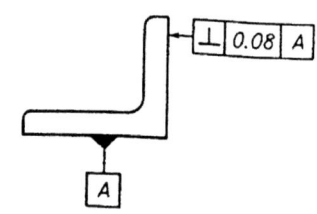

(1) 데이텀 직선에 대한 선의 경사도 공차

(a) 동일 평면 내의 선과 데이텀 직선 한 평면에 투상되었을 때의 공차역은 데이텀 직선에 대하여 지정된 각도로 기울고, t만큼 떨어진 두 개의 평행한 직선 사이에 끼인 영역이다.

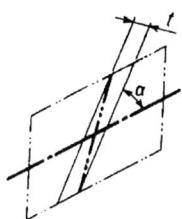

지시선의 화살표로 나타낸 구멍의 축선은, 데이텀 축직선 A-B에 대하여 이론적으로 정확하게 60° 기울고, 지시선의 화살표 방향으로 0.08mm만큼 떨어진 두 개의 평행한 평면 사이에 있어야 한다.

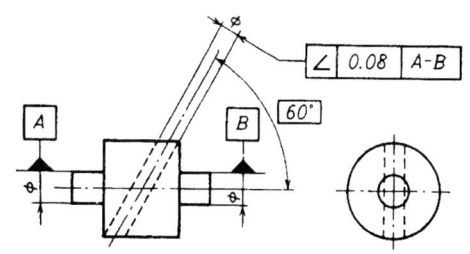

(b) 동일 평면 내에 있지 않는 선과 데이텀 직선 대상으로 하고 있는 선과 데이텀 직선이 동일 평면 위에 있지 않는 경우에는, 이 공차역은 데이텀 직선을 포함하고 대상으로 하고 있는 선에 평행한 평면에 대상으로 하고 있는 선을 투상했을 때, 데이텀 직선에 대하여 지정된 각도로 기울고, t만큼 떨어진 두 개의 평행한 직선 사이에 끼인 영역이다.

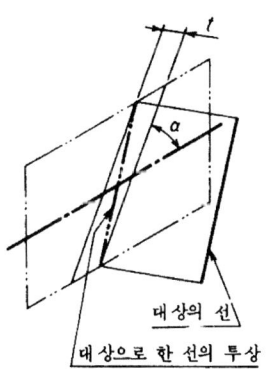

대상의 선
대상으로 한 선의 투상

데이텀 축직선 A-B를 포함하고 지시선의 화살표로 나타낸 구멍의 축선에 평행한 평면에의 구멍의 축선의 투상은, 데이텀 축직선 A-B에 대하여 이론적으로 정확하게 60° 기울고, 지시선의 화살표 방향으로 0.08mm만큼 떨어진 두 개의 평행한 직선 사이에 있어야 한다.

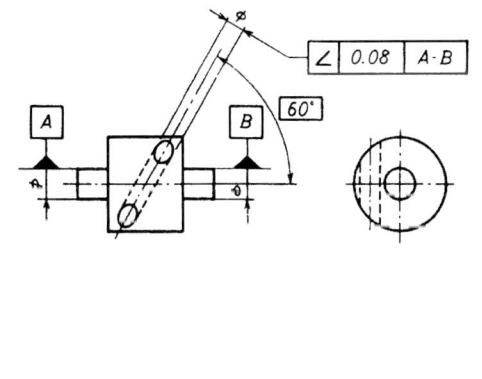

(2) 데이텀 평면에 대한 선의 경사도 공차

한 평면에 투상된 공차역은, 데이텀 평면에 대하여 지정된 각도로 기울고, t만큼 떨어진 두 개의 평행한 직선 사이에 끼인 영역이다.

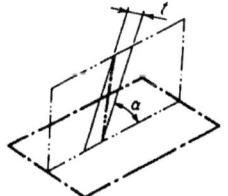

지시선의 화살표로 나타내는 원통의 축선은, 데이텀 평면에 대하여 이론적으로 정확하게 80° 기울고, 지시선의 화살표 방향으로 0.08mm만큼 떨어진 두 개의 평행한 평면 사이에 있어야 한다.

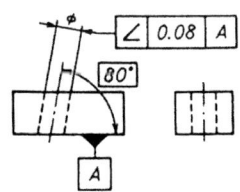

(3) 데이텀 직선에 대한 면의 경사도 설치

공차역은, 데이텀 직선에 대하여 지정된 각도로 기울고, t만큼 떨어진 두 개의 평행한 평면 사이에 끼인 영역이다.	지시선의 화살표로 나타내는 면은 데이텀 축직선 A에 대하여 이론적으로 정확하게 75° 기울고, 지시선의 화살표 방향으로 0.1mm만큼 떨어진 두 개의 평행한 평면 사이에 있어야 한다.
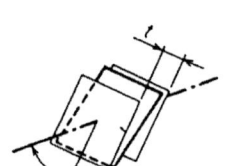	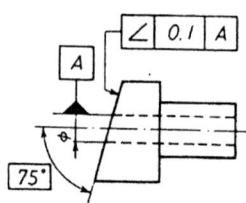

(4) 데이텀 평면에 대한 면의 경사도 공차

공차역은, 데이텀 평면에 대하여 지정된 각도로 기울고, 서로 t만큼 떨어진 두 개의 평행한 평면 사이에 끼인 영역이다.	지시선의 화살표로 나타내는 면은, 데이텀 평면 A에 대하여 이론적으로 정확하게 40° 기울고, 지시선의 화살표 방향으로 0.08mm만큼 떨어진 두 개의 평행한 평면 사이에 있어야 한다.
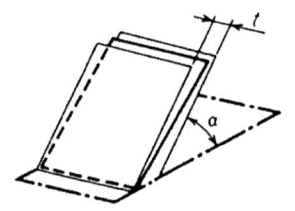	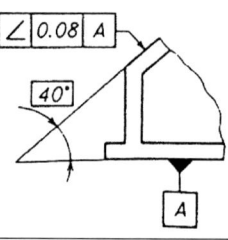

10. 위치도 공차

(1) 점의 위치도 공차

공차역은 대상으로 하고 있는 점의 이론적으로 정확한 위치(이하 진위치라 한다)를 중심으로 하는 지름 t의 원 안 또는 구 안의 영역이다.  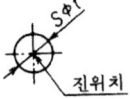	지시선의 화살표로 나타낸 점은, 데이텀 직선 A로부터 60mm, 데이텀 직선 B로부터 100mm 떨어진 진위치를 중심으로 하는 지름 0.03mm의 원 안에 있어야 한다. 또한, 이 그림 보기의 경우는 데이텀 직선 A, B의 우선순위는 없다. 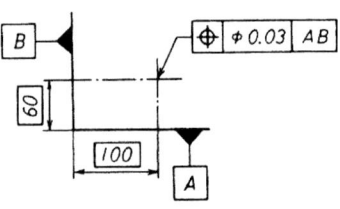 비 고 그림에 나타나 있는 면에 수직 방향의 두께를 고려할 때에는 여기에서 설명한 원은 원통이 되고, 점은 선이 된다.

지시선의 화살표로 나타낸 구의 중심은, 데이텀 축직선 A의 선 위에서 데이텀 평면 B로부터 14mm 떨어진 진위치에 중심을 갖는 지름 0.3mm의 구 안에 있어야 한다.

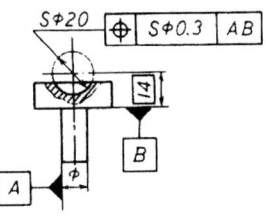

(2) 선의 위치도 공차

공차의 지정이 한 방향에만 실시되어 있는 경우의 선의 위치도의 공차역은, 진위치에 대하여 대칭으로 배치하고 t만큼 떨어진 두 개의 평행한 직선 사이 또는 두 개의 평행한 평면 사이에 끼인 영역이다.

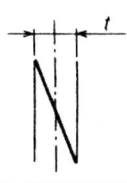

지시선의 화살표로 나타낸 각각의 선은, 그들 직선의 진위치로서 지정된 직선에 대하여 대칭으로 배치되고 0.05mm의 간격을 갖는 두 개의 평행한 직선 사이에 있어야 한다.

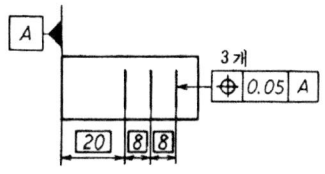

(3) 면의 위치도 공차

공차역은 대상으로 하고 있는 면의 진위치에 대하여 대칭으로 배치되고, t만큼 떨어진 두 개의 평행한 평면 사이에 끼인 영역이다.

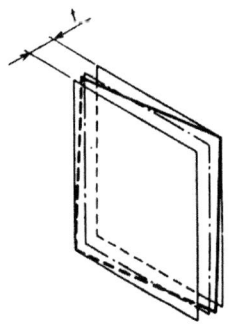

지시선의 화살표로 나타낸 평면은, 데이텀 축직선 B의 선 위에서 데이텀 평면 A로부터 35mm 떨어진 위치에 있어서, 데이텀 축직선 B에 대하여 105° 기울어진 진위치에 대하여 지시선의 화살표 방향에 대칭으로 0.05mm의 간격을 갖는 평행한 두 개의 평면 사이에 있어야 한다.

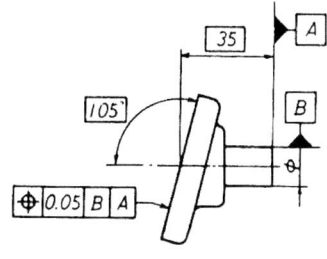

11. 동축도 공차 또는 동심도 공차

(1) 동축도 공차

공차를 나타내는 수치 앞에 기호 Φ가 붙어 있는 경우에는 이 공차역은 데이텀 축직선과 일치한 축선을 갖는 지름 t인 원통 안의 영역이다.

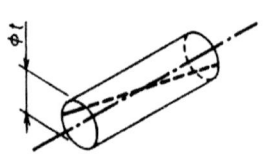

지시선의 화살표로 나타낸 축선은 데이텀 축직선 A-B를 축선으로 하는 지름 0.08mm인 원통 안에 있어야 한다.

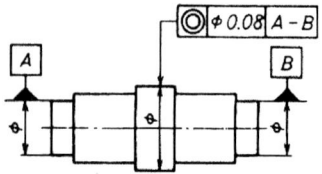

(2) 동심도 공차

공차역은 데이텀 점과 일치하는 점을 중심으로 한 지름 t인 원 안의 영역이다.

지시선의 화살표로 나타낸 원의 중심은 데이텀 점 A를 중심으로 하는 지름 0.01mm인 원 안에 있어야 한다.

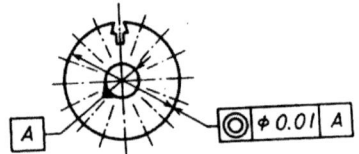

공차역의 지정이 서로 직각인 두 방향으로 실시되어 있는 경우의 선의 위치도의 공차역은, 진위치를 축선으로 하는 단면 $t_1 \times t_2$인 직6면체 안의 영역이다.

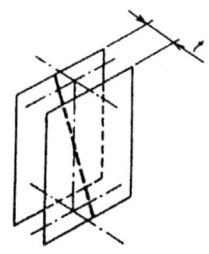

지시선의 화살표로 나타낸 축선은, 데이텀 평면 A로부터 100mm만큼 떨어진 진위치에 있어서 지시선의 화살표로 나타낸 방향에 대칭으로 0.08mm의 간격을 갖는 평행한 두 개의 평면 사이에 있어야 한다.

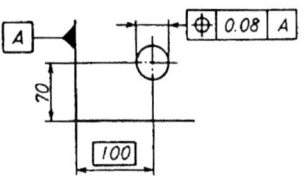

지시선의 화살표로 나타낸 축선은 데이텀 평면 A로부터 100mm, 데이텀 평면 B로부터 85mm 떨어진 진위치에 있어서 지시선의 화살표로 나타낸 방향에 대칭으로 0.05mm 및 0.02mm의 간격을 갖는 두 쌍의 평행한 두 개의 평면으로 둘러싸인 직6면체 안에 있어야 한다.

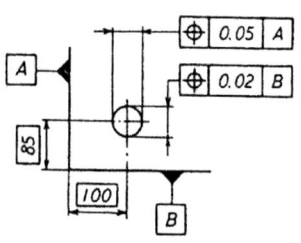

공차를 나타내는 수치 앞에 기호 Φ가 붙어 있는
경우의 선의 위치도의 공차역은 진위치를 축선으
로 하는 지름 t인 원통 안의 영역이다.

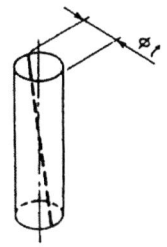

지시선의 화살표로 나타낸 축선은 데이텀 평면 A 위에
있어서, 데이텀 평면 B로부터 85mm, 데이텀 평면 C로부
터 100mm의 진위치를 지나고, 데이텀 평면 A에 수직한
직선을 축선으로 하는 지름 0.08mm인 원통 안에 있어야
한다.

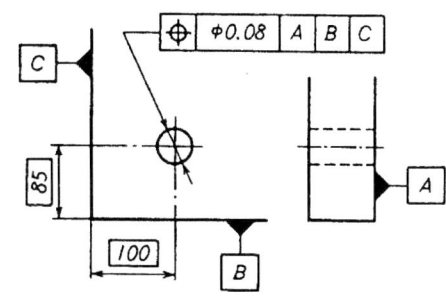

지시선의 화살표로 나타낸 8개의 구멍의 축선 상호간의
관계위치는 서로 30mm 떨어진 진위치를 축선으로 하는
지름 0.08mm인 원통 안에 있어야 한다.

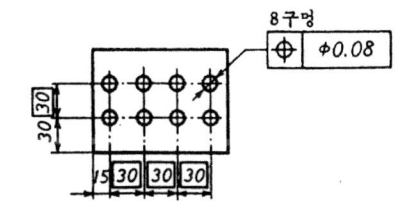

12. 대칭도 공차

(1) 데이텀 중심평면에 대한 대칭도 공차

공차역은 데이텀 중심 평면에 대하여 대칭으로 배
치되고, 서로 t만큼 떨어진 두 개의 평행한 평면
사이에 끼인 영역이다.

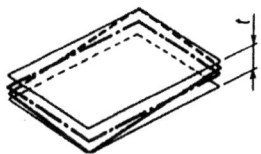

지시선의 화살표로 나타낸 중심면은 데이텀 중심 평면
A에 대칭으로 0.08mm의 간격을 갖는 평행한 두 개의 평
면 사이에 있어야 한다.

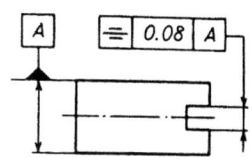

(2) 데이텀 중심평면에 대한 선의 대칭도 공차

공차의 지정이 한 방향에만 실시되어 있는 경우에는, 이 공차역은 데이텀 중심 평면에 대하여 대칭으로 배치되고 서로 t만큼 떨어진 두 개의 평행한 평면 사이에 끼인 영역이다.	지시선의 화살표로 나타낸 축선은 데이텀 중심 평면 A－B에 대칭으로 0.08mm의 간격을 갖는 평행한 두 개의 평면 사이에 있어야 한다.
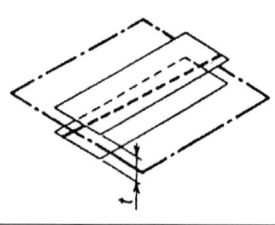	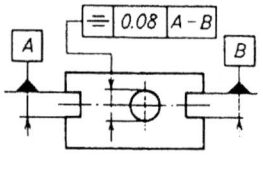

(3) 데이텀 직선에 대한 면의 대칭도 공차

공차역은 데이텀 직선에 대하여 대칭으로 배치되고, t만큼 떨어진 두 개의 평행한 평면 사이에 끼인 영역이다.	지시선의 화살표로 나타낸 중심면은, 데이텀 축직선 A에 대칭으로 0.1mm의 간격을 갖는 평행한 두 개의 평면 사이에 있어야 한다.
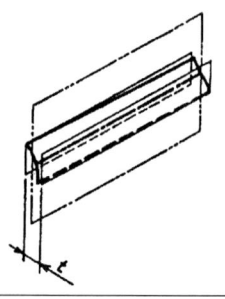	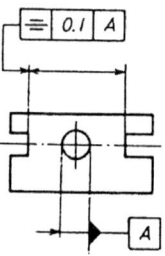

(4) 데이텀 직선에 대한 선의 대칭도 공차

공차의 지정이 서로 직각인 두 방향으로 실시되어 있는 경우에는, 이 공차역은 데이텀 직선(보기를 들면 두 개의 데이텀 평면의 교선)과 일치하는 선을 축선으로 한 단면 $t_1 \times t_2$의 직6면체 안의 영역이다.	지시선의 화살표로 나타낸 축선은 데이텀 중심 평면 A－B에 대칭으로 0.08mm, 데이텀 중심 평면 C에 대칭으로 0.1mm의 간격을 갖는 두 쌍의 평행한 두 개의 평면으로 둘러싸인 직6면체 안에 있어야 한다.
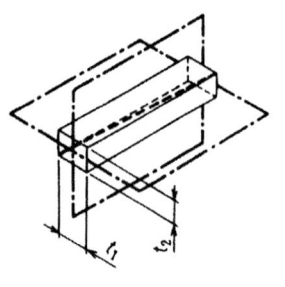	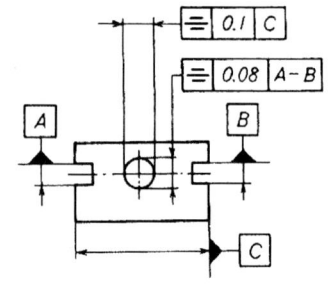

(1) 반지름 방향의 원주 흔들림 공차

공차역은 데이텀 축직선에 수직한 임의의 측정 평면 위에서 데이텀 축직선과 일치하는 중심을 갖고, 반지름 방향으로 t만큼 떨어진 두 개의 동심원 사이의 영역이다. 흔들림은 일반으로는 축선의 둘레의 완전한 1회전에 대하여 적용되나, 1회전 중의 일부분에 적용을 한정할 수도 있다.

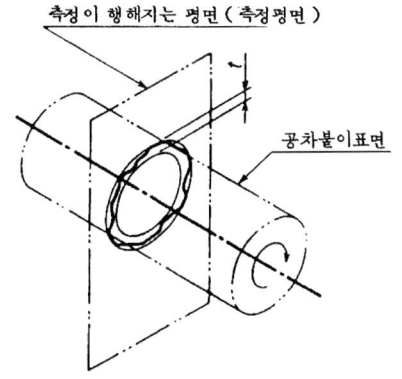

지시선의 화살표로 나타내는 원통면의 반지름 방향의 흔들림은, 데이텀 축직선 A-B에 관하여 1회전 시켰을 때, 데이텀 축직선에 수직한 임의의 측정 평면 위에서 0.1㎜를 초과해서는 안 된다.

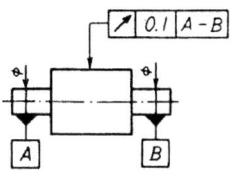

지시선의 화살표로 나타내는 원통면의 일부분 [그림 (a)에서는 굵은 1점 쇄선으로 나타내는 범위, 그림 (b)에서는 부채꼴의 원통 부분]의 반지름 방향의 흔들림은, 공차붙이 형체부분을 데이텀 축직선 A에 관하여 회전시켰을 때, 데이텀 축직선에 수직한 임의의 측정 평면 위에서 0.2㎜를 초과해서는 안 된다.

(a)   (b)

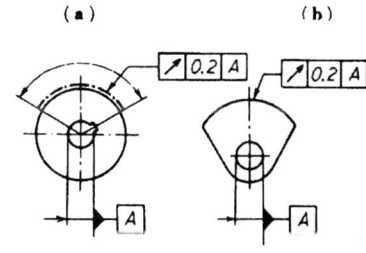

(2) 축방향의 원주 흔들림 공차

공차역은 임의의 반지름 방향의 위치에 있어서 데이텀 축직선과 일치하는 축선을 갖는 측정 원통 위에 있고, 축방향으로 t만큼 떨어진 두 개의 원 사이에 끼인 영역이다.

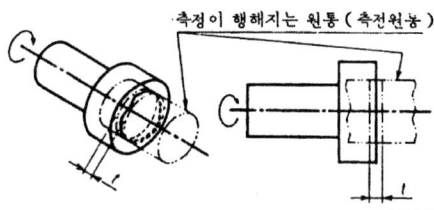

지시선의 화살표로 나타내는 원통 측면의 축방향의 흔들림은, 데이텀 축직선 D에 관하여 1회전시켰을 때, 임의의 측정위치(측정 원통면)에서 0.1㎜를 초과해서는 안 된다.

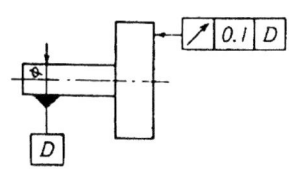

(3) 경사진 법선방향의 원주 흔들림 공차

공차역은 데이텀 축직선과 일치하는 축선을 가지며, 그 원추면이 공차붙이 형체면과 직교하는 임의의 측정 원추면 위에 있고, 면에 따라 t만큼 떨어진 두 개의 원 사이에 끼인 영역이다.	지시선의 화살표로 나타내는 방향의 이 원추면의 흔들림은 데이텀 축직선 C에 관하여 1회전 시켰을 때, 임의의 측정원추면 위에서 0.1㎜를 초과해서는 안 된다.

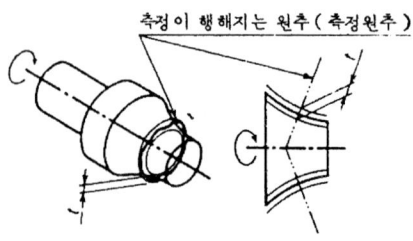

측정이 행해지는 원추 (측정원추)

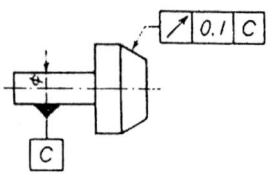

비 고 특별히 지시선에 의하여 측정방향의 지정이 없는 경우에 적용하며, 측정방향은 표면에 대하여 수직방향이다.

곡면 위의 모든 점의 접선에 수직한 방향의 이 곡면의 흔들림은 데이텀 축직선 C에 관하여 1회전 시켰을 때, 임의의 측정 원추면 위에서 0.1㎜를 초과해서는 안 된다.

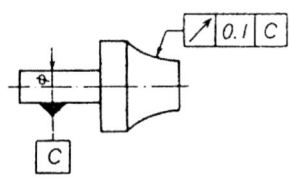

(4) 지정방향의 원주 흔들림 공차

공차역은 데이텀 축직선과 일치하는 축선을 가지며, 그 원추면이 지정된 방향을 갖는 임의의 측정 원추면 위에 있고, 면에 따라 t만큼 떨어진 두 개의 원 사이에 끼인 영역이다.	데이텀 축직선과 α의 각도를 이루는 방향의 이 곡면의 흔들림은 데이텀 축직선 C에 관하여 1회전 시켰을 때, 임의의 측정 원추면 위에서 0.1㎜를 초과해서는 안 된다.

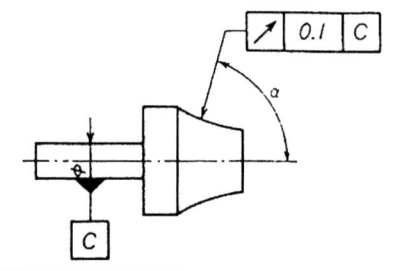

14. 온 흔들림 공차

(1) 반지름방향의 온 흔들림 공차

공차역은 데이텀 축직선과 일치하는 축선을 갖고, 반지름 방향으로 t만큼 떨어진 두 개의 동축 원통 사이의 영역이다.

지시선과 화살표로 나타낸 원통면의 반지름 방향의 온 흔들림은, 이 원통부분과 측정기구 사이에서 축선 방향으로 상대 이동시키면서, 데이텀 축직선 A - B에 관하여 원통 부분을 회전시켰을 때, 원통 표면 위의 임의의 점에서 0.1 ㎜를 초과해서는 안 된다. 측정기구 또는 대상물의 상대 이동은 이론적으로 정확한 윤곽선에 따르고, 데이텀 축직선에 대하여 정확한 위치에서 실시되어야 한다.

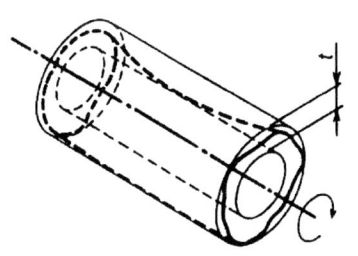

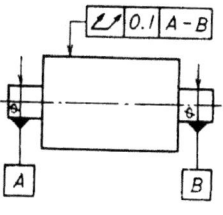

공차역은 데이텀 축직선에 수직하고, 데이텀 축직선 방향으로 t만큼 떨어진 두 개의 평행한 평면 사이에 끼인 영역이다.

지시선의 화살표로 나타낸 원통 측면의 축방향의 온 흔들림은, 이 측면과 측정기구 사이에서 반지름 방향으로 상대 이동시키면서, 데이텀 축직선 D에 관하여 원통 측면을 회전시켰을 때, 원통 측면 위의 임의의 점에서 0.1 ㎜를 초과해서는 안 된다. 측정기구 또는 대상물의 상대 이동은 이론적으로 정확한 윤곽선에 따르고, 데이텀 축직선에 대하여 정확한 위치에서 실시되어야 한다.

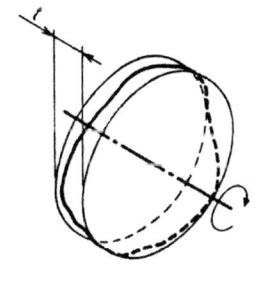

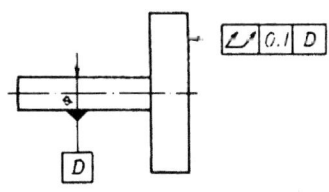

3. 치수에 기여하는 수지특성

3-1. 수지특성

3-1-1. P-V-T상태 방정식

$$(P + \pi)(V - W) = T$$

    P: 압력(kg / cm^2)

    V: 비용적(cm^3 / g)

    T: 절대온도($^\circ\text{K}$)

    R_m: gas정수

    ω: 0°K에서의 용적(cm^3 / g)

    π: polymer에 의한 정수(kg / cm^2)

3-1-2. plastic의 비용적 특성치

No	수지명	비중	π	ω	Rm
1	PP	0.93	2530	0.922	2.29
2	PE	0.95	3477	0.967	2.71
3	PS	1.06	3484	0.807	1.89
4	PA	1.11	–	–	–
5	PMMA	1.17	5260	0.685	2.94
6	PC	1.17	2530	0.630	2.29
7	POM	1.42	2755	0.630	1.06
8		2.2	1920	0.202	1.30

3-1-3. 유동성

(1) 분자량 및 유동성

$$\triangle P = \frac{8\mu LQ}{3.14} \times R^4$$

    ΔP: runner 중 수지의 압력손실(kg / cm^2)

μ: 점성계수($\mathrm{kg}\cdot\mathrm{sec}/\mathrm{cm}^2$)

R: runner반경(cm)

L: 유동거리(cm)

Q: 사출속도($\mathrm{cm}^3/\mathrm{sec}$)

$1\mathrm{poise} = 1.0204 \times 10^{-4}\mathrm{kg}\cdot\mathrm{sec}/\mathrm{cm}^2$

(2) POM hompolymer의 비용적－온도특성

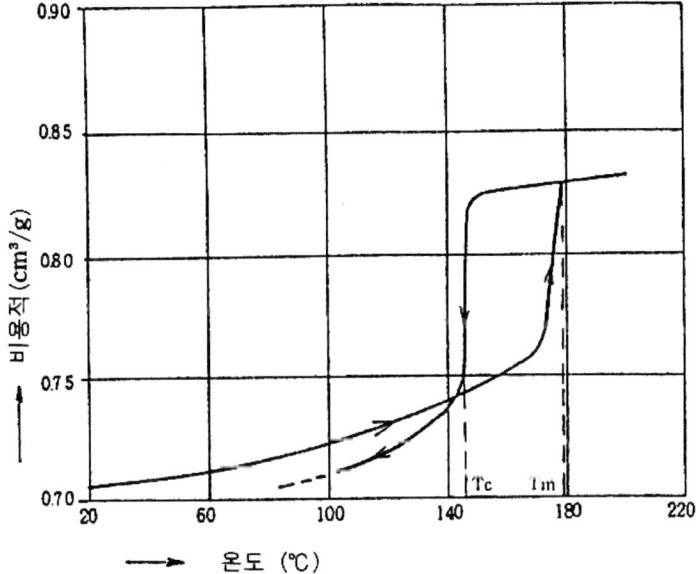

(3) POM homoplymer의 비용적 가압력 특성

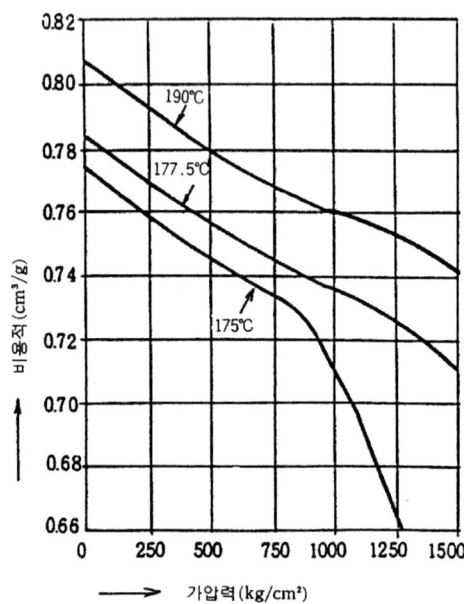

(4) POM의 치수안정성

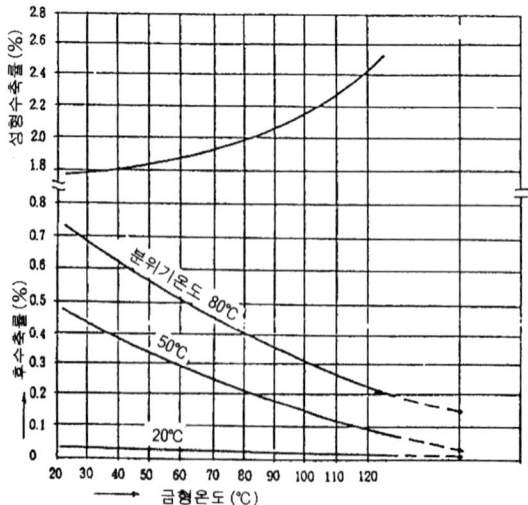

주기: ① 금형온도 80℃ 성형품을 annel한 것이다.

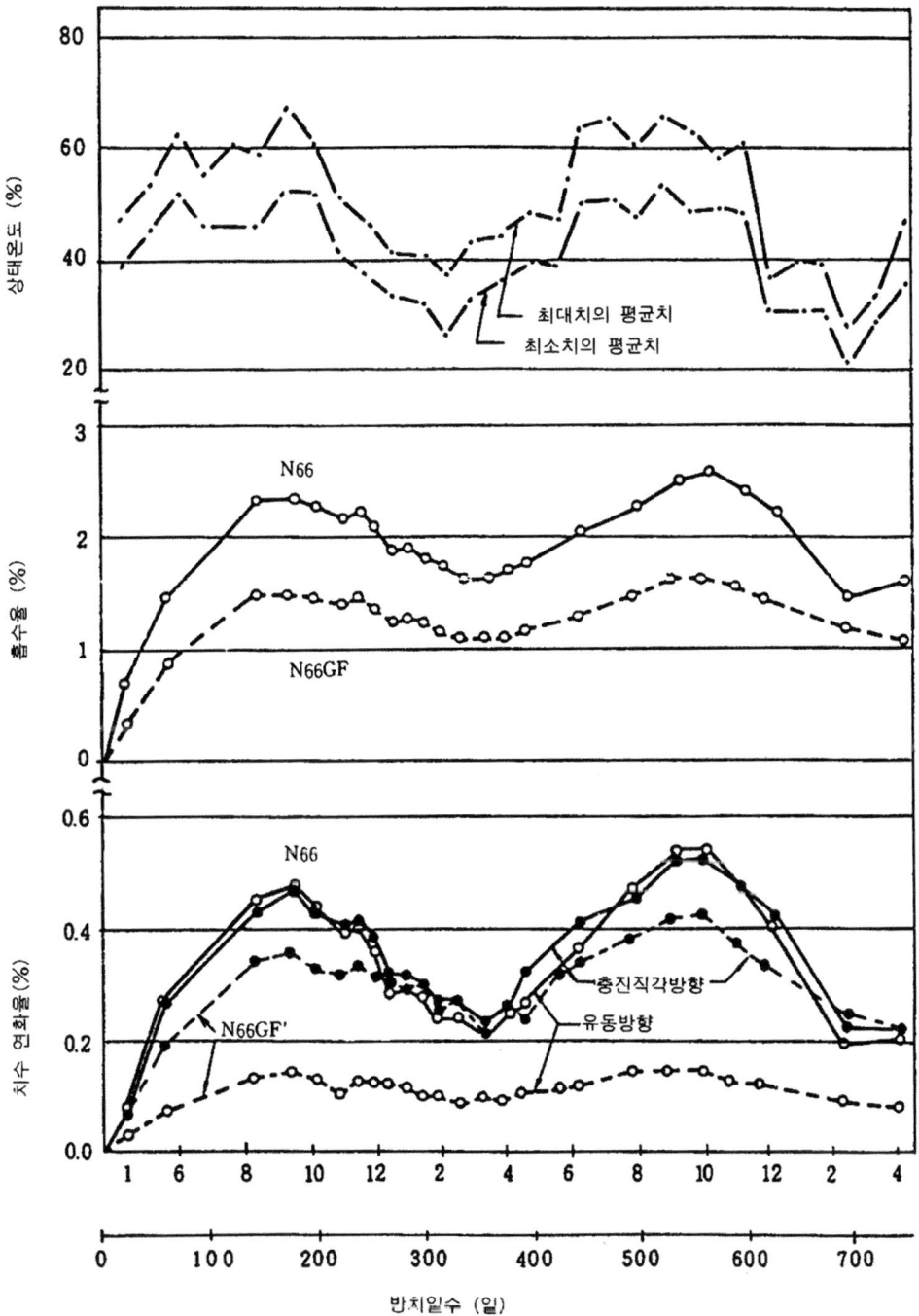

상태온도 (%)

80

60

40

20

최대치의 평균치

최소치의 평균치

3

흡수율 (%)

N66

2

1

N66GF

0

0.6

치수 연화율 (%)

N66

0.4

0.2

N66GF'

충진직각방향

유동방향

0.0

1 6 8 10 12 2 4 6 8 10 12 2 4

0   100   200   300   400   500   600   700

방치일수 (일)

3-2. 치수정도 향상에 의한 금형

3-2-1. 성형품 치수정도와 관계인자의 상호관계

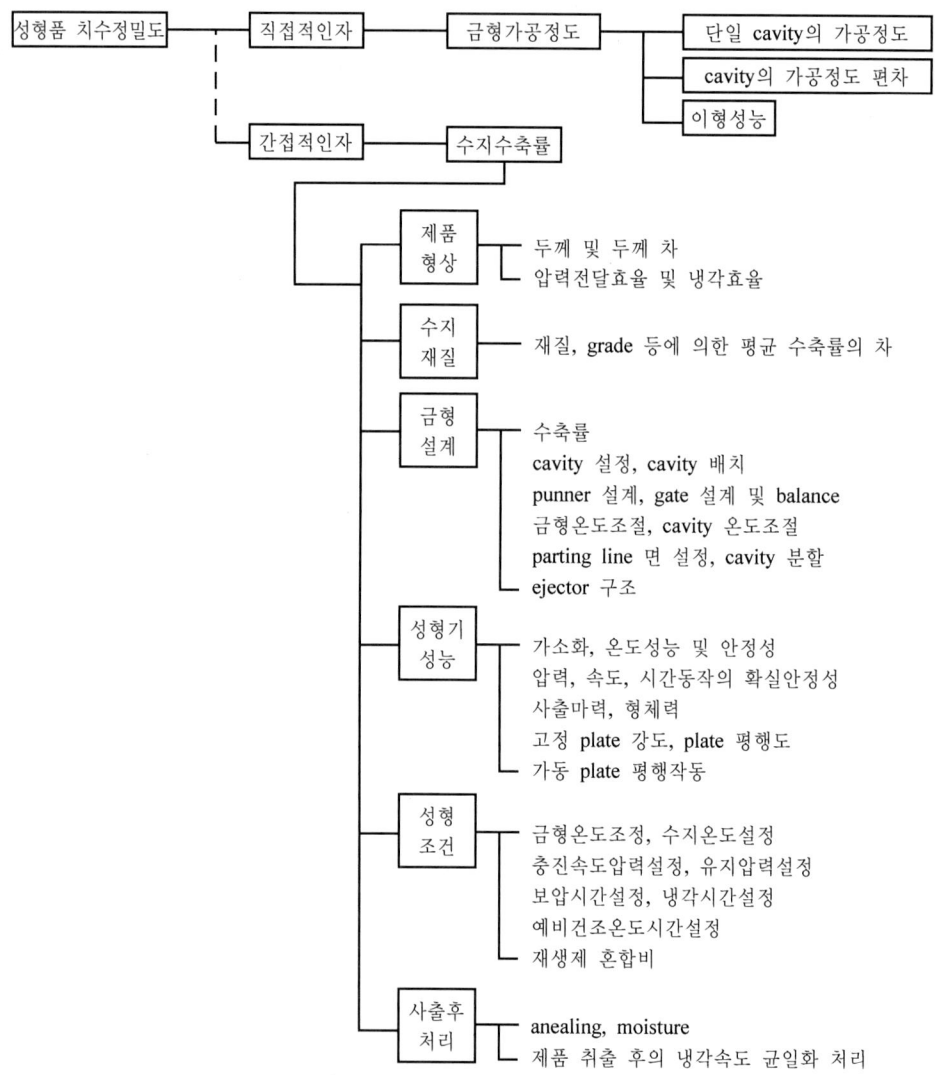

3 - 2 - 2. 수축률 사출압력 gatesize 관계

(1) POM 수지

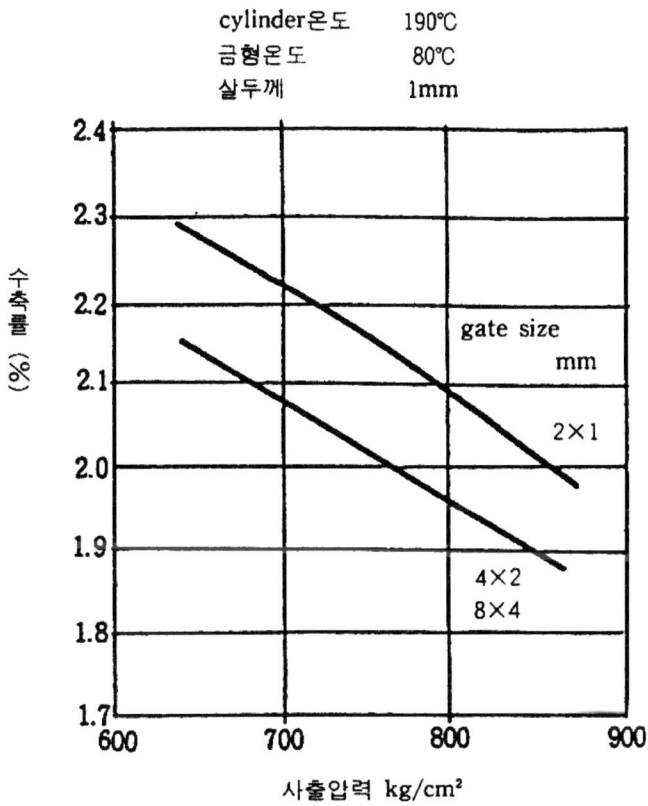

cylinder온도   190℃
금형온도   80℃
살두께   1mm

gate size
mm

2×1

4×2
8×4

수축률 (%)

사출압력 kg/cm²

3-2-3. glass섬유 함유율과 성형수축률 관계

(1) PBT 수지

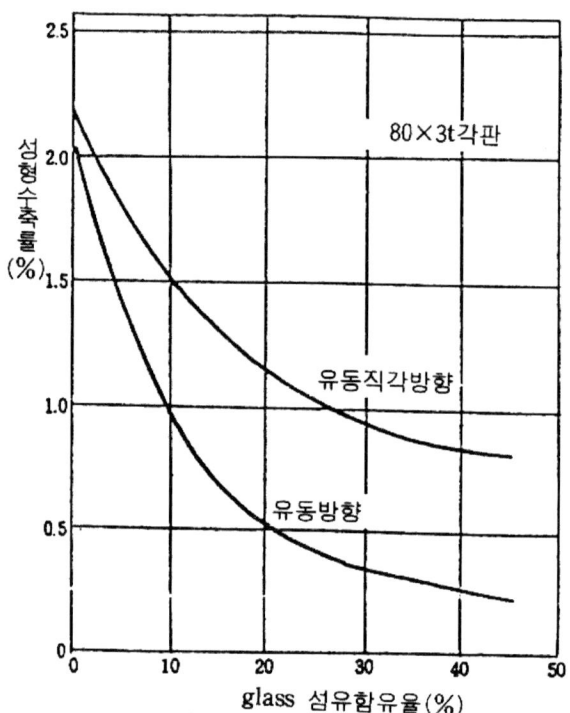

3-2-4. 성형수축률의 계산

(1) POM 수지

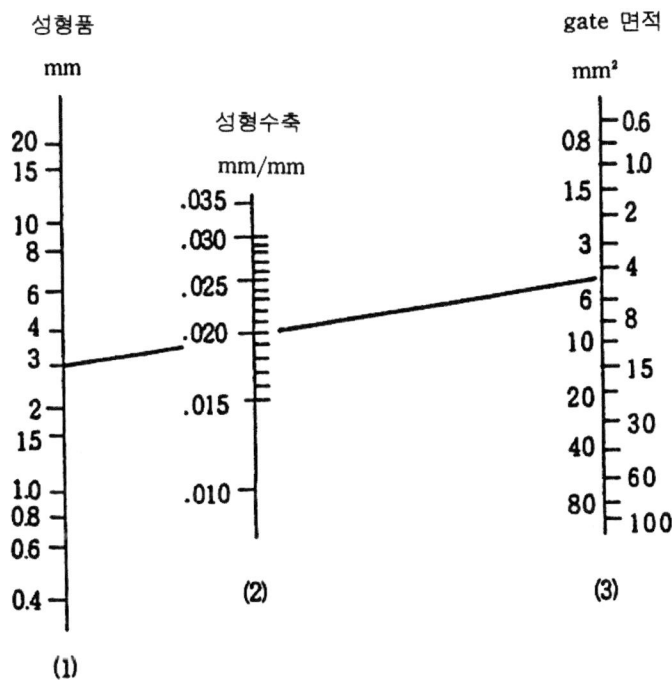

3-2-5. gate형상과 수축률의 관계

(1) POM 수지

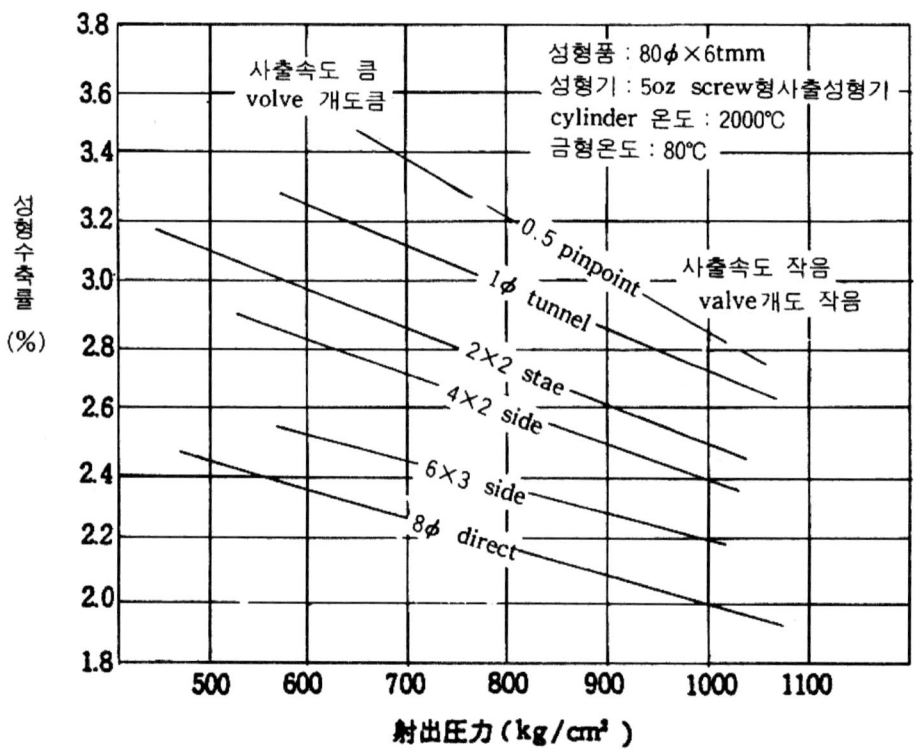

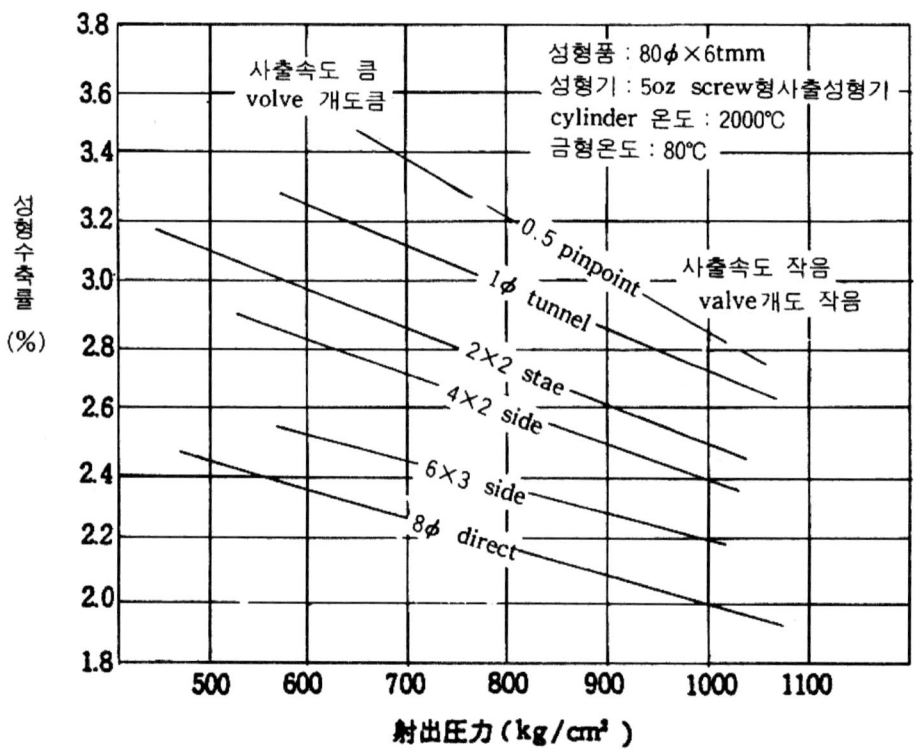

성형품 : 80ϕ×6tmm
성형기 : 5oz screw형사출성형기
cylinder 온도 : 2000℃
금형온도 : 80℃

사출속도 큼
volve 개도큼

사출속도 작음
valve 개도 작음

0.5 pinpoint
1ϕ tunnel
2×2 stae
4×2 side
6×3 side
8ϕ direct

성형수축률 (%)

射出压力 (kg/cm²)

3-2-6. 열가소성 수지의 일반적 수축률

resin	Natuall type	GF 3% 강화	
		//	⊥
*PE	1.5〜5.0		
*PE	2.0〜5.0		
*PP	1.0〜2.5	0.2〜0.5	0.4〜1.5
*POM	1.5〜3.0	0.2〜0.6	0.5〜1.8
*PBT	1.2〜2.5	0.2〜0.5	0.4〜1.2
*PA	1.0〜2.0	0.2〜0.5	0.4〜1.2
*PA	0.8〜1.8	0.2〜0.5	0.4〜1.2
*PA	0.8〜1.5	0.2〜0.5	0.4〜1.2
PS	0.2〜0.8	0〜0.2	0.2〜0.6
AS	0.2〜0.6	0〜0.2	0.2〜0.5
PAB	0.4〜0.9	0.1〜0.4	0.3〜0.6
PMMA	0.3〜0.8		
PC	0.4〜0.7	0〜0.2	0.2〜0.4
PSU	0.4〜0.7	0〜0.2	0.2〜0.4
변 PPO	0.2〜0.6	0〜0.2	0.2〜0.4

① * 표는 결정성수지
② // 는 수지의 유동방향수축률
③ ⊥ 는 수지의 직각방향수축률

3-3. 외관정도를 향상하는 금형의 기본조건

(1) 고정 측, 사동 측의 plate 두께는 optimum size

(2) space block은 optimum 간격

(3) 강도가 취약한 부분은 support pin 설정

(4) 금형 base 구성 재질은 HRC 35 이상 pre harden강 사용, 특히 runner plate와 runner stripper는 HRC 45 정도 이상 사용

(5) slide pin, guide pin, 각 bushing 등 관계부품은 HRC 55 이상 정도의 열처리 재질을 사용

(6) 각 구성부품의 위치정도, 평행도, 직각도는 ±0.01mm 정도

(7) 금형전체의 평행도는 0.02-0.03mm 이내이고 성형기 평행도는 0.04mm 정도, 정격형체력에 따른 tie bar 신장량은 0.5-0.75mm 정도

(8) 필요형체력과 필요사출용량은 optimum 성형기종을 선정하고 형체력＝유효

cavity 내압력×전투영면적의 10~20% 여유, enpla 성형 경우의 설정 압력은
충진 시에 1000~1600㎏ / ㎠ 정도, 보압 시에 400~800㎏ / ㎠ 정도이다.

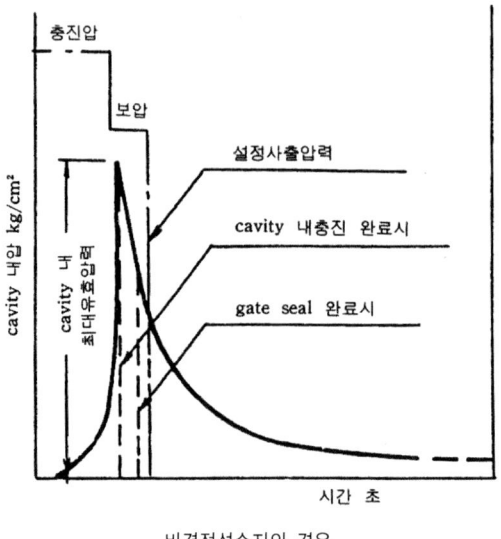

비결정성수지의 경우

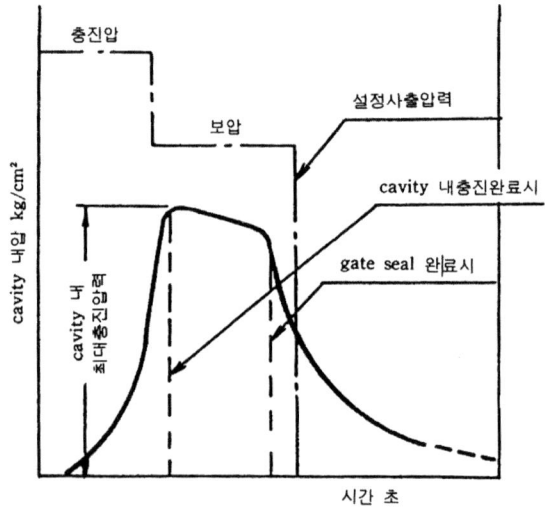

결정성수지의 경우

(9) rocket ring경은 150ton 이하의 enpla 성형기는 Φ100 이하로 하고 75ton 이하의 기종은 Φ60 정도를 사용

(10) 금형온도 조절은 heater 사용하여 동일 plate에 온조용 hole를 다수 설정

(11) cavity 배열은 rocket ring 중심방향으로 compact화

3-3-1. 고정도 부품을 얻기 위한 구체적인 금형기능

(1) cavity 취수, cavity 배치, runner 배치의 설정

① 금형 base는 optimum size 균일한 금형온조를 행한다.

② 성형기는 동일 성능에 대형기종의 경우에 조건의 정밀안정성 기능이 저하한다.

③ cavity의 가공정도의 편차가 적어야 한다.

④ cavity수는 제품품질의 공정능력과 금형제작허용 cost를 고려

3-3-2. 결정성수지의 동일 정밀도에 의한 제품취수

결정성 수지: PE, PP, POM, PBT, PA

size(Φ) \ 중량(gr)	0.1 이하	0.1 − 0.3	0.3 − 0.7	0.7 − 1.2	1.2 − 2.0	2.0 − 5.0	5.0 − 10.0	10 − 20	20 이상
5 이하	32	32	24	16	12	−	−	−	−
5 − 10	32	24	16	14	8	6	−	−	−
10 − 20	−	16	14	8	6	4	3		
20 − 30	−	−	−	8	6	4	3	2	−
30 − 50	−	−	−	−	4	3	2	1	−
50 − 80	−	−	−	−	−	2	1	1	1
80 − 120	−	−	−	−	−	−	1	1	1

3-3-3. 비결정성수지의 동일 정밀도에 의한 제품취수

비결정성 수지: PS, ABS, SAN, PMMA, PC, PPHOX, PSU

중량(gr) size(Φ)	0.1 이하	0.1 – 0.3	0.3 – 0.7	0.7 – 1.2	1.2 – 2.0	2.0 – 5.0	5.0 – 10.0	10 – 20	20 이상
5 이하	48	48	32	24	16	–	–	–	–
5 – 10	48	32	24	16	16	12	–	–	–
10 – 20	–	24	16	12	12	8	6	–	–
20 – 30	–	–	–	8	8	6	4	3	–
30 – 50	–	–	–	–	6	4	3	2	1
50 – 80	–	–	–	–	–	2	2	1	–
80 – 120	–	–	–	–	–	–	1	1	–

3-3-4. gate balance

1) 다른 종류의 성형품인 경우의 gate size

$$\frac{W_a}{W_b} = \frac{\dfrac{S_{ga}}{L_{ra} \times L_{ga}}}{\dfrac{S_{gb}}{L_{rb} \times L_{gb}}}$$

W_a: 성형품 a의 중량, W_b: 성형품 b의 중량

S_{ga}: 성형품 a의 gate 단면적, S_{gb}: 성형품 b의 gate land

L_{ga}: 성형품 a의 gate land, L_{gb}: 성형품 b의 gate land

L_{ra}: 성형품 a의 runner 길이, L_{rb}: 성형품 b의 runner 길이

3-3-5. 금형온도 분포와 runner 거리 balance를 고려한 cavity 배치와 runner 형태 및 pin point gate

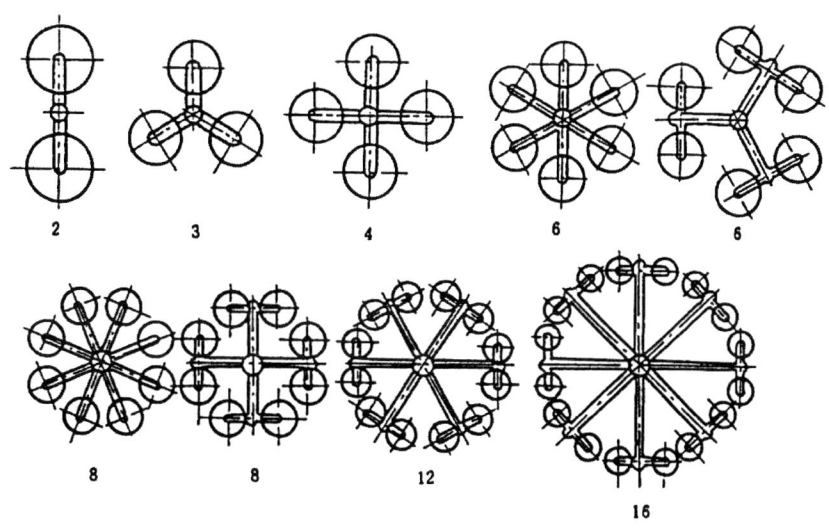

3-3-6. runner 거리 balance를 고려한 runner 형태 및 pin point gate

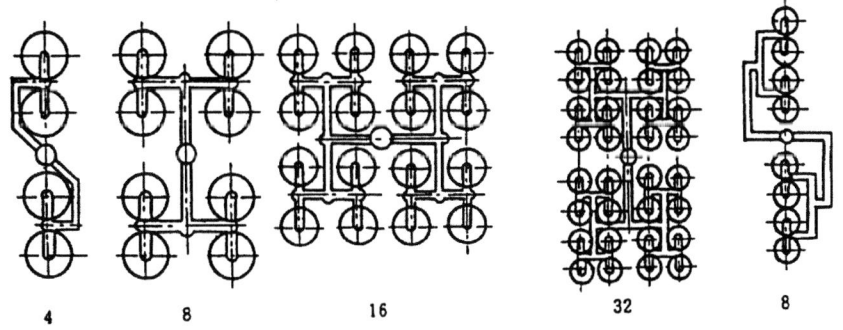

3-3-7. cavity 온도조절

① 고정 측 및 가동 측 plate 간에 10℃ 이하의 온도차로 한다.

② 금형 base의 온도조절 hole 설정

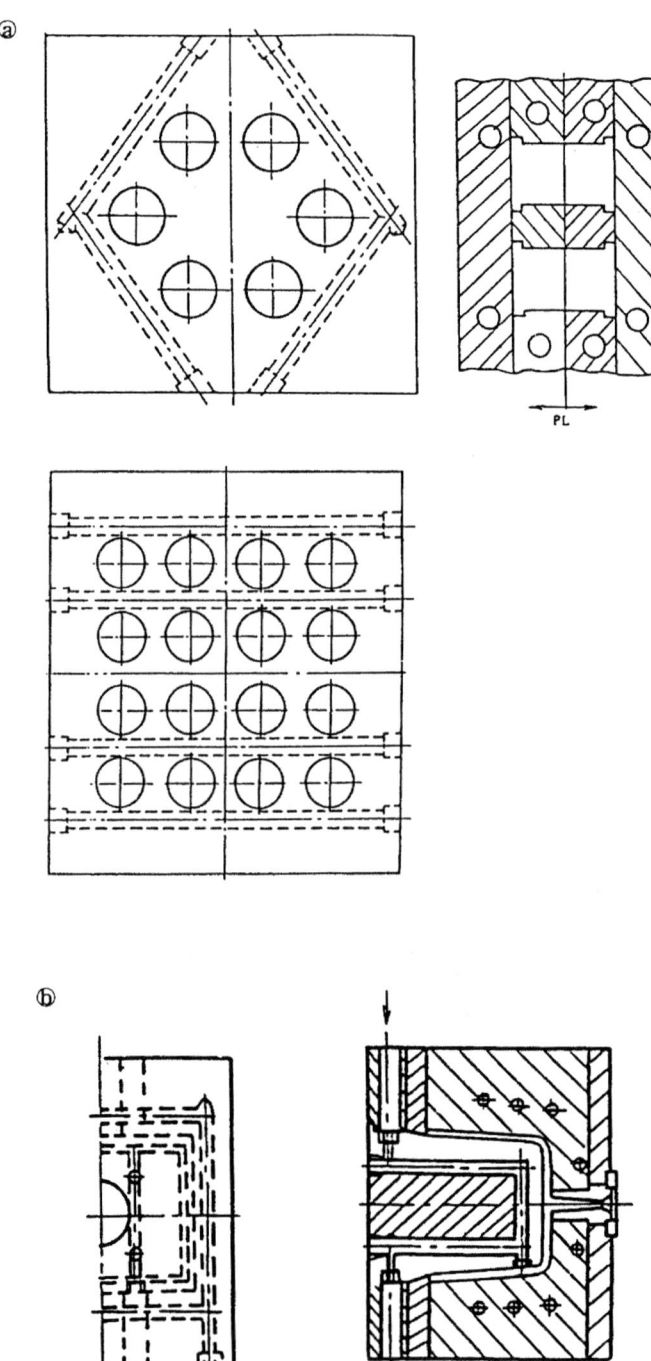

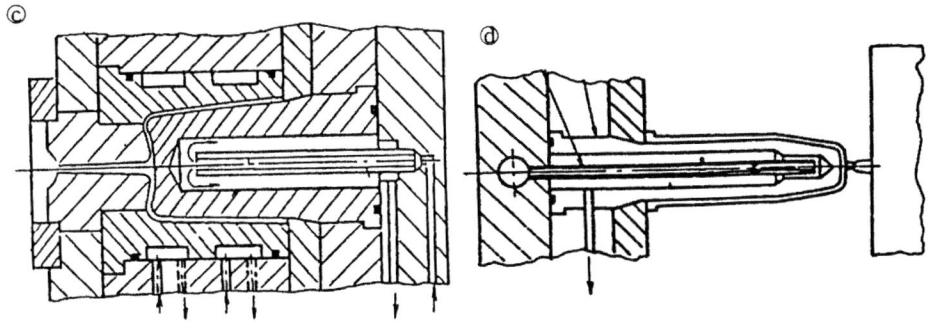

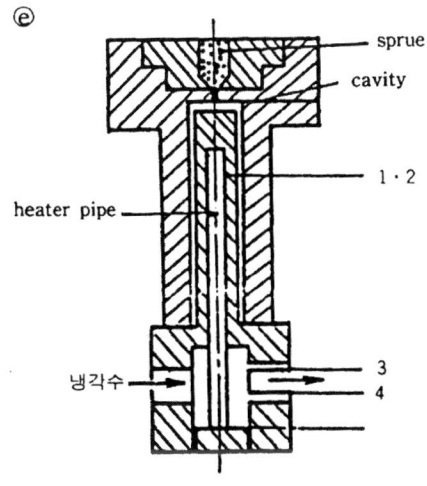

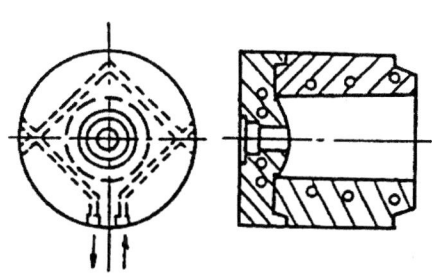

ⓔ

sprue
cavity

1·2

heater pipe

냉각수

3
4

heater pipe 방식

O hole 가공은 heater pipe의 0.1~0.2mm 크게 가공

3-3-8. cavity 분할

금형의 제작방법은 직조방식과 core 방식 2종류의 방식으로 형상이 복잡한 치수정도의 enpla 부품의 금형제작에 열처리강제를 사용한다.

core 방식의 채용은 압도적으로 이용된다.

(1) 고정 측과 가동 측의 이형저항 balance

(2) cavity 가공의 용이성과 가공정도의 확보

(3) cavity 내의 수지유동과 air vent

(4) ejector pin 구조와 ejector 위치 결정

(5) gate 위치 설정

(6) cavity 분할 후의 기계적 강도

냉각효율이 취약한 core 관계는 열전도율이 양호한 Be Cu재 사용

(7) cavity 분할

　① POM, PBT, ABS의 cavity 분할

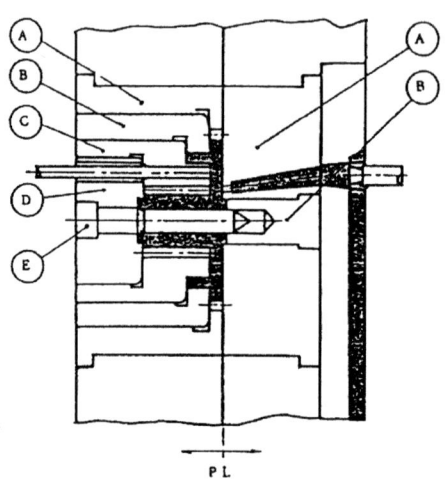

　② POM의 cavity 분할

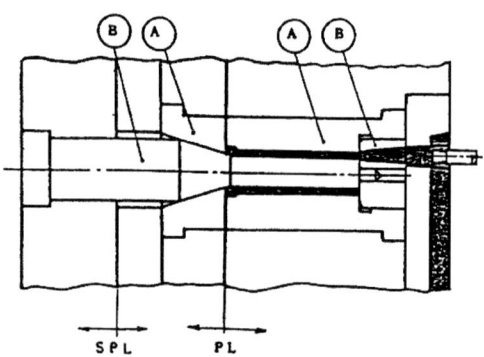

③ POM의 cavity 분할

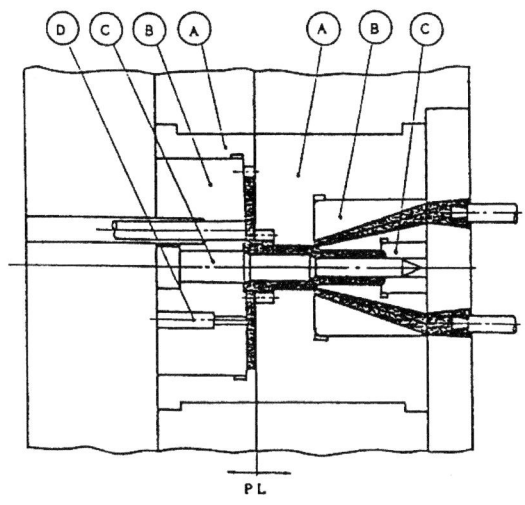

④ ABS, PMMA의 cavity 분할

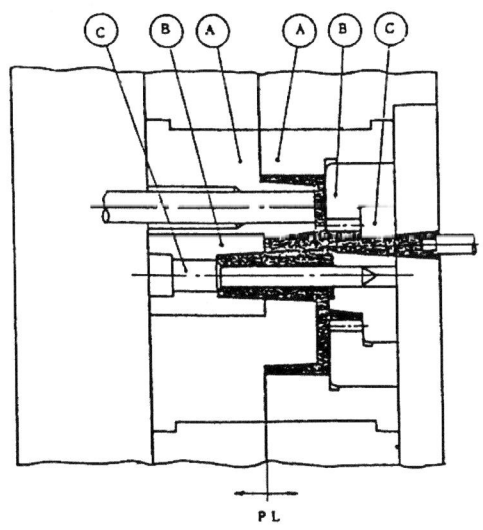

(8) cavity 가공정밀도

① 진원도

② taper 및 구배

③ 동축도

④ 동심도

⑤ 경사도

⑥ 평행도

성형품에 의한 정밀도 등급과 금형가공 허용오차

정도등급	성형품의 허용공차폭	금형가공허용공차
초정밀급	절대치수의 차이에 의한 공차폭 ±10μ 이내	±2μ 이내
	절대치수에 대한 허용공차폭(결정성) ±0.03	±0.005 이내
	절대치수에 대한 허용공차폭(비결정성) ±0.02	±0.005 이내
정밀급	절대치수에 대한 허용공차폭(결정성) ±0.06	±0.007 이내
	절대치수에 대한 허용공차폭(비결정성) ±0.04	±0.007 이내
중급	절대치수에 대한 허용공차폭(결정성) ±0.08	±0.01 이내
	절대치수에 대한 허용공차폭(비결정성) ±0.06	±0.01 이내
거칠음급	절대치수에 대한 허용공차폭(결정성) ±0.15	±0.002 이내
	절대치수에 대한 허용공차폭(비결정성) ±0.10	±0.002 이내

* 결정성 수지: PE, PP, POM, PBT, PA
　비결정성 수지: PS, ABS, SAN, PMMA, PC, PPHOX, PSU

3-4. 치수정도와 runner, gate 설계

3-4-1. 제품두께, 제품용량에 대한 gate size 설정

제품중량cm 제품두께mm	0.3 이하	0.3-1	1-3	3-6	6-15	15-30	30-50	50-100	gate land(mm)
0.6 이하	0.4-0.6	0.4-0.6	0.4-0.6	0.4-0.6	-	-	-	-	0.6-0.8
0.7-1.0	0.5-0.7	0.6-0.8	0.6-0.8	0.6-0.8	0.6-0.8	-	-	-	0.8-1.2
1.1-1.5	0.6-0.8	0.7-0.9	0.8-1.0	0.8-1.0	0.8-1.0	0.9-1.1	-	-	1.0-1.4
1.6-2.0	0.7-0.9	0.7-0.9	0.8-1.0	0.8-1.0	1.0-1.2	1.0-1.2	-	-	1.2-1.6
2.1-3.0	-	0.8-1.0	1.0-1.2	1.0-1.2	1.2-1.4	1.2-1.4	1.4-1.6	-	1.4-1.8
3.1-4.0	-	-	1.2-1.4	1.4-1.6	1.6-1.8	1.8-2.0	2.0-2.2	-	1.6-2.0

제품중량cm 제품두께mm	0.3 이하	0.3 − 1	1 − 3	3 − 6	6 − 15	15 − 30	30 − 50	50 − 100	gate land(mm)
4.1 − 5.0	−	−	−	1.6 − 1.8	1.8 − 2.0	2.0 − 2.2	2.2 − 2.4	2.4 − 2.8	1.8 − 2.4
5.1 − 6.0	−	−	−	−	2.0 − 2.2	2.2 − 2.4	2.4 − 2.8	2.8 − 3.0	2.0 − 3.0
6.1 − 7.0	−	−	−	−	−	2.4 − 2.8	2.8 − 3.2	2.8 − 3.0	2.0 − 3.0
7.0 − 8.0	−	−	−	−	−	−	3.0 − 3.4	3.4 − 3.8	3.0 − 4.0
8.1 − 10.0	−	−	−	−	−	−	3.4 − 3.8	3.8 − 4.2	3.5 − 4.5
gate 단면적 (㎟)	0.2 − 0.5	0.4 − 0.8	0.5 − 1.0	0.7 − 1.5	1.0 − 2.0	1.6 − 4.0	2.5 − 8.0	4.0 − 15	−

3 − 4 − 2. runner 설계

(1) 열효율이 양호한 형상의 runner를 사용

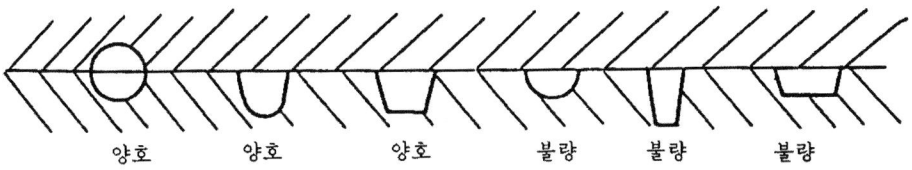

(2) cavity에서 runner거리는 균일유지

(3) runner 거리는 짧게 하고 cavity 배치, gate 배치 검토

(4) runner 가공정도는 면조도는 cavity와 편차발생이 없도록 가공

(5) 얇은 pipe 제품은 동 용량의 수지를 충진하는 2점 gate를 사용

(6) 제품의 긴 방향 끝면에 설정

(7) runner size를 결정하는 경험식 두께 3.2㎜ 이하, 중량 200gr 이하, runner dia meter 3.2 − 9.5㎜의 성형품에 대한 runner size.

$$D = 0.2654W \times L$$

    D: runner dia(㎜)

    W: 성형품 중량(gr)

    L: runner 길이(㎜)

(8) 열효율이 양호한 형상, cavity에서 runner 거리는 균일유지, runner 거리는 짧게 하고, cavity 배치, gate 배치 검토, runner 가공의 면조도는 cavity와 편차 발생이 없도록 가공, 제품의 긴 방향 끝면에 설정.

(9) runner 중 수지의 압력 손실

$$P = \frac{8\mu LQ}{3.14} \times R^4$$

P: runner 중의 수지압력손실(kg / cm^2)

μ: 정성계수($\text{kg} \cdot \text{sec} / \text{cm}^2$)

R: runner의 반경(cm)

L: 유동거리(cm)

Q: 사출속도(cm / sec)

(10) 각종 수지의 추정 충전조건과 유동거리에 의한 runner size

순	재질	cylider 온도 여유 + ℃	금형온도 여유 + ℃	충진압력 여유 + kg / ㎠	사출속도 여유 + cm / sec	유동거리에 의한 runner size		
						거리 150mm	거리 300mm	거리 600mm
1	POM	195 + 10	70 + 15	800 + 200	30 + 30	Φ2.4	Φ3.2	Φ4.0
2	PBT	240 + 10	60 + 15	700 + 150	30 + 30	Φ2.5	Φ3.5	Φ4.5
3	PA 6	245 + 10	60 + 20	700 + 150	30 + 30	Φ2.5	Φ3.5	Φ4.4
4	PA 66	270 + 10	65 + 20	700 + 150	30 + 30	Φ2.8	Φ3.8	Φ4.8
5	PA 12	210 + 20	50 + 15	800 + 200	20 + 30	Φ2.5	Φ3.5	Φ4.5
6	PP	210 + 20	50 + 10	800 + 200	30 + 60	Φ2.4	Φ3.2	Φ4.0
7	HDPE	210 + 20	50 + 10	800 + 200	30 + 60	Φ2.4	Φ3.2	Φ4.0
8	PS	185 + 30	40 + 15	700 + 150	30 + 60	Φ2.8	Φ3.8	Φ4.8
9	SAN	190 + 20	50 + 15	800 + 200	20 + 30	Φ2.8	Φ3.8	Φ4.8
10	ABS	220 + 20	60 + 10	800 + 200	20 + 30	Φ2.8	Φ3.8	Φ4.8
11	PMMA	220 + 15	60 + 15	1000 + 200	20 + 30	Φ3.0	Φ4.5	Φ6.0
12	PC	275 + 15	80 + 20	1200 + 200	30 + 40	Φ3.2	Φ4.8	Φ6.5
13	PPHOX	265 + 15	80 + 15	1200 + 200	30 + 40	Φ3.2	Φ4.8	Φ6.5

3-4-3. 각종 수지의 용융점도와 온도 관계

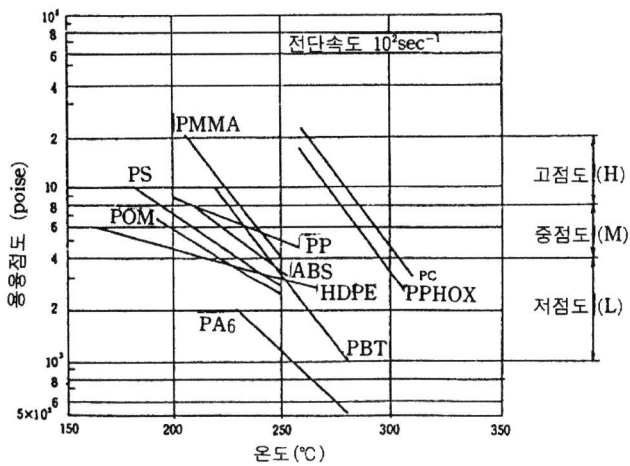

3-4-4. 각종 수지의 cylinder 온도와 유동거리 관계

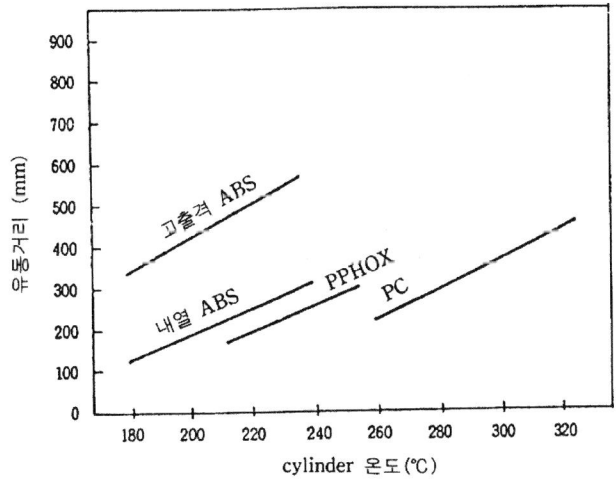

3-4-5. POM의 사출압력, 금형온도와 spiral 유동거리 관계

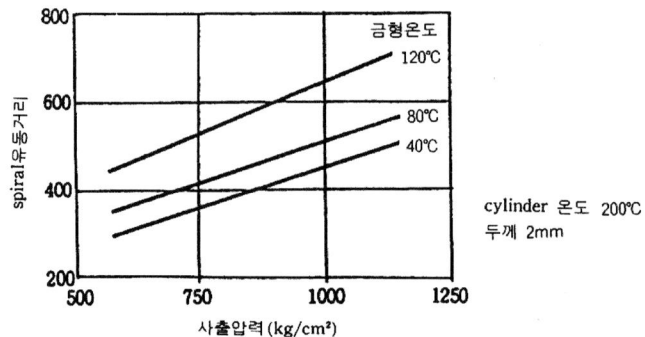

3-4-6. POM의 grade차에 의한 spiral 유동거리 관계

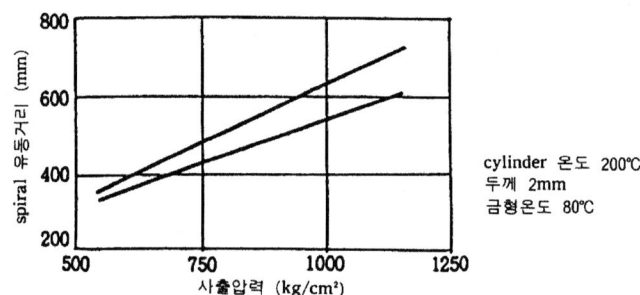

3-4-7. POM의 cylinder온도와 spiral 유동거리 관계

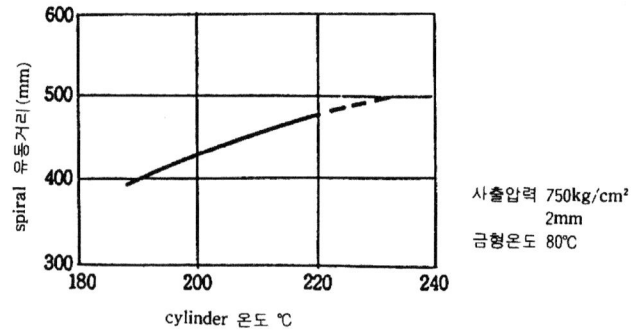

3-4-8. POM의 금형온도 두께와 spiral 유동거리 관계

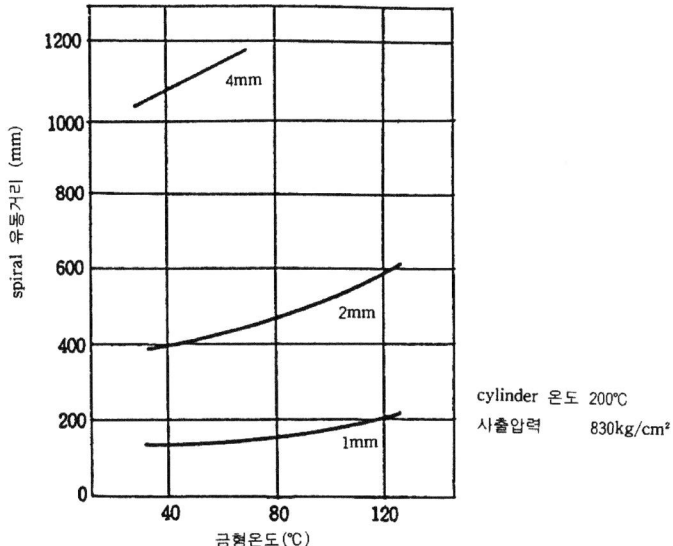

cylinder 온도 200℃
사출압력 830kg/cm²

3-4-9. PC의 사출속도와 유동거리 관계

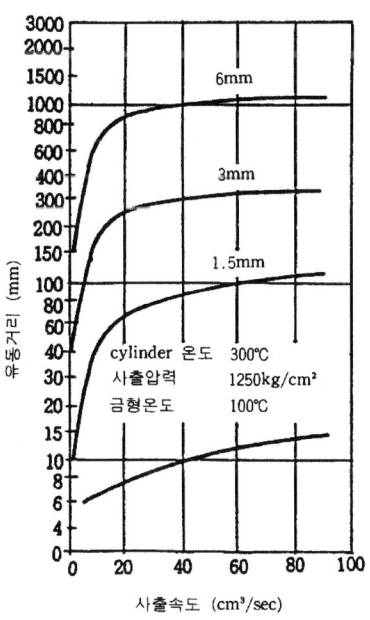

4. 정밀성형에 의한 사출성형기와 주변기기

4-1. 사출장치

4-1-1. 조정폭

① 고정도 수지와 얇은 성형품에 고압충전이 필요할 경우는 최고사출, 유지압력의 고압화가 요구되며 정밀성형용 $2000 \sim 3000 kgf/cm^2$

4-1-2. 사출압력과 수축률 중량관계

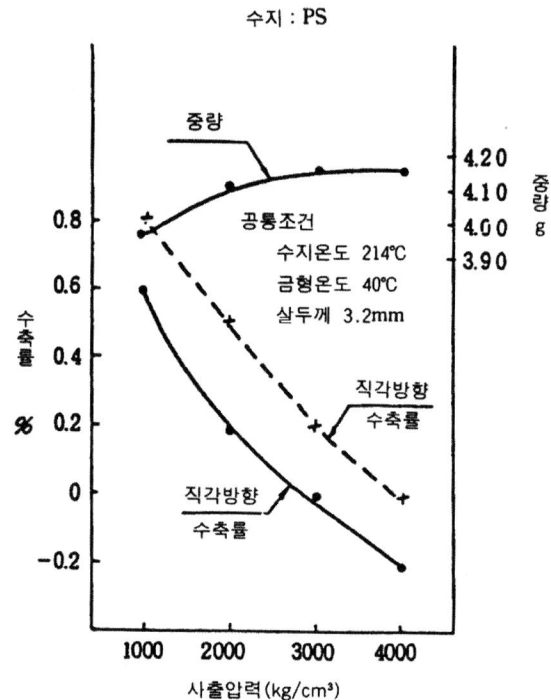

4-1-3. POM gear 평균중량 표준편차

일 자	성형 shot 수	평균중량	표준편차	
1일	67	9.934g	0.0016g	0.016
2일	124	9.930g	0.0016g	0.016
3일	125	9.933g	0.0023g	0.023
4일	130	9.931g	0.0024g	0.024
5일	115	9.929g	0.0025g	0.026
6일	89	9.929g	0.0023g	0.024
7일	121	9.929g	0.0014g	0.014
8일	1234	9.929g	0.0013g	0.013
9일	127	9.929g	0.0023g	0.023
total	1022	9.930g	0.0027g	0.027

4-1-4. 금형온조기 토출압력과 토출량

(1) 금형본체의 냉각에 $1 \sim 2$ kg / ㎠, core pin의 냉각에 $2 \sim 5$ kg / ㎠의 토출압력
이 필요하다.

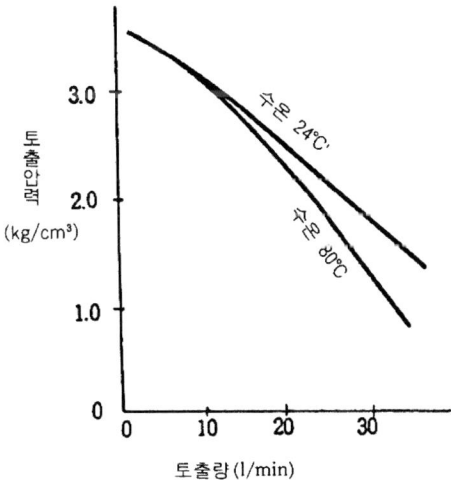

토출량(l/min)

4-1-5. 저발포 금형

(1) 저발포 성형품은 통상의 성형품과 같은 외관을 가지는 것이 바람직하겠지만 일반적으로 발포제의 영향에 따라 외관 저해 현상이 생기는데 금형 cavity 내에 수지가 사출될 때, 기포가 cavity 표면에 눌러지게 되어 swirl mark(소용돌이 모양)가 생겨 표면이 거칠어진다.

현재 실용화되어 있는 SF Process는 그 대책으로서 2종류의 방법이 채용되고 있다.

첫째는 2차 가공에 따라 2차 표면층을 형성하는 방법으로 Cost가 높고 가공 능력 및 납기에 제한이 따른다.

둘째는 성형 방법을 연구하여 외관을 개량하는 방법으로 널리 쓰이고 있다.

(2) 성형기 실린더 내에서 발포제의 분해를 억제하도록 수지 온도를 낮게 설정하기 때문에 weld line이 성형품 표면에 두드러진다.

(3) short shot 법에서는 수지 표면층이 금형 표면에 충분히 밀착할 만한 압력을 얻어 전사 불량을 일으킨다.

(4) 금형 구조

① short shot법에 따른 발포 성형은 현행 사용 금형이 적용 가능하지만, 발포 배율을 높이기에는 gas 빼기를 많이 하는 것이 보다 효과적이다.

② CP법에서는 기체 압력의 흡배기를 신속히 행하는 구조를 가지는 것이 효과적이다.

- 금형 내의 기밀성을 보존하기 위하여 Parting면은 O Ring에 Seal을 하여 제품 전체를 둘러싼 구조로 한다(O ring 직경: $5 \sim 8\Phi$).
- 이젝터 핀 등은 각 핀을 개별적으로 O ring으로 Seal하는 방법과 이젝터 box 전체를 둘러싸는 방법으로 대별된다.
- 금형 내에서 흡배기를 행하는 슬릿은 gas의 흐름이 burr 등에 의한 막힘이 없는 것이 필요하다.
- Parting 면의 벤트는 3 / 100 전후가 일반적이다.
- 대형이고 복잡한 성형품의 rib, boss 등의 배기는 각 Block으로 분할하거나 핀을 이용하는 경우는 슬리브 구조에서 clearance에서의 벤트와 핀 후

부에서 흡배기를 행하면 제품의 마무리가 좋아진다.

- gate 형상은 일반적으로 direct gate와 side gate가 사용되고 있으며, pin gate와 터널 gate를 사용하는 경우는 작은 성형품에 적용한다.
- 대형 성형품은 용융 수지의 흐름을 고려하여 다점 side gate가 바람직하다.

제8장

강도불량과 대책

1. 잔류변형의 불량대책

1-1. 잔류변형의 발생원인

1-1-1. 발생기구

성형공정에 발생하는 자유변형은 제품의 경시 치수변화의 불량을 유발한다. 실제 사출성형 과정에서 송송 원인으로 발생하는 변형이 금형 내의 냉각 과정에서 완화에 의한 고차와 잔류변형이다.

잔류변형(ε)과 응력(σ)의 관계는 $\sigma = E \times \epsilon$

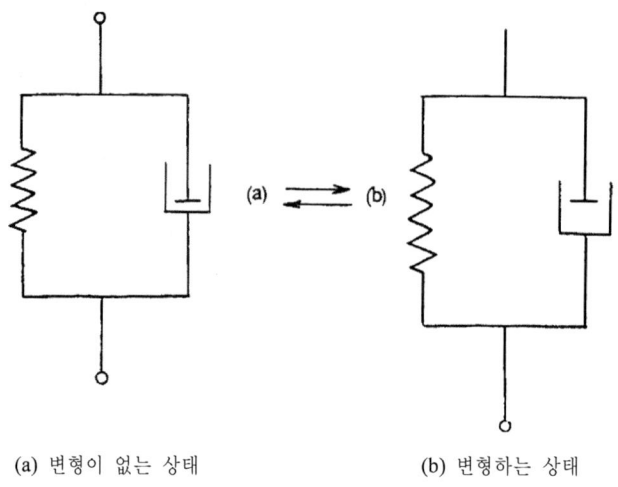

(a) 변형이 없는 상태   (b) 변형하는 상태

변형상태를 나타내는 점탄성 model

(1) 분자배향

금형 내의 냉각과정에서 분자배향 및 배향의 형성과정

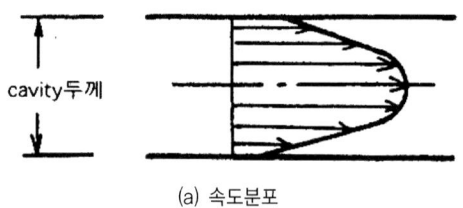

(a) 속도분포

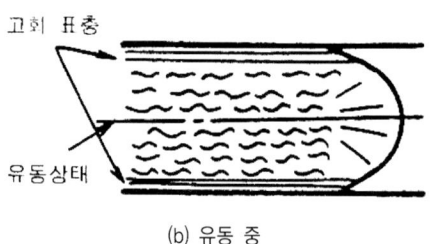

(b) 유동 중

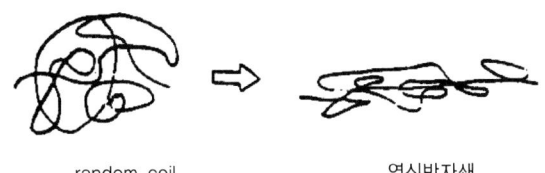

random coil   연신반자쇄

분자배향

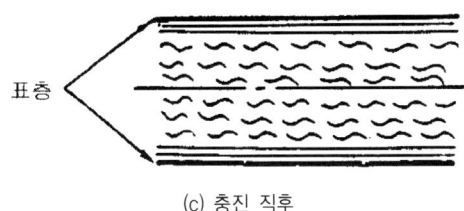

표층

(c) 충진 직후

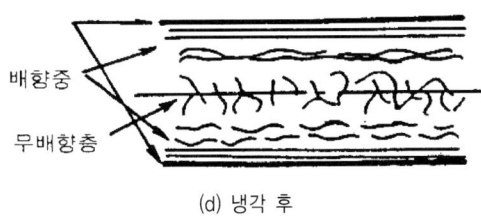

배향중

무배향층

(d) 냉각 후

(2) 충전제의 배향

glass 섬유와 carbon 섬유는 섬유상의 충전제가 첨가된 경우에 분자배향이 흐름의 방향으로 배향한다.

(3) 냉각불균일에 의한 변형

용융수지를 냉각하는 경우에 급냉에서 서냉으로 되므로 체적수축은 크게 된다. 냉각속도가 불균일한 개소는 수축 차에 의한 변형이 발생한다. 실제로 성형에서 냉각불균일에 기인하는 case는 두께 불균일한 경우, 금형온도 불균일한 경우(sharp corner, edge, 냉각효과가 적은 core), weld와 cold blow, 찬수지가 용착하는 경우 특히 두꺼운 성형품의 skin층은 먼저 냉각하여 고화한다. 내부의 유동층은 서냉하여 수축이 커진다.

(4) 사출압에 의한 변형

성형 시 사출압이 높으면 gate 근방에 과충진에 의한 변형을 일으킨다. cavity 내의 압력 분포는 gate 근방에 높고 말단은 낮다. 성형품의 두께가 불균일한 경우에 rib구조와 凹凸이 많은 형상 등 cavity의 내압 분포가 불규칙에서 생기는 성형수축이 잔류변형의 원인이 된다.

(5) insert 부품의 변형

(6) 이형 시에 생기는 변형

이형 시에 무리한 ejecting, ejector pin의 근방과 sharp corner부에 변형이 발생

(7) gate cutting으로 생기는 변형

성형 시에 gate가 차가워 무리한 cutting 또는 부적정한 조건으로 절단

(8) 2차 가공에서 생기는 변형

열용착, 초음파용착, 열 및 냉간 caulking, 기계가공에 의한 2차 가공

1-1-3. 수지특성과의 관계

(1) 각 수지의 융점 및 glass 전이온도(분자의 운동이 정지하는 온도)

수지명	분류	융점(℃)	glass 운전온도(℃)
PE	결정성	100~140	-20~-30
PP	결정성	160~170	-35
POM	결정성	160~180	-40~-60
PA6	결정성	220~230	-30~-50

수지명	분류	융점(℃)	glass 운전온도(℃)
PMMA	비결정성	150~160	80~100
PS	비결정성	100~110	80~90
PC	비결정성	230~260	140~150

수지는 glass 전이온도 이하에서 응력의 완화에 기인된다.

(2) 결정화 부분보다 비결정 부분으로 구열이 생긴다.

(3) 유기용제, 기타 약품이 침투하여 구열이 생긴다.

결정성 수지는 비결정성 수지와 비교할 때 잔류변형이 문제가 적다. 결정화 과정에서 생기는 구정의 생성과 결정화도의 불균일에 기인하는 문제는 성형가공상 주의할 점이다.

1-2. 잔류변형과 성형품의 품질

1-2-1. 성형품의 기계적 강도

(1) 유동방향과 직각방향

수지명	인장의 강도(kg / cm²)		형격강도(kg·cm / cm²)	
	종(a)	횡(b)	종(a)	횡(b)
PS	463	383	4.2	1.1
HIPS	276	186	19.4	4.5
ABS	396	400	22.1	13.7
ABS-G	742	520	8.9	5.4
PMMA	622	528	5.6	3.6
PC	541	554	172.6	159.4
PP	304	311	49.0	6.6
POM	548	533	43.8	16.4
PE	237	228	51.4	33.5
PA-6	757	100.8	102.1	

주기 (1) test piece 150×150×2t

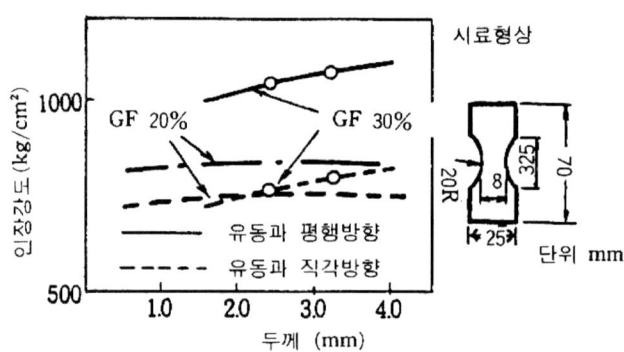

a: 유동방향
b: 직각방향

(2) 인장강도의 이방성

glass섬유가 함유된 polycarbonate

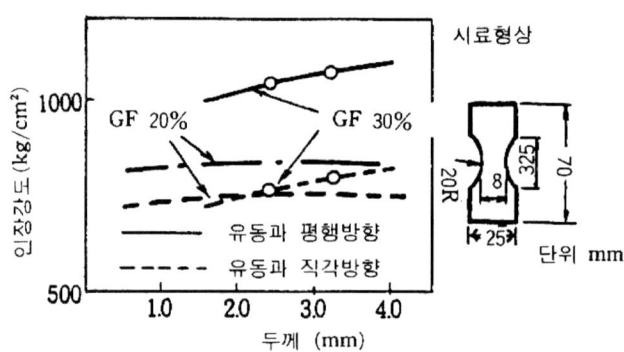

(3) polycarbonate의 실온에서 한계응력, 방법은 굽힘 변형법

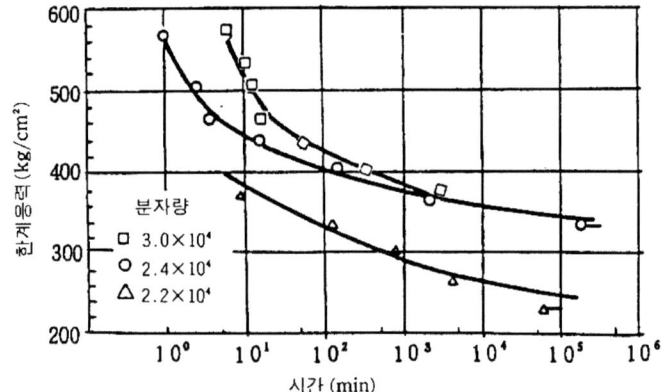

1-2-2. 응력구열

crack이 발생하는 시간은 응력이 크고, 분위기 좌우온도차, 고응력 측과 고온
측은 단시간에 발생한다.

1-2-3. 용매구열

(1) 가소제가 함유된 plastic(PVC, PE)과 접촉하는 경우

(2) 도장, 화학도금, 접착제 접착하는 경우

(3) 세정유, 기계유, 절삭유와 접착하는 경우

(4) 세제, 식품과 접착하는 경우

이상의 case는 polycarbonate, polystyrene, acrylic, ABS 등의 비결정성 수지에
나타난다.

(5) HIPS와 ABS의 환경응력 영향

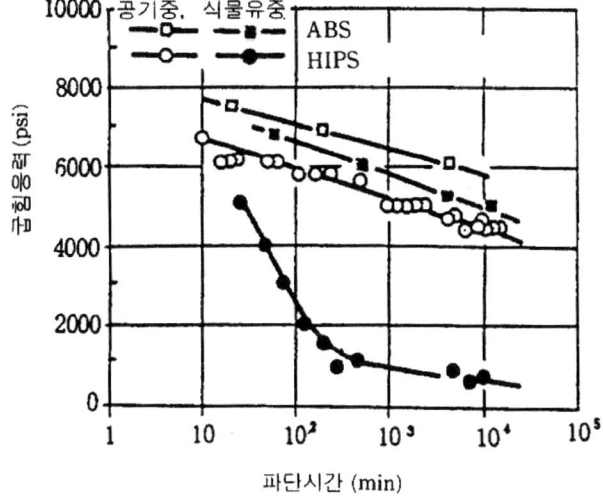

(6) 고밀도 polyethyrene의 발생시간에 의한 환경영향

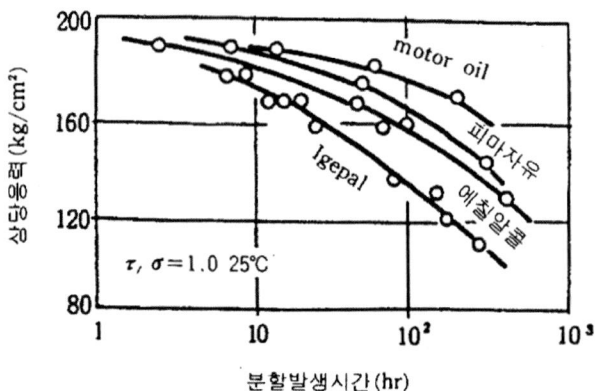

분할발생시간(hr)

(7) styrene계 수지의 각종 약품에 의한 임계변형 측정온도: 23℃

(단위: %)

약품 \ 수지	GPPS	AS 수지	glass섬유 강화 AS 수지	내열성 ABS 수지	준내열성 ABS 수지	중형격성 ABS 수지
하이옥탄	〈0.08	0.13	0.10	〈0.10	0.62	0.56
	(〈24)	(19)	(15)			
레규라	〈0.08	0.28	0.13	0.46	0.64	0.85
	(〈24)	(10)	(20)			
등유	〈0.08	0.50	0.18	〉1.0	〉1.0	0.92
	(〈24)	(72)	(28)			
경유	〈0.10	0052	0.20	0.58	1.2	1.0
	(〈29)	(74)	(31)			
motnoil	〈0.10	0.50	0.55	〉1.0	〉1.0	〉1.0
	(〈29)	(72)	(85)			
메틸알코올	0.32	0.33	0.12	0.35	0.34	0.44
	(94)	(47)	(18)			
에틸알코올	0.23	0.22	0.15	0.36	0.36	0.38
	(68)	(31)	(23)			
윈도우왓지액	0.22	0.44	0.40	0.64	0.64	0.64
	(65)	(63)	(62)			
공기 중	0.34	0.70	0.65	–	–	–

따라서 ① 낮은 응력 level에서 crack가 발생한다.

② 단시간에 crack가 발생한다.

③ 분위기 온도를 높이면 crack의 발생이 가속하는 경우가 많다.

④ crack의 성장속도는 빠르다.

1-3. 잔류응력의 검출방법

1-3-1. 일반적 변형검출 방법과 실용성

(1) 용제침정법

성형품을 용제에 침정하여 변형을 check하는 방법

① 침정시간은 일정, 용제의 혼합비를 변화시켜 검출응력의 변화를 본다.

② 침정시간은 일정, 침정하는 용제의 액온을 변화시켜 액온이 높으면 검출응력은 낮다.

③ ABS의 임계변형

④ 액온 일정, crack가 발생하는 시간을 측정한다.

⑤ 응력 level을 조사, 침정하여 creak의 발상생태를 조사, 성형가공조건을 control하는 지표로 한다.

(2) 가열수축에 의한 변형을 조사하는 방법

① 수축량과 잔류변형을 상대적으로 평기히는 경우

- 열변형온도 이하에서 가열수축을 측정한다.
- 열변형온도 이상에서 가열하여 변형의 상태를 커게하여 조사한다.

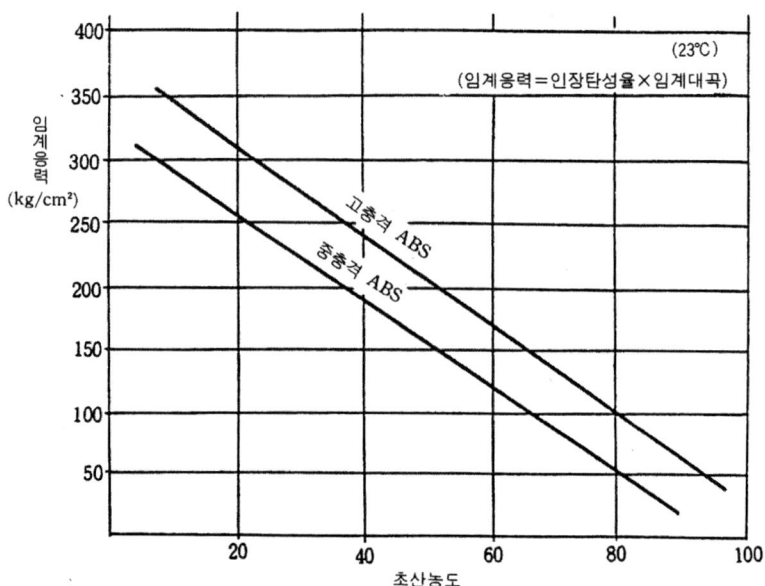

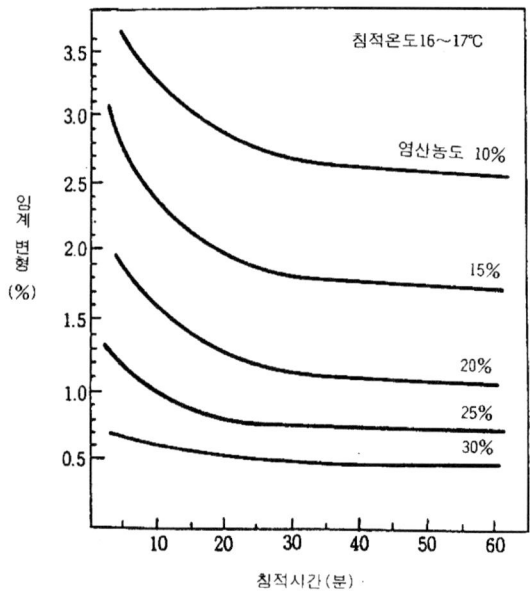

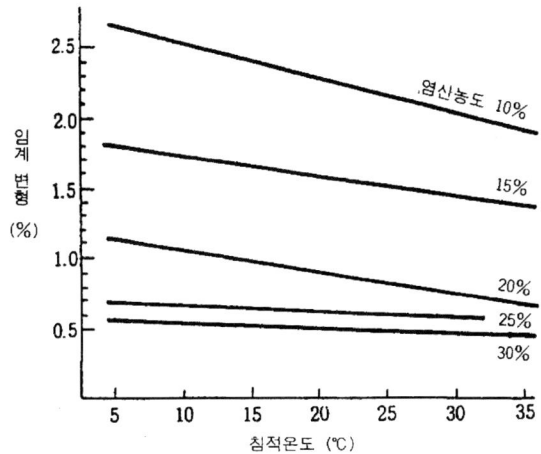

(3) 편광투시법

1-3-2. 용매침정법에 의한 잔류응력의 검출

(1) 성형품의 잔류응력 측정

① 용매의 액조성과 액온이 한계응력을 구하는 시간과 동일조건에서 check한다.

② crack의 관찰방법은 일정(밝기, 보는 각도)

③ 시료의 편차를 고려하여 시료수를 선정

   • 4염화탄소와 N-후타놀의 혼합비를 변화시킨나.

   • 액온을 20℃ setting한다.

   • 실온까지 냉각하는 성형품을 사용(성형 후 24~48hr)

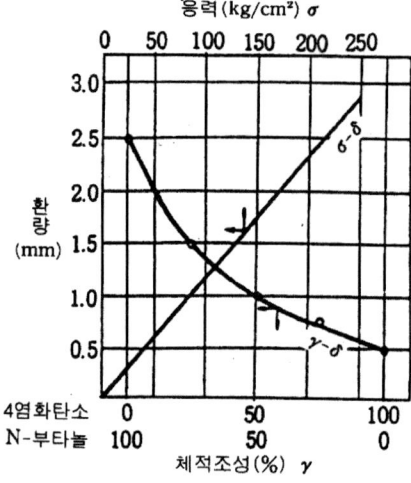

시험방법 : 혼합액중에 침적, crack발생의
유무를 조사한다.

$\delta = l_0 - l$

단, l_0 : 지지족의 고

l : 중앙부에 치구와 시험편하면의 수직거리

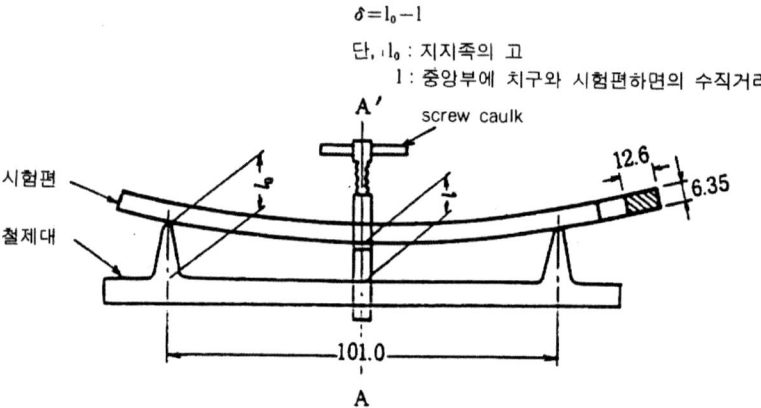

PC 성형품의 잔류응력측정례

온도 20℃, 침적시간 1min

	시료내용	N보다 높은 / 4염화탄소					추정잔류응력 (kg / ㎠)
		0 / 100	75 / 25	50 / 50	25 / 75	100 / 0	
A	통상성형품	3 / 3[1]	2 / 3	0 / 3	0 / 3	–	85
B	A를 anneal 처리	0 / 3	0 / 3	–	–	–	40 이하
C	insert가 있는 성형품	–	3 / 3	3 / 3	0 / 3	0 / 3	130

(주) (1) crack 발생 수 / 전시료 수

1-4. 잔류변형의 방지대책

1-4-1. 설계상의 대책

(1) 두께를 균일하게 한다.

불균일한 두께의 경우는 분자배향 상태와 냉각속도의 차, 두께급변부에 잔류변형이 생긴다.

(2) gate 위치의 선정

강도의 이방성을 고려한다.

(3) gate 방식의 선정

일반적으로 direct gate는 gate 부분에 변형을 일으킨다.

side gate, pin point gate, tub gate는 비교적 변형이 적다.

(4) 이형성

성형 시 이동형과 고정형의 이형 balance가 취약한 경우와 이형하는 형상의 성형품을 pin에 의한 취출 경우가 있다.

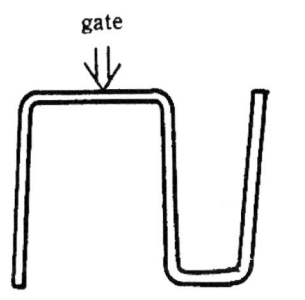

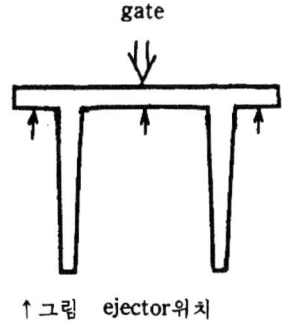

↑그림 ejector위치

이형 balance의 문제는 이동형에 undercut를 설치한다.

(5) 금형 냉각 pipe의 위치를 적절히 한다.

금형온도가 불균일하면 잔류변형이 생긴다.

(6) 변형에 대한 불량요인도

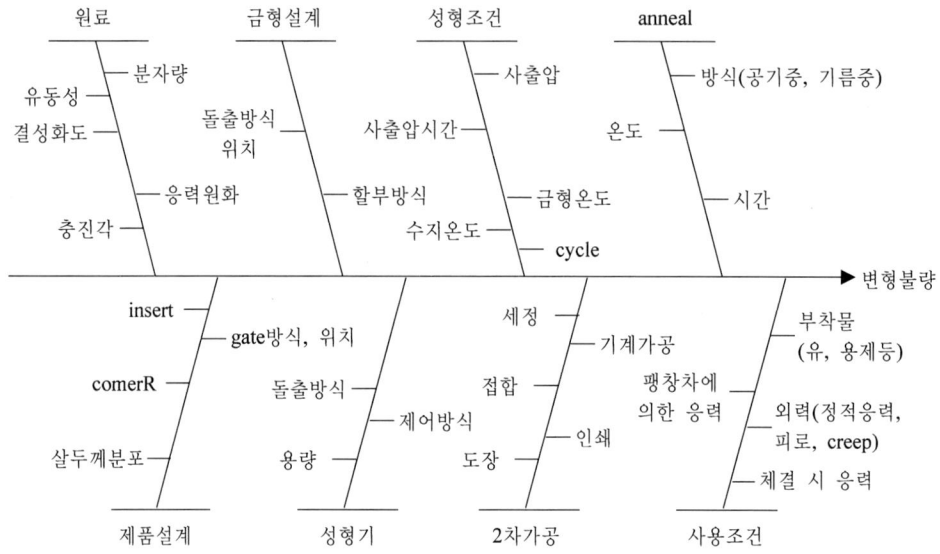

1-4-2. 성형상의 대책

(1) 사출압

screw의 가소화 시의 계량을 일정, 사출압시간을 적절히 선정할 필요가 있다.

① 각종 수지의 금형온도

② polycarbonate의 성형조건과 creack발생시간과의 관계

(2) 금형온도

각종 수지의 금형온도

수 지	금형온도(℃)
ABS	40~70
변성 PPO	80~100
PC	70~120
polyanylate	120~140
PA6	50~70
POM	70~120
FRPET	50~70
	130~150
PBT	40~120
PPS	80~140

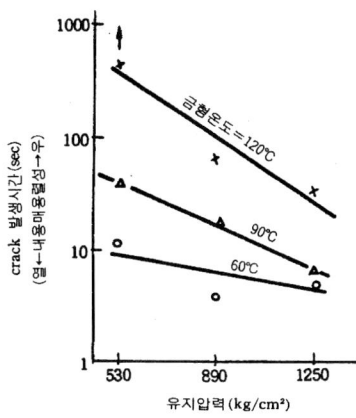

시험방법: 원판시험을 4염화탄소에 침적
PC의 성형조건과 crack 발생시간과의 관계

(3) 수지온도

일반적으로 수지온도의 영향은 비교적 적다.

1-4-3. insert부의 잔류변형

잔류변형을 제거하기 위하여 anneal 처리는 온도를 높이고 수지 측의 팽창량을 크게 하여 응력을 낮춘다.

(1) insert 주위의 두께를 적절

insert 주위의 두께는 insert경의 0.5~1.0배 이상, 실용적으로 insert 주위의 두께는 5.0~6.0㎜ 이하이며 2 이상은 냉각불균일에 변형이 생긴다. 따라서 insert 주위의 두께는 2.0~3.0㎜로 설계하여 boss를 rib보강으로 한다.

(2) insert의 재질과 예비가열

aluminium 등 선팽창계수가 큰 재질을 예비 가열하여 성형하면 잔류변형의 경감효과가 있다.

(3) insert에 sharp edge를 없앤다.

sharp edge의 영향으로 응력집중으로 crack가 발생한다.

(4) insert를 완전히 탈지

성형하기 전에 휘발유, 유기용제를 완전히 탈지한다.

(5) weld line의 발생위치에 주의

(6) insert 적용을 피한다.

초음파 insert, 열압입, 냉간압입, 고주파가열 압입 등으로 한다.

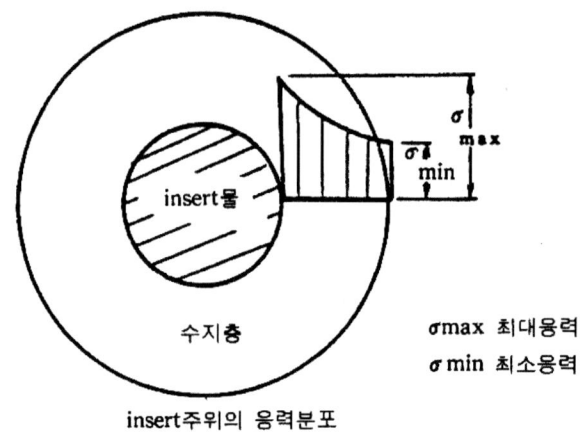

insert주위의 응력분포

1-4-4. 2차 가공 시에 발생하는 변형

(1) gate를 사상할 때 발생하는 변형

(2) 홈이나 buffing 다듬질에서 손에 의하여 발생하는 변형

(3) hole, screw가공 등의 기계가공 시에 발생하는 변형

(4) 용제저박, 용제가 부착하는 개소에 발생하는 변형

(5) 후 insert에서 발생하는 변형

(6) 열용착, 초음파용착 시에 발생하는 변형

1-5. anneal 처리

열변형온도보다 10~20℃ 낮은 온도로 annealing한다. 물, 유동파라핀, 기름의 매체를 이용한다.

수 지	온도(anneal)
PC	120~125℃(공기 중)
POM	145~150℃(공기 중, oil 중)
PA	80℃ 혹은 60℃ 자불(수중)

(1) 열처리에 의한 물성변화

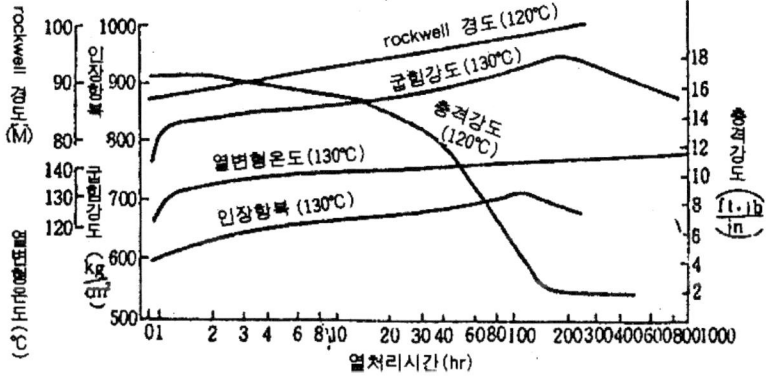

(2) 열처리에 의한 열수축

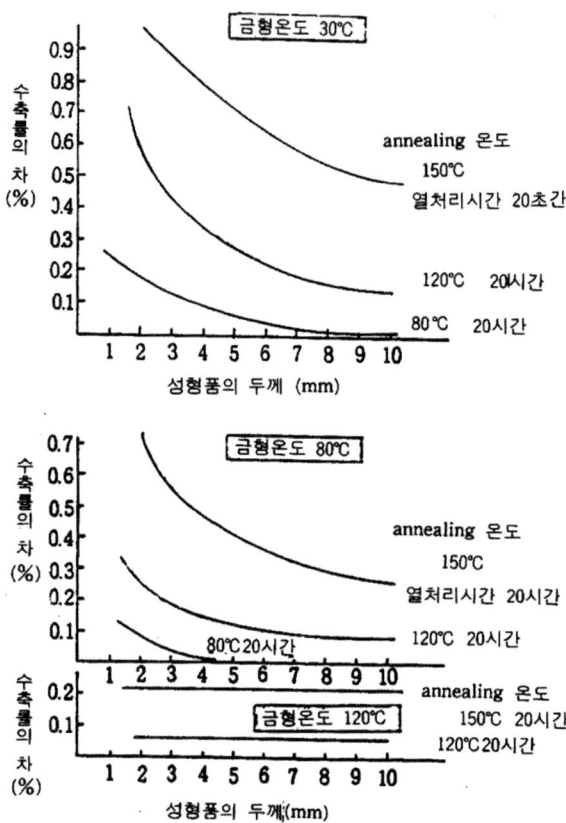

DOM의 두께 성형품 두께 금형온도, annealing 온도와 후수축과의 관계

(3) 2차 가공 후에 annealing 처리

(4) insert부의 잔류응력은 anneal처리

1-6. 사용 시에 부하된 외력문제

(1) screw, press bit, snap fit와 조립 시 발생하는 응력

(2) 어느 부분의 부품을 취부경우 정밀도, pitch 간 오차가 생기는 응력

(3) 한 개의 성형품이 사용조건에 대한 온도 관계 열팽창량의 차로 생기는 응력

(4) 선팽창계수와 다른 부품취부 시, 고온하에 사용하는 팽창량의 차로 생기는 응력

(5) 사용 시에 부하가 정적 동적 하중

2. 제품강도를 유지하는 금형

2-1. 수지물성과 제품강도의 관계

수지의 기본적 물성 및 열화 잔류응력과 제품강도의 관련, 제품형상과 제품의 기계적 강도의 관련, 제품형상에 대한 gate 위치설정의 balance와 제품강도의 관련을 금형설계, 제작 측의 배려를 이해한다.

2-1-1. 각종 수지의 SS곡선

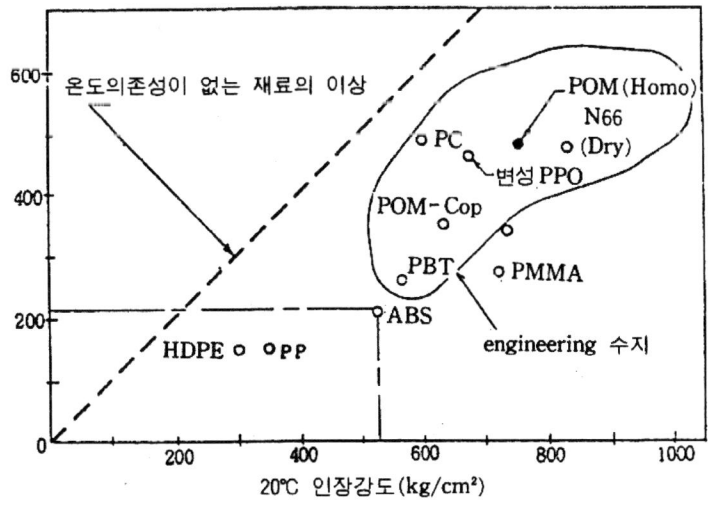

20℃와 80℃의 상관관계

2-1-2. 각종 열가소성 수지의 인장강도

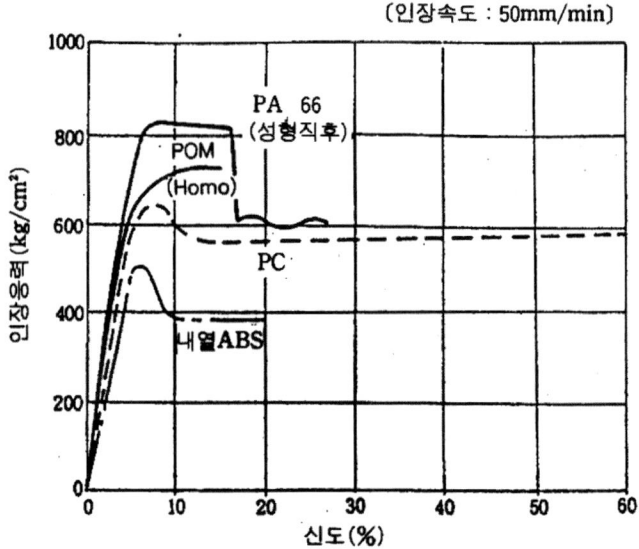

(인장속도 : 50mm/min)

2-1-3. 각종 열가소성 수지의 굽힘탄성률

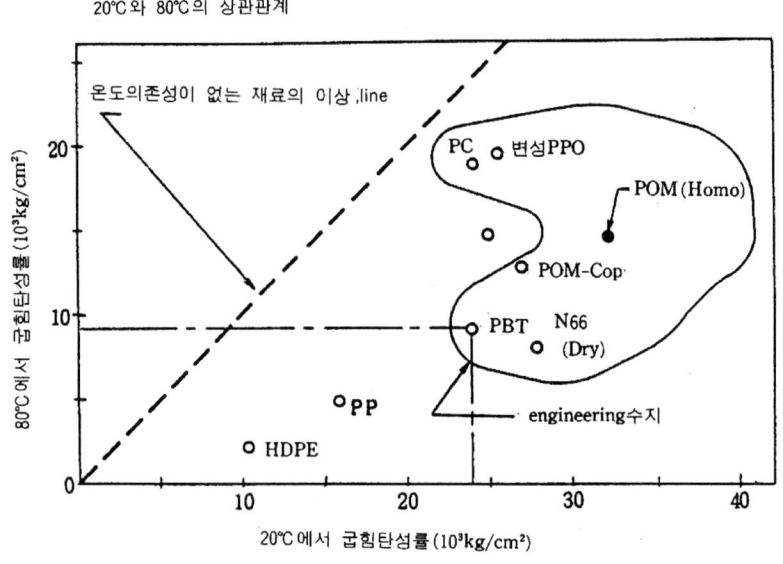

2-1-4. 각종 열가소성 수지의 열변형온도와 rockwell 경도

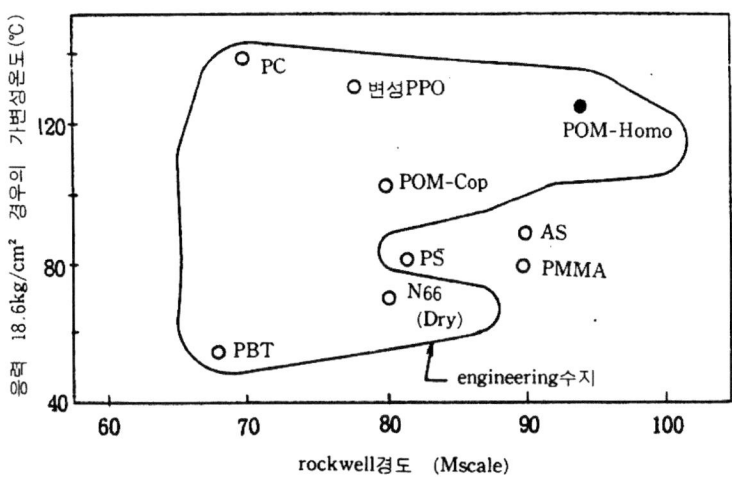

2-1-5. POM homopolymer의 cylinder 채류온도(횡변한계)

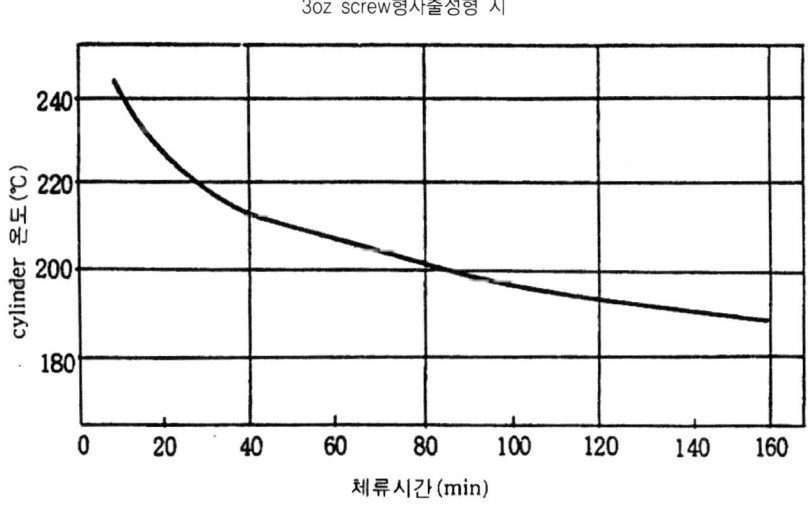

3oz screw형사출성형 시

2-1-6. POM homopolymer의 cylinder 체류에 의한 색차변화

58oz screw형사출성형기cylinder 온도 220℃

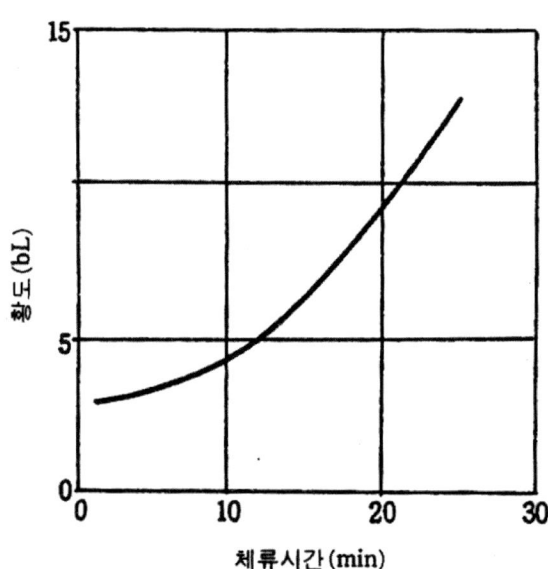

2-1-7. 수지물성과 제품강도의 관계

① 금형 base는 compact 설계, 필요 최저한의 기종으로 성형 가능토록 한다.

② 용융수지의 금형 내 유동이 나쁜 경우는 수지의 용융온도를 높게 하여 유동성을 좋게 한다.

③ 성형 cycle을 적정하게 이형 ejector 관계를 검토한다.

④ 제품의 2차 가공 및 사용상태

- 80℃ 이상의 고온하에 장시간 사용하는 제품 및 직접 옥외에서 사용하는 제품은 POM수지를 적용

- 옥외사용 및 치수정밀도, 기계적 강도가 필요한 제품에 PA-66을 적용

- 2차 가공하는 도장, 색, 용제 및 접착하는 제품에 PS, SAN, ABS, PMMA 등을 적용

- 윤활유를 사용하는 제품에 ABS, PC 등이 적용

2-1-8. POM homopolymer의 열노화 특성

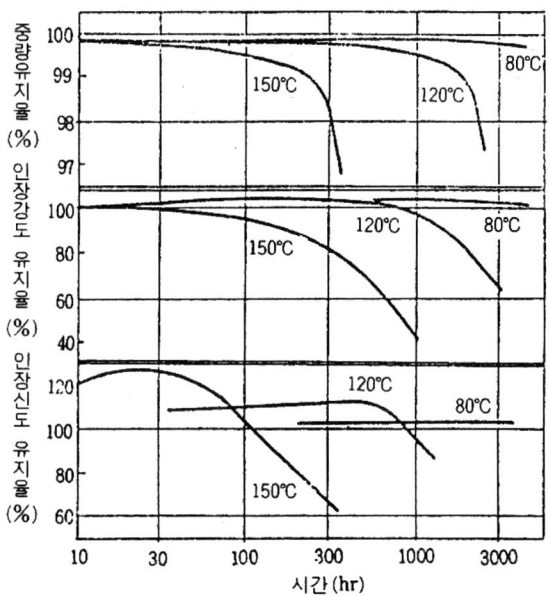

2-1-9. 내후성

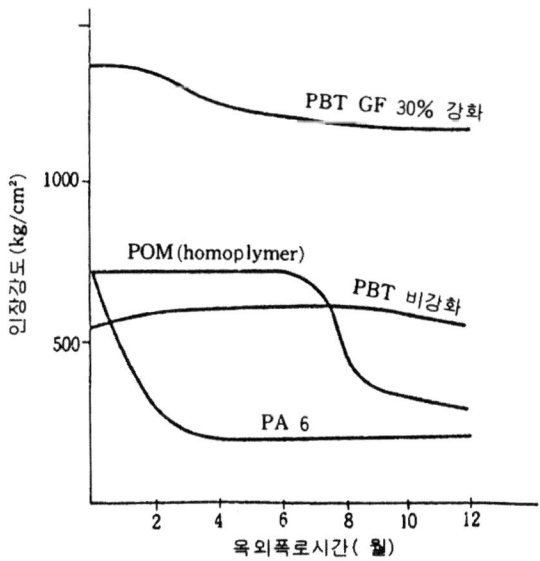

2 - 1 - 10. POM homopolymer의 내후성(인장강도)

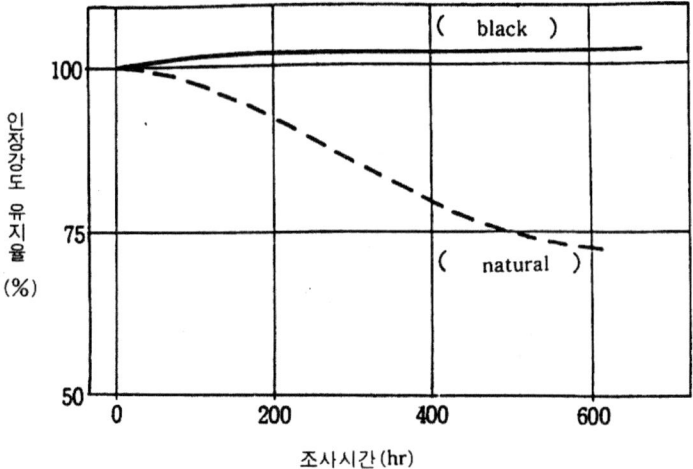

조사시간(hr)

2 - 1 - 11. POM homopolymer의 내후성(인장신도)

〔시험기 : 선싸인 외자오 메터〕

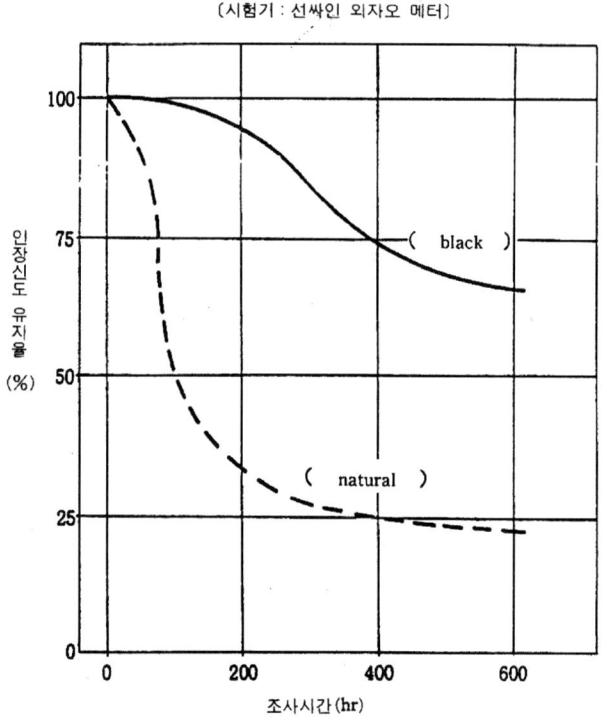

조사시간(hr)

2-2. 잔류응력과 제품강도의 관계

2-2-1. 응력이 발생하는 상태

① cavity 내에 유입된 수지가 낮은 금형온도로 cavity 내에 급냉현상이 발생한다.

② cavity 내에 유입된 수지가 저속충진 도중에 용융수지가 냉각하여 냉각된 수지가 높은 압력이 발생한다.

③ cavity 내에 충진된 수지를 고압, gate seal시간까지 유지하는 상태

④ 제품이형, ejector 시의 저항이 크고, 이형, 무리한 부하, 변형하는 상태

⑤ screw, insert 압입을 할 때 수지를 인장, 신율 방향, 항시 부하상태

⑥ 제품형상의 두께 차 및 유동방향이 변화하는 상태

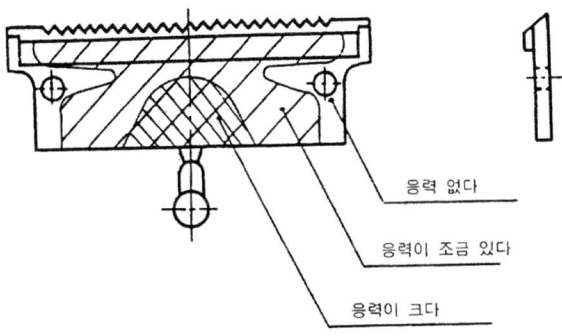

PMMA(paper cutter)

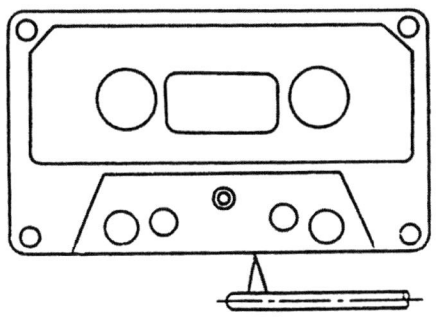

gate 부근에 응력이 발생하고 두께변화하는 부분에
발생하며 제품 설계에 영향이 크다.

PMMA(cassette hub)

2-2-2. 금형 측의 내부응력 삭감 대책

(1) 금형온도 설정을 높게 설정

　① 금형base를 compact size, cavity배치를 금형의 중심부근에 집중한다.

　② 금형온조용 hole을 다수설정, 금형 전체가 균일온도 분포로 한다.

(2) runner size는 크게 하고 runner거리 balance는 동일하게 한다.

(3) gate 위치는 제품두께의 두꺼운 측에서 얇은 측으로 유동방향으로 한다.

(4) ejector 위치는 저항이 큰 부분, 제품강도가 큰 부위의 면적에 ejecting 되
　　도록 한다.

(5) 설정 가능한 한 taper를 크게 한다.

(6) 제품 design적으로 급격한 R, 계단상의 두께 차 급격한 금형 내의 유동조
　　건을 고려한다.

2-3. 제품형상과 기계적 강도 관계

2-3-1. 수지의 기본적 특성에 따른 강도저하

(1) notch가 있는 제품 형상

① POM의 응력집중과 corner R

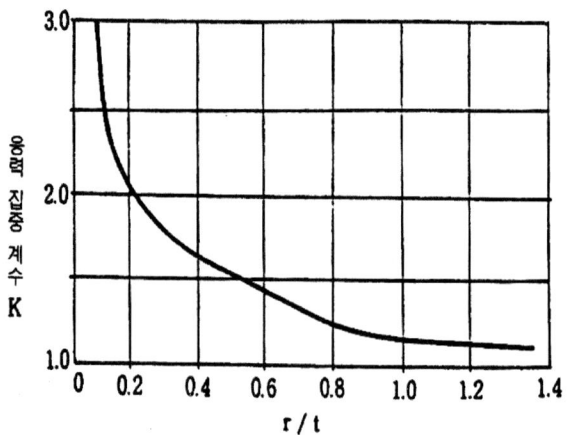

주) σ max. = K · σ

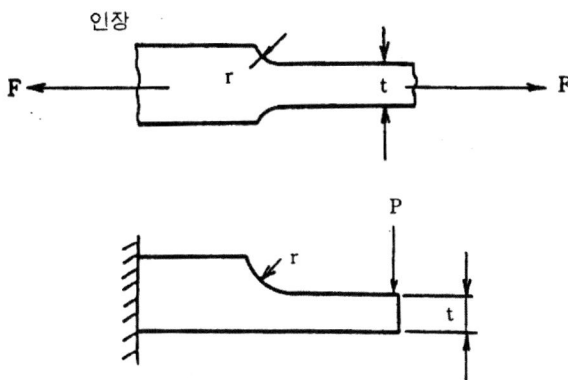

② POM의 충격 정도의 굽힘도의 관계

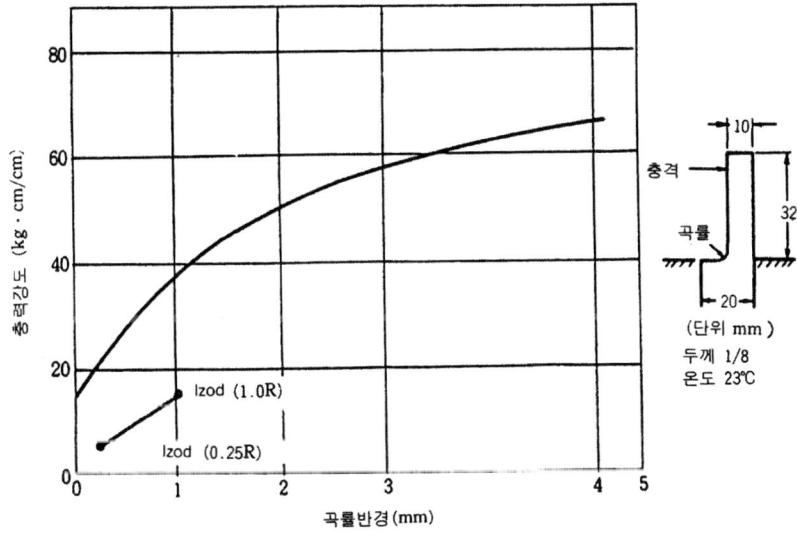

③ 각종 열가소성수지의 충격특성

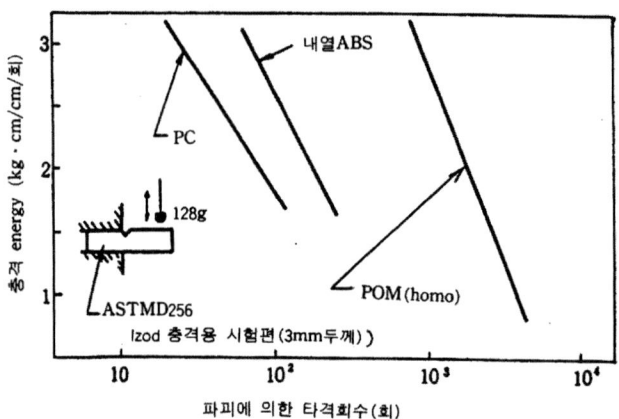

④ POM의 충격피로성

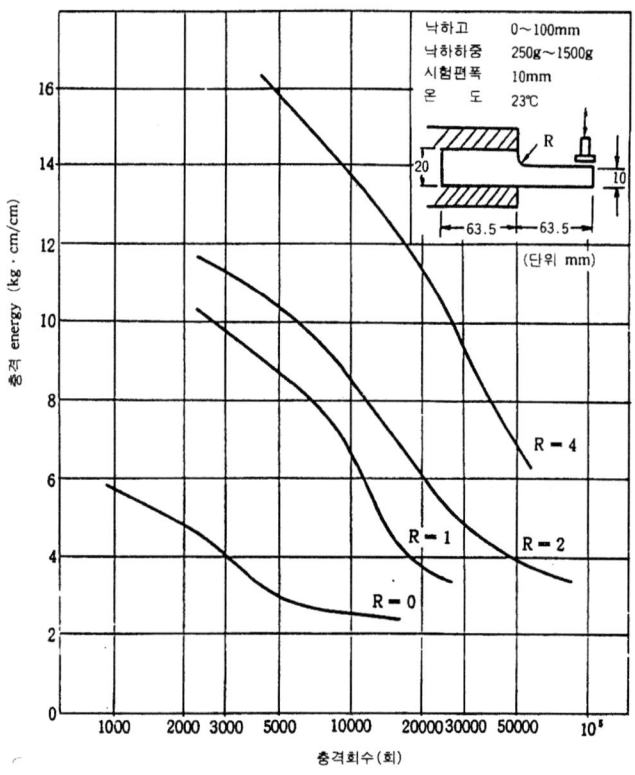

(2) gate로부터 수지의 유동방향과 직각방향의 강도

(3) cavity 내의 수지유동이 core pin 두께 차 및 유동저항의 변화

① test piece 및 weld위치

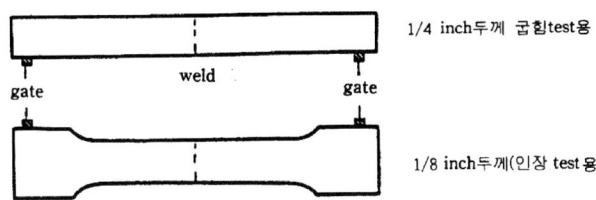

② POM의 weld강도

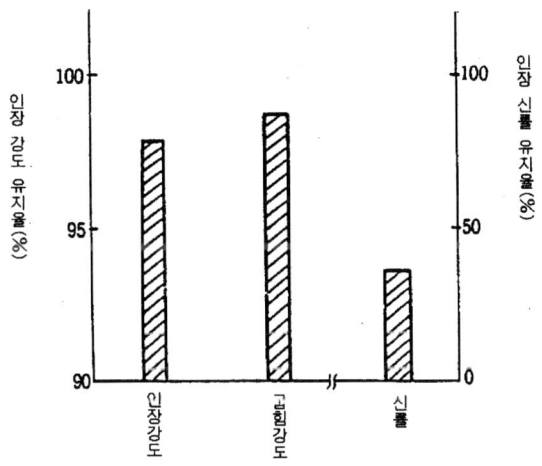

(4) 제품두께가 얇아 기계적 강도가 저하

(5) gate 부분의 기계적 강도가 저하

2-4. 제품형상과 gate 설정

분류	gate 방식명칭	적용이유	이 점	결 점
표준적	direct	1개취의 제품에 간이형 및 대물제품에 채용한다.	1. 금형구조가 간단 cost가 안가 2. 제품정도의 control이 용이	1. 응력이 잔류한다. 2. 후다듬질이 필요 3. 1개취에 한정한다.
	side gate	다수개취에 저 cost 금형에 채용. 휨, 변형대책으로 pin poine gate	1. 금형구조가 간단, cost가 안가 2. 다수개취가 가능 3. 제품정도의 control이 용이	1. 제품정도의 contro이 난해 2. gate보다 금형 pl면에 용이 3. 제품 runner 종분에 필요
	submarine	다수개취의 저 cost 금형 pin, side gate 설정의 불가시	1. 제품의 후다듬질의 불요 2. 다수개취가 가능 3. 금형구조의 간단. cost가 안가 4. 비교적 응력이 잔류가 난해	1. 제품정도의 control이 난해 2. gate보다 금형 pl면에 용이 3. 제품 runner 종류에 따라 필요
	pin point gate	제품 측면의 gate 설정 경우 장합, 다수개취의 enpla 채용	1. 제품의 후다듬질이 불요 2. 다수개취 용이 3. 다점 제품정도 대응 가능 4. 비교적응력의 잔류가 난해	1. 비교적정도의 control이 난해 2. 금형구조가 복잡하고 cost가 고가
특수	film gate	각종 제품의 휨, 변형방지와 외관 정도향상을 조합하는 경우에 채용	1. 휨, 변형의 방지에 효과가 있다. 2. 외관정도 가능 3. 응력잔류 난해 4. 제품정도 비교적 용이 5. 금형구조 비교적 안가	1. 후다듬질이 필요 2. 적용하는 제품이 평판에 한정
	ring gate disk gate dia frame gate	원통제품, 원판제품을 대상으로 weld, 편심 등 대책 용으로 채용	1. weld line의 방지가 가능 2. GF 강화 grade 배향 영향에 의한 편심을 제거한다. 3. 비교적 대물원판제품의 휨, 변형방지에 효과가 있다. 4. 금형구조가 용이, cost가 비교적 안가	1. 후다듬질에 크게 변한다.
	tub gate	잔류응력방지와 외관정도 향상을 조합하는 경우의 각종 제품에 채용	1. 응력의 방지에 효과가 있다. 2. 외관정도를 좋게 하는 데 가능 3. 제품정도, 비교적 용이 4. Tub를 돌출 space로 사용하는 것이 가능	1. 후다듬질이 필요 2. 금형구조가 복잡하고 cost 고가

3. 변형 휨 방지 대책에 따른 성형기와 주변기기

3-1. 변형, 휨의 발생원인과 대책

(1) 성형 시의 잔류응력에 의한 경우
① cavity의 과충진
② 불균일한 두께
③ 수지온도의 부적당과 불균일
④ 금형온도의 부적당과 불균일
⑤ 이형곤란
⑥ insert 주위

(2) 외부 응력에 의한 경우
① 성형품의 이형불량에 의한 응력집중
② 후가공에 의한 외부응력
③ 진동하중에 의한 외부응력
④ 열팽창, 수축에 의한 응력집중

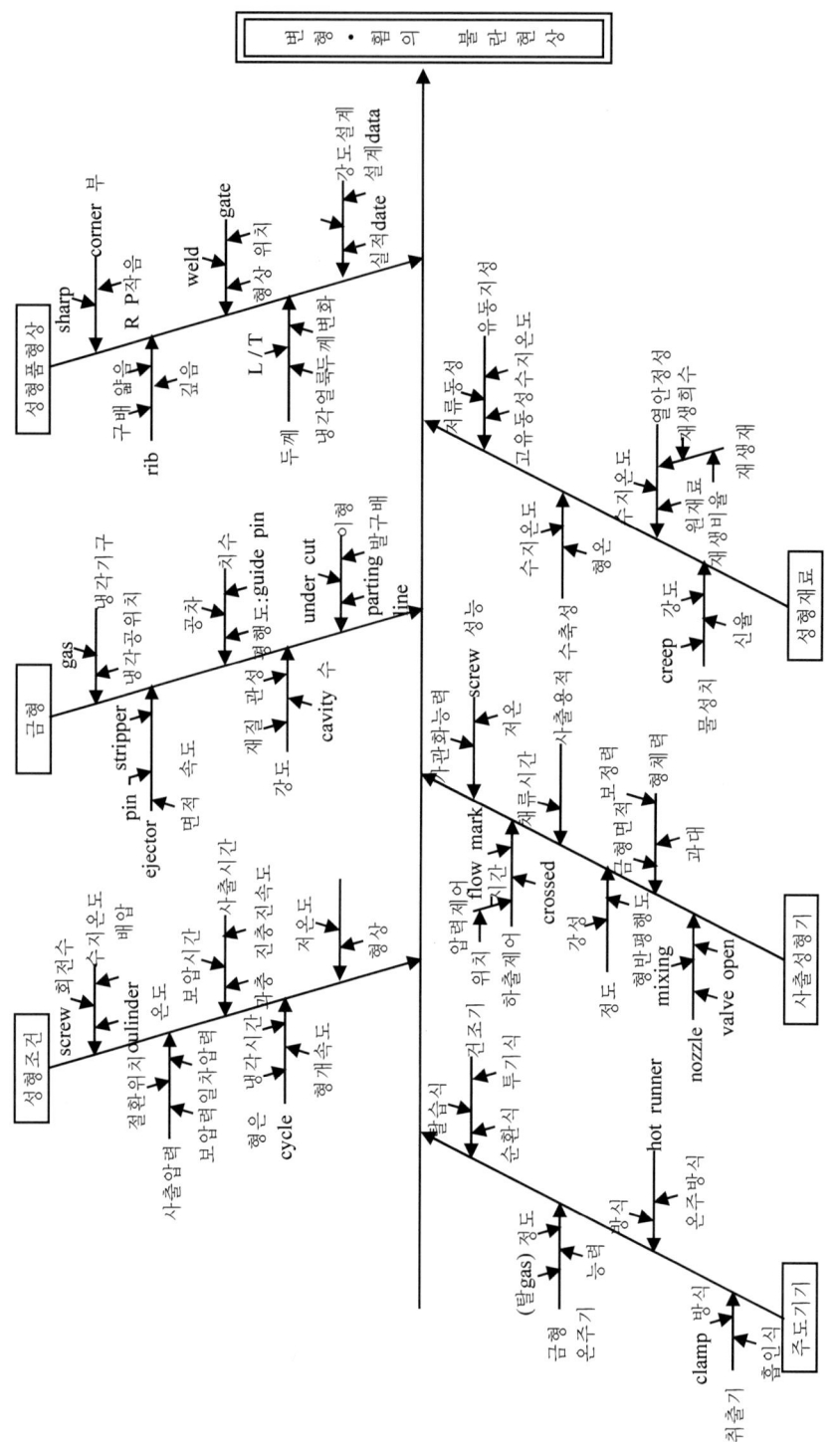

(3) 환경응력에 의한 경우

① 화학약품에 의한 경우

② 습열, 증기에 의한 경우

③ 재생재료 사용에 의한 열화 경우

④ 자외선 열화에 의한 경우

3-2. 성형품 형상

(1) 성형품 두께

(2) 성형품의 R

(3) 변형, 휨의 불량현상

　① 휨, 변형의 불량대책의 특성 요인도

　② 두께 균일화의 성형품형상

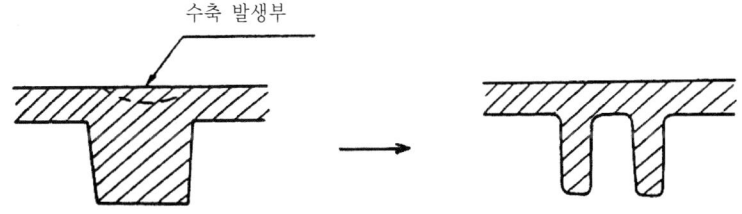

두꺼운 rib는 2개 이상의 다수 rib로 한다.

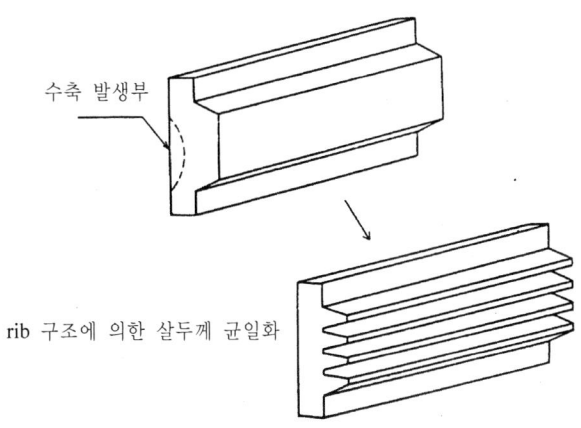

rib 구조에 의한 살두께 균일화

③ 성형품 corner부의 R 대책

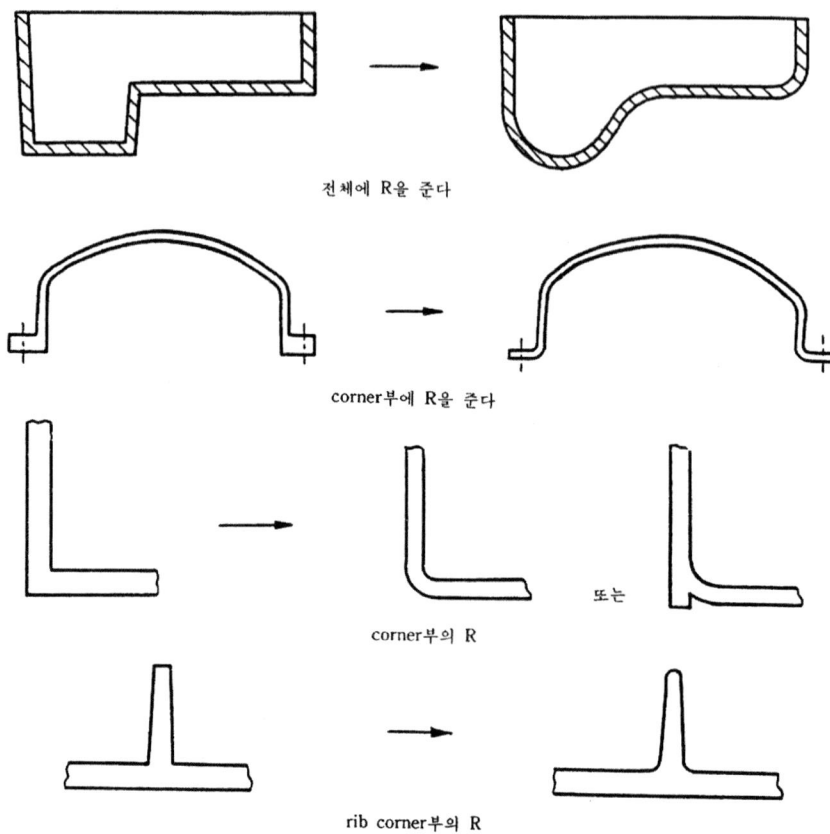

전체에 R을 준다

corner부에 R을 준다

corner부의 R

또는

rib corner부의 R

④ fillet의 R과 응력집중계수

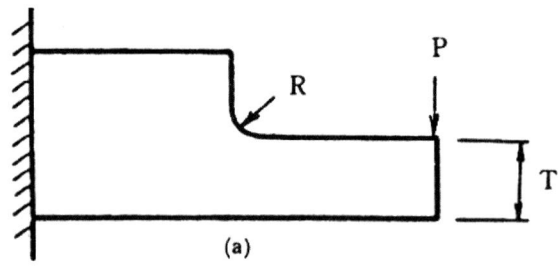

(a)

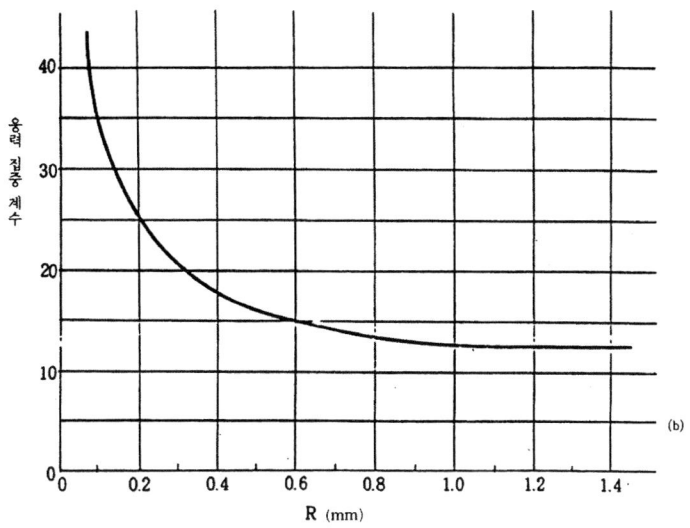

3-2-1. 금형에 대하여

(1) 금형평행도

정밀부품의 성형은 ±5μ 전후의 다듬질이 필요하다.

(2) 금형 구조와 공차

(3) 냉각수로와 냉각능력

(4) 금형 강도와 형체력

금형 내의 유효압력은 engineering plastic인 경우에 400~600kg / ㎠가 좋다.

$$형체력(ton) = \frac{투영면적(㎠) \times 금형내 유효 성형압력(kg/㎠)}{1000(kg)}$$

3-2-2. 성형재료에 대하여

(1) 유동성 부족의 경우

(2) 강도부족의 경우

(3) 예비건조 부족의 경우

3-2-3. 성형조건에 대하여

(1) 과충진

(2) 불균일 두께

(3) 이형불량

3-2-4. 사출성형기에 대하여

(1) screw성능

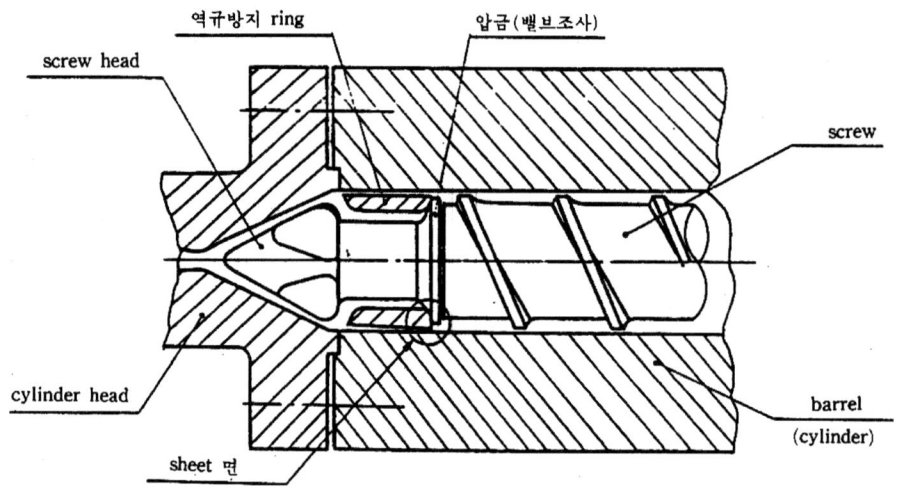

(2) 사출제어장치

① open loop제어

② crossed loop제어

3-2-5. 주변기기에 대하여

(1) 금형온조기

(2) 예비건조기

   ① engineering plastic의 흡수율과 건조온도

resin	흡수율(%)	건조온도(℃)
SAN	0.2～0.5	80
ABS	0.2～0.5	80
PMMA	0.1～0.4	90
PC	0.1～0.2	120
POM	0.25	80
PA66	1.1～1.5	80
PPO	0.06	90
PBT	0.3～0.5	130

3-3. 성형기 및 주변기기에 의한 변형, 휨 방지 대책 실용례

3-3-1. PC 성형예

(1) 성형품 형상

성형품의 하부에 다수 hole, 두께는 5㎜, 중량은 850gr

① PC 성형품

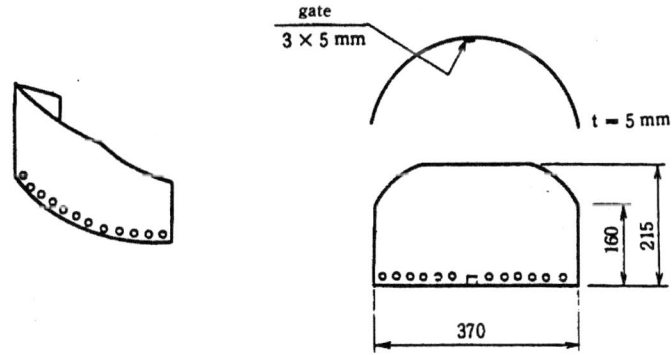

(2) 금형구조

gate형상은 표준 gate로 3×5㎜ 사출압력을 높이면 gate 부근에 잔류응력이 높다. gate 면적을 증가시키고 pin gate로 변경한다.

(3) 예비건조

PC의 건조조건은 120℃ × 4~5시간 이상

(4) 성형조건

cylinder온도보다 수지온도가 15~20℃ 높다.

보압시간은 4염화탄소의 침정 test 27℃에서 7초 이상의 침정에서 좋다.

(5) 재료

강도가 문제되는 경우는 재생재료 사용불가

(6) 성형기와 주변기기

program 제어가 있는 성형기를 사용하여 weld감소, 불량을 감소한다. design, gate를 변경하면 효과가 크다. 온조기는 금형온도를 90~100℃ 성형했을 때 현저한 효과가 있다.

　① 가열온도에 의한 분자량저하

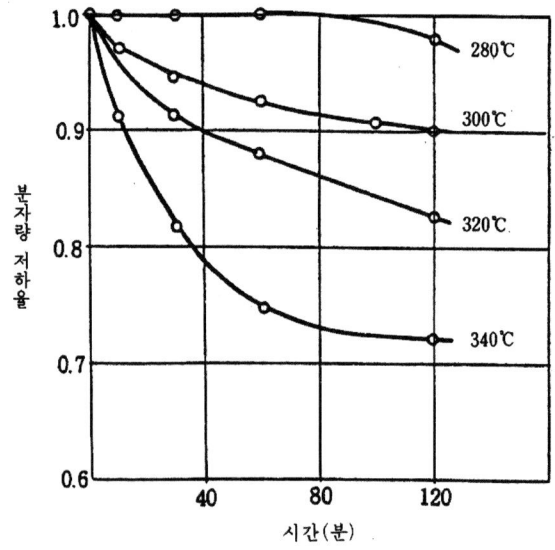

3-3-2. 변성PPO 성형예

(1) 성형품

① 자동차의 panel의 불량개소

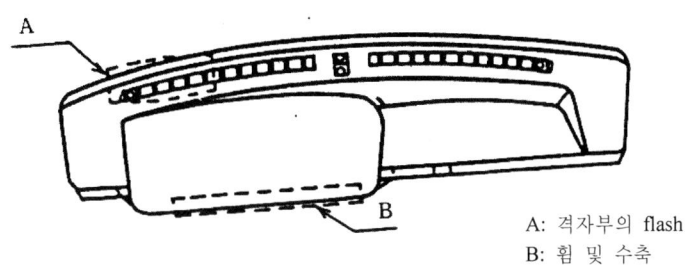

A: 격자부의 flash
B: 휨 및 수축

(2) 문제점

A부에 발생하는 Flash, 창살과 hole이 크고 이형이 곤란하다.

B부에 2개소의 gate를 설치한다.

문제점으로 재료의 불균일 가소화 원인으로 금형 내의 유동상태가 다르고 금형형체력이 약한 부위에 Flash가 발생

수지의 온도가 높고 저압성형하는 두께 부에 short shot발생

(3) 대책

① 성형의 문제점과 대책성형조건

문제점	대책성형조건
flash	사출의 초기속도를 낮출 것
short shot	2, 3단위의 사출 속도를 높일 것
휨	수지온도를 낮출 것
	성형기능력의 30%로 사출한다.
전반적 조건	사출일차압으로 충진을 종료, 보압전환위치에 주의

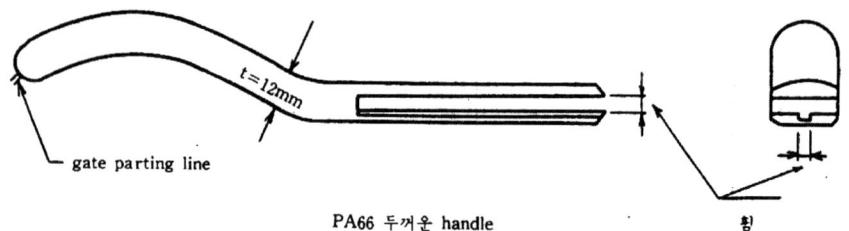

gate parting line

t=12mm

PA66 두꺼운 handle

휨

4. 물성향상을 위한 성형기와 주변기기

4-1. 성형품 물성에 미치는 특성요인도

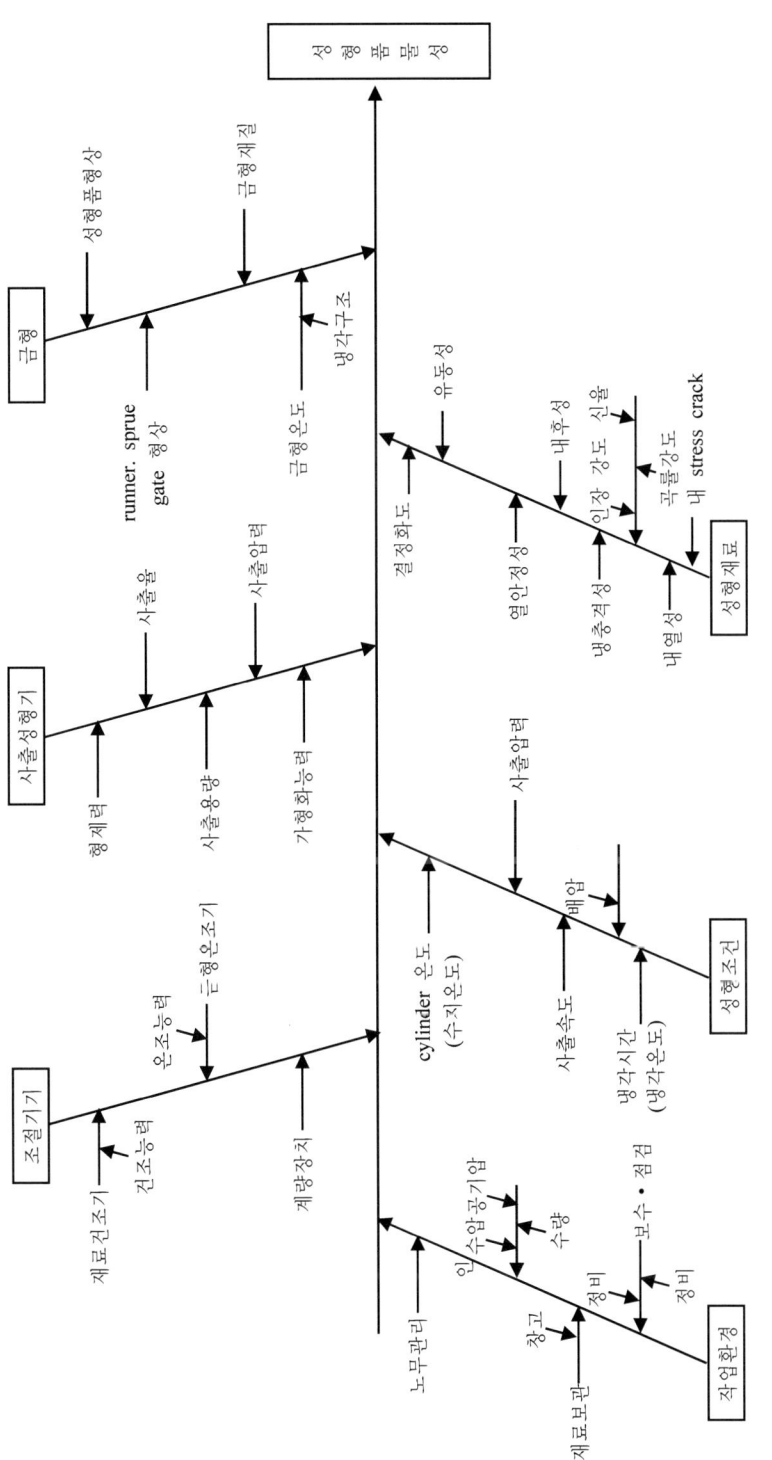

4-2. 물성열화방지의 수단

4-2-1. ABS의 cylinder온도와 인장강도

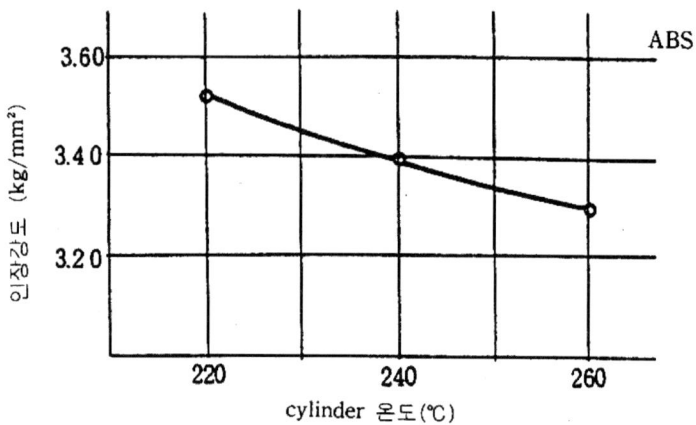

4-2-2. ABS의 cylinder온도와 lzod 충격강도

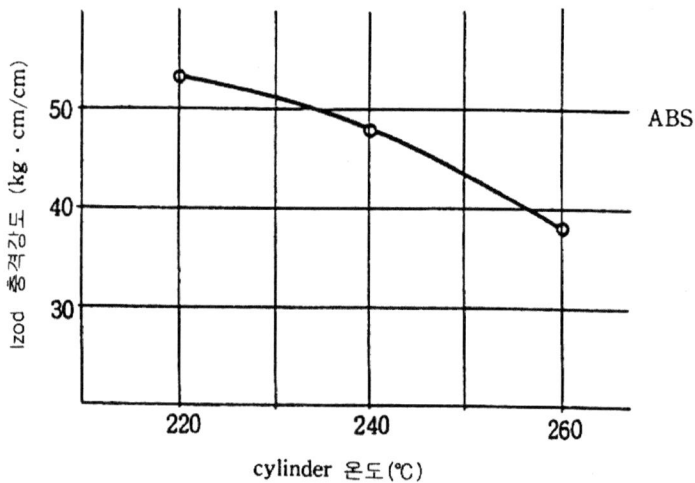

4-2-3. ABS의 cylinder온도와 신율

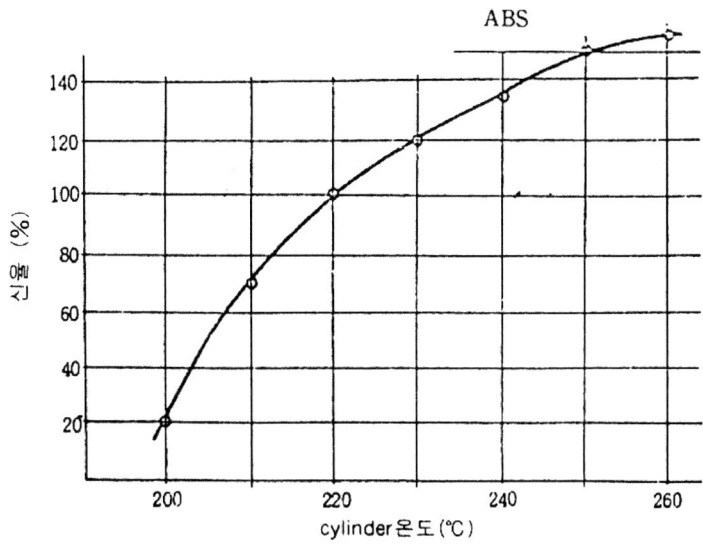

4-2-4. 성형재료 특성

① 물성열화에 영향을 미치는 성형재료의 특성

- 재료의 습도관리와 물성

- 결정화도와 물성: 결정화도는 7~40%

- 탐, 분헤에 의한 열열화와 물성: 성형기의 최대사출 용량의 30~60% 사용

- 재생재료 사용의 유의점: 동일색 재료의 재생화

② PC의 습도와 충격강도의 관계

pellet 방치시간 23℃, 30% RH(Hr)	방치 후의 수분함유율(%)	좌의 수분율 pellet 성형품 충격강도 fi－1b／in notch부
0	0.01	16
2	0.032	13
4	0.07	7
6	0.09	7
21	0.13	1.8

③ 재료의 취급 flow

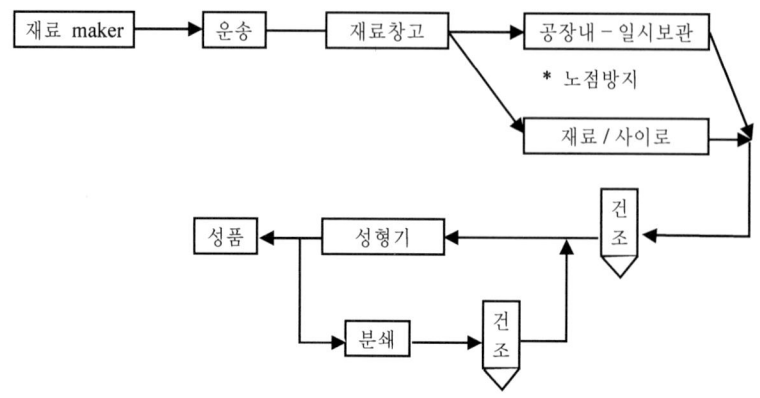

④ 재생횟수와 인장강도의 변화율

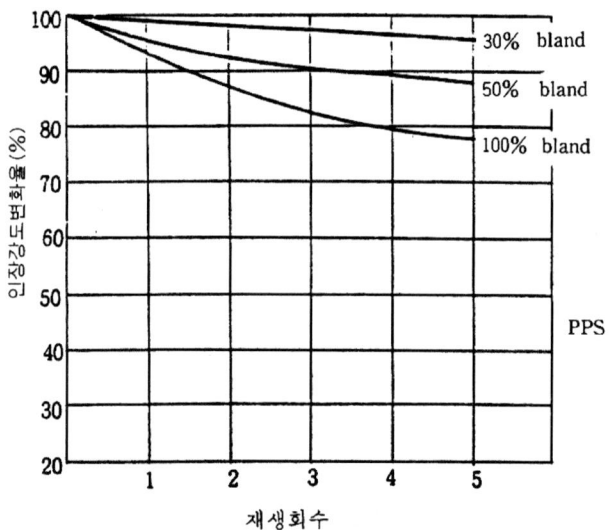

4-2-5. 성형조건

(1) 금형온도

① 금형온도가 너무 낮은 경우

② 금형온도가 너무 높은 경우

(2) 사출압력과 인장충격강도

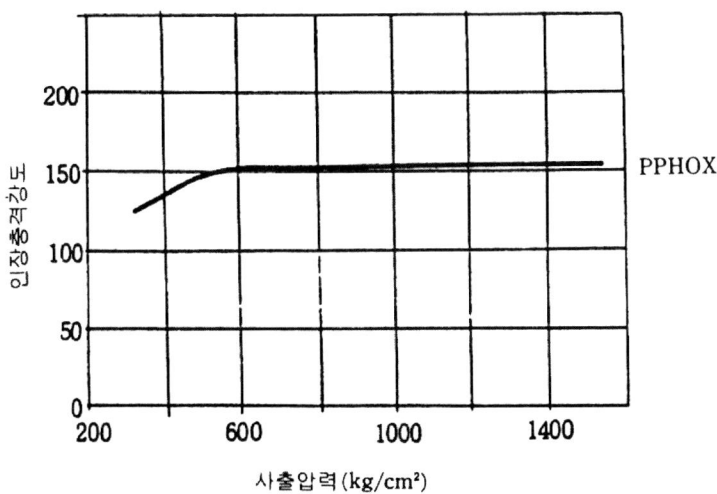

(3) cylinder 온도

(4) screw 회전수 배압
- screw와 cyliner 간에 발생하는 전단발열에 의한 발생
- 배압이 낮은 경우에 가소화 시간에 의힌 얼룩

제9장

Cost, 품질관리와 자동화, 성 emergy화의 수법

1. 성형품의 cost 구성과 원가관리

1-1. 공정관리

1-1-1. 손익분기점 매출액

$$손익분기점매출액 = \frac{고정비}{1 - \dfrac{변동비}{매출액}} = \frac{고정비}{1 - 변동비율} = \frac{고정비}{한계이익율}$$

$$손익분기점비율 = \frac{손익분기점 \ 매출액}{실제의 \ 매출액} \times 100$$

1-2. 성형품의 cost 구성

1-2-1. 직접노무비

$$적정인원수 = \frac{매상고 \times 적정인건비 \ 비율}{1인당인건비}$$

$$적정인건비비율 = \frac{인건비총액}{필요이익점\ 매출액}$$

$$필요이익점매출액 = \frac{필요이익 + 고정점}{1 - \dfrac{변동비}{매출액}}$$

1-3. 원가계산

1-3-1. 제조원가 산출

$$요소별계산 \longrightarrow 제품별계산 \begin{cases} 단순총합원가계산 \\ 조별총합원가계산 \\ 개별원가계산 \end{cases}$$

1-3-2. 원가의 구성

		순이익		판매가격
	제조경비	판매 및 일반관리비	총원가	
재료비	직접원가	제조원가		
노무비				

1-3-3. 원가산정의 기초

$$가공비율 = \frac{원가기간중의\ 총가공비(예정)}{원가기간중의\ 직접\ 작업시간의\ 총수(예정)}$$

$$직접작업시간 = 직접원의\ 수 \times 가동일\ 수 \times 가동시간 \times 가동률$$

(단, 가동률은 85~90%로 한다.)

① 1억 2천만 원의 성형기 신품을 2년 전에 구입하여 가동 중인 성형기의 감가상각액과 잔존가격을 구하라.

감가상각액: ₩1억 2천만×0.14 = ₩1680만 / Yr

잔존가격: ₩1억 2천만×0.42 = ₩5040만

② 감가상각률표

구분 내구성 연수	성형기		금 형	
	상각률	잔존율	상각률	잔존율
1년	0.25	0.75	0.684	0.316
2년	0.19	0.56	0.216	0.100
3년	0.14	0.42	–	–
4년	0.11	0.31	–	–
5년	0.08	0.23	–	–
6년	0.06	0.17	–	–
7년	0.04	0.13	–	–
8년	0.03	0.10	–	–

③ 8cavity, 1 shot당 32gr의 POM gear를 형체력 75ton의 성형기에 1cycle에 28초에 성형하는 경우의 재료비와 가공비를 구하라.

재료가격은 ₩3500 / kg, 재료loss는 3%, 성형작업 여유율은 10%

가공비 ₩1800 / hr으로 한다.

● 재료비(₩ / 개)

$$\frac{1\,shot\,중량}{cavity수} \times \frac{재료단가(₩/kg)}{1000} \times 재료\,loss$$

$$= \frac{32}{8} \times \frac{3500}{1000} \times 1.03 = 14.20$$

● 성형공수(H / 1000개)

$$성형공수 = \frac{cycle(sec)}{cavity수 \times 3.6} \times 여유율 = \frac{28}{8 \times 3.6} \times 1.1 = 0.07(H/1000개)$$

(주기) 성형공수는 제품 1000개를 생산하는 데 필요한 소요시간이다.

● 가공비(₩ / 개)

● $$가공비 = \frac{성형공수}{1000} \times 가공비율$$

$$= \frac{1.07}{1000} \times 1800 = 1.93(₩개)$$

- 제조원가

  일반적으로 제조원가에 불량률 3 ~ 5%로 한다.

  제조원가 = (재료비 + 가공비)×1.04 = 16.61(₩ / 개)

- 출하가

  제조원가 + 일반관리비 + 판매가(제조원가의 15%) + 총원가의 이익(총원가의 10%)

  총원가 = 제조원가 × 1.15 = 16.61 × 1.15 = 19.10(₩ / 개)

  출하가 = 총원가 × 1.10 = 21.01(₩ / 개)

  이익 = 출하가 - 총원가 = 21.01 - 19.10 = 1.91(₩ / 개)

1-4. 원가차액의 구성

대분류	중분류	산정식	대 상
(A) 재료비 차이	구입가격 차이	구입가격(예정 - 실제) × 실제구입 수	금액
	지급차액	지급가격(실제 - 예정) × 실제지급량	금액
(B) 가공비 차이	조업도 차이	공수(실제 - 예정) × 가공비율	물량
	예산 차이	예산 - 실제 비용	금액
(C) 정산차액	재료소비량 차이	소비량(예정 - 실제) × 예정가격	물량
	가공능률 차이	공수(예산 - 실제) × 가공비율	물량
원가차액		(A) + (B) + (C)	

(주) 조업도 차이 가공능률 차이는 상호 타당성 검토한다.

(1) 조업도차이 발생의 원인

① 수주량부족에 의한 loss

② 사외의 사정에 의한 재료, 노동력, 전력의 부족

③ 기계설비의 고장 및 금형 trouble

④ 결근과 불취업시간이 많다.

⑤ 현업부분에서 관리의 중심은 ③, ④이다.

1-5. 비용의 구성과 품목

직접재료비	주요재료비	성형재료
	부분품비	insert 시판판품(screwnut)
	반제품비	사내가공의 부분품 및 2차가공품
	외주가공비	재료무상지급의 부품

저장품비	소모공구기구 비품비	공구, 측정구, 서적 cavinet
	공장용소모품비	유지류, 연료비, 잡비
	보조재료비	이형각
	사무용소모품비	문방구 copy

노무비	지급·임금	사원의 급료, 잔업급, 수당
	잡급	잡역(소제, 발송) 인부대
	종업원상무인당금	연간상무, 특별상무
	종업원퇴직인당금	퇴직금
	법정복리비	보험(노재, 후생연금, 건강, 후생)의 회사부담분

경비	후생비, 감가상각비, 임차료, 보험료(화재), 지불운임, 지불수선료, 지불전력료, 지불 gas대, 수도료, 조세과금, 여비교통비, 통신료, 도서비, 교제비

특별비	자체소모공구기구, 비품비	사내제작의 소모공구기구비품 및 수선료
	연구, 시작비	기초연구, 시작·시험 비용

총제조비용 → 직접재료비 / 가공비(저장품비, 노무비, 경비, 특별비)

2. 사출성형품의 품질관리

2-1. 품질관리

2-1-1. 성형공장의 품질관리

① 작업표준서 양식

그림번호		작업표준서			구분	성형
제품명					연월일	
project						
사용기계		품번		gate형식	표준시간	
형주공구		색상		취수		
재료명		도형	자동·반자동	cycle time	이동시간	

약도 및 작업요점

③							
②							
①							
No	품질특성		제조규격	명칭	관리번호	간격	N	기장
				측정기기 gauge		점검요령		
	관리항목			가공자 점검				

성형조건			사출시간	초	금형온도	고정측	℃
온도	초부	℃	냉각시간	초		가동측	℃
	중부	℃	사출 speed				
	후부	℃	배압	kg / ㎠	계량		mm
압력	1차압	☐	screw 회전수	RPM	잔량		mm
	2차압	☐	형체력	ton			

개정	연월일	변형항목	변경통지 No	서명	승인	검사	조사	작성

② 품질보증공정도 양식

기종		품질보증 공정도	행정	사내	년 월 일	변경 사유	sign			작성	승인
품명				사외							
품명 코드				제정 년 월 일							
공정명	공정 No	관리, 점검 검사항목	시료 채취	측정기기	측정위 치	측정내용		측정 결과		비고	

2-2. 성형품의 정밀도

2-2-1. 일반공차

(1) DIN(W / G)

DIN 16749 Blatt 2(사출성형용 금형의 치수공차)

DIN 7710 Blatt 2(사출성형품의 치수공차)

금형의 공차＝성형품공차 × 1 / 2

(2) BS

BS 4042(사출성형품의 치수공차)

(3) SPI(U.S.A.)

정밀급공차＝조립공차 × 1 / 2.5

표준급공차＝조립공차 × 1 / 1.5

① nylon 6, 66 성형품의 공차

도면기호	치수(mm)	재질: nylon 6.6 6		
		단위: ±0.01mm		
		5 10 15 20 25 30 35 40 45 50 55 60		

도면기호	치수(mm) (그래프)
A	0 / 12.5 / 25 / 50 / 75
B	100
C	125 / 150

그래프 내 표기: 정밀성형 표준성형 거친성형

치수(mm)	정밀급	표준급	거칠음급
150 – 300			
150초과 10마다 우측숫자를 가산	0.05	0.07	0.11
300초과 10마다 우측숫자를 가산	0.07	0.10	0.14
D			
1개 배기 0 – 25	0.10	0.15	0.23
다수개 배기 0 – 25	0.10	0.18	0.25
25초과 10마다 우측숫자를 가산	0.04	0.08	0.10
E			
0 – 2.5	0.08	0.15	0.23
2.5 – 5	0.13	0.18	0.23
5 – 7.5	0.15	0.23	0.33
측벽의 두께	단면 치수는 비교적 균일한 값		
발구배의 허용치	1 / 8°	1 / 4°	1 / 2°

재료의 경시 변화에 의한 오차는 포함되지 않음

도면기호	치수(mm)	재질: polyacetal		
		단위: ±0.01mm		
		5 10 15 20 25 30 35 40 45 50 55 60		
A	0 — 12.5 — 25 — 50 — 75			
B	100			
C	125 — 150			
		정밀급	표준급	거칠음급
	150 – 300			
	150초과 10마다 우측숫자를 가산	0.01	0.02	0.03
	300초과 10마다 우측숫자를 가산	0.01	0.02	0.03
D	1개 배기 0 – 25	0.05	0.1	0.15
	다수개 배기 0 – 25	0.08	0.13	0.18
	25초과 10마다 우측숫자를 가산	0.02	0.03	0.04
E	0 – 2.5	0.05	0.01	0.15
	2.5 – 5	0.1	0.13	0.18
	5 – 7.5	0.15	0.18	0.2
F	C = 0.25	0.05	0.08	0.1
	25	0.01	0.02	0.03
발구배의 허용치				

재료의 경시 변화에 의한 오차는 포함되지 않음

(4) CES(일본)

통신기계공업회표준

(5) SIS(sweden)

SIS 16.19.52

(6) VSM(Swiss)

VSM 77012

(7) CEMP(France)

CEMP 14 - 60

(8) SKZ(E / G)

2 - 2 - 2. 정밀공차

① 실용상 소형성형품 100㎜ 이하의 경우

PS.ABS.PC는 기본치수의 ±0.1%

PA.POM은 기본치수의 ±0.15%

② CES 공차표

기본(mm)	공차(±) mm					
	1급	2급	3급	4급	5급	6급
0~6	0.05	0.08	0.12	0.15	0.20	0.25
6~18	0.08	0.12	0.15	0.20	0.25	0.30
18~30	0.10	0.15	0.20	0.25	0.32	0.40
30~50	0.15	0.22	0.30	0.35	0.42	0.50
50~80	0.20	0.30	0.40	0.50	0.60	0.70
80~120	0.25	0.35	0.45	0.60	0.75	0.90
120~180	0.35	0.50	0.65	0.80	0.95	1.10
180~250	0.50	0.65	0.80	0.95	1.15	1.40
250 이상	당사자 간의 협정					
PS, ABS PC, PMMA	특별급	정밀급	표준급	거칠음급	–	–
PA POM	–	특별급	정밀급	표준급	거칠음급	–
PE PP	–	–	특별급	정밀급	표준급	거칠음급

③ 각국 표준규격의 공차비교

수지명	DIN 7710 B latt2	SPI (정밀급)	BS 4042 (표준공차)	SIS 16·1952(1급)	SKZ	CEMP 14-16	CESM7002 (특별급)
PS	100±0.2	100±0.11	100±0.29	100±0.35	100±0.29	100±0.3	100±0.25
SAN	100±0.2	100±0.13		100±0.35			100±0.25
ABS				100±0.4			100±0.25
PMMA	100±0.2	100±0.12	100±0.34	100±0.35	100±0.29	100±0.3	100±0.25
초산 cellulose		100±0.12	100±0.39	100±0.4		100±0.3	100±0.25
PC	100±0.2			100±0.35	100±0.29 *〈 2.5mm 100±0.41		100±0.25
PA 6, 66		100±0.18		100±0.65	*〉2.5mm	100±0.9	100±0.35
PA 6-10			100±0.5		100±0.59		100±0.35
POM *〈2.5mm		100±0.15			100±0.59		100±0.35
POM 〉2.5mm					100±0.87		100±0.35
PE 〈2.5mm		100±0.22			100±0.87	100±0.6	100±0.45
PE 〉2.5mm					100±1.28		
PP 〈2.5mm					100±0.59		
PP 〉2.5mm					100±1.28		

④ 사출압력의 편차에 의한 치수편차는 전 편차의 1/2, 수지온도의 편차는 1/3, 금형온도의 편차는 1/6이다.

또한 치수의 편차는 일반적으로 1일 변동은 ±0.03~0.06%, 일간 변동은 ±0.1~0.2% 정도

⑤ 성형기의 성형조건의 변동에 의한 치수편차

성형조건	조건의 장기간 변동	조건의 변동으로 추정하는 치수
금형온도	90.8±6.9℃	±0.05%
수지온도	213.0±15.3℃	±0.11
사출압력	969±96kg / cm²	±0.14

⑥ 정밀성형품의 치수공차

(단위: mm)

기본 치수	PC, ABS, PPHOX		PA, POM	
	최소한도	실용한도	최소한도	실용한도
0~0.5	±0.003	±0.008	±0.005	±0.01
0.5~1.3	0.005	0.01	0.008	0.025
1.3~2.5	0.008	0.02	0.012	0.04
2.5~7.5	0.01	0.03	0.02	0.06
7.5~12.5	0.015	0.04	0.03	0.08
12.5~25	0.022	0.06	0.04	0.10
25~50	0.03	0.08	0.05	0.15
50~75	0.04	0.10	0.06	0.20
75~100	0.05	0.15	0.08	0.25

(주기) ① 수치는 흡습, 기타 경시변화에 의한 허용치를 포함하지 않는다.
　　　② 하기수치는 적용하지 않는다.
- 대형금형의 경우
- 불균일한 두께의 성형품
- 4cavity 이상의 금형
- 성형품치수가 금형에 의하여 직접 정해지는 개소는 기본치수 0.5~25±0.03, 25~100±0.05를 가산한다.

3. 사출성형품의 공정관리

3-1. 관리도에 의한 공정관리

(1) 관리도의 종류

	명 칭	관리항목	설 명
설계치	$\overline{X}-R$ 관리도	평균치 $\overline{X}$의 범위 R	$\overline{X}$관리도는 평균치의 변화, R관리도는 편차의 변화를 관리하는 데 사용. 보통 양자를 병용하고, $\overline{X}-R$관리도 사용. 일방으로 이상이 생길 때 공정에 이상이 있다고 판단한다.
계수	P관리도	불량률 P	불량률 P로 인한 관리
	Pn관리도	불량개수 Pn	각 lot의 시료가 크면 n을 일정에 두고 불량개소 Pn으로 관리한다.
	C관리도	일정단위의 흠점수C (n=일정)	접착, 인쇄, 도금 등의 불량을 흠점수C에 의한 관리. 흠점수를 조사한 sample의 크기 등에 사용
	U관리도	부정단위 중의 흠점수 u(u=c/n)	C관리도에 의한 sample의 크기를 한 경우의 흠점수 u=c/n에 의하여 한다.

(2) $\overline{X} - R$ 관리도용 관리한계 계수

시료크기 n	$\overline{X}$ 관리도 UCL LCL $= \overline{x} \pm A_2 R$	R관리도 $UCL = D_4 \overline{R}$ $LCL = D_3 \overline{R}$	
	A_2	D_3	D_4
2	1.88	–	3.27
3	1.02	–	2.57
4	0.73	–	2.28
5	0.58	–	2.11
6	0.48	–	2.00
7	0.42	0.08	1.92
8	0.37	0.14	1.86
9	0.34	0.18	1.82
10	0.31	0.22	1.78

(3) 관리한계를 구하는 식

명 칭	관리한계
p 관리도	$\overline{p} \pm \sqrt[3]{\dfrac{\overline{p}(1-\overline{p})}{n}}$
pn 관리도	$\overline{pn} \pm \sqrt[3]{\overline{pn}(1-\overline{p})}$
c 관리도	$c \pm \sqrt[3]{c}$
u 관리도	$u \pm \sqrt[3]{\dfrac{u}{n}}$

(4) 공정에서 이상이 있다고 판단하는 경우

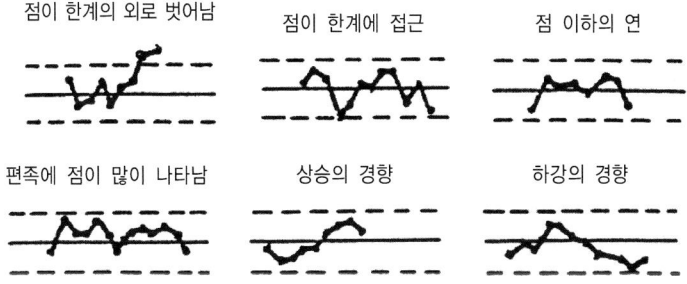

점이 한계의 외로 벗어남   점이 한계에 접근   점 이하의 연

편족에 점이 많이 나타남   상승의 경향   하강의 경향

3-2. 공정능력

$$공정능력지수(Cp) = \frac{규격의 \ 폭}{6\sigma}$$

$$Cp = \frac{8\sigma}{6\sigma} = 1.33$$

Cp의 판단기준

Cp	판단기준
1.33 이상	양: 공정능력이 충분하다.
1~1.33	가: 공정능력은 대개 만족하다.
1 이하	불가: 공정능력은 부족하다.

3-3. 정밀도 보수

(1) tie bar의 신장량

$$\triangle L = \frac{L \times P}{\frac{\pi}{4} \times d^2 \times E \times n}$$

$\triangle L$: tie bar의 신장량(㎜)

L: tie bar의 길이(㎜)

P: 형체력(㎏)

d: tie bar직경(㎜)

E: 강의 Young율(2.1×10^4㎏ / ㎟)

n: tie bar 수량(4개)

(2) 취부판 평행도의 측정

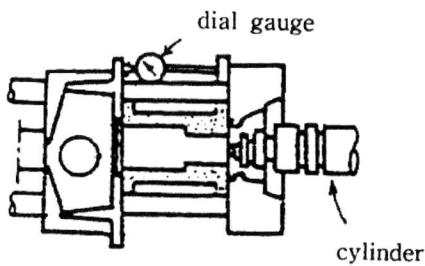

(3) tie bar 신장량의 측정

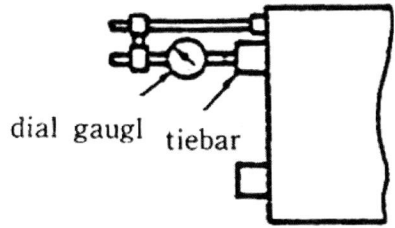

3 - 4. 성형조건

(1) POM polymer의 gate seal시간

(2) FRTP의 gate seal시간

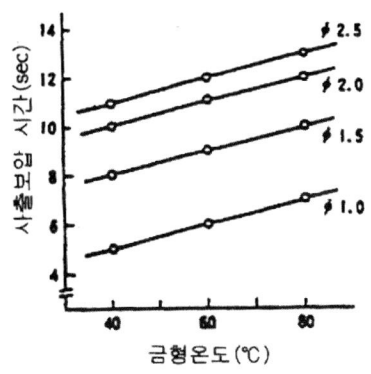

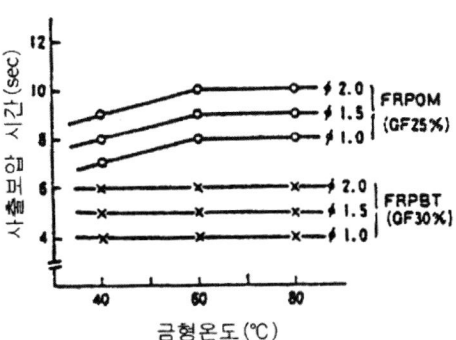

(3) PA610 및 PBT의 gate seal시간

(4) POM copolymer에 의한 gate seal시간 비율과 치수편차 비율관계

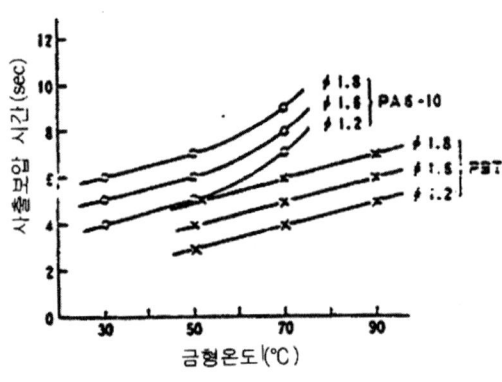
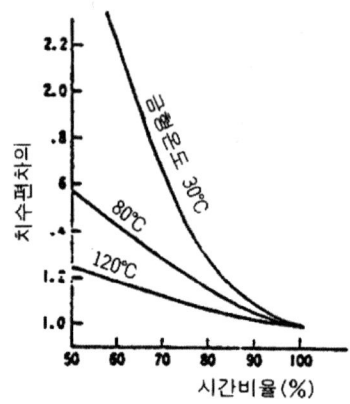

(5) POM의 냉각곡선

(6) PA6, 66, 610의 냉각곡선

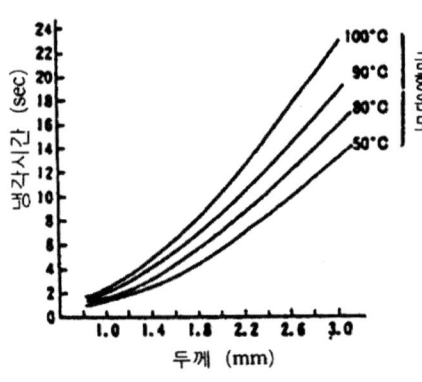
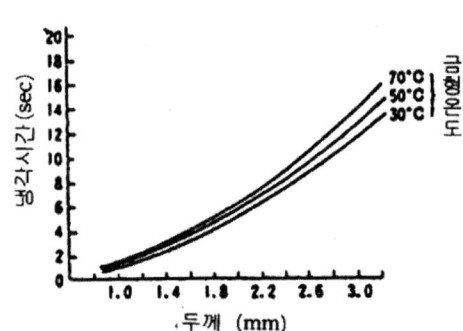

(7) 냉각시간

$$t_c = -0.2435 \times \frac{l^2}{\alpha} \log \frac{\pi}{4} \times \left(\frac{\theta - \theta_s}{\theta_o - \theta_s} \right)$$

 l: 성형품의 최대두께(mm)

 a: polymer의 온도전도율(mm² / sec)

θ: 열변형온도(℃, 4.6kg / cm² 때)

θ_s: 금형온도(℃)

θ_o: polymer의 초기온도(℃)

(8) 대표적 E. P.의 성형조건

	PA		POM		PC	변성PPO	ABS수지
	PA6	PA66	homopolymer	copolymer			
cylinder 온도(℃)	210~260	240~300	180~200	180~210	260~310	240~280	200~230
수지온도(℃)	220~300	250~310	190~210	190~220	280~320	250~300	200~240
금형온도(℃)	60~80	60~80	80~120	85~120	65~100	40~80	
사출압력 (kg / cm²)	700~1,600	600~1,500	800~1,100	600~1,500	850~1,500	850~1,400	800~1,500

(9) 실험계획법

① POM평치차

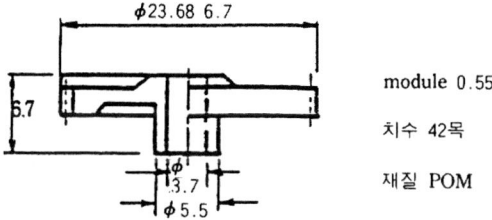

module 0.55

치수 42목

재질 POM

② 시간과 중량 및 치수관계

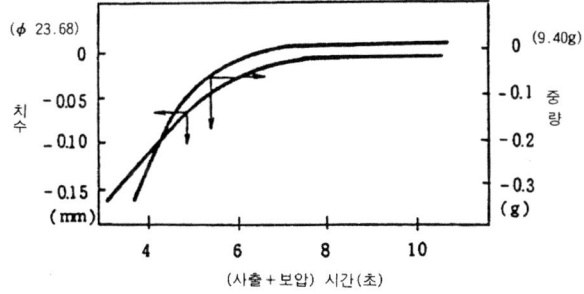

③ 금형온도에 따른 치수변화와 보압시간에 의한 성형수축률

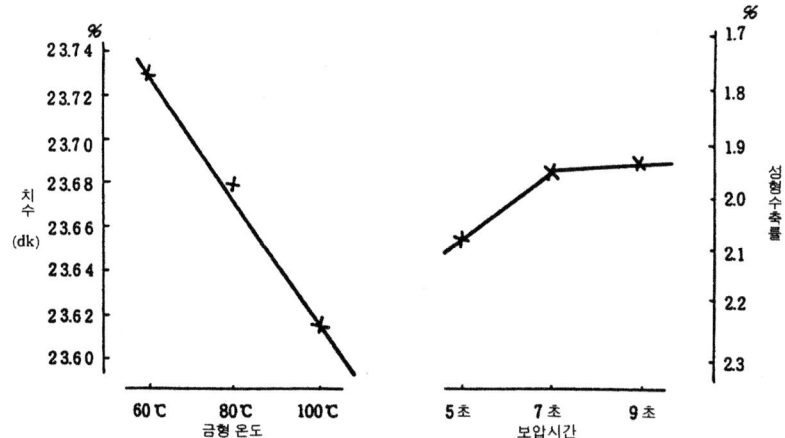

④ 공통성형조건

항 목	조 건	항 목	조 건
온 DH	185℃	냉각시간	12초
MH2 + 3	170℃	사출속도	중
MH1	150℃	screw 회전수	100rpm
형제력	35t	잔량	5㎜

⑤ 휨

No	요인 A 금형온도	B 사출압력	C 보압시간	data y	$Y = (y - 237) \times 10^3$	Y^2
1	60℃	700kg / ㎠	5초	23.709	9	81
2	60℃	780kg / ㎠	7초	23.742	42	1764
3	60℃	870kg / ㎠	9초	23.737	37	1369
4	80℃	700kg / ㎠	9초	23.694	− 6	36
5	80℃	780kg / ㎠	5초	23.660	− 40	1600
6	80℃	870kg / ㎠	7초	23.687	− 13	169
7	100℃	700kg / ㎠	7초	23.622	− 78	6084
8	100℃	780kg / ㎠	9초	23.631	− 69	4761
9	100℃	870kg / ㎠	5초	23.593	− 107	11449

$\Sigma Y = -225$

$(\Sigma Y)^2 = 50625 \quad \propto Y^2 = 27313$

⑥ 수준의 합

요인 \ 수준	(1)	(2)	(3)	합 계
A	$9 + 42 + 37 = 88$	$-6 - 40 - 13 = -59$	$-78 - 69 - 107 = -254$	-225
B	$9 - 6 - 78 = -75$	$42 - 40 - 69 = -67$	$37 - 13 - 107 = -83$	-225
C	$9 - 40 - 107 = -138$	$42 - 13 - 78 = -49$	$37 - 6 - 39 = -38$	-225

⑦ 평방

$$CF = (\Sigma Y)^2 / 9 = 50625 / 9 = 5625$$

$$ST = \Sigma Y^2 - CF = 27313 - 5625 = 21688$$

요 인	수 준			계	계 / 3	S(계 / 3 − CF)
	1	2	3			
A	$88^2 = 7744$	$(-59)^2 = 3481$	$(-254)^2 = 64156$	75744	25248	19623
B	$(-75)^2 = 5625$	$(-67)^2 = 4489$	$(-83)^2 = 6889$	17003	56677	427
C	$(-138)^2 = 19044$	$(-49)^2 = 2401$	$(-38)^2 = 1444$	22889	76297	20047

$Se = ST - Sa - SB - SC$
$= 21688 - 19623 - 42.7 - 2004.7 = 17.6$

⑧ 횡정

요 인	자유도	평방화	불편분산	분산비	반 정
A	2	19623	9811.5	1114.9	**
B	2	42.7	21.4	2.4	
C	2	2004.7	1002.4	113.9	**
e	2	17.6	8.8		
T	8	21688			

(주) $F_2^2(0.01) = 99$

요인A(금형온도), 요인C(보압시간)가 99% 신뢰도

⑨ 평균치

(60℃): $23.709 + 23.742 + 23.737 = 23.729$	
$A_2(80℃)$: $23.694 + 23.660 + 23.687 = 23.680$	
$A_3(100℃)$: $23.622 + 23.631 + 23.593 = 23.615$	
$C_1(5초)$: $23.709 + 23.660 + 23.593 = 23.654$	
$C_2(7초)$: $23.742 + 23.687 + 23.622 = 2A_1 3.684$	
$C_3(9초)$: $23.737 + 23.694 + 23.631 = 23.687$	

신뢰한계

$$\pm \frac{t\alpha(V)}{\sqrt{NR}} \sqrt{\frac{SE}{V}} = \frac{t0.01(4)}{\sqrt{3}} \sqrt{\frac{17.6 + 42.7}{4}} \times 10^{-3} = \pm 0.01$$

V: 오차항의 자유도
α: 위험률

⑩ 마무리

요 인		치 수	성형수축률(율)
금형온도	60℃	23.729±0.01	1.74±0.04
	80℃	23.680±0.01	1.95±0.04
	100℃	23.615±0.01	2.22±0.04
보압시간	5초	23.654±0.01	2.05±0.04
	7초	23.684±0.01	1.93±0.04
	9초	23.687±0.01	1.92±0.04

4. 자동화의 수법

4-1. 성형품 품질에 관한 특성요인도

4-2. 사출성형기와 주변기기

4 – 3. 성형자동화

(1) 성형자동화의 순서

(2) multiple axis gate cut robot

① construction

- compact orthogonal robot
- portable truck
- robots hand rotatable in an angle of 360°
- flexible nipper unit
- runner locating jig
- hook to pull out spool
- shooter

(3) take – out conveyor

① 성력화 추진

- 각도 변경이 간단하여 자유로이 각도를 선택 사용 가능
- simple 구조로 경량화, 이동설치가 간단하다.
- sub 및 main conveyor 등 연결 반송에 최적

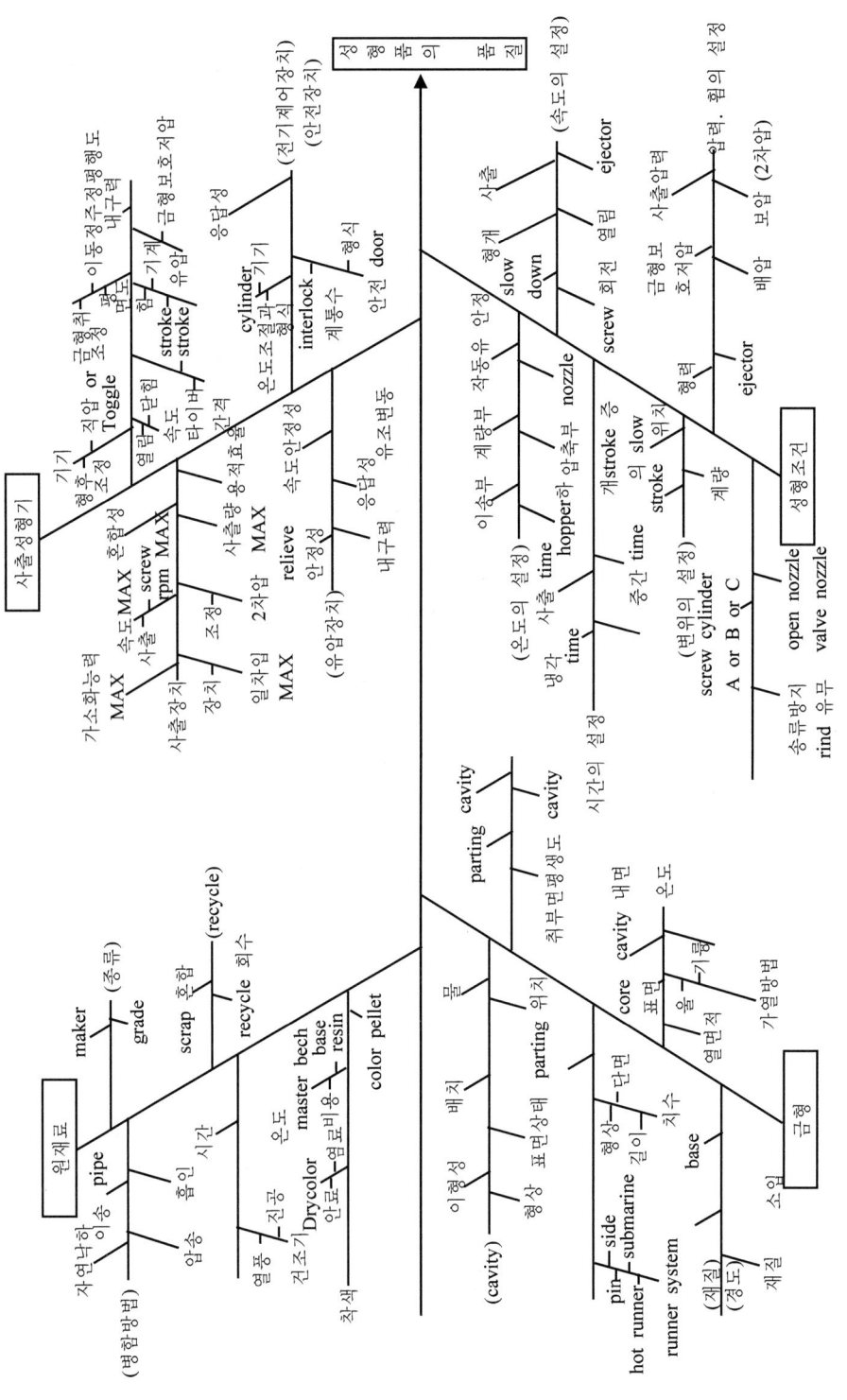

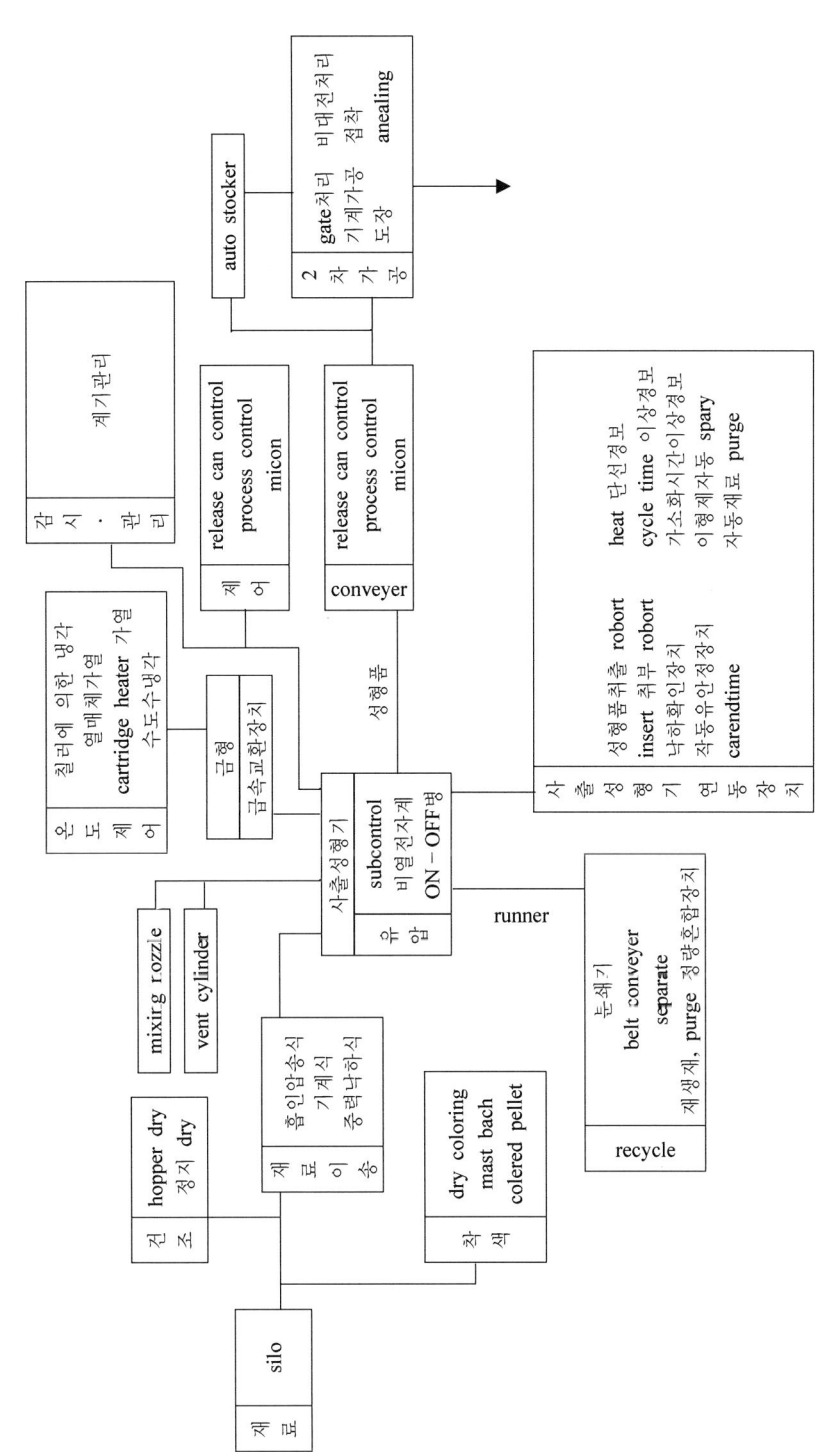

사출성형기와 주변기기

성형자동화의 순서

1. 品質管理(QC)……不良要因分析, 對策의 上質의 安定化
2. 原價管理(CC)……cost 分析, 自動化方針의 決定化
3. 工程管理(PC)……製造의 timing化
4. 保守管理(PM)……裝置의 稼動率을 高度化

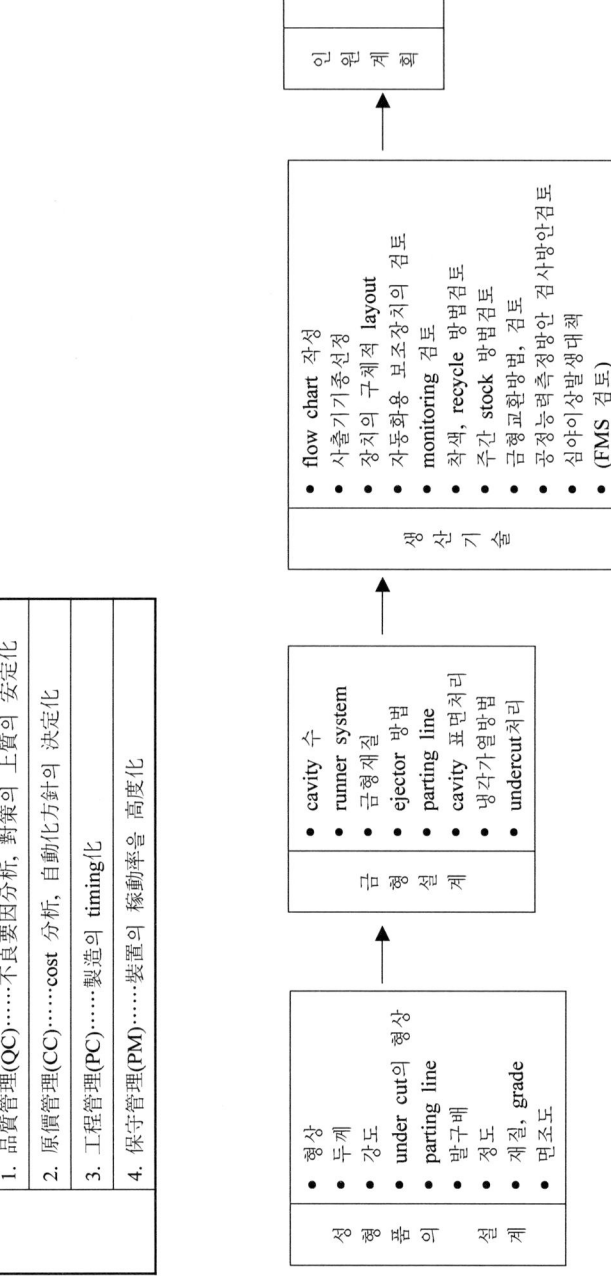

성형품의 설계
- 형상
- 두께
- 강도
- under cut의 형상
- parting line
- 발구배
- 정도
- 재질, grade
- 면조도

↓

금형설계
- cavity 수
- runner system
- 금형재질
- ejector 방법
- parting line
- cavity 표면처리
- 냉각가열방법
- undercut처리

↓

생산기술
- flow chart 작성
- 사출기기종선정
- 장치의 구체적 layout
- 자동화용 보조장치의 검토
- monitoring 검토
- 작색, recycle 방법검토
- 주간 stock 방법검토
- 금형교환방법, 검토
- 공정등택충정방안 검사방안검토
- 심야이상발생대책
- (FMS 검토)

↓

인원계획
- 직접인원계획
- 야간요원대책
- 보수계획
- 보수요원계획
- 교육훈련계획

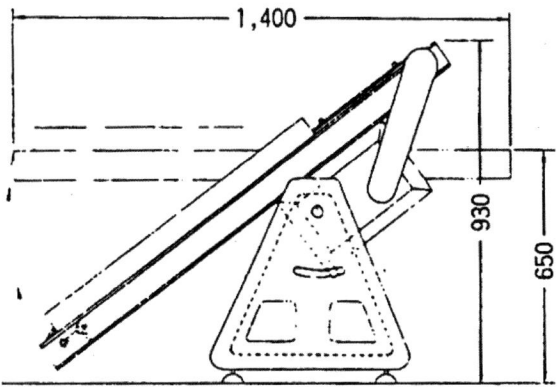

(4) 금형의 Flexible Product System

① 개요

다품종 소량생산으로부터 양산을 Smooth하게 대응하는 신생산금형 system이며 저cost로 신속, 간편한 생산을 실현, 성형가공의 발상전환이 필요하고 시작기술＝양산기술을 고려한 성형가공혁신, 표준화하여 unit mold를 조합하여 base block에 장치 시장의 변화에 의한 생산 stop 시점에 금형제작을 중지할 수 있다.

② 장점

ⓐ 금형설계, 가공작업시간의 대폭 단축과 품질향상을 실현

- unit mold의 base가 표준화되어 설계시간이 대폭 단축, 따라서 제품부의 가공시간만 완성한다.
- 금형중량의 대폭 경감, 운반, 조립의 작업시간이 단축, 가공기계의 가동률이 향상
- Flexible Product System과 종래금형 비교

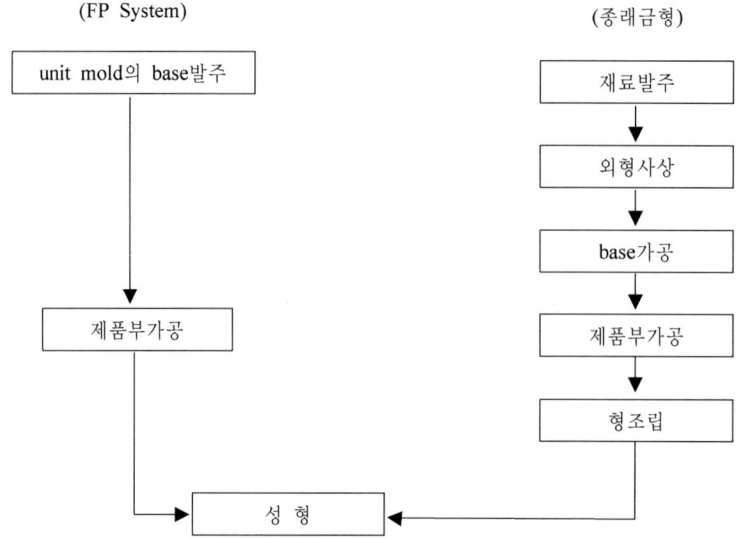

(FP System)

```
┌─────────────────────────┐
│  unit mold의 base발주    │
└─────────────────────────┘
            │
            ▼
┌─────────────────────────┐
│       제품부가공         │
└─────────────────────────┘
```

(종래금형)

```
┌─────────────────────────┐
│        재료발주          │
└─────────────────────────┘
            │
            ▼
┌─────────────────────────┐
│        외형사상          │
└─────────────────────────┘
            │
            ▼
┌─────────────────────────┐
│        base가공          │
└─────────────────────────┘
            │
            ▼
┌─────────────────────────┐
│       제품부가공         │
└─────────────────────────┘
            │
            ▼
┌─────────────────────────┐
│        형조립            │
└─────────────────────────┘
```

```
        ┌─────────────────────┐
  ─────▶│       성 형         │◀─────
        └─────────────────────┘
```

ⓑ 금형제작 cost의 절감

ⓒ one touch로 3축 동시고정으로 시간이 대폭 단축

- x y z 3방향으로 위치를 정하는 고정도 성형 가능, clamp 방식은 유압식 수동 Screw 식이 있다.

ⓓ 금형설계 작도시간이 1 / 3 단축

ⓔ 금형가공 시간이 40% 단축

ⓕ 중량의 경감화로 취급이 용이

type	size	중량
u. m. l type(NAK80)	150*150*200	약 25kg
u. m. l type(FP75)	150*150*200	약 15kg
dieset	150*200*200	약 52kg

ep, u. m은 die set의 1 / 2 - 1 / 4의 중량이 경감된다.

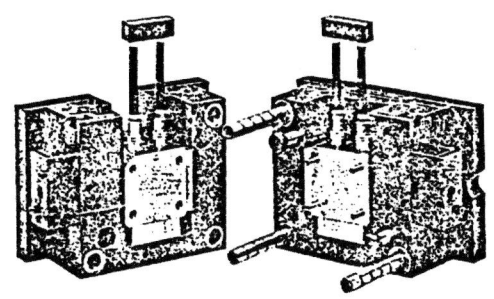

4-4. 성형작업표준

SN								승인		작성	
품명											
일반 조건	재료(grade)		성형공장			cavity 수					
	재생	%	기종			shot 중량 / 단량					
	예비건조	℃ H	사출 cylinder	℃		양편기			%		
성형 조건	hot runner manu holder	℃	사출 time	초		계량	m / m	온조방법			
	nozzle	℃	냉각 time	초		보압절환	m / m				
	계량부	℃	중간 time	초		잔량	m / m	이동 측	℃		
	압축부	℃	ejector time	초		일차사출	kg / cm	이동 측	℃		
	이송부	℃				이차사출	kg / cm	고정 측	℃		
	수지실온	℃	cycle time	초		배압	kg / cm	고정 측	℃		
			표준생신량	shot초		사출속도	목성				
			screw 회진	rpm							
	금형취급수의사항										
	성형 point (trouble 처치)										
사상	공구, 사용방법										
검사	부위(도시)			허용범위(한도 sample)				단위			
								측정기			
성형 종료 후 처치											
작성 년 월 일			⚠1		⚠2		⚠3			⚠4	

4-5. 자동운전을 저해하는 현상

구 분	현 상	내 용
재료 공급	착색제, 재생재혼합얼룩	혼합하여 이송에서 생기는 정전기에 의한 분리현상
	자동공급장치부적	정비불량의 원인
	hopper, hopperdry의 재료의 혼입	recycle재료의 분쇄 형상, 분쇄기의 고정 knife 사용, 분쇄기 위치
사출 성형	금형이형불량	성형품형상, 금형설계에 주원인. runner의 이형
	성형불량	작업표준이 없어 유동성형에 주원인으로 금형온도변동, 보압불안정에 원인
	금형동작부적	flash의 잔류, barrel의 절손, gas 이물, 기름, runner stripper plate의 불출
	이형 시의 사고	기름, 성형품의 충돌, 변형
	성출기부적	crank의 부적당, arm의 강도부족
	낙하확인장치	사용법의 오작, 형식에 의한 성형품에 부적
성형품 배출	conveyer 이송부적	폭, spead, runner 형상부적당
	stack 부적	stock
	집중분쇄 system의 부적	분쇄기 hopper 내로 runner가 들어감. 잔류. hopper 치수 부적당. runner 형상 부적당 원인

4-6. 감시와 자동정지에 따른 각종 sensor

sensor 종류	검 출	적 용
magness gall	위 치	금형개폐의 위치검출, 사출속도검출
공기압식	액 면	작동유, 기타의 액면 level
광학 sensor	위치결정	worker의 위치결정
image sensor	각 종	stock상의 code 암기, 제품선별, 숫자의 암기
Tag generate sensor	회전수	screw rpm
strain gauge sensor	힘	금형 cavity 내압력, 형제력
plote식 sensor	lavel	작동유, 기타의 액면 level
면적식 sensor	유 량	냉각수수량
열팽창 sensor	온 도	작동유온도
열전식 sensor	온 도	수지온도, cylinder 온도, 기온, 수온
thermister sensor	온 도	금형온도, 수지온도
전자식 sensor	개 수	소형성형품의 개수

4-7. 단위환산표

	J	KW · h	kgf · m	kcal
일열량 · energy	1	2.77778×10^{-7}	1.01972×10^{-1}	2.38889×10^{-4}
	3.600×10^{6}	1	3.67098×10^{-5}	8.6000×10^{2}
	9.80665	2.72407×10^{-6}	1	2.34270×10^{-3}
	4.18605×10^{3}	1.16279×10^{-3}	4.26858×10^{2}	1

(주) 1J＝1W · s, 1W · h＝3600W · s
1cal＝4.18605J(계량법에 의함)

	KW	kgf · ㎧	PS	kcal / h
일률(공률 · 동력) 열량	1	1.01972×10^{2}	1.35962	8.6000×10^{2}
	9.80665×10^{-3}	1	1.33333×10^{-2}	8.43371
	7.355×10^{-1}	7.5×10	1	6.32529×10^{2}
	1.16279×10^{-3}	1.18572×10^{-1}	1.58095×10^{-3}	1

(주) 1W＝1J／s, PS: 불마력에 의함
1PS＝0.7355KW(계량에 의함)
1cal＝4.18605J(계량법에 의함)

물리량	단 위	환 산
힘	N	1kgf＝9.81N
압력(액압)	bar	1bar＝10^{5}pa 1kgf／㎠＝0.981bar
압력 탄성률	N／㎟	1kgf／㎠＝14.22PSI 1kgf／㎠＝0.098N／㎟ 1N／㎟＝1MPA＝10.20kgf／㎠ 1PSI＝0.0703kgf／㎠
energy 열량	J	1kgf · m＝9.8J 1cal＝4.186J 1KWh＝3.6MJ
충격강도	KJ／㎡ J／m	1kgf · cm／㎠＝0.981KJ／㎡ 1kgf · cm／cm＝9.81J／m 1kgf · cm／cm＝0.18376t－1b／in 16t－1b／in＝5.44kg cm／cm
열류	W	1kgf · M／S＝9.81J 1cal／S＝4.186W
열전도율	W／mk	1kcal／mh℃＝1.163W／mk 1W／mk＝0.86kcal／mh℃
절연강도	V／mm	1V／mm＝0.0254V／mil 1V／mil＝39.37V／mm

＊ 참 고 ＊
(1) k: 10^{3} (2) M: mega＝10^{6} (3) G: Giger＝10^{9} (4) K: 케르핀(역학온도)

4-8. 보압시간과 성형품 중량

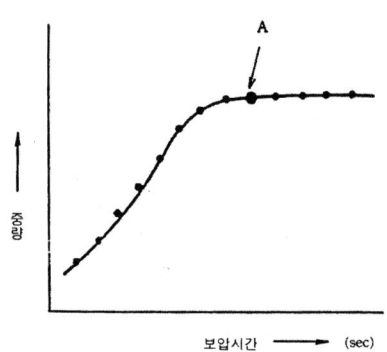

4-9. 보온 pipe

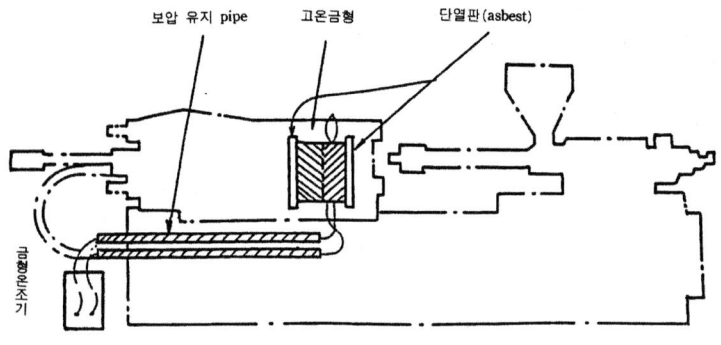

$W = P \cdot Q / 612\eta$
W: 전동기축출력(KW)
P: 토출압력(kg / ㎠)
Q: 토출량(1 / min)
η: hopper 효율

5. 성형 cycle의 추정

5-1. 성형 cycle

사출성형의 전 cycle시간 t는 다음 식으로 표시한다. $t = t_d + t_i + t_e$　　　(1)

단, t_d: 중간시간

형개폐시간(사출성형기의 dry, cycle)

금형에서 성형품을 빼어내는 시간, 금형에 insert를 삽입하는 시간, 이형제 도포 등 조각시간의 합

t_i: 사출시간

용융 polymer의 cavity 충진시간, 홈 등이 생기지 않도록 부족분을 보조 충진하는 시간의 합

t_e: 냉각시간

cavity 중의 용융 polymer가 응고하여, 압축 pin에 의해 금형 외로 돌출되어도 변형이나 비틀림이 없는 곳의 온도까지 금형 중에 냉각 고화하는 시간

5-1-1. 중간시간

최근 사출 성형기의 개량, 진보가 현저해 이 dry cycle의 매우 짧은 성형기도 나오고 있지만 dry cycle이 단축되면 되는 만큼 금형의 재질 설계는 충분히 고려해야만 한다.

즉 충격 하중이 커지므로 탄탄한 구조로 할 것, 성형품의 자동적 이형의 설계로 할 것, insert는 가능한 사용치 않을 것 등이 중요한 것으로 되어 있지만 성형기계, 제품 재료에 의해 이 중간시간은 정확히 예측할 수가 있다.

5-1-2. 사출시간

cyvity 내용적(㎤)을 사용하는 사출성형기의 사출률(㎤/sec)에서 제외해 polymer 충진시간을 파악한다. 다음 살두께나 복잡함, 치수정도의 요구 정도에 따라 2차 압(보압) 시간을 가해 사출시간을 산출한다. 또 성형기의 사출률은 사출속도조절, cavity의 살두께와 형상, gate 단면적, 재료의 grade, 성형조건(polymer온도, 금형온도, 사출압력) 등에 의해 좌우된다.

사출률은 이런 인자에 영향을 받지만 일반 screw ln line 사출성형기에서 대개 1온스당 $15\sim25$㎤/sec이다. 성형개시 시에는 사출률을 측정, 후에 추정에 도움이 되도록 data를 축적하는 것도 중요하다.

5-1-3. 냉각시간

일반성형품의 냉각시간의 추정에는 평행평면판의 일차원전열에 관한 방정식으로부터 구한다.

$$\frac{d\theta}{dt} = \alpha \frac{d^2\theta}{dx^2}$$

이 식에서 냉각시간 t_e(sec)와 그 시점의 평판의 중심온도 θ(℃)와의 관계식은

$$t_c = 0.2435 \cdot \frac{l^2}{\alpha} \cdot \log(\frac{\pi}{4} \cdot \frac{\theta - \theta_s}{\theta_o - \theta_s})$$

l: [m / m] 성형품의 최대 두께

a: [㎣ / sec] polymer의 온도 전파율

θ: [℃] t_c에 있어 중심부의 polymer 냉각온도

압출 *pin*에 의한 동출가능온도를 성형품의 형상 압출 *pin* 위치에 따라 결정되며 이것을 t_c라 한다.(일반으로는 t_c를 열변형온도 4.6kg / ㎠)

θ_s: [℃] 금형온도

θ_o: [℃] polymer의 초기온도

TYPE	NYLON6	미결정성 NYLON6	NYLON66
α	0.086	0.075 0.060	
θ 응고점 ℃	195	195 240	
중심부 냉각온도 ℃	149	185 182	

참고로 열가소성수지의 온도전파율과 냉각점을 나타낸 것이다. 또 2식을 계산하는 것은 어려운 일이므로 표를 이용하는 것이 편리하다. 더욱이 13㎜ 이상의 살두께 성형품을 표면에서 어느 거리의 점이 θ℃로 되는 그 시간을 냉각시간이라고 하는 것이 변형도 없으며 ejection 하는 것이 지장이 없다고 생각된다.

중심면의 냉각시간과 어느 거리 X로 한곳의 냉각시간과의 비를 나타낸 graph를 그림에 나타낸다.

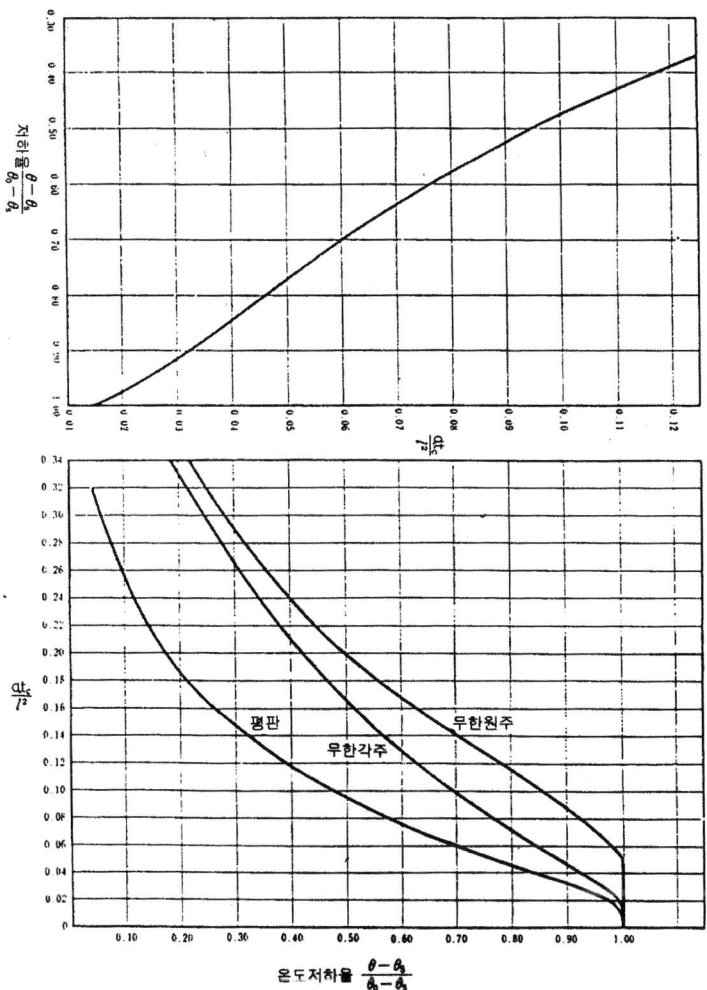

재　료	α　mm²/sec	θ ℃
스치롤수지	0.077	87
ABS수지	0.075	98
AS수지	0.075	98
메타크릴수지	0.065	90
염화비닐	0.068	60
고밀도 포리에틸렌	0.102	76
포리카보네이트	0.098	148

수지의 α 와 θ

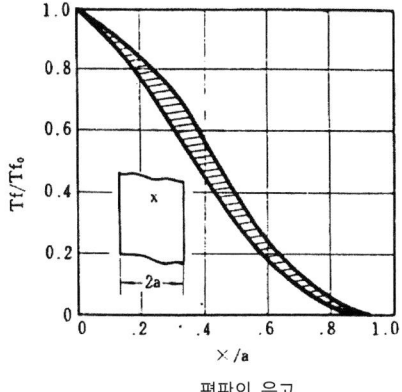

평판의 응고

5 - 1 - 4. 문제예

(1) 3oz의 screw type 사출성형기에서 두께 3mm의 60Φmm 원판이 4cavity 금형
에서 성형할 때의 cycle을 추정하라. 재료는 미결정성 nylon6, 성형조건은
polymer 온도 250℃, 금형온도 65℃

<해석> $d_d = 5\sec$, $t_i = = 50\text{cm}^2/15 \times 3\text{cm}^3 + 3 = 4.1\sec$

$$\frac{\theta - \theta_s}{\theta_o - \theta_s} = \frac{185 - 65}{250 - 65} = 0.63$$

그림에서 $\frac{\theta - \theta_s}{\theta_o - \theta_s} = 0.63$의 점을 고르면 $\frac{\alpha t_c}{l^2} = 0.071$

표 1에서 $\alpha = 0.075$에 의해

$$t_c = \frac{0.071 l^2}{\alpha} = \frac{0.071 \times 3^2}{0.075} = 8.550\sec$$

따라서 $t = t_d + t_{i+} t_e = 5 + 4.1 + 8 = 18\sec$

(2) 두께 6mm의 6mmΦ의 원판의 냉각시간을 추정하시오.

단 3mm 이상의 살두께이니까 표면에서 1.5mm의 정이 Θ로 되는 시간을 그
때의 냉각시간 또 그때의 중심부의 온도를 산출하라. 재료는 미결정성
nylon6, 성형조건은 polymer 온도 250℃ 금형온도 70℃

<해석>

$$\frac{\theta - \theta_s}{\theta_o - \theta_s} = \frac{185 - 70}{250 - 70} = 0.638 \quad \text{그림으로부터}$$

$$\frac{\alpha t_{co}}{l^2} = 0.07 \quad t_{co} = \frac{0.07 \times l^2}{\alpha}$$

$$\frac{0.07 \times 6^2}{0.075} = 33.6\sec, \quad \frac{\text{X}}{0} - \frac{1.5}{3} = 0.5$$

그림으로부터

$$\frac{t_c}{t_{co}} = 0.4$$

또 그때의 중심부의 온도는 $\alpha \cdot t_c/l^2 = 0.075 \times 13.4/6^2 = 0.0208$

그림에서 $(\theta - \theta_s)/(\theta_o - \theta_s) = (\theta - 70)/(250 - 70) = 0.97$

$\qquad \theta = 244℃$

따라서 그 시점의 중심부 온도는 244℃ 또 중심부가 185℃로 되는 시간은 33.6sec

polyacetal gear의 강도계산

1. gear 용어

1-1. 용어에 대한 계산식

순	용 어	단위	계산식
1	표준평치차 중심거리	mm	$a = \dfrac{(z_1 + z_2)m}{2}$
2	전위지자의 중심거리	mm	$\alpha_x = \alpha + ym$ y : 중심거리승가계수
3	평치차 pitch 원직경	mm	$d_o = zm$
4	평치차 기초원직경	mm	$dy = Zm\ Cos\ d_o$
5	표준 평치차 외경	mm	$d_k = (Z+2)m$
6	표준 평치차 밑 뿌리직경	mm	$d_r = Zm - 2h,\ \ h = 2m + c,\ \ C = 0.2m,\ 0.25m,\ 0.35m$
7	lead	mm	$L = \pi \cdot d_o \cdot \cot\ \beta_o$
8	pitch 원통상 screw 각	도, 분	$\tan \beta_o = \pi d_o / L$
9	기초원통상 screw각	도, 분	$\sin \beta_g = \sin \beta_o \cdot cas\ \alpha_n$
10	치직각압력각	도	$\alpha_n = \alpha_c,\ \tan \alpha_n = \tan \alpha_s \cdot \cos \beta_o$
11	정면압력각	도	$\tan \alpha_s = \tan \alpha_n / \cos \beta_o$
12	압력각	도	$r\cos\alpha = r_o \cos\alpha_o$
13	정면 module	mm	$mn = d_o \cos\beta_o / Z$

순	용 어	단위	계산식
14	정면 module	mm	$ms = mn/\cos\beta_o$
15	diameter pitch		$P = 25.4/m$
16	기준 pitch 원반경	mm	$r_o = Zm/2$
17	치차현두께	mm	$S_j = Zm\ \sin\theta$
18	pitch 원통상의 원호치 두께	mm	$S_o = \pi \cdot m/2$
19	pitch 원통상의 정면 원호치 두께	mm	$S_{os} = \pi \cdot mn/2\cos\beta_o$
20	축방향 pitch	mm	$t_a = L/Z$
21	법선 pitch	mm	$t_e = \pi \cdot m\ \cos\alpha_o$
22	정면법선 pitch	mm	$t_{es} = \pi \cdot ms \cdot \cos\alpha_s$
23	치작각 pitch	mm	$t_n = \pi \cdot mn$
24	기준 pitch	mm	$t_o = \pi \cdot m$
25	치적각전위계수		$X_n = X_s/\cos\beta_0$
26	축직각전위계수		$X_s = X_n \cdot \cos\beta_o$

1-2. 각종 gear

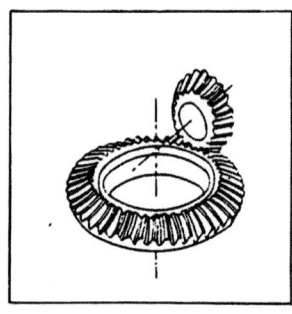

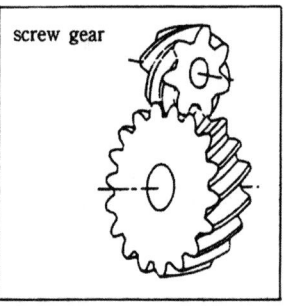
screw gear

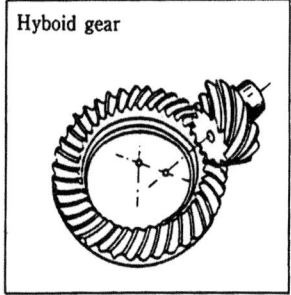
Hyboid gear

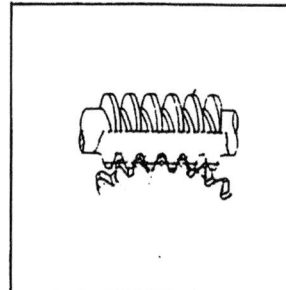

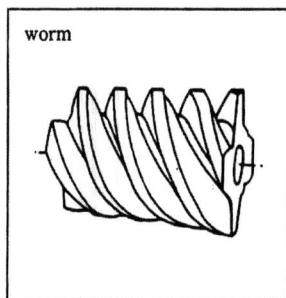
worm

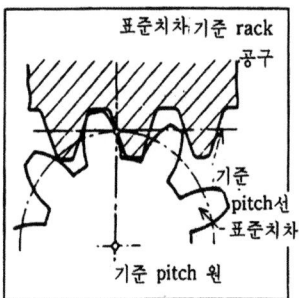

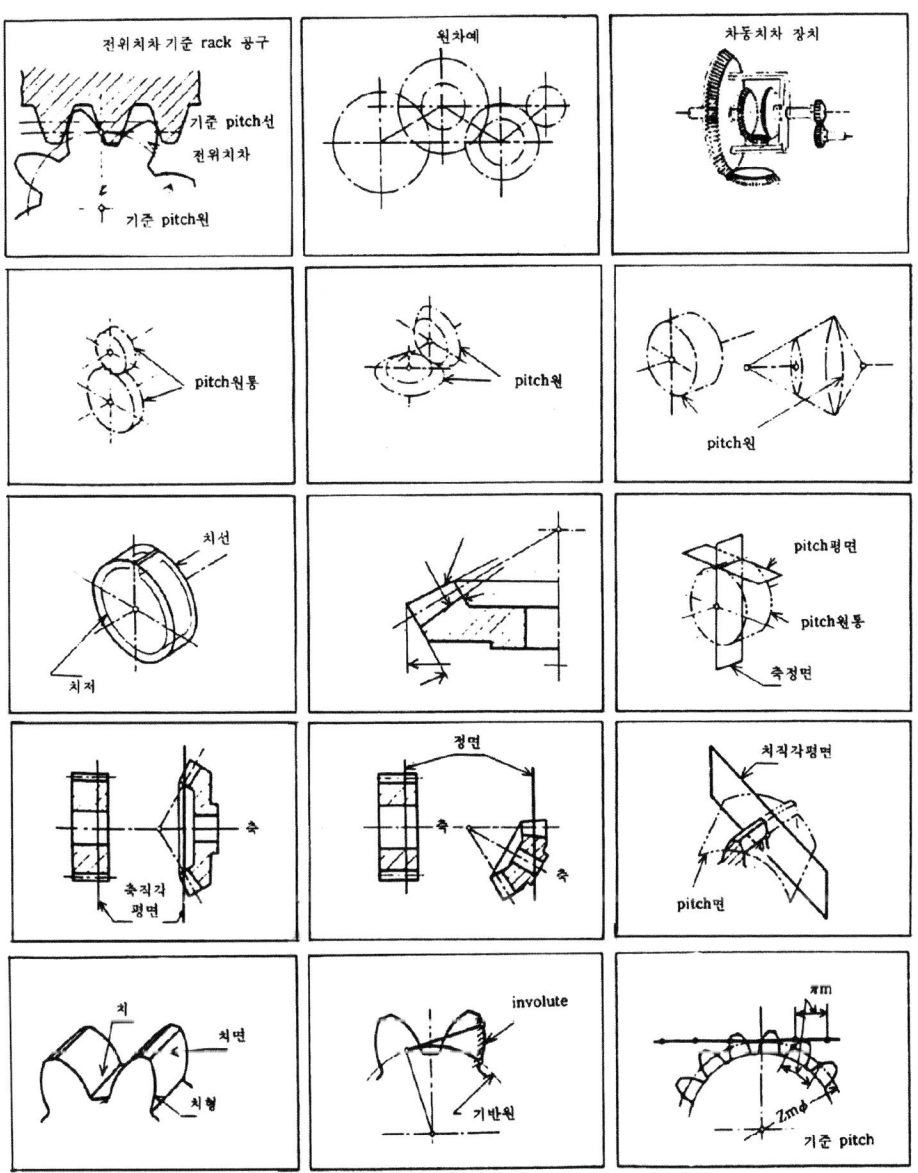

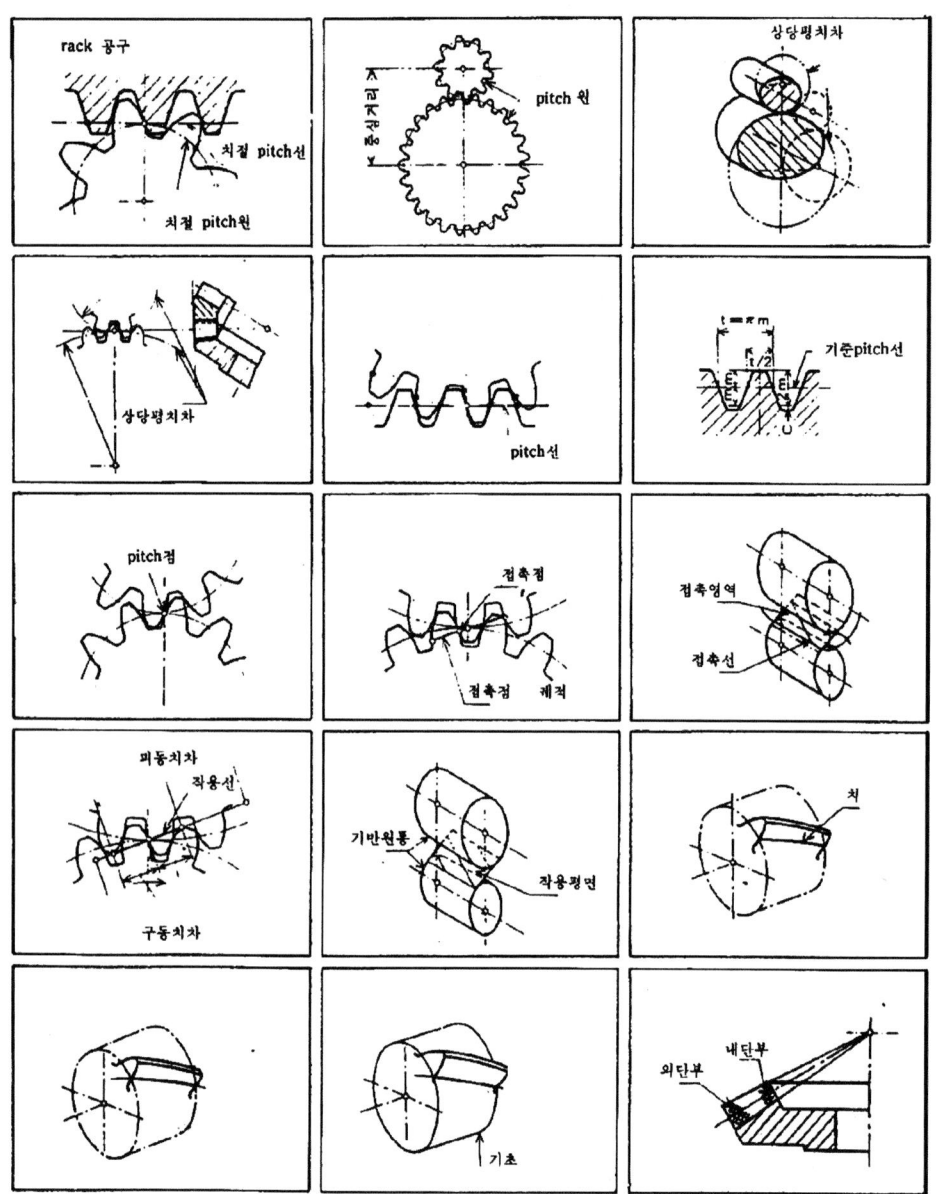

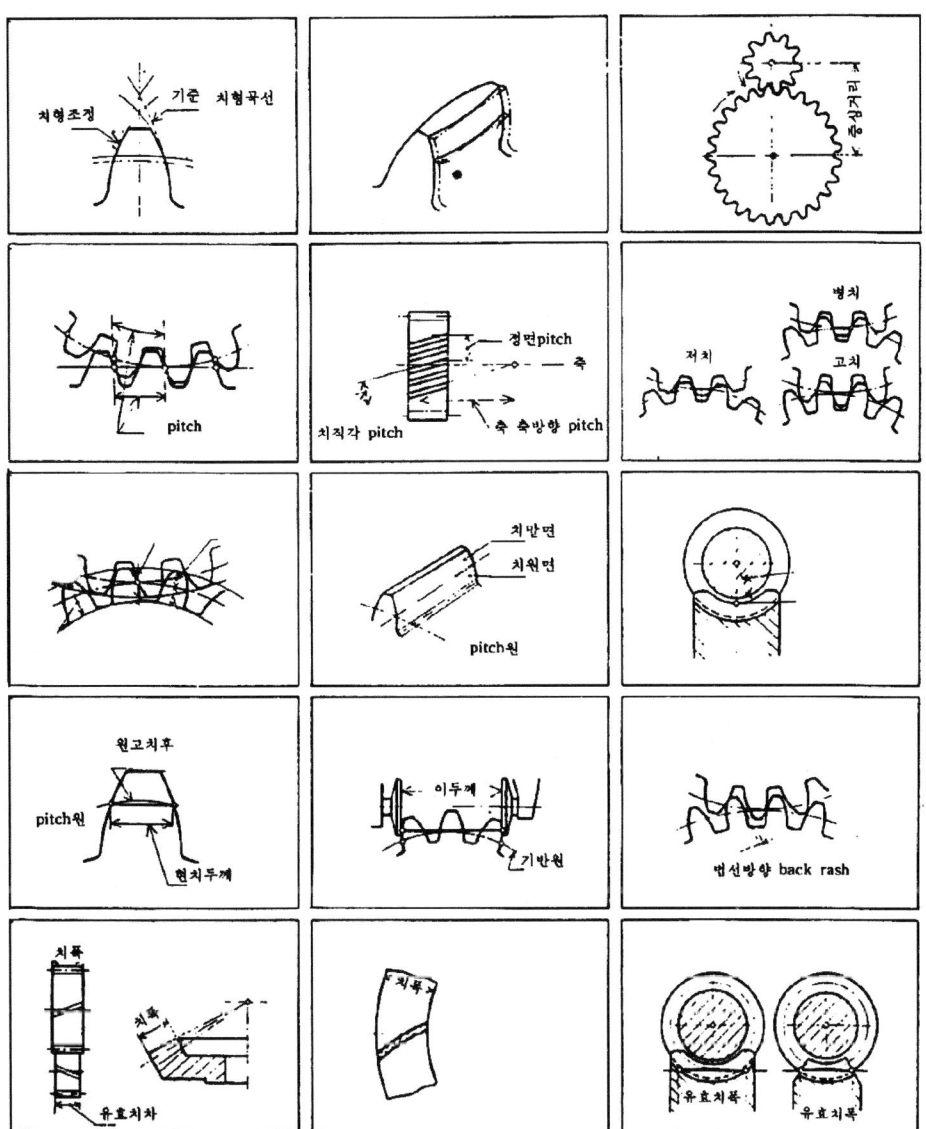

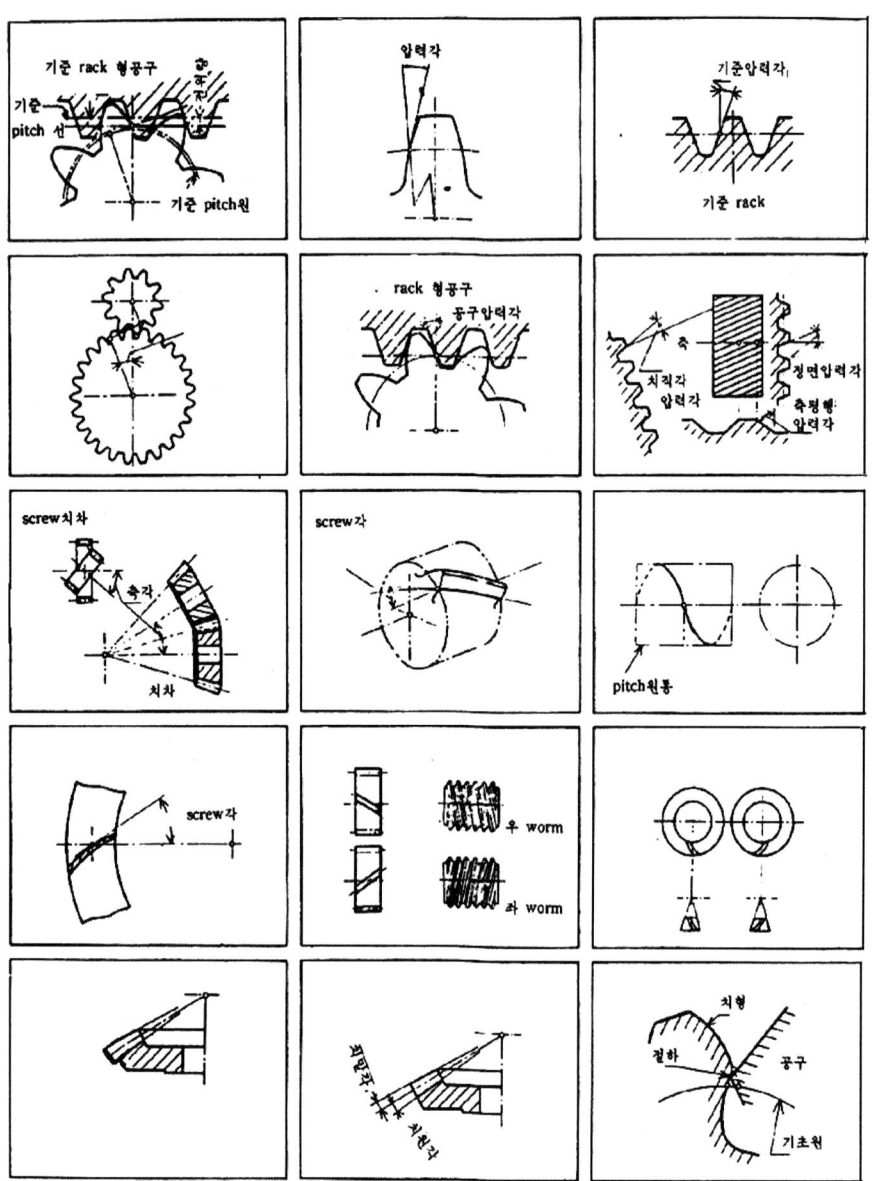

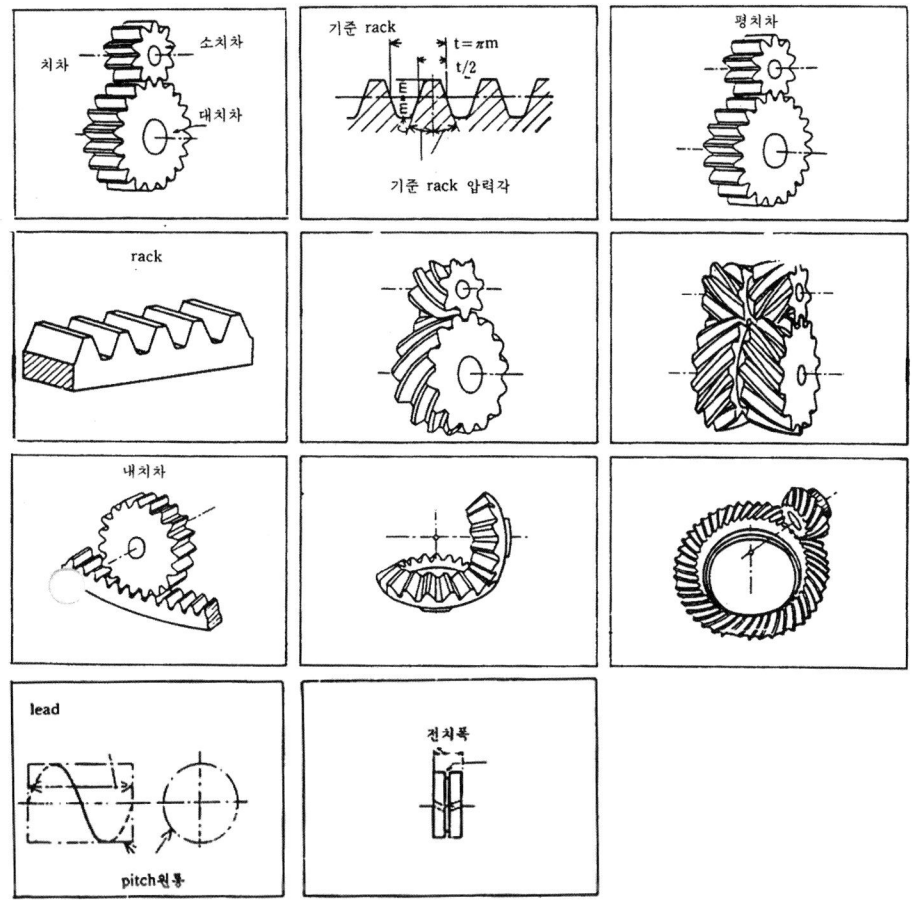

2. gear 성형

gear를 사출성형하는 경우는 일반성형품 경우와 달라 약간의 치면변형의 문제
가 발생한다. 방전가공과 전주에 의해 제작된 치차의 금형은 master gear를 제작
하여 이것을 base로 한 금형 gear bead를 제작한다. 이 master gear를 소요의 성
형치차보다 약간 크게 제작하지 않으면 안 된다. 표준치차 절삭공구는 wire cutter,
hobb cutter, rack cutter 등을 사용하여 pitch 원 직경을 정규치수로 하여 성형수
축이 감안된 전위치차로 하지 않으면 안 된다.

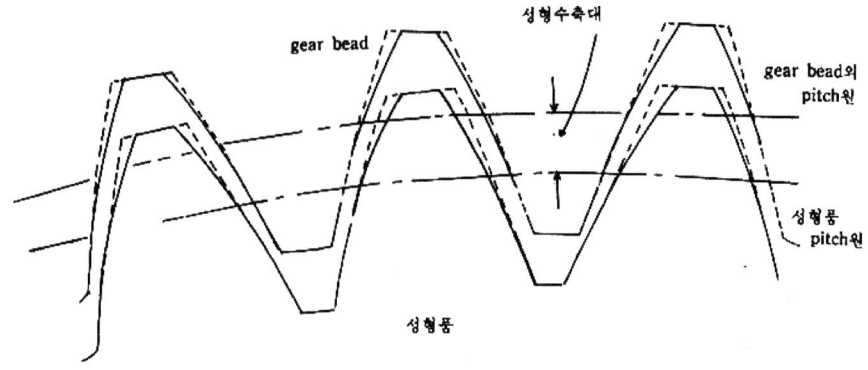

graph. 표준치차 절삭 hobb로 절삭하여 master gear를 만든 gear bead를 얻은
성형품 L. D. Martin "Tool for injection molded nylon gears"

L. D. Martin의 Tool for Injection Molded Nylon Gears

2-1. gear 금형 제작법

gear의 gear bead 제작법은 먼저 제작한 master gear를 주조, 방전가공, 전주
등의 방법과 master gear를 사용한 wire cutter법에 의하여 직접 gear bead가 제
작되는 방법이 있다.

2-1-1. master gear 제작법

성형 수축률을 감안한 plus 전위 master gear를 만들어 pitch원직경의 보정, 치
형의 정규형상을 고려하여 master gear법을 고안한 것이다.

이 방법을 압력각 오차의 정밀도, cost, 납기를 고려 후 선정해야 한다.

2-1-1-1. 특수 module의 치차절삭공구에 의한 방법

성형치차를 제작할 경우에 치수: $Z=30$, module: $m=1$, pitch 원직경: $d=m.z=$
$1 \times 30 = 30mm$, 성형수축률과 gear bead 제작법은 보청치의 2%로 추정하여 소요
master gear 제원은 치수: $Z'=30$, module: $m'=1.02$,

pitch 원직경: $d'=m'.z'=1.02 \times 30 = 30.6mm$

master gear의 절삭은 m = 1의 표준 치차 절삭공구를 사용하고, m′= 1.02인 특수 module의 치차절삭 공구로 가공되기 때문에 delivery, cost가 높은 결점이 있다.

2-1-1-2. 특수압력각의 치차절삭 공구에 의한 성형수축률 plus 전위에 의한 방법

압력각의 변화 $\cos\alpha_1 = d_1 \dfrac{\cos a^2}{d^2}$

α_1: 수축률 보정한 pitch 원직경

（master gear의 pitch원직경）

$$d_1 = d_2\left(1 + \frac{S}{100}\right)$$

S: 수축률

α_2: 표준 gear의 압력각

（일반적으로 20° - 14 1 / 2°가 master gear 및 성형 gear의 압력각）

d_2: 표준 gear의 pitch 원직경

（성형 ger의 pitch원직경）

따라서 $\cos a_1 = \dfrac{100 + S}{100}\cos a_2$

압력각 20°의 gear 성형에서 성형수축률과 소요치차 절삭공구 압력각

수축률 1%일 때 $a_1 \fallingdotseq 18°20'$

수축률 2%일 때 $a_1 \fallingdotseq 16°34'$

수축률 3%일 때 $a_1 \fallingdotseq 14°33'$

수축률 4%일 때 $a_1 \fallingdotseq 12°l3'$

성형수축률과 소요의 치차절삭 공구 압력각의 관계

$a_1 = 20°$ 일 때

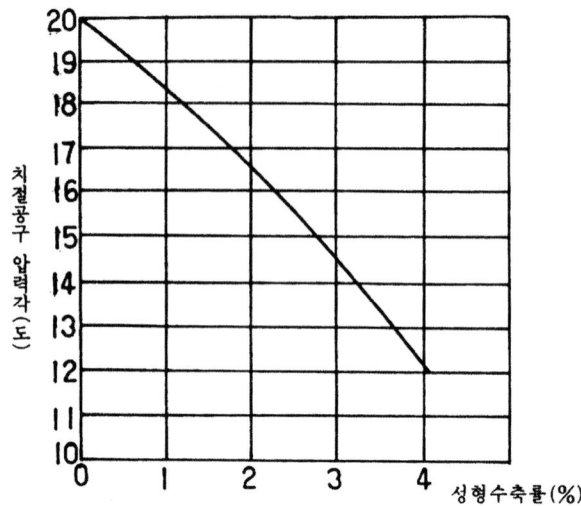

표준 module의 압력각이 성형수축률에 대응키 위하여 위의 식과 graph에 표시한 바와 같다. 특수한 치차절삭 공구를 이용하여 성형수축률을 감안한 plus 전위 master를 절삭하면 정규의 치형을 얻을 수 있다. 일반적으로 이 방법은 압력각 20°의 gear 성형에서 동일한 module, 압력각 14°30′의 표준치차 절삭공구를 사용하여 성형수축률을 감안한 plus 전위 master를 절삭하는 방법이다. 아래의 graph에서 수축률 3%, 압력각 20°의 master gear를 절삭한다.

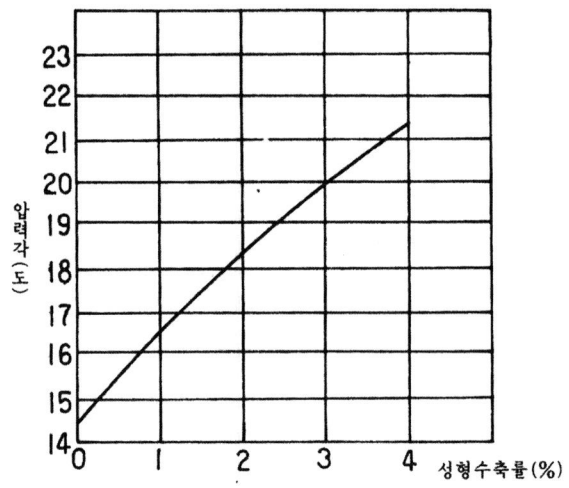

수축률이 3% 이상의 master gear는 성형 gear의 압력각이 20°보다 적어야 된다.

2-1-1-3. 표준치차 절삭공구로 성형수축률을 감안한 plus 전위방법

성형 gear와 동일한 module, 동일한 압력각이 표준공구를 사용, 성형수축률을 감안한 plus 전위 master gear를 절삭하는 방법이다.

이 방법은 master gear, 성형 gear의 압력각은 항상 표준보다 커야 한다. 압력각에 문제가 있는 경우는 간편하기 때문에 비교적 많이 이용된다. pitch 오차 등, 압력각 오차 이외의 점은 위의 방법과 별 차이가 없다.

2-1-1-4. 표준치차 절삭공구에 의한 전위절삭방법

master gear의 pitch 원직경이 성형수축률을 감안한 성형 gear의 pitch원직경을 성형수축률만 minus한 치수이다.

일반적으로 pitch원 직경을 2% 정도 minus한다.

2-1-2. gear bead 제작법

1-1-2-1. be-cu 합금 주조법

주조성, 경도, 강도는 belilium 2.50~2.75%를 함유한 be-cu합금을 사용한다. 주조 시의 수축률은 0.2~0.3%이다.

따라서 master는 이형관계로 구배를 일반적으로 1/100~2/100 정도가 필요하다.

2-1-2-2. 방전가공법

(1) master gear 법

master gear를 전극으로 방전가공에 의하여 gear bead가 제작된다. 이 방전가공은 성형수축률을 감안한 보정수치로 해야 한다. 방전가공 간격은 일반적으로 저부형 0.05~0.12㎜, 통상형은 0.03~0.06㎜ 정도로 하는 것이 통례이다. 측벽 taper는 0.2/100 이상이 좋다.

(2) wire cutter 법

동, tangsten 선을 전극으로 방전가공하여 gear bead가 제작된다. 방전가공 간격은 성형수축률을 감안하여 보정해야 한다. 일반적으로 0.02 ~ 0.05mm 정도로 하는 것이 통례이다.

2-1-2-3. 전주법

전해액 중의 master는 금속을 석출하여 제작된다. 전사정도는 최장이며 가공시간은 길다. nickel의 경우는 전착속도 0.03 ~ 0.6mm / hr 정도이다.

표. 성형평치차

gear 제원	gear bead 제작법
m = 0.5mm, z = 40 b = 10mm, α = 20°	(1) 압력각 14.5°의 표준공구 cutter로 성형수축률 감안한 전위 master를 이용하여 방전가공 (2) 특수 module의 공구 cutter를 만들어 master 이용한 방전가공 (3) wire cutter gear bead를 제작
m = 1mm, z = 40, b = 10mm, α = 20° m = 2mm, z = 20, b = 10mm, α = 20°	(1) 성형수축률 및 belilium의 수축률을 감안한 특수 module의 공구 cutter를 만들어 master gear를 이용한 Be - Cu 합금 주조법
m = 1.5mm, z = 1.0, b = 7mm, α = 20°	(1) 압력각 20°의 표준공구 cutter를 수축률이 감안한 전위 master gear를 이용한 be - cu합금주조법

단, 정밀도는 공업표준 규격에 의한다.

2-1-3. gate 선정

정밀성형급의 공차를 요구할 경우는 1개취의 금형을 추천하고 4개취 이상을 요구하는 경우는 한도를 고려한 후 제작할 필요가 있다. 일반적으로 1개취가 많이 사용된다. 공차는 5% 이내라야 되고 1개취의 금형은 direct gate, dia frame gate가 통상 사용된다. center pin의 흔들림 방지로 center pin을 고정판에 위치시키고 금속 insert를 insert 하며 다점 pin gate type은 sprue의 일단에 3 ~ 4개의 제한 gate로 균일한 흐름이 되도록 고려해야 한다.

따라서 다점 pin gate type이 가장 좋다. pin gate의 직경은 0.7 ~ 0.8mm 정도이다. 일반적으로 외경 10 ~ 30mm, 두께 1 ~ 3mm 정도의 gear를 1점 gate로 성형할 경우는 gate 방향의 직경은 직각방향의 직경보다 0 ~ 0.04mm 정도 작아야 한다.

또한 2점 gate의 성형은 gate 방향의 직경은 직각방향의 직경보다 0.03～0㎜ 정도 크게 해야 한다. 1점 pin gate는 진원도는 양호하다.

3. gear 강도설계

gear의 강도설계는 치차의 수명, 마모, 치면의 scoring, pitting 등으로 대별한다.

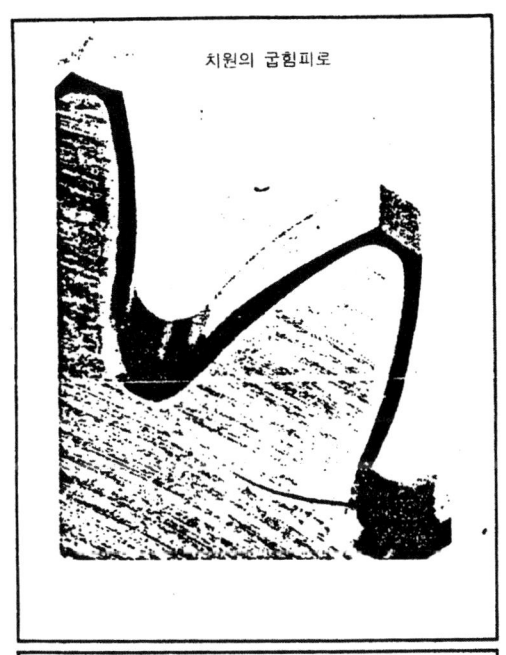

치원의 굽힘피로

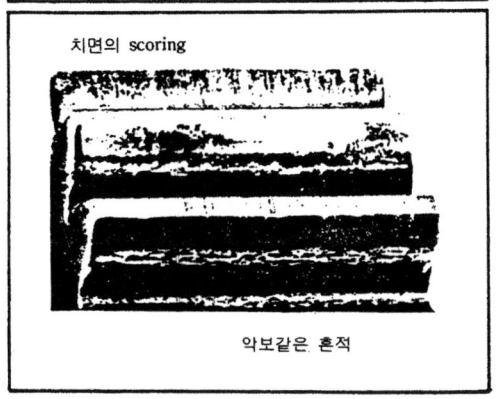

치면의 scoring

악보같은 흔적

치면마모

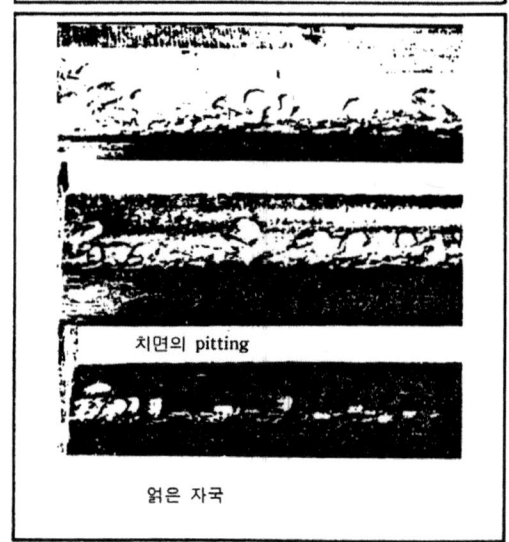

치면의 pitting

얽은 자국

3-1. 루이스식 평치차 치원 강도의 설계

3-1-1. 치선에 전하중이 가한다고 가정하면 정밀도는 높고, 치형수정한 gear
는 이 가정에 성립하지 않는다.

3-1-2. 하중의 반경방향 성분에 의한 치원은 충격의 수직응력 및 원주방향의

성분에 의한 전단응력이 고려되지 않는다.

3-1-3. 치차접선하중, 전달 torque, 전달마력

평치차의 치차접선하중 P, 전달 torque T 및 전달마력 HP는 아래의 식과 같다.

$$P = \sigma_b \cdot b \cdot m \cdot y' \text{ ——————————————————} ①$$

$$T = \frac{\sigma_b \cdot b \cdot d^2 \cdot y'}{20Z} \text{ ——————————————} ②$$

$$H = \frac{\sigma_b \cdot b \cdot d^2 \cdot y'}{1.43 \cdot 10^6 \cdot z} \text{ ——————————} ③$$

여기서 P: 치차접선하중(kgf)

      T: torque($\mathrm{kgf-cm}$)

      H: 마력(HP)

      σ_b: 굽힘응력($\mathrm{kgf/mm^2}$)

      b: 치폭(mm)

      m: module(mm)

      d: pitch circle diameter(mm)

      y': pitch점 부근의 치형계수

치형계수 y'

z 치차	14 1/2°	20° 표준	20° 저치
12	0.355	0.415	0.495
13	377	443	515
14	399	468	540
15	415	490	556
16	430	503	578
17	446	512	587
18	458	522	603
19	471	534	616
20	481	543	628
21	490	553	638
22	495	559	647
24	509	572	663
26	522	587	679
28	534	597	688
30	540	606	697
34	553	628	713
38	565	650	729
43	575	672	738
50	587	694	757
60	603	713	773
75	613	735	792
100	622	757	807
150	635	779	829
300	650	801	855
rack	660	823	880

② 식 적용한 계산도표를 이용하면 간편하다.

3-1-4. 예제

$\sigma_b = 3 \mathrm{kg} f / \mathrm{mm}^2, d = 50 \mathrm{mm}, Z = 50, b = 10 \mathrm{mm}, \alpha = 20°$ 일 때 최대허용 torque T를 구하라.

① 계산치 $T = \dfrac{\sigma_b \cdot b \cdot d^2 \cdot y'}{20Z} = \dfrac{3 \times 10 \times 50^2 \times 0.694}{20 \times 50} = 520.5 \mathrm{kgf} - \mathrm{mm} = 52 \mathrm{kgf} - \mathrm{cm}$

② 계산도표

계산도표에 의하여 $T = 51 \mathrm{kg}_f - \mathrm{cm}$ 이다.

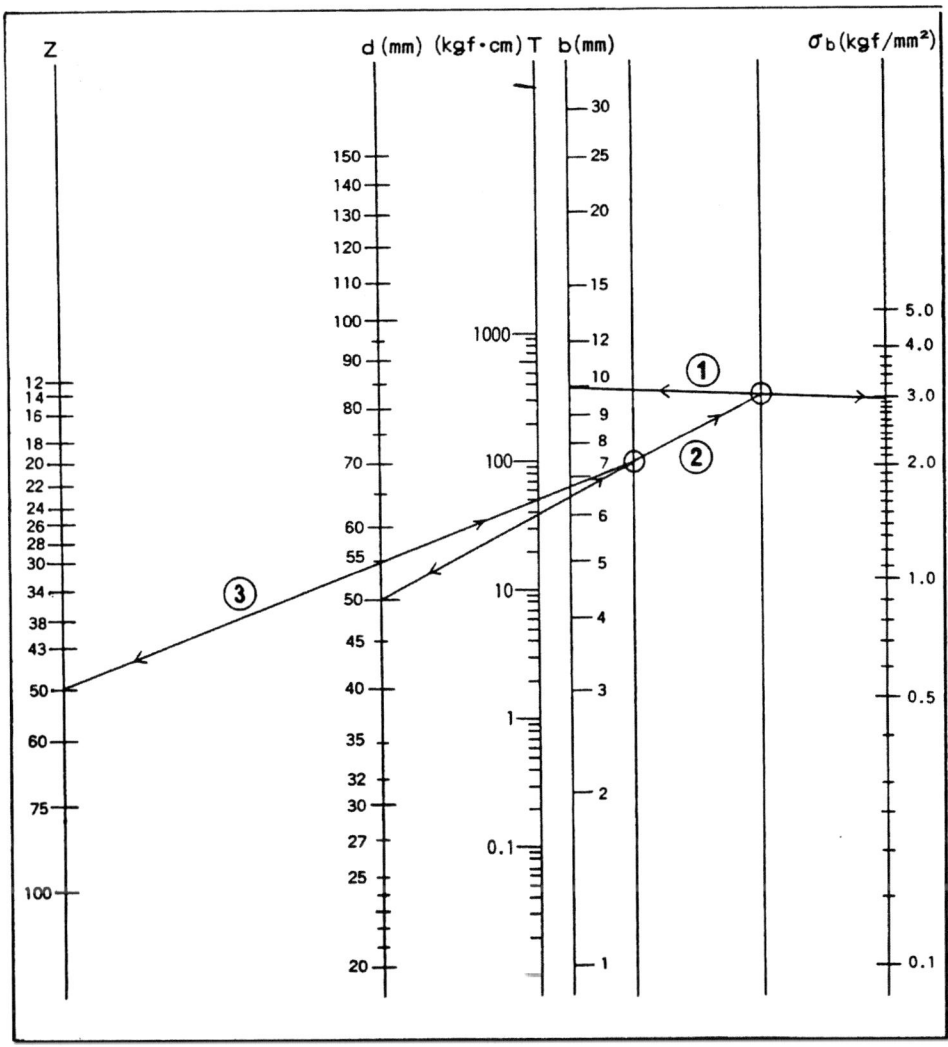

그림 최대 허용굽힘응력(σ_b)으로 최대허용 torque(T)를 구하는 계산도표($\alpha = 20$℃)

3-1-5. 최대허용 굽힘응력

허용굽힘응력은 아래 graph에 표시된 표준조건에서 시험을 구하여 module에 대응하는 최대허용 굽힘응력을 기초로 한 운전조건이 다를 경우 ④식을 이용하여 보정하는 방법이다.

$$\sigma_b = {\alpha_b}' \cdot \frac{k_V \cdot k_T \cdot k_L \cdot k_M}{C_s} \cdots\cdots\cdots\cdots\cdots\cdots\cdots\cdots\cdots\cdots\cdots\cdots④$$

σ_b: 문제로 인한 운전조건에서 최대허용 굽힘응력($\mathrm{kgf}/\mathrm{mm}^2$)

$\sigma_b{'}$: 아래의 graph로부터 구하는 표준조건에서 최대허용 굽힘응력($\mathrm{kgf}/\mathrm{mm}^2$)

$\mathrm{C_s}$: 사용상황계수

표 사용상황계수 $\mathrm{C_s}$

하중 종류	1일 운전시간			
	24시간 / 일	8~10시간 / 일	3시간 / 일	0.5시간 / 일
일반	1.25	1.00	0.80	.50
경형격	1.50	1.25	1.00	0.80
중형격	1.75	1.50	1.25	1.00
대형격	2.00	1.75	1.50	1.25

$\mathrm{K_v}$: 속도보정계수

$\mathrm{K_T}$: 온도계수

$\quad$ 80℃의 온도의존성에서 $\mathrm{K_T} = \dfrac{470}{940} = 0.5$를 얻는다.

$\mathrm{K_L}$: 윤활계수

$\quad$ 무윤활경우: $\mathrm{K_L} = 0.75$, grease에 의한 기초윤활 경우

$\quad$ 기름에 의한 연속윤활 경우: $K_L = 1.5 - 3.0$, 기름순환의 유무, Filter의 유무에 대한 윤활효과는 없다.

$\quad$ 동일유조에 침정하여 운전하는 경우: $K_L = 1.5$

K_m: 재질계수

$\quad$ 금속과 조합하는 경우: $K_m = 1$

$\quad$ 이종 plastic과 조합하는 경우: $\mathrm{K_m} = 0.75$

따라서 ④식을 구하여 허용굽힘응력 σ_b의 ②식을 ③식에 대입하여 아래의 graph를 얻는다. module 0.8 경우의 허용굽힘 응력을 적용해야 안전 측 문제가 없다. module 3.0 경우는 module 2.0의 허용굽힘 응력 80%에 해당한다.

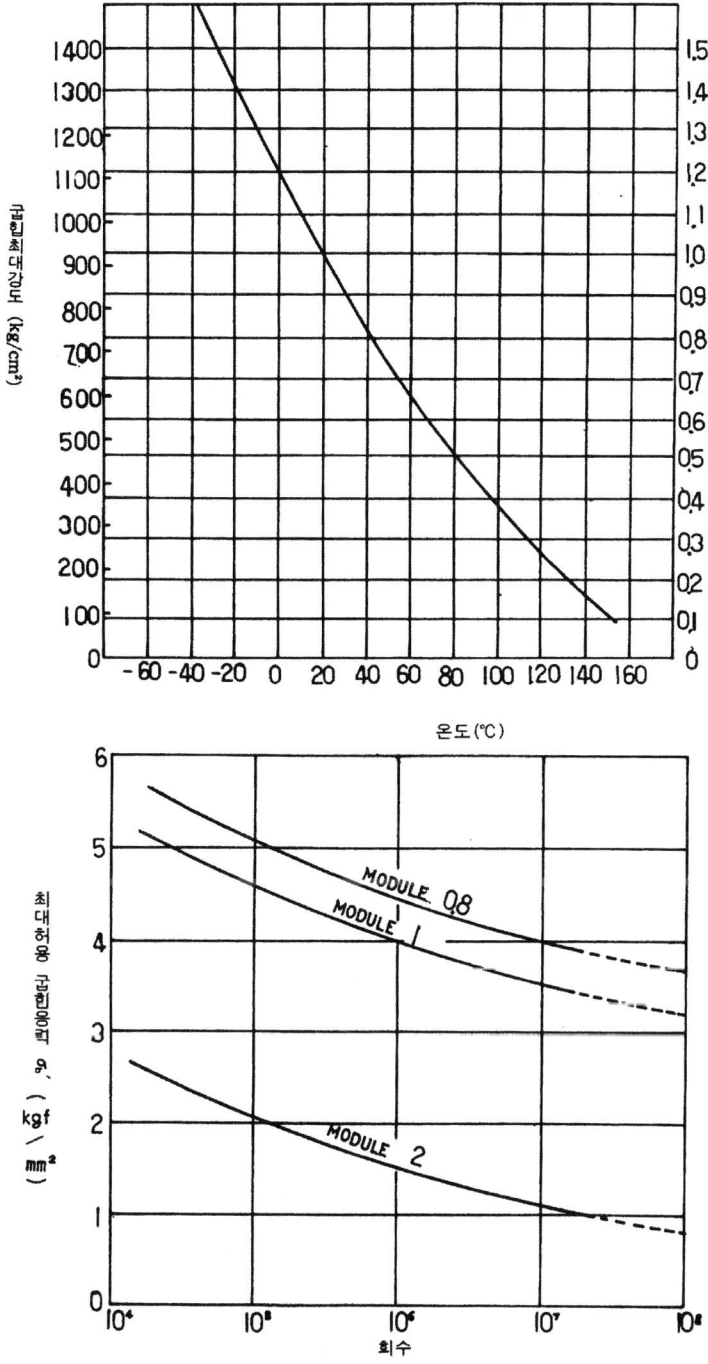

그림 표준시험조건의 치차 초대허용 굽힘응력

표준시험 조건의 치차 최대허용 굽힘응력

3-2. bevel grar 강도 설계

3-2-1. 면압

S'': bevel의 면압(kg / ㎟)

p: 치의 접선 하중(kgf)

b: 치폭(㎜)

d_1: pinion의 pitch 원직경(㎜)

i: 치수비 $= Z_2 / Z_1$

α: 압력각

E: gear 재질의 탄성계수(kgf / ㎟)

굽힘탄성 계수의 온도 의존성

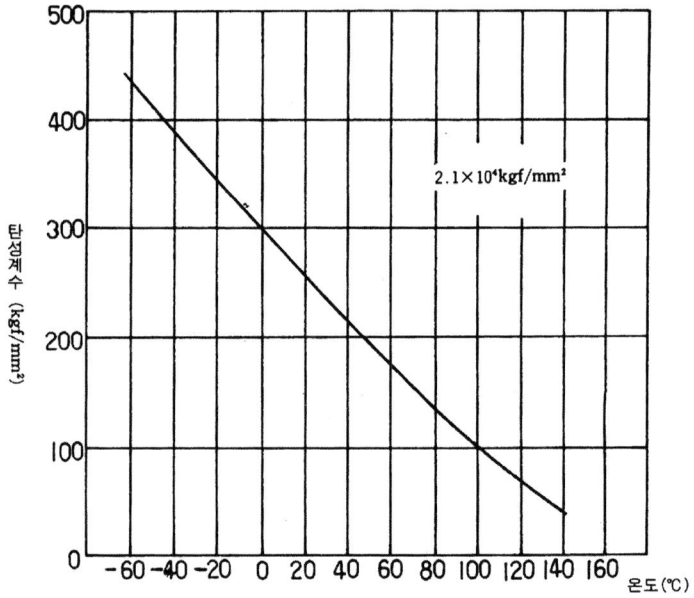

$$S_c = \sqrt{\frac{p}{b \cdot d}} \times \frac{i+1}{1} \times \sqrt{\frac{1.4}{(1/E_1 + 1/E_2)\sin 2a}} \text{———⑤}$$

3 - 2 - 2. gear 설계

$$T = \frac{\sigma_b \cdot b \cdot d^2 \cdot y^2}{20z} \times \frac{R_a - b}{R_a} \text{————————⑧}$$

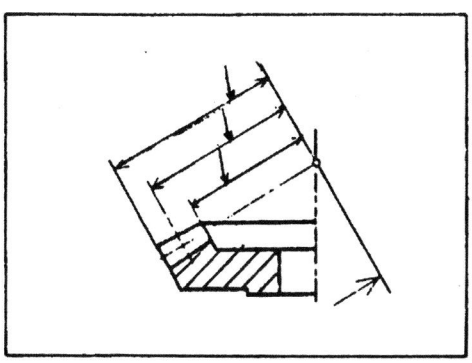

R_a: 외단원 거리(㎜)

$Z_v{}' = z / \cos\delta$

δ: pitch 원각

치면은 최대조로 5㎛, 최대허용면압 0.5～1kgf / ㎟ 이하라야 한다.

최대 허용 면압과 횟수와의 관계(m＝2의 평치차 마모파괴 경우)

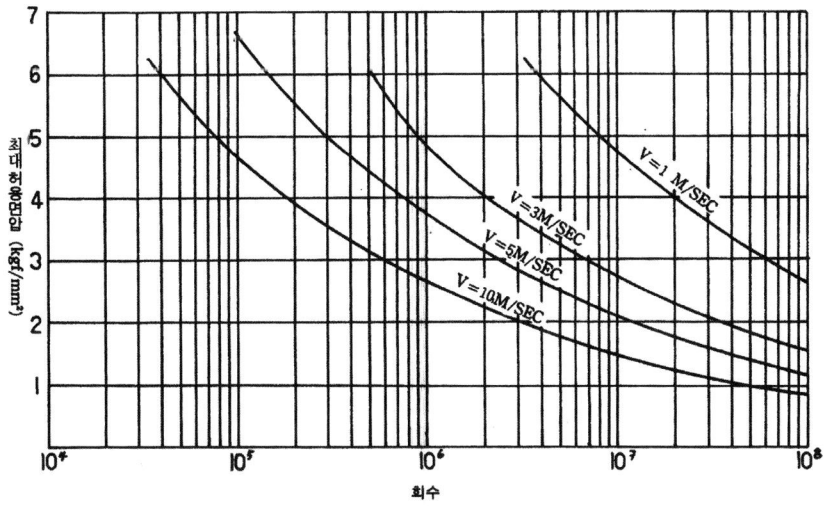

3 - 3. herical gear 강도 설계

3 - 3 - 1. 치원강도
상당 평치차수 Z_v에 대한 치형계수를 사용한다.

$$Z_v : Z/\cos^3\beta \text{─────────────────────⑥}$$

$m_n = $ 치직각 module

$$m_n = m, \cdot \cos\beta \text{────────────────⑦}$$

$$P = \sigma_a \cdot b \cdot \text{㎜} \cdot y'$$

$\beta = $ screw각

3 - 3 - 2. 면압

$$S_c = \sqrt{\frac{p}{b \cdot d_1} \times \frac{1+i}{i} \sqrt{\frac{1.4\cos\beta}{(1/E_1 + 1/E_2)\sin2a}}}$$

3 - 4. worm gear 강도설계

3 - 4 - 1. worm의 pitch 원주상 접선력
worm 축 방향의 힘

$$F_x = F_x \cot(\gamma+p) = \frac{T}{y}\cot(\gamma+p) \text{───────────⑩}$$

F_x: worm의 축 방향 힘

F_z: worm의 원주 방향 힘

r: worm의 pitch원의 반경

T: worm에 충격 Torque

γ: worm의 pitch원통각

$$\tan\gamma = ita/2\pi r \text{──────────────⑪}$$

i: worm 치수

t_a: worm의 축방향 pitch

$$\rho = \tan\rho = \mu/\cos a\, n \text{———————————⑫}$$

μ: worm과 worm wheel과 동마찰계수 금속과 plastic 조합 경우 0.15

a_n: 치직각압력각

worm의 압력각과 축직각 a_s 경우와 치직각평면 a_n 경우

$$\tan a_n = \cos\gamma \cdot \tan\alpha_s \text{———————⑬}$$

3-4-2. worm 치의 굽힘강도

worm wheel의 pitch 원주상 허용 굽힘부하

$$F_a:\ \sigma_b \cdot y \cdot b \cdot t_\alpha \cdot \cos\gamma \text{—————————⑭}$$

σ_b: 허용굽힘응력(평치차 참조)

b: worm wheel의 치폭

t_a: worm 축 방향의 pitch

y: 치형계수

표. 치직각 압력과 치형계수 관계

a_n	14.5°	20°	25°	30°
y	0.100	0.125	0.150	0.175

$F_a > F_x$ 가 되어야 한다.

3-4-3. worm wheel의 전단강도

$$F_a = \frac{2}{3} \cdot A \cdot \sigma s \text{————————————⑮}$$

F_a: 허용전단강도(kgf)

σ_s: 허용전단응력(kgf / ㎟)

A: wheel의 치근원 단면적

압력각과 wheel 치근원 단면적의 관계

압력각 a_n	A
14.5°	0.60 $b_f \cdot t_a$
20°	0.70 $b_f \cdot t_a$
25°	0.75 $b_f \cdot t_a$

t_a: pitch(㎜)

b_f: wheel의 축 단면치 밑뿌리의 원호길이

$$b_f = \frac{\pi(d_1 + 2hf_2)}{180}\theta^\circ$$

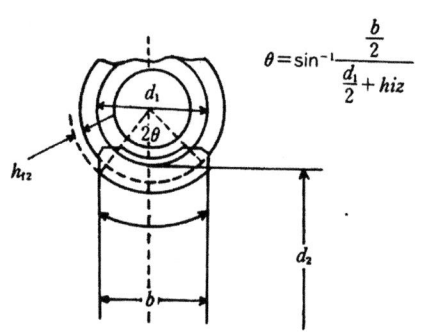

d_1: worm의 pitch 원직경(㎜)

hf_2: wheel의 치원 $0.368t_a$

2θ: rim 양측면각도(°)

: F_a의 계산식의 90%만 감안한다.

4. gear형상 설계 유의점

4 - 1. back rash

축직각 module 0.2 - 25, pitch원 직경 1.5~3.2㎜ 평치차의 back rash는

$$W = \sqrt[3]{d_o} + 0.65m$$

d_o: pitch원직경

m: module

λ: 35.5~10

4 - 2 금속 insert

금속의 재질은 열팽창 계수의 점에서 AL합금, ZN합금, 철이 좋다.

금속 insert가 있는 plastic층의 두께

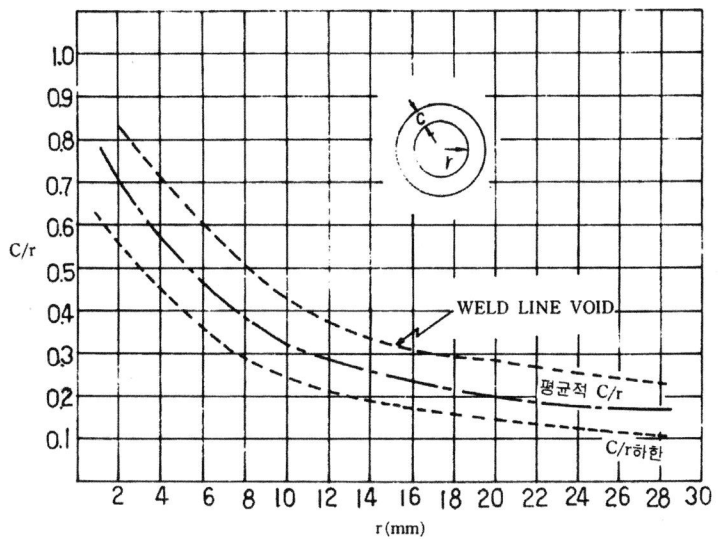

4 - 3. 평치차 계산(1)

평치차가 금속 pinion과 조합하여 1 / 8HP×1 / 6(감속비)의 감속기 사용하는 경우 m = 1mm, 치수 Z = 60, 압력각 α = 20°, 초기에 grease 윤활, 사용온도 60℃, 3시간 / 일 운전, 수명 2년일 때 굽힘강도를 계산한다.

$$H = \frac{\sigma_b \cdot b \cdot d^2 \cdot y' \cdot n}{1.43 \cdot 10^6 \cdot Z}$$

$$H = \frac{1}{8}\text{HP}$$

$$d = m \cdot z = 1 \times 60 = 60\text{mm}$$

$$y' = 0.713(\text{표에서})$$

$$n = \frac{1800}{6} = 300\text{rpm}(\text{motor의 회전수를 1800rpm으로 한다.})$$

$$z : 60$$

$$\sigma_b = \sigma_b{}' \cdot \frac{k_v . k_T \cdot k_L \cdot k_M}{C_s}$$

굽힘횟수

$$N = 300 \times 60 \times 3 \times 365 \times 2 = 3.94 \times 10^7$$

그림에서 $\sigma_{b'} = 3.3 \text{kgf} / \text{m}^2$

선속도 $V = \dfrac{\pi d_n}{60} = 3.14 \times 60 \times \dfrac{300}{60} = 942 mm/\sec = 0.942 m/\sec$

그림에서 $K_v = 1.4$

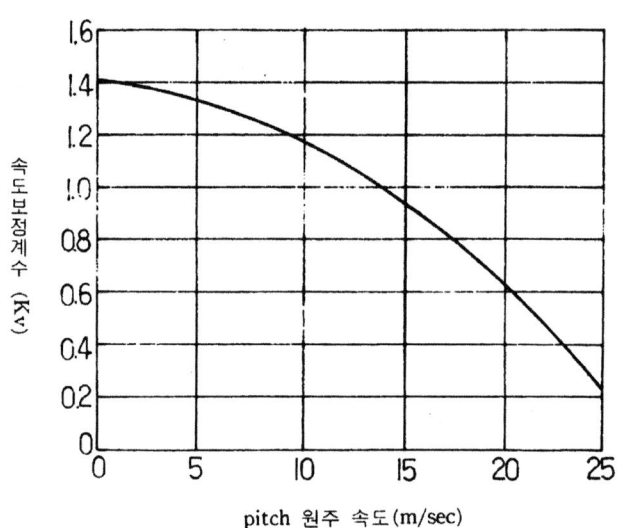

pitch 원주 속도(m/sec)

표에서 $C_s = 1.00$

사용온도 60℃ 그림에서 $K_T = 0.66$

초기 grease 윤활 $K_L = 1$

$plastic$과 금속조합 $K_M = 1$

$$\sigma_b = \frac{3.3 \times 1.4 \times 0.66 \times 1.0 \times 1.0}{1.00} 3.05 kgf/mm^2$$

$$\frac{1}{8} = \frac{(3.05)b(60^2)(0.713)(300)}{(1.43 \times 10^6)(60)}$$

$b = 4.57 \text{mm} \fallingdotseq 5 \text{mm}$

속도 보정계수 K_v

4-4. 평치차 계산(2)

평치차 $\frac{1}{16}$HP × $\frac{1}{3}$(감속비)의 감속장치를 사용하고 pinion은 $m = 1$㎜, 치수 Z = 20, 압력각 $\alpha = 20°$로 하고 무윤활, 사용온도는 60℃이며 1일에 3시간 운전하여 수명연수는 2년간일 때 평치차의 치폭을 구하라.

굽힘강도로부터 치폭을 구하고 pinion과 gear가 동일재료로 pinion을 검토한다.

③ 식으로부터 $H = \dfrac{\sigma_b \times b \times d^2 \times y' \times n}{1.43 \times 10^6 \times Z}$

$H = \dfrac{1}{16}$HP

$d_1 = m \cdot z_1 = 1 \times 20 = 20$㎜

y ′ = 0.543(표, 치형계수)

n = 1800rpm(motor의 회전수를 1800rpm으로 한다.)

$z_1 = 20$

④ 식으로부터 $\sigma_b = \sigma_b' \cdot \dfrac{K_V \cdot K_T \cdot K_L \cdot K_M}{C_s}$

치차의 굽힘횟수 N은 N = 1800×60×3×365×2

$\qquad\qquad\qquad = 2.36 \times 10^8$

따라서 표준시험 조건의 치차 최대 허용굽힘응력 graph에서

$\sigma_b' = 3.15 \text{kg}_f / \text{mm}^2$

pitch 원주속도 V는 $V = \pi d_1 \dfrac{n}{60} = \pi \times 20 \times \dfrac{1800}{60} = 1890$mm/sec $= 1.89$m/sec

속도보정 계수 K_V로부터 $K_V = 1.38$

1일 3시간 운전하고 경충격을 받을 때 사용상황계수 graph에서 $C_s = 1.00$

사용온도 60℃이니까 굽힘강도의 온도 의존성 graph에서 $K_T = 0.66$

무윤활 $K_L = 0.75$로 한다. plastic과 plastic 조합일 때 $K_M = 0.75$

$\sigma_b = 3.15 \times \dfrac{1.38 \times 0.66 \times 0.75 \times 0.75}{1.00} = 1.61 \text{kgf}/\text{mm}^2$

따라서 $\dfrac{1}{16} = \dfrac{1.61 \times b \times 20^2 \times 0.543 \times 1800}{1.43 \times 10^6 \times 20}$

$\dfrac{1}{16} = \dfrac{629445.6 \times b}{28600000}$

$b = \dfrac{28600000}{10071129.6} = 2.8398 \fallingdotseq 2.84$

치폭 b = 3mm로 한다.

면압에 의한 마모를 검토하면 ⑤식에서

$$S_c = \sqrt{\dfrac{P}{b \times d_1} \times \dfrac{i+1}{i} \times \sqrt{\dfrac{1.4}{(\dfrac{1}{E_1} + \dfrac{1}{E_2})\sin 2a}}}$$

b = 3mm, d = 20mm, i = 3, $E_1 = E_2 = 170$kgf / mm²(굽힘탄성계수의 온도의존성) a = 20°

$$P = \dfrac{7500 \times 60}{2\pi \times \dfrac{d_1}{2} \times n} \times H = \dfrac{75000 \times 60}{2\pi \times \dfrac{20}{2} \times 1800} \times \dfrac{1}{16} = 2.5\text{kgf}$$

$$S_c = \sqrt{\dfrac{2.5}{3 \times 20} \times \dfrac{3+1}{3} \times \sqrt{\dfrac{1.4}{(\dfrac{1}{170} + \dfrac{1}{170})\sin(2 \times 20°)}}}$$

$$= \sqrt{0.05555} \sqrt{\dfrac{1.4}{0.01176 \times 0.64278}}$$

$$= 0.23569 \times 13.617 = 3.20\text{kgf / mm}^2$$

module 2mm 평치차의 최대 허용면압(마모파손 경우) graph에서 pitch 원주속도 V = 1.89m / sec이므로 V = 3m / sec의 곡선을 택한 후 굽힘횟수 $N = 2.36 \times 10^8$일 때의 허용면압 $S_{ca} = 1.6$kgf / mm² $S_{ca} < S_c$로부터 마모된다.

따라서 $S_c = 1.6$kgf / mm²가 되는 치폭을 구하면 $b = 3 \times (\dfrac{3.20}{1.6} = 12$

b = 12mm로 하는 것이 필요하다.

4 - 5. herical gear 계산

금속 worm과 plastic herical gear의 조합하여 감속장치 하는데 worm에 걸리는 torque는 3kgf-㎝이고 연속윤활은 하지 않고 상온에 초기윤활로 사용된다. 이 경우의 plastic herical gear의 치폭을 구하라.

worm은 pitch원 직경 $d_1 = 15.5㎜$, module m = 1.25㎜, 치수비 i = 1, 압력각 α = 20°, pitch 원통각 γ = 4°37′이고 $worm\ wheel$는 $pitch$ 원직경 $d_2 = 47.5㎜$, 치수 $z_2 = 38module$ m = 1.25㎜, 압력각 α = 20°, $screw$각 γ = 4°37′, 1일에 8시간 운전하여 3년간 수명연수로 한다.

$worm$ 치차의 설계 ⑩식으로부터

$$F_x = \frac{T}{\gamma}\cot(\gamma + p) = \frac{30}{7.75}\cot(4°37' + p)$$

⑬식으로부터 $\tanα_n = \cosγ + \tanα_a = \cos4°37′\tan20°$

$$α_n = 20°3′$$

⑫식으로부터 $\tan a_n = \cos\gamma + \tan a_a = \cos4°37'\tan20°$

$$a_n = 20°3'$$

(1) 치의 굽힘강도

⑥식으로부터 치차의 상당 평치차 치수 $Z_0 = \dfrac{Z}{\cos^3\beta} = \dfrac{38}{\cos^3 4°37'} = 38.4$

치형 계수표에서 y = 0.652 $y'_v = 0.652$

⑦식으로부터 치직각 module은 $m_n = m \cdot \cos\beta = 1.25\cos4°37′ = 1.245㎜$

pitch 점의 속도는 v

$$v = \pi d_2 \frac{n}{60} = \pi \times 47.5 \times \frac{1}{60}(1800 \times \frac{1}{38}) = 115\text{mm/sec} = 0.115\text{m/sec}$$

따라서 속도계수 $K_v = 1.4$, 사용시간계수 C_s는 $C_s = 1.25$ 굽힘횟수 N은

$$N = 1800 \times \frac{1}{38} \times 60 \times 8 \times 365 \times 3 = 2.49 \times 10^7$$

최대허용 굽힘응력 $σ_b' = 2.75\text{kgf}/㎟$, 온도계수는 상온으로 하여 $K_T = 1$, 윤활

계수는 초기 윤활 $K_L = 1$, 재질계수 plastic과 금속 $K_M = 1$

④식으로부터 gear의 허용굽힘 응력

$$\sigma_b = \sigma_b \times \frac{k_V \times k_T \times k_L \times k_M}{C_s} = 2.75 \times \frac{1.4 \times 1 \times 1 \times 1}{1.25} = 3.08 \text{kgf/mm}^2$$

따라서 ①식으로부터 m에 mn, y′에 y'_v를 대입하여 허용접선 하중 p를 구하면

$$P = \sigma_b \times b \times m_n \times y'_v = 3.08 \times b \times 1.245 \times 0.652 = 2.50 \times b$$

이때 p가 F_x보다 크지 않으면 안 되기 때문에 2.50×b≥15.9

b≥6.36㎜

(2) 치의 전단강도

⑮식의 worm wheel의 전단강도의 식으로부터 $F_a = \frac{2}{3} A \cdot \sigma_s$ 전단에 대한 피로는 굽힘피로와 같다고 가정한다. $F_a = \frac{2}{3} A \cdot \sigma_s$

5.4kgf/㎟: 상온에서 전단강도

9.3kgf/㎟: 상온에서 굽힘강도

2.75kgf/㎟/N = 2.49×10^7를 graph에서 구하는 치대 굽힘피로강도

$$F_a = \frac{2}{3} \times A \times 1.595 = 1.065 \times A$$

이때 F_a는 F_x보다 크지 않으면 안 되기 때문에 1.065A≥15.9

A≥14.95㎟, 압력각 a=20°일 때 worm wheel의 전단강도 도표에서 A=0.70

$b_f \times t_a$, $t_a = \pi m$ $t_a = \pi \times 1.25 = 3.925$㎜

따라서 0.70×b_f×3.925≥14.95 b_f≥5.44㎜

$$b_f = \frac{\pi(d_1 + 2h_{f2})}{180}\theta° = \frac{\pi(d_1 + 2 \times 0.368 \times t_a)}{180}\theta°$$

$$= \frac{\pi(15.5 + 2 \times 0.368 \times 3.925)}{180°} \times \theta° \geq 5.44$$

Θ≥16.95°

$$\sin\theta\,^\circ = \frac{\dfrac{b}{2}}{\dfrac{d_1}{2}+h_{f2}} = \frac{\dfrac{b}{2}}{\dfrac{d_1}{2}+0.368\times t_a}$$

$$\frac{\dfrac{b}{2}}{\dfrac{1}{2}\times 15.5+0.368\times 3.925} \geqq \sin 16.95\,^\circ$$

b≧5.36㎜ worm foil이 herical gear일 때

$$b \geqq 5.36 \times \frac{1}{0.9} = 5.97$$

(1)과 (2)의 결과에 의하여 b=6㎜로 한다.

제11장

Polyacetal의 journal bearing의 설계

1. journal bearing 설계

1-1. 축수내경

축수내경 d_i는 journal경 d_g와 clearance와의 관계에서

$$d_i = d_g(1 + \Phi')$$

Φ' : journal경에 대한 비율

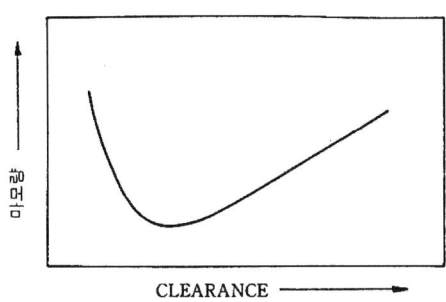

그림 Journal bearing의 clearance과 마모량

$$\Phi = 0.005 d_g + \Phi_1 + \Phi_2 + \Phi_3 + \Phi_4 + \Phi_5$$

Φ_1: 열팽창에 의한 치수변화

a: 수지의 선팽창 계수

$\triangle t$: 상온과 작동 시에 온도차

Φ_1: $a \cdot \triangle t \cdot d_g$

Φ_2: 수중, 유윤활에 의한 치수변화

Φ_3: 성형조건과 사용온도에 의한 치수변화

Φ_4: 성형에 의한 치수변화

Φ_5: 금속 housing에 수지축수를 압입에 의한 치수변화

$$\phi_5 = \frac{m}{1.35m^2 + 0.65}I \cdots\cdots\cdots\cdots\cdots\cdots\cdots\cdots\cdots\cdots (1)$$

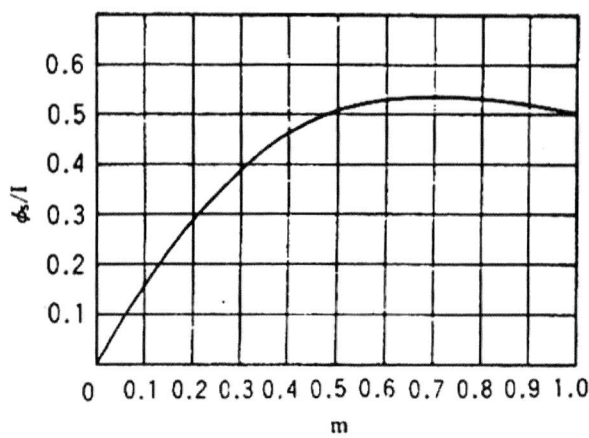

그림 계산식(1)의 Graph

$$m = \frac{\text{수지 sleeve의 내경}}{\text{수지 sleeve의 외경}} \fallingdotseq \frac{\text{journal경}}{\text{bousing 직경}}$$

I: 압입하는 경우

1-2. 축수외경

$$t = 0.06d_g + 0.25(\text{mm}) \text{————————————————}(2)$$

t: 축수의 두께(mm)

d_g: journal 직경(mm)

d_o: 축수외경(mm)

$$d_o = d_i + 2t(\text{mm}) \text{————————————————}(3)$$

1-2-1. 금속 housing에 압입하는 경우

1-2-1-1. 스라스트 하중이 수지의 sleeve 축수에 영향이 없는 경우

$$\delta_c = \frac{2}{1-m^2}P_m \text{————————————————}(4)$$

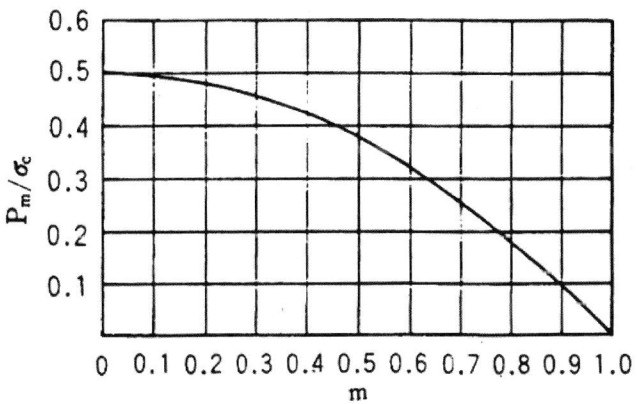

그림 계산식(4)의 Graph

σ_c: 수지의 $sleeve$에 가하는 최대 압축응력(kg / mm²)

P_m: sleeve와 housing의 상호압력(kg / mm²)

σ_c는 압축 sleeve을 고려하여 수지 sleeve의 사용온도에 의한 압축강도의 1/4 이하로 하며 P_m을 다음 식에 대입하여 I를 구하면

$$\frac{P_m}{E}\left(\frac{1+m^2}{1-m^2}-v\right)=\frac{I}{2\gamma_2}\text{———————————(5)}$$

v: 수지의 poisson비 0.35

E: 수지의 최고 사용온도, 최고 사용 시간에 대한 탄성계수($kg\,/\,mm^2$)

$2\gamma_2$: sleeve의 외경 housing의 hole size

$$I_o = I - \alpha \cdot \Delta t \cdot 2\gamma_2 \fallingdotseq I - \alpha \cdot \Delta t(d+I)\text{————————(6)}$$

d: 금속 housing의 hole

따라서 I_o는 수지의 sleeve를 압입하는 것과 파괴여부를 검산하는 경우는 (5) 식의 I에 I_o의 수지를 대입하여 P_m을 구하고 이 P_m을 (4)식에 넣어 σ_c를 구한다. 이때 산출되는 σ_c는 수지의 최대 허용 압축응력 $11\,kg\,/\,mm^2$ 이하가 되지 않으면 안 된다.

1-2-1-2. 스라스트 하중이 수지의 sleeve를 삭제해야 되는 경우

P_m에 의한 마찰력이 하중에 대하여 크지 않을 때

$$P_m > \frac{F}{\pi dl\mu}\text{——————————————————————(7)}$$

F: sleeve에 의한 스라스트하중

d: housing의 hole

l: 축수의 길이

μ: sleeve와 housing의 마찰계수 0.15

이상으로부터 축수의 외경은 $d_o = d_i + 2t + I_o$————(8)

1-3. 축수의 길이

축수의 길이가 길수록 국부적인 반열, 마모의 원인이 되도록 길이를 길게 하지 않아야 된다. 일반적으로 $l \leq (1.5-1.0)d_g$를 추천한다.

축수에 의한 압축 압력은

$$P_c = \frac{W}{d_8 \cdot l} \text{——————————————————(9)}$$

단, P_c의 산출되는 압축응력은 수지의 허용 압축응력보다 작지 않아야 한다.

1-4. 축수의 수명

이상과 같은 조건으로 축수를 사용함에 있어 PV치에 판단한다. journal bearing 의 경우에 마모는 아래의 graph를 이용하여 축수내경의 증가량을 추정한다.

$$\delta = \lambda \cdot \pi \cdot d_g \cdot n \cdot H \cdot 60(\text{mm}) \text{——————————(10)}$$

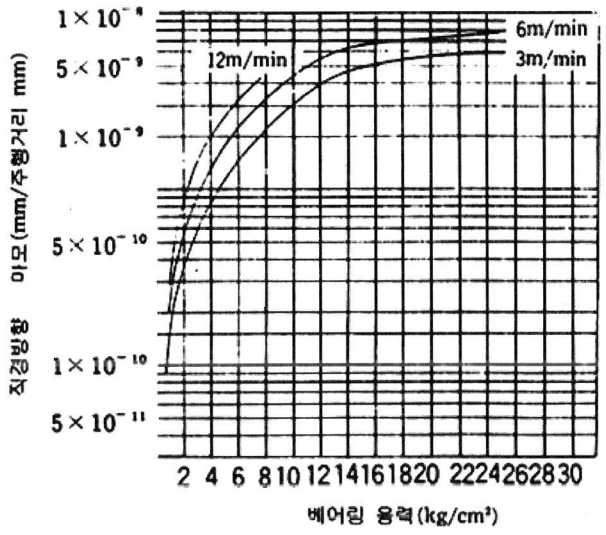

그림 Jourmal bearing의 무윤활 resinggrade 마모특성

δ: 축수 내경의 증가량(mm)

λ: 직경방향의 마모와 축수에 의한 응력 graph에서 찾은 수치(mm / mm)

n: journal경(mm)

d_g: journal경(mm)

H: 운전시간(hr)

1-5. Sleeve 축수 계산

금속 housing에 수지 sleeve를 압입하여 축수를 사용하는 경우에 금속 housing의 hole과 sleeve 축수의 형상을 결정하라. 따라서 journal의 journal경 10Φ, 축수 하중 2kg, shaft의 회전수 100rpm, 사용환경 온도는 상온에서 운전 중의 sleeve 축수는 60℃의 온도상승이 있다. 사용시간은 20000 시간에서 30000시간 운전한다. 이 경우 축수의 마모량은 직경 0.3㎜ 이내라야 한다.

1-5-1. Sleeve 축수의 길이 결정

shaft의 주속도

$$v = \pi \cdot d_g \cdot n \cdot 1/60 = \pi \cdot 10 \cdot 1/60$$

$$= 52.3 \, mm/sec = 5.23 \, cm/sec$$

graph로부터 $v = 5.23\,cm/sec$의 한계 PV치는 $135 \, kg/cm^2 \cdot cm/sec$ 설계치의 80% 감안하면 $PV = 108 \, kg/cm^2 \cdot cm/sec$, sleeve의 허용면압$(P_c)$a≦PV치÷v = 108 / 5.23 = 20.6 kg / cm² 그리고 (9)식으로부터

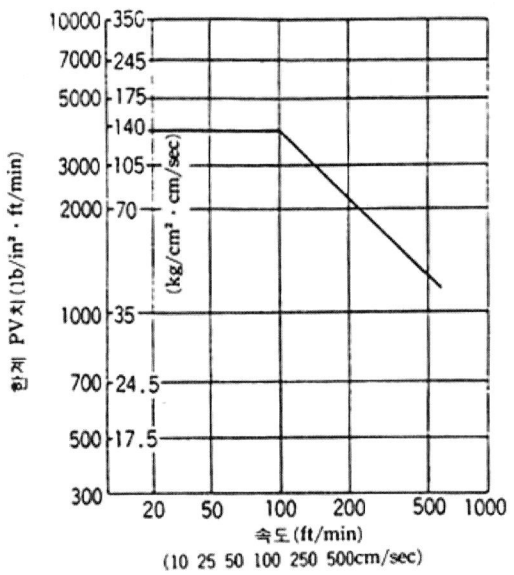

그림 Joumal bearing 무윤활 resin grade의 한계 PV치

$$P_c = \frac{W}{l \cdot d_8} \leqq (P_c)a$$

$$\therefore l \geqq \frac{2}{1.0 \times 20.6} = 0.097\text{cm} = 0.97\text{mm}$$

$$l \leqq 1.5d_8 = 1.5 \times 10 = 15\text{mm}$$

마모를 고려하면 $1 = d_g$

즉 $1 = 10\text{mm}$가 된다.

1-5-2. 축수의 마모량 검토

$$v = 5.23\text{cm} / \sec = 3.14\text{m} / \min$$

$$P_c = 2 / 10 \times 10 = 0.02\text{kg} / \text{mm}^2 - 2\text{kg} / \text{cm}^2 \text{ 때에}$$

10식으로부터

$$\delta = 4 \times 10^{-10} \times \pi \times 10 \times 100 \times 3000 \times 60 = 0.226\text{mm}$$

무윤활을 사용한 마모량이 된다.

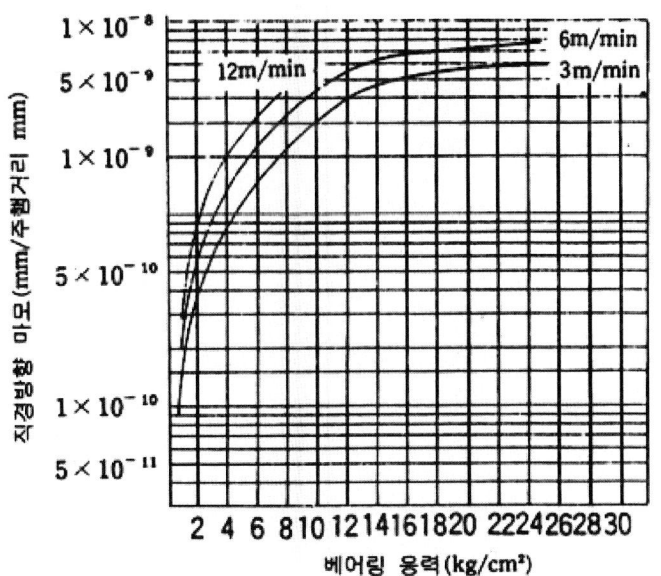

그림 Journal bearing의 무윤활 resin grade 마모 특성

1 - 5 - 3. Sleeve 축수의 외경 결정

$t = 0.06 d_g + 0.25$의 식으로부터 sleeve의 최소량은

$t = 0.06 \times 10 + 0.25 = 0.85\,\mathrm{mm}$

따라서 sleeve의 두께 $t = 1\,\mathrm{mm}$로 한다. 금속 housing에 압입하는 것으로 하면 금속 housing의 hole은 $d = d_g + 2t = 10 + 2 \times 1 = 12\,\mathrm{mm}$이다.

sleeve 축수의 형상을 결정하면 금속 housing의 hole size 수정하면

$$m \fallingdotseq \frac{\text{journal의 hole}}{\text{housing의 hole}} = \frac{10}{12} = 0.833$$

(4)식으로부터

$$\sigma_c = \frac{2}{1 - m^2} P_m \text{에서} \frac{P_m}{\sigma_c} = 0.152$$

이때

$\sigma_c = 6\,\mathrm{kg / mm^2} \times 1 / 4 = 1.5\,\mathrm{kg / mm^2}(80\,℃)$

$P_m = 1.5 \times 0.152 = 0.228\,\mathrm{kg / mm^2}$이며

(5)식으로부터

$$\frac{P_m}{E}\left(\frac{1 + m^2}{1 - m^2} - V\right) = \frac{I}{2\gamma_2} \text{에서}$$

$$\frac{0.228}{38}\left\{\frac{1 + (0.883)^2}{1 - (0.883)^2} - 0.35\right\} = \frac{I}{12}$$

$E = 38\,\mathrm{kg / mm^2}(80\,℃,$ 사용시간 20000시간$)$

$I = 0.373\,\mathrm{mm}(80\,℃$ 경우$)$

상온에서

$I_o = I - \alpha \cdot \Delta t(d + I)$

$= 0.373 - 8.45 \times 10^{-5} \times 60\,(12 + 0.373) = 0.31\,\mathrm{mm}$

따라서 sleeve의 축수외경은

$d_o = d_i + 2t + I_o = d_i + 2 \times 1 + 0.31 = d_i + 2.31$

1 - 5 - 4. sleeve 축수의 내경결정

clearance $\Phi = 0.005 d_g + \Phi_1 + \Phi_2 + \Phi_3 + \Phi_4 + \Phi_5$

$$\Phi_1 = \alpha \cdot \Delta t \cdot d_g = 8.45 \times 10^{-5} \times 60 \times 10 = 0.051 \text{mm}$$

$$\Phi_{2=0}$$

$$\Phi_3 = 0(금형온도\ 80℃\ 이상에서\ 사출성형한다.)$$

$$\Phi_4 = 0.03 \text{mm}$$

$$\phi_5 = \frac{m}{1.35m^2 + 0.65} I 로부터$$

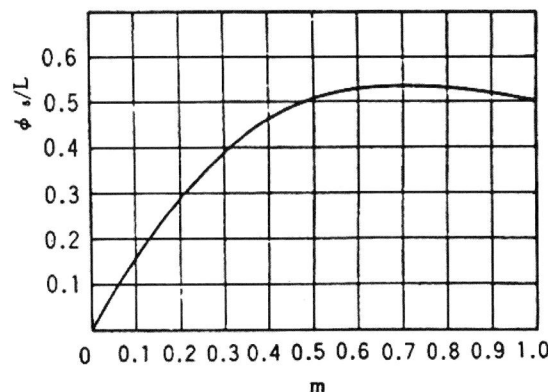

$$m = 0.833$$

$$\frac{\phi_5}{I_0} = 0.525$$

$$\therefore \Phi_5 = 0.31 \times 0.525 = 0.163\ 따라서$$

$$\Phi = 0.005 \times 10 + 0.051 + 0.03 + 0.163 = 0.294 \text{mm} \fallingdotseq 0.30 \text{mm}$$

$$d_i = d_g + \Phi = 10 + 0.30 = 10.30 \text{mm}$$

이상으로부터 축수의 길이 $1 = 10 \text{mm}$

    sleeve 축수내경 $d_i = 10.30 \text{mm}$

    sleeve 축수외경 $d_o = d_i + 2.31 = 10.30 + 2.31 = 12.61 \text{mm}$

금속 housing hole $d = d_o - I_o = 12.61 - 0.31 = 12.30 \text{mm}$

1-6. Radial bearing의 각종 plustic의 금속과의 마모마찰

plastic	비마모량 mm^3 / kgf · mm^2 *	마찰계수 μ*	PV한계 kgf / cm^2 · cm / sec*
polyacetal	1.3×10^{-8}	0.21	124
nylon66	4.0×10^{-8}	0.26	89
nylon6	4.0×10^{-8}	0.26	89
polycanbonate	50.0×10^{-8}	0.38	18
염소화 polyester	12.0×10^{-8}	0.33	71
polyurethane	6.8×10^{-8}	0.37	53
AS resin	60.0×10^{-8}	0.33	19

* V = 25cm / sec P = 2.8kgf / cm

* * V = 50cm / sec

2. 각종 자료

2-1. Acetal 수지 대체 시 중량감소율

재 료	비 중	중량감소율(%)
Acetal 수지	1.41 ~ 1.42	–
Mg die cast	1.81	22
Al die cast	2.65	45
Zn die cast	6.7	79
주철	7.2	80
강철	7.8	82
놋쇠	8.5	83

2-2. Acetal수지와 금속재료의 물성비교

성 질	단 위	Acetal	아연 SAE 903	황동 (85 / 5 / 5 / 5)	알루미늄 SAE 903	마그네슘 AZ 91-B
비중	−	1.41~1.42	6.6	8.75	2.64	1.81
인장강도	kg / ㎟	5.6~7.03	29	28	33	23.2
굴곡탄성률	kg / ㎟ × 10^2	2.64~2.9	−	105	70.3	45.7
신율	%	15~75	10	25	3	3
전단강도	kg / ㎟	5.4~6.7	21.8	22.5	21	14
열전도율	*1	5.44	27	12	35	17
열팽창계수	cm / cm℃×10^{-6}	81~84	27.4	18.2	21	26
반복충격	회	63~183	7	−	5	−

* 1: cal / sec / ㎠ / ℃ / cm × 10^{-4}

2-3. Acetal copolymer와 각종 금속과의 마찰특성

금속재료	copolymer 마모량(mg)	copolymer 비마모량 (10^{-3}×㎣ / kg · mm)	마모 상수	금속 마모량 (mg)
놋쇠	7.1	2.5	0.31	2.5
아연합금	2.48	870	0.30	143.0
스테인레스강	12.5	4.4	0.29	0
탄소강	9.1	3.2	0.26	0.2
연질강	8.8	3.1	0.32	0.3

주: ① 조건: 30cm / sec, 10kg / ㎠, 10km 주행
② 비마모량＝마모용량 / 하중×주행거리

2-4. Gear 재질로서의 플라스틱 평가

항 목	Polyacetal	Polycarbonate	Nylon	ABS
충격 – 단일	4	2	3	1
충격 – 피로	2	3	1	4
굽힘 피로	1	3	2	4
치수안정성(수중)	3	2	4	1
(윤활유 중)	1	4×	2	3×
내약품성(산)	2×	3×	4×	1
(알칼리)	2	4×	3	1
(유기용제)	1	4	2	3
강성(상온)	2	3	4	1
(93℃)	1	2	3	4
내마모성	3	3	1	4

(1 = highest, 4 = lowest, × = 사용의문)

2-5 Acetal수지 gear의 금속 gear에 대한 비교

장 점	단 점
① 사출성형에 의한 경제성	① 하중전달력 부족
② 다기능 부품	② 사용온도의 한계
③ 엄격하지 않은 치수공차	③ 선팽창계수가 크다
④ 고성능	④ 치수정밀도가 낮다.
⑤ 내충격, 내진동성	⑤ 치수안정성이 낮다.
⑥ 경량성	
⑦ 소량윤활 또는 무윤활 운전가능	
⑧ 내부식성	

2-6. Acetal copolymer의 마찰특성에 대한 금속 표면조도의 영향

표면다듬질	마찰계수	마모량 (mg)	비마모량 (mm³ / kg · mm)
Cr 도금 표면	0.39	9.1	3.2×10^{-3}
3 – S	0.26	15.4	5.3×10^{-3}
6 – S	0.19	28.5	9.9×10^{-3}
12 – S	0.17	65.2	2.5×10^{-3}

주: ① 3 – S는 3μ 이하의 요찰에 상당
② 조건: 30cm / sec, 10kg / ㎠, 10km주행

2-7. Acetal 수지 bearing의 장·단점

장 점	단 점
① 마찰계수가 낮다.	① 열전도율이 낮고 축열되기 쉽다.
② 응착-sliding운전이 없다.	② 열팽창계수가 크다.
③ 소량의 초기윤활 또는 무윤활이라도 좋다.	③ 최대 한계 PV치가 작다.
④ 내마모성이 우수하다.	
⑤ 손실되어도 상대 축을 손상하지 않는다.	
⑥ Fitting할 필요가 없다.	
⑦ 성형한 그대로 사용된다.(후가공 불요)	

2-8. 각종 판 spring의 설계식

종 류	S_b(굽힘응력)	W(spring하중)	y(휨)	u단위체적당 탄성에너지
평판스 프링	$\dfrac{6LW}{bh^2}$ $=\dfrac{3}{2}\cdot\dfrac{hEy}{L^2}$	$\dfrac{bh^3E}{4L^3}y$ $=\dfrac{bh^3ab}{4L^3y}$	$\dfrac{4L^3W}{bh^3E}$ $=\dfrac{2Lab}{3}$	$\dfrac{1}{18}\cdot\dfrac{a^{2b}}{E}$
3각판 스프링	$\dfrac{6LW}{bh^2}$ $=\dfrac{hEy}{L^2}$	$\dfrac{bh^3E}{6L^3}y$ $=\dfrac{bh^2ab}{6L^3y}$	$\dfrac{4L^3W}{bh^3E}$ $=\dfrac{L^2ab}{hE}$	$\dfrac{1}{6}\cdot\dfrac{a^2b}{E}$

b: spring의 폭 h: spring의 높이 L: spring의 길이 E: spring 재질의 탄성계수

2-9. 원통 및 구상제품의 허용하중

	Acetal 수지	Nylon 6, 6
평면상의 원통	$P = 174D\times T$	$P = 81D\times T$
곡면상의 원통	$P = \dfrac{174T}{\left[\dfrac{D_1 - D_2}{D_1 \cdot D_2}RIGHT\right]}$	$P = \dfrac{81T}{\left[\dfrac{D_1 - D_2}{D_1 \cdot D_2}\right]}$
평면상의 구	$P = 3.17D^2$	$P = 1.45D^2$
곡면상의 구	$P = \dfrac{3.17}{\left[\dfrac{D_1 - D_2}{D_1 \cdot D_2}\right]}$	$P = \dfrac{1.45}{\left[\dfrac{D_1 - D_2}{D_1 \cdot D_2}\right]^2}$

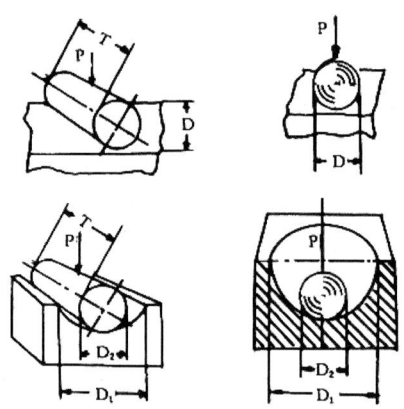

각종 곡면상의 acetal수지 부품예

2 - 10 구조설계 공식

형 상	최대변형량	응 력	기 호
중앙하중	$Y_m = \dfrac{FL^3}{48EI}$	$S = \dfrac{3FL}{2bd^2}$	F = 하중, b = 폭, L = span I = 관성 모우멘트, d = 두께, E = 탄성계수, S = 응력, Y_m = 최대휨
원판상의 균일하중(주변고정)	$Y_m = \dfrac{3pr^4(1-\mu^2)}{16Et^3}$	$S = \dfrac{3pr^3(1+\mu)}{8t^3}$	p = 단위면적당 하중, t = 두께, μ = 포아슨비, r = 반경, S = 최대응력
원판상의 균일하중(주변지지)	$Y_m \dfrac{3pr^4(5-4\mu-\mu^3)}{16Et^2}$	$S = \dfrac{3pr^2(3+\mu)}{8t^3}$	위와 같음
원통용기	$Y = \dfrac{R}{E}(1-\dfrac{\mu}{2})\dfrac{R}{t}^{p1}$	$S_h = \dfrac{P_1R}{t}$	t = 벽두께, R = 평균 P_1 = 내압, Y = 반경방향변위 S_h = 후우프응력

2 - 11. Low noise and vibration technology for electric appliance based on reliability improvement

Key Words: low noise and vibration, muffler chamber system

Abstract

Every home appliance has noise and vibration. This noise and vibration degrade the quality of the appliance and sometimes cause reliability problems. Here, we discuss about noise and vibration reduction technique and introduce some applications. A vacuum cleaner which has been greatly reduced noise and vibration is discussed. The vacuum cleaner includes a blower assembly which comprises a vibration absorbing assembly for absorbing vibrations caused from high speed revolutions of electric blower, a noise shielding assembly for shielding the noise so as to prevent the noise from being transmitted from the electric blower to outside of the vacuum cleaner, changing assembly for curving and extending a flow path by bending the air flow path after passing through the electric blower, and a noise absorbing components sup-pressing the noise by absorbing the noise transmitted through the flow path. The vacuum cleaner further include a blower assembly suction part, which shields the noise and absorbers are located on a contact portion between main body and the blower assembly, and an air suction hole is formed on a partition wall which separates the dust collecting room and the blower receiving room from each other, so that the noise generated by the electric blower should be shielded without giving any increased resistance to the flow path of air.

1. Introduction

Vibration and noise have influence on components of appliance. It degrade quality of the components. Many researchers have tried to analyse and reduce noise induced from vibration and / or vibration induced from noise. They think sound is energy transmission caused by movement of sound media. Sound has waves and is moved by sound wave and transmit pressure wave to environmental media. Man can recognize sound within 20Hz∼20kHz, which is called "Audio Frequency".

Some sound makes unpleasant feeling or even pain, we call this sound "Noise". There are many noise sources such as fluid noise, electromagnetic noise, mechanical noise, combustion noise. Noise reduction technology depends on the types of noise source. There are some sound quality level such as loudness, roughness, sharpness, fluctuation strength. Loudness represents sensuous noise level, and roughness represents grating level, sharpness represents sharping level and is defined as the ratio of high frequency level to overall level, fluctuation strength is determined by integrating the temporal masking depth along critical band based on modulation frequency. Even if two noise have the same sound pressure, the sound quality is not same.

Noise from electric appliances are unpleasant and degrade component reliability and durability. Noise or vibration on all operating machine makes component damaged and also makes interconnection of each components be poor so that it degrade reliability of the machine. Technology to reduce noise and vibration is isolating the noise source, reducing tolerance of each parts, changing the noise caused in transmit stage from noise source to outer region to another types of heat energy, selecting the materials to press noise transmission from noise source to outer region.

2. Major noise source for electric appliance

Noise can be classified by source. Fluid noise is major source for refrigerator compressor and fan, and electromagnetic noise is major source for motor, transformer, compressor. Also mechanical noise is major source for reel, electrical valve, transmission, shaft, which caused by unhomogeneous contact force and impact force. Combustion noise is major source for combustor, which caused by fluctuations of combustion[5].

2 - 1. Electric Washing Machine

2 - 1 - 1. Suspension system

Because noise characteristics of suspension system in electric washing machine was influenced by position and length, angle of suspension bar, and weight and inertia of the rigid body, designer must think these items to be as design parameter[7].

(1) Mass and inertia characteristic of supporter and rotator; important physical property for dynamic characteristics of rigid rosy suspension system composed by supporter and rotator, and it is measured from experimental test. Also engineer should obtain inertia characteristic using concept of rotating pendulum. (2) When rotating with unbalanced mass, the washing machine will reach steady state and rotational center of rotator will not match with geometrical center. This situation make salt water in liquid balancing system flow into one direction so that unbalanced mass will be reduced. Center position of unbalanced mass is opposite direction to sagging position of rotator and supporter unit. Then center position of unbalanced mass and direction of

salt water flow into is opposite, this cause balance effect to reduce vibration. (3) improvement of dynamic characteristic; it is recommended to move supporting position of balancer from upper of rotator to upper and lower of rotator, or from 1 - point upper position of rotator to 2 - point upper positions.

2 - 2. Air conditioner

Outside unit of air conditioner is connected with suction and delivery pipes of compressor and base plate which compressor is mounted. The base plate should be clamped having bead and bending so that natural frequency of the system to be upper 50Hz. When area of heat exchanger is bigger, noise and vibration will bigger because it makes propagation to structures of the unit bigger. Inverter air conditioner reduced noise and vibration on wide frequency range. Rigid body mode in lower than 20Hz, elastic mode of suction and delivery pipe in 20~70Hz, valves of heat exchanger in lower than 70Hz is important[8]. For outside unit of air conditioner, install condition is most important. Natural frequency of outside unit and natural frequency of floor and wall, chassis should be analysed and designed by using active noise control concept.

2 - 3. Vacuum cleaner

2-3-1. Fan

Because refrigerator operate 24hours per day, frequency under 200Hz that cause transmitting vibration should be reduced. Compressor should be supported by 3 - point supporter that makes transmitting vibration minimize. Pipe system of refrigerator should be considered as connection shape and clamping mechanism. Because pipe clamping mechanism can cause transmitting vibration, designer should design clamping mechanism to minimize reaction force at clamping points[5].

It is important to reduce noise with same flow rate and static pressure and to improve noise characteristic and aerodynamic characteristic at the same time. Angle of fan blade in inlet direction and angle of fan blade in rotational direction are key parameters.

Shape and locations of bell mouth are important. Figure 1 and 2 shows each type of bell mouth have different noise characteristics.

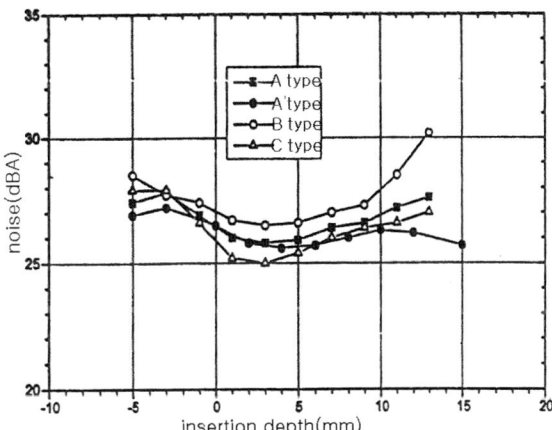

Fig. 1 Noise characteristics according to each positions of bell mouth with several types

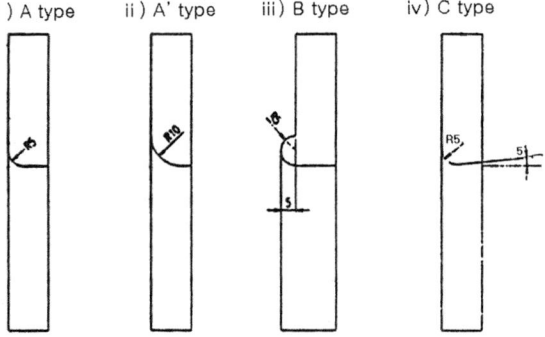

i) A type   ii) A' type   iii) B type   iv) C type

Fig. 2 Types of bell mouth

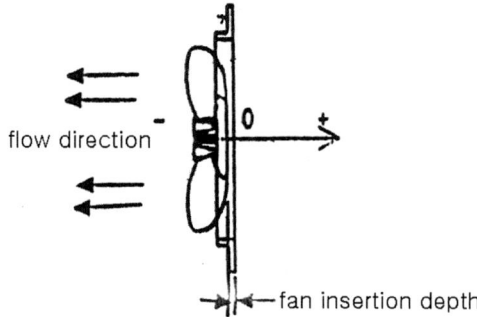

flow direction

fan insertion depth

Fig. 3 Position of Bell mouth when Fan mounted in Motor shaft.

To reduce mechanical noise, vibration energy and noise energy produced from chalet and rotor should be absorbed, PMP(Plastic + Metal + Plastic) casing material can help it.

2-3-2. Flow induced noise

Flow induced noise can meet in home appliances, but it can not easy to reduce the noise. In this case, the noise can not detect instantly. For the case of high speed flow velocity, the most of noise is induced from turbulent flow and flow mechanism is complicated. (please refer to bibliography 3)

Most of flow induced noise is discovered in fans, which depends on fan and surrounding parts(geometric of housing, shapes of outlet, shapes of cut off, etc) strongly as long as parameters of fan itself.

Figure 5 shows schematic diagram of blowing fan. Blowing fan located on center of circular arc and section indicated "A" has cut－off shape. As bibliography 1 comments, the cut－off shape is very important because it can create separation of the flow. If the cut－off shape is designed wrong, separation will be occur so that abnormal noise would be produced. The cut－off shape should be designed so that the flow go through smoothly and suppress excessive pressure change[5]. In bibliography 1, this technique is useful as noise reduction about 10dB.

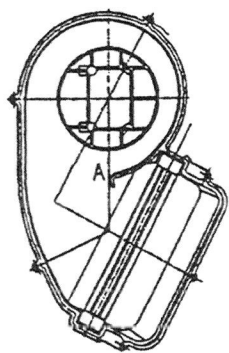

Fig. 4 Cut－Off shape of Blowing Fan

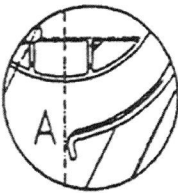

Fig. 5 Comparison of Noise from Different Cut－Off shape

2-3-3. Sound-absorbing materials

Because acoustic absorptivity could be varied with conditions of air space, please remember acoustic absorptivity of data sheet can be used only same conditions. When using sound-absorbing materials and the material have not sufficient amount, attaching the materials on one side of walls with enough is better than attaching materials every side of walls with poor. The previous method has good sound-absorbing effect and reflection of sound can be diffuse. Also attaching sound-absorbing materials on 4 corners of room has good sound-absorbing effect.

When using sound-absorbing rubber, it is recommended to install by the way vibrate easily[5]. For examples, attaching the materials by mechanically using protrusions of plate is better than by using adhesives, because this vibration can increase sound-absorbing effect.

Because porous materials can diffuse noise, covering with fabrics is recommended, but it does not effect acoustic absorptivity. Covering with vinyl sheet or carbon has useful to reduce noise on high frequency up to several hundred kHz. But for low frequency, even for the case of film vibration, it can be increase the noise because of vibrations. Painting with porous materials can decrease sound-absorbing capacity on high frequency. For the case of plate vibration, painting would be all right.

Covering porous materials with paper should be avoided. When covering surface of porous materials with porous plates, up to 20%(if possible, up to 30%) of opening ratio is recommended, and 3～20% for resonance noise.

3. Case study for reducing noise

3-1. Case study for vacuum cleaner

3-1-1. Damping materials

It is well known that good sound-absorbing materials is good noise reduction materials. Isolation technique to isolate from noise source or vibration source is depends on selection of materials. Noise or vibration from noise source can change to vibration on cabinet so that new noise would be created. Damping materials can reduce this transmission. Compare sound-absorption with other materials, sound-absorption of steel is worst, and that of MPM(Metal-Plastic-Metal) and PMP(Plastic-Metal-Plastic) is better. The mechanism, the materials absorb vibration and change to momentum energy of molecules, is same for every materials, especially for specially designed materials, sound-absorption is very high so that excellent sound-absorption can be obtained. The damping effect of materials can be represented to "Loss Factor". This parameter represent transmission levels of the structure. The value of this parameter can be obtained by measuring diminishing times when artificial vibration created on test materials[9].

Table. 3 Loss factors of several materials

Material	Loss Factors(20℃)
Steel	< 0.0001
Copper	0.001
Lead	0.015
Plywood	0.01
Gypsum Board	0.03
Poly Vinyl Chloride	0.036
Poly Ethylene	0.10

Another method using damping materials is noise reduction technology using porous materials. There is method using pad as connecting parts between moving parts and cabinet so that momentum energy changes to heat energy. In some cases for automatic washing machine, porous materials like sponge is located between suspending rod of washing machine and connecting parts of cabinet so that momentum energy of moving parts transform to heat energy, only small energy can be reached to cabinet. The porous material can rapidly emit heat energy caused from air flow in the cavity. This materials are widely used as sound－absorbing materials in anechoic room of laboratory or semi－anechoic rooms.

3－1－2. Muffler chamber system

Vacuum cleaner for home appliances are using vacuum pump rotating as 30,000rpm, which cause pressure difference between before and after vacuum pump so that inhale and filter dusts using several filters inside of vacuum cleaner.

Noise and vibration from vacuum cleaners are divided into mechanical noise induced from highly rotating vacuum pump and other parts and fluid noise from complex flow conduit and inhale or outlet parts. Vibration noise from vacuum pump and fluid noise from inside of pump transmit to outer case of vacuum cleaner, and fluid noise from inhale and outlet parts emits in the air. Although it depends on operating condition and appliance itself, most of fluid noise from transmitted noise and fluid noise from inhale and outlet parts has same order. Designer must consider this 3 types of noise to reduce noise effectively. Because vacuum cleaner have to use high speed rotating vacuum pump, the noise itself from vacuum pump can not be avoided and inhale and outlet parts are contact with in the air, structure change is not easy because of performance between inhale and filtration so that fluid noise from it cannot be reduced easily. It is the best way to reduce noise to modify internal conduits of vacuum cleaner and vacuum pump. But it is almost impossible to analyse exactly the system because vibration characteristic and performance of pump change according to operating condition and internal conduit of vacuum cleaners are long and very complex.

We will discuss about noise and vibration reduction technique using muffler chamber system inside of vacuum cleaner to isolation of the noise from inside of the cleaner. Figure 6 shows vacuum cleaner having muffler chamber system, which consist of front case and rear case and some noise reduction components[6]. Originally, muffler is a parts of pipe or duct to reduce noise, which flow air and act as a role of acoustic filter, and its performance depends on frequency. Muffler has two types, one is 'dissipative muffler' and the other is 'reactive muffler'. Dissipative muffler, which most of performances are obtained by sound – absorbing materials, has effective for wide frequency region. Reactive muffler, which most of performances are obtained by geometrical shapes consist of one or more chamber and resonator or pipe that has restricted area, depress noise by reflecting noise to noise source or by coming and going in the chamber.

The muffler chamber system has mixed and developed this 2 – types of muffler, which reactive muffler system is adapted that pump and motor as noise source is shielded with case insert – molded, and many sound – absorbing materials are used on the surrounding parts of motor and pump and inside of case, which adopted dissipative muffler system. For vacuum cleaner without muffler chamber system, only plastic case protect noise as role of barrier to emit in the air. But vacuum cleaner with muffler chamber system, the muffler also reduce noise and mechanical vibration.

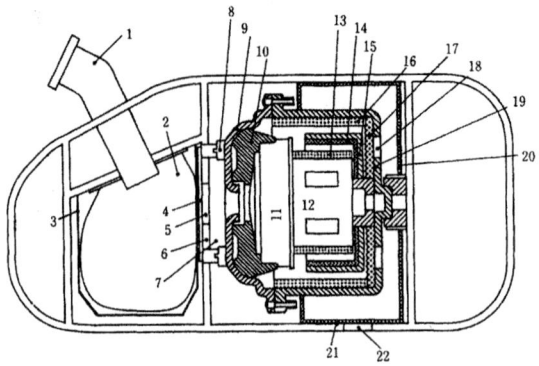

Fig. 6 Each parts of vacuum cleaner and muffler chamber system

Note) 1. Elbow, 2. Dust bag, 3. Rib, 4. Front filter, 5. Partition disk, 6. Partition Grill, 7. Suction room, 8. Packing, 9. Front Case, 10. Cap(Rubber), 11. Pump, 12. Motor, 13. Sound Absorbing Material(Motor), 14. Sound Absorbing Material(Guide), 15. Guide, 16. Sound Absorbing Material, 17. Exhaust Filter, 18. Exhaust Hole, 19. Back Case, 20. Sound Absorbing Material, 21. Exhaust Filter, 22. Exhaust Grill.

The reason why previous vacuum cleaner has big noise is that the noise from pump motor as noise source could be protected by only main body so that most of noise can pass through main body. And some of noise can pass through exhaust grill and suction hole on partition grill between dust bag and suction room so that the noise can transfer to the outside. As the unit has not vibration absorbing device, vibration from pump motor could not be absorbed.

In general, vacuum cleaner need powerful suction power, but that means it need powerful pump motor that has high rotating speed and high noise level. Then it is common sense that it is impossible to reduce noise from vacuum machine. Now we introduce muffler chamber system, adapting guide duct between motor and back case so that the unit has more long and bending exhausting pathway as noise protection and reduction device, which can reduce noise significantly without change of size and shape of the main body.

Vacuum cleaner has dust room and pump motor mounting room. Dust room has dust bag which filter dust inside of air from elbow. Pump motor mounting room has exhaust grill and partition disk that devide dust room and pump motor mounting room. The partition disk has many suction holes in order to pass through much air between dust room and pump motor mounting room.

Front wall of pump motor mounting room has shape to install muffler chamber system(9. Front Case and 10. Cap(Rubber) and 13. Sound Absorbing Material(Motor) and 14. Sound Absorbing Material(Guide) and 15. Guide and 16. Sound Absorbing Material and 17. Exhaust Filter and 18. Exhaust Hole and 19. Back Case) and also has parts to mount shock absorbing material between edge of the shape and back case to reduce vibration of the muffler chamber system. The shock absorbing material support back case of the muffler chamber system. Whole inside wall of the muffler chamber system mounting room except exhaust hole was covered with sound absorbing material as felt to absorb noise. Front inside of bottom wall of muffler chamber system mounting room has exhaust grill to exhaust final air, and inside of the exhaust grill has exhaust filter consist of sponge material that filter dust and absorb noise. [6].

Pump motor consist of pump and motor with assemble. Back case, which install the pump motor and guide, installed on the muffler chamber system mounting room and has cylindrical shape. We called the front case and back case assembly 'muffler chamber system'. Suction hole of muffler chamber and exhaust hole has rounded edge to reduce flow resistance of air pass through the holes. The muffler chamber system consist of plastic material, while inside of back case was covered with steel sheet to maximize noise reduction effect. The steel sheet could be inserted in the back case while plastic injection process. Inside of cylindrical wall of the back case of the muffler chamber system was attached sound absorbing material to absorb and shield noise, and inside of rear wall was attached exhaust filter.

Front and rear side of pump motor was assembled with cap(rubber), and this was assembled to the muffler chamber system. Around the pump motor, guide duct was constructed. The guide with long and bended exhaust pathway has effective for shielding noise. The guide has shape to mount sound absorbing material on center of rear wall, and the sound absorbing materials are supported by 2 hooks. Inside of the guide was attached sound absorbing material to absorb and shield noise.

There was partition wall around the motor parts in the pump motor, which pass through exhaust air without large flow resistance and absorb some of noise and filter dust. Rear side of the partition wall has partition grill that suction air flow through elbow and dust bag could flow into the pump motor. As there is suction room to space between rear side of the partition wall in main body and front side of the muffler chamber, suction air from the partition grill flow inside to suction hole of the muffler chamber system without large flow resistance. Also there was packing between the wall which consist of the suction room and front side of the muffler chamber system to maintain seal and protect noise and vibration.

In vacuum cleaner, most of dust and trash contained in suction air from elbow was filtered by dust bag. Then the fresh air pass through suction room and flow into inside of the pump motor.

Exhaust air passing through side wall of the pump motor pass through sound absorbing material around the pump motor. After that, the flow direction was turned $90°$ to front direction of vacuum cleaner by the guide.

Flow direction of the exhaust air pass through edge of the guide was U–turned, and flow between outside of the guide and inside of the muffler chamber. Then the exhaust air pass through S–shape duct on edge of outside of the guide, and pass through exhaust filter attached on inside wall of the muffler chamber system, and exit the muffler chamber through exhaust hole.

The exhaust air exit out from the muffler chamber system was changed flow direction by passing through the pump motor mounting room, and then changed flow direction by passing through duct consist of the outside of the muffler chamber system and inside of pump motor mounting room. Finally, the air pass through exhaust filter and exhaust grill and exit out from the vacuum cleaner.

The noise from pump motor was absorbed and shielded by sound absorbing material and duct systems with several steps, such as the motor parts, the guide, and the muffler chamber system, exhaust filter, muffler chamber system mounting room and main body. Then the vacuum cleaner can absorb and shield the noise from pump motor effectively so that customer can hardly hear the noise.

3−1−3. Principles of noise measurement

Man are living with sound and they react the sound. The sound is understood as energy transfer caused by moving of media. Then the sound has wave, and is moved by wave which is called as sound wave. And when moving, it cause pressure fluctuation of surrounding media. Sound in office and sound in bathroom is heard differently because of different characteristics(air density) of the media. Generally sound frequency means how many fluctuation occur in one second, audible frequency, from 20Hz to 20kHz, is called audio frequency.

Undesired sound, which give a person unpleasant feeling or sometimes pain, is called noise. The noise should be disappear, but it appears without exception. Then man try to reduce the noise. In order to reduce noise as engineering and scientifical, we have to define and measure the noise. In noise engineering, dB, exponential function, is used to represent magnitude of the noise.

Measuring equipment for noise use microphone as sensor. The microphone consist of several films that is very thin just like man's eardrum, movement of the film caused by pressure fluctuation is transferred to electric charge and send to spectrum analyzer through amplifier. The spectrum analyzer filter the signal and display the noise with dB, exponential ration of the pressure energy, for each frequencies. The spectrum analyzer is useful to analyze the noise.

3−1−4. Construction and test method for measuring noise and vibration

3−1−4−1. Measuring noise and vibration

Anechoic room that measured sound levels of testing appliance is constructed on isolated basis, size is 5m, 7m and 3m(height), which background noise remains 20~30dB(A). Floor of anechoic room is mounted with steel wire−net 7~8cm mesh form, and every side of the room are covered with sound−absorbing materials. Figure 7 shows noise measuring system for appliance, and figure 8 shows relative positions of vacuum cleaner and microphone in the anechoic room.

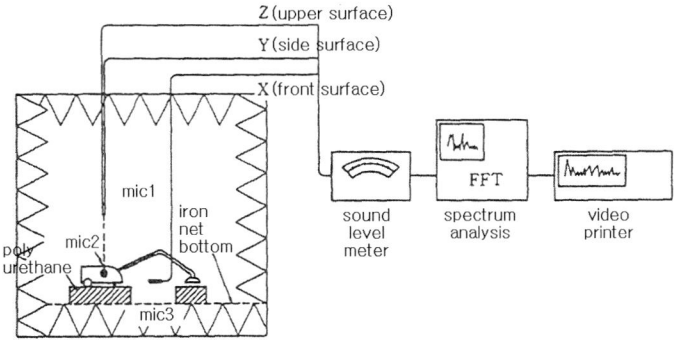

Fig. 7 Layout of anechoic room and measuring Equipments

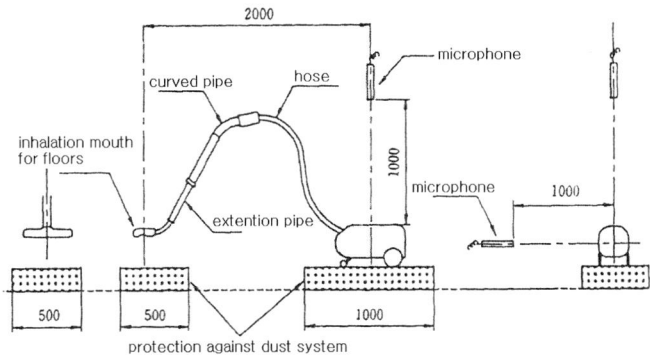

Fig. 8 locations of vacuum cleaner and microphone(unit: mm)

Microphone is located upward to 1m over vacuum cleaner(Z — direction), left side of vacuum cleaner(Y — direction) with 1m, rear side of vacuum cleaner(X — direction) with 1m. Each signal obtained from microphones are sent to sound level meter mounted on the outside of Anechoic room. The signals are sent to dynamic spectrum analyzer. According to KS — C9101[1], noise signals are compensated with A weighting network, then noise level of vacuum cleaner represent with dB(A). Measuring noise level of pump or motor is same manner as vacuum cleaner, but microphone is mounted 1m from pump inlet.

Front side of main body of vacuum cleaner, constructed of plastic materials, is yield to inside because pressure of inside of the body is in vacuum state about maximum 2400mmAq by vacuum pump. Another parts such as rear side of main body including pump and motor is about maximum 40mmAq.

3 − 1 − 4 − 2. Measuring suction power

Suction power is maximum aerodynamical power on end of inhalation pipe when rated voltage and frequency is adapted the vacuum cleaner, which proportioned to multiple of air flow rate and vacuum pressure, the unit is 'Watt'.

Vacuum cleaner with muffler chamber system have longer and more complicate air flow path, which make bigger flow resistance so that reduce flow rate and suction power.

Measuring method for suction power is defined on ASTM, KS. Occasionally vacuum cleaner maker use their own modified method. The method is defined on ASTM F558 − 83[2], where ASTM F431 − 87[3] defined plenum chamber and orifice. Plenum chamber is rectangular aluminium case with 457.2×254.0× 457.2mm. Orifice has 10 diameter, defined from ASTM F431, edge of hole has 45o angle.

Figure 9 shows schematic diagram of generally used power measurement system. This systems are divided into vacuum pressure measuring, energy consumption measuring and atmosphere measuring. Pressure transducer, amplifier, digital multimeter, PC, printer are used for vacuum pressure measuring. The measured vacuum pressure are transformed to analog signal by pressure transformer, and are filtered and amplified by amplifier. The analog signals are transformed to digital signal by digital multimeter, the digital signals are transmitted to PC by using GPIB interface and calculated to pressure in PC.

For measuring energy consumption, 220V 60Hz controlled voltage by using AVR(automatic voltage regulator) is provided to the vacuum cleaner. Because the voltage would be changed by electric load of the vacuum cleaner, variable voltage transformer is used to maintain 220V for accurate test.

In ASTM method, 10 orifices are used to measure power and air flow rate, and Best Fit method is used to find maximum power from the measurement data. In this case, 5 data near maximum measurement point are used to curve fitting, the gap between estimated and real maximum power would be bigger when air flow rate – power characteristic curve has small width near maximum power point. More number of orifice is good for correct measurement, the additional orifices would be recommended to use near maximum power point.

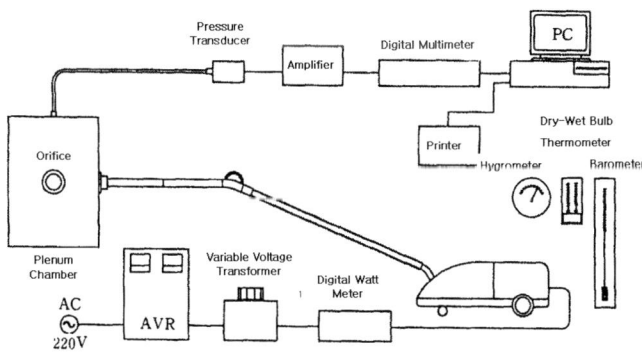

Fig.9 Power measuring system

3 – 1 – 4 – 3. Measuring temperature and pressure

Total pressure obtained from vacuum pump would have loss that would be changed to heat energy through fluid friction, flow separation, diffusion[4]. The heat energy in vacuum cleaner is no useful, even it cause over heat to make trouble.

Figure 10 shows temperature and power measuring system. This system can measure 48 − channel pressure and 60 − channel temperature. For measuring pressure, scanivalve, pressure transducer, amplifier, digital multimeter, PC are used. The scanivalve connect several pressure taps to one pressure transducer serially, this can measure pressure of several points with consistency and fast by using only one pressure transducer and amplifier. Thermocouple is used to measure temperature, the analog signal is converted to digital signal through data aquisition system, and the digital signal is stored PC.

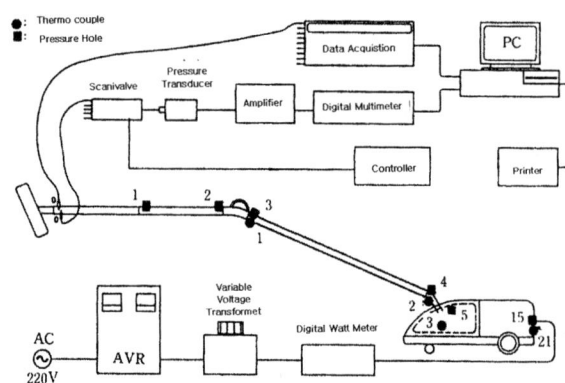

Fig. 10 Temperature and Pressure Measuring System

3−1−5. Test results for some case

3 − 1 − 5 − 1. Noise and Vibration

The noise and vibration characteristics of pump and motor assembly, as major noise source of vacuum cleaner, is shown in figure 11. In the figure, left scale is noise dB(C), while right scale is acceleration speed rate. The figure shows mechanical vibration, same as acceleration speed, has almost same characteristics.

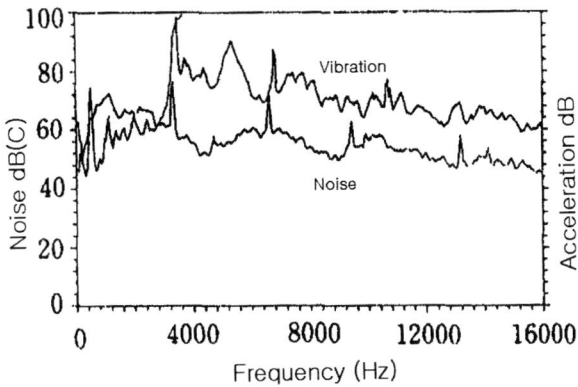

Fig. 11 Noise and vibration characteristics of pump and motor

Figure 12 shows noise characteristic of pump and motor with and without muffler chamber system. The pump and motor with muffler chamber system has improved noise levels about 3.5dB(A).

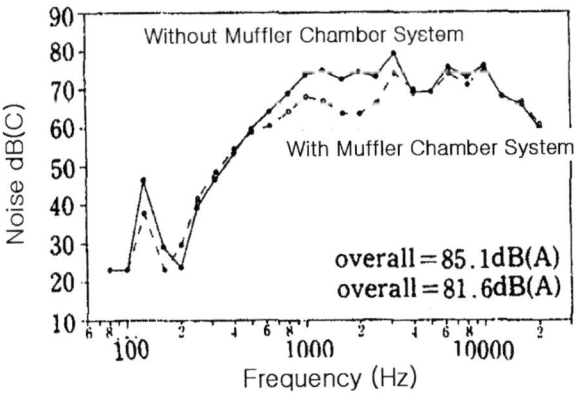

Fig. 12 Noise and vibration characteristics of pump and motor with and without Muffler chamber system

Figure 13 shows vibration characteristic of pump and motor with and without muffler chamber system. The parts applied vacuum pressure has no difference between with and without muffler chamber system, while the parts applied positive pressure in vacuum cleaner with muffler chamber system, back side of the vacuum cleaner as pump and motor located, has improved acceleration speed. This results shows the muffler chamber system shield the noise from pump and motor, and also reduce mechanical vibration from pump and motor, this is caused from the sound absorbing materials in the muffler chamber system.

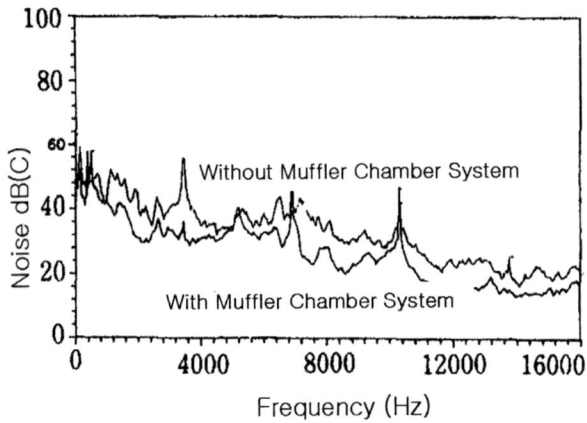

Fig. 13 Mechanical vibration characteristics of back side of main body with and without muffler chamber system

3 − 1 − 5 − 2. Suction power

To know how the muffler chamber system effect suction power, we prepare some test. Some parts of muffler chamber system have been attached and tested. The test conditions are 5 steps. Each conditions are as below.

Test Case (1): Pump + Front Case + Rubber Cap

Test Case (2): Case(1) + Pump Sound Absorbing

Material

Test Case (3): Case(2) + Guide + Guide Sound

Absorbing Material

Test Case (4): Case(3) + Back Case + Back Case

Sound Absorbing Material

Test Case (5): Case(4) + Exhaust Filter

Table 2 shows the results, averaging 3 test results per each conditions with 3 units. The pump sound absorbing material reduce suction power with 4.4W, and guide and sound absorbing material reduce 1W, and exhaust filter reduce 1W.

The muffler chamber system is adapted to reduce noise and vibration, but it also reduce suction power about 10W. But this power reduction is acceptable compared with effect of noise and vibration reduction.

Table 2. Suction power for each case

Test Condition	Average Flow Rate(m3/min)	Average Power(Watt)
(1)	1.480	376.5
(2)	1.474	372.1
(3)	1.453	365.9
(4)	1.459	364.9
(5)	1.443	363.8

4. Conclusion

This paper deals with noise and vibration technique for electric appliance, especially for vacuum cleaner with muffler chamber system. The muffler chamber system using PMP(Plastic + Metal + Plastic) or MPM(Metal + Plastic +

Metal) is based on general principle of muffler, it is useful to reduce noise and vibration for electric vacuum cleaner.

In order to analyze dynamic characteristics of suspension system of electric washing machine with rotating body, locations of each parts and properties should be parameterized, then it is possible to do optimal design consider vibration reduction as the governing design parameter changed.

To study for noise reduction technique of aerodynamic noise for air conditioner, noise reduction technique for fan, noise reduction technique for vacuum cleaner, sound pressure level of each frequency should be lower than acceptable sound pressure level. And analyze each components, and expand to simulate whole system. In electric appliance with large motor output or highly rotating motor, the motor would be noise source and even the noise or vibration would be expanded. The layout should be designed to optimize.

Recently noise and vibration is going to be environmental issue so that there are many studies to find a cause and reducing technique. As a role of shielding the noise and soundproof, muffler chamber system or shielding cover is more efficient than reducing the noise from noise source.

Because each noise has different cause and the characteristics of noise is different, it is effective to try reducing the noise for one by one with characteristics of the noise.

Bibliography

[1] KS C 9101, 1989, Electric Vacuum Cleaner

[2] ASTM F558, 1987, "Measuring Air Performance Characteristics of Vacuum Cleaners." Vol.15.07.

[3] ASTM F431, 1987, "Air Performance Measurement Plenum Chamber for Vacuum Cleaners." Vol. 15. 07.

[4] M.S.Lim, Low noise technology of Home electric appliances, 1995.1, IEEK, 1995.01, Vol.22, No.1, pp.124~130

[5] M.S.Lim, Low frequency of Home electric appliances and low－noise technology, 1995.10.KIEE, Vol.44 No.44, pp.137~141

[6] M.S.Lim, Low Noise And Less Vibration Vacuum Cleaner, Mar.15, 1994, Patent No. US5,293,664, pp.1~14

[7] K.R.Chung, Computer Simulation for Dynamic Analysis of Rigid Body Suspension System for Waching Machine, KSNVE, Vol.3, No.1, 1993.03, pp.65~75

[8] HIGH EFFICIENCY VALVE DESIGN BY ROBUST DESIGN OF EXPERIMENTS, THE 1998 INTERNATIONAL COMPRESSOR ENGI-NEERING CONFERENCE AT PURDUE,C－3: VALVE MECHANICS AND DESIGN, HIGH EFFICIENCY VALVE DESIGN BY ROBUST DESIGN OF EXPERIMENTS, pp.23,

[9] W. Neise, 1976, "Noise reduction in centrifugal fans: A literature survey," Journal of Sound and Vibration, Vol.45, No.3 pp.375~403

요 약

신뢰성향상에 기반 한 전기전자기기의 저진동 저소음 기술로서 기기의 중요한 소음의 발생원이 유체소음, 전자기소음, 기계적소음, 연소소음 등, 소음원의 종류에 따라 저소음기술을 해석, 쾌적음 기술을 해석하는데 상당한 차이가 있다. 소음이나 진동을 저감시키는 대책으로는 소음원을 고립(Isolation)시키는 차음기술, 부품의 제작공차를 엄밀히 유지하여 작동시의 진동이나 소음을 최소화 기술, 소음원으로부터 외부로의 전달과정에서 소음을 다른 형태의 열에너지로 바꾸는 기술, 재료의 최적한 선택으로 부품의 소음원에서 발생하는 소음이나 진동의 전달이 잘 이루어지지 않게 하는 기술이다. 그러나 진공청소기의 저소음화를 위해서는 진공펌프와 흡·배기구를 포함하는 진공청소기 내부의 유로를 개선하여 발생소음을 줄이는 것이 최적의 방법이라고 할 수 있으나, 펌프의 진동특성과 성능은 작동조건에 따라 매우 민감하게 변화하며, 진공청소 내부의 유로 또한 매우 길고 복잡하기 때문에 이들을 정확히 해석한다는 것은 거의 불가능하다. 이글에서는 이러한 배경에서 진공청소기의 내부에서 발생하는 소음에 대한 차음(遮音)에 중점을 두어 진공청소기 내부에 흡음방(吸音房)을 설치하여 그 진동·소음 저감효과를 소개하고자 한다. 흡음방은 앞케이스와 뒤케이스및 이 내부에 부착되는 제 흡음장치들로 구성되어 있다. 원래 소음기는 음의 전달감소를 목적으로 형성시킨 파이프 또는 덕트의 어떤 부분을 말하는데 기체의 흐름을 허용하면서 일종의 음향적 여과기의 역할을 하며 그 성능은 주파수에 따라 변한다. 여기에는 분산소모형(dissipative muffler)과 반응형(reactive muffler)의 두가지가 있는데, 분산소모형은 그 성능의 대부분이 흡음제에 의하여 얻어지게 되며 비교적 넓은 주파수대역에서 소음감소 특징이 있고, 반응형은 기하학적 형상에 의해 성능의 대부분이 얻어지는 것으로 한 개 이상의 챔버(chamber), 레조네이터(resonator) 또는 한정된 단면의 파이프를 통해 음을 반사시켜 음원으로 돌려보내거나 챔버 내에서 왔다, 갔다하게 하여 음의 통과를 방지하는 방법이다. 흡음방은 이 두가지 방식의 소음기 원리를 혼합·발전시킨 것으로 음원이 되는 펌프·모터를 철판이 인서트(insert) 성형된 케이스로 둘러싸 챔버를 만들어준 것은 반응형 소음기의 원리이며, 모터·펌프 주위와 케이스 내부에 다수의 흡음제를 부착한 것은 분산소모형 소음기의 원리이다. 흡음방이 없는 진공청소기에서는 플라스틱제 본체만이 내부에서 발생한 소음이 외부로 전파되어 나가는데 대한 차단벽 역할을 하였으니 흡음방이 있는 경우는 소음기의 기능에 의한 차음의 효과와 함께 기계적 진동에 대한 방진(防振)의 효과도 거둘 수 있는 것이다.

저자

임무생

林茂生

Moo-Seang
Lim

•약 력•

과학기술 진흥과 산업발전 유공자 석탑산업훈장 수상
수출진흥 발전과 수출시장 개척유공자 대통령표창장 수상
공기방울제어장치기술 과학기술처장관상장 수상
Low noise and less vibration vacuum cleaner.
U.S.A. patent 5,293,664
가열초음파 가습기기술 과학기술처장관상장 수상
한양대학교 공과대학 기계공학과 공학사
서울대학교 공과대학 최고산업 전략과정 수료
한양대학교 RARC 고장분석 및 신뢰성 과정 이수
한양대학교 신뢰성분석연구센터 연구 부교수
상공자원부 산학연 기술교류회 위원
산업자원부 기술개발 기획평가단 위원
대우전자(주) 가전연구소장, 생활가전사업부장
테크라프주식회사 대표이사
Youngjin electric co., ltd. Quality control director
Daehannakagawa ind co., ltd. Engineering consultants

•주요논저•

「연구논문」

유도전동기를 적용한 인버트 세탁기 개발, 대한전기학회, Vol.48B
No.10(1999. 07), pp.2556~2558. /
충격에 의한 tv pcb의 동적거동 해석, 대한기계학회, Vol.5, No.19(1990. 06), pp.320~324. /
공기방울이 세탁에 미치는 효과에 대하여, 대한기계학회, Vol.32, No.1(1992. 01), pp.57~65. /
흡음방이 취부된 경우의 진공청소기의 소음분석 방법, 대한기계학회, Vol.33, No.1(1993. 01), pp.14~21. /
세탁기용 강제현가시스템의 동특성 해석을 위한 전산시뮬레이션, 한국소음진동공학회, Vol.3, No.1(1993. 03), pp.65~75. /
가전기기의 저소음 기술, 대한전자공학회, Vol.22, No.1(1995. 01), pp.124~130. /
절연재료의 표면개질을 위한 코로나 발생기의 특성에 관한 연구, 한국전기전자재료공학회, Vol.8, No.4(1995. 07), pp.504~508. /
가전기기의 저진동, 저소음 기술, 대한전기학회, Vol.44 No.44(1995. 10.), pp.137~141. /
유도전동기의 동력전달 매체로 사용되는 벨트장력보상 알고리즘에 관한 연구 대한전기학회, Vol.48A No.9(1999. 09), pp.1125~1130. /
회전체를 갖는 강제 현가시스템의 동특성 해석을 위한 전산시뮬레이션, 한국소음진동공학회, Vol.1 No.1(1992. 02. 13.), pp.63~69. /
Nonlinear behavior on an electrochemical system, JSME-KSME, (1992. 10), pp.2-205~2-208 /
스핀업시 내부유체의 공명현상에 관한 연구, 대한기계학회, (1994. 09), pp.11~14. /
High efficiency valve design by robust design of experiments, the 1998 international compressor engineering conference at perdure,
C-3: Valve mechanics and design, page: 23 High efficiency valve design by robust design of experiments, 1998. 09. 14. /

『저서』

Design of plastic parts
(플라스틱 제품설계)
Injection moulding processing and injection mold
(사출가공과 금형)
Knowhow about engineering plastic high quality
(엔지니어링 플라스틱 고품질 노-하우)
Cad & Cam & Cae
(캐드 앤드 캠 앤드 캐)

Design of press parts
(Press 부품설계)
Marketing knowhow of successful enterprise
(성공기업의 마케팅 노하우)
The korean wisdom wins the world
(한국적 슬기가 세계를 이긴다)
Optimum design of plastics
(Plastic 최적설계)
Robust Design Technology For Plastic Parts' Reliability
(고분자 부품의 신뢰성 Robust 설계기술)
Venture business & Management of technology
(VB & MOT, 벤처기업과 기술경영)
Redundancy Design Technology For Precision Press Parts' Reliability
(정밀 Press 부품의 신뢰성 용장설계 기술)
Reliability Engineering for Plastic Element Design
(요소설계 신뢰성공학)
Reliability engineering of an information system
(정보system 신뢰성공학)
Reliability Engineering for Engineering plastic
(Engineering plastic 신뢰성공학)

Engineering Plastic
신뢰성 공학

초판인쇄 | 2008년 12월 5일
초판발행 | 2008년 12월 5일

지은이 | 임무생
펴낸이 | 채종준
펴낸곳 | 한국학술정보㈜
주 소 | 경기도 파주시 교하읍 문발리 513-5 파주출판문화정보산업단지
전 화 | 031) 908-3181(대표)
팩 스 | 031) 908-3189
홈페이지 | http://www.kstudy.com
E-mail | 출판사업부 publish@kstudy.com

등 록 | 제일사-115호(2000. 6. 19)
가 격 | 44,000원

ISBN 978-89-534-7517-5 93550 (Paper Book)
      978-89-534-7518-2 98550 (e-Book)